빛을 먹는 존재들

THE LIGHT EATERS

Copyright © Zoë Schlanger, 2024
Korean translation rights © Sangsang Academy, 2025
All rights reserved.
This Korean edition is published by arrangement with Zoë Schlanger c/o The Cheney Agency through Shinwon Agency.

빛을 먹는 존재들

온몸으로 경험하고 세상에 파고드는
식물지능의 경이로운 세계

1판 1쇄 펴냄 | 2025년 10월 30일

지은이 | 조이 슐랭거
옮긴이 | 정지인
발행인 | 김병준·고세규
발행처 | 생각의힘
편 집 | 우상희·정혜지
디자인 | 김경민
마케팅 | 김유정·신예은·최은규

등 록 | 2011. 10. 27. 제406-2011-000127호
주 소 | 서울시 마포구 독막로6길 11, 2, 3층
전 화 | 02-6925-4184(편집), 02-6925-4188(영업)
팩 스 | 02-6925-4182
전자우편 | tpbook1@tpbook.co.kr
홈페이지 | www.tpbook.co.kr

* 책값은 뒤표지에 있습니다.
* 잘못된 책은 구입하신 서점에서 교환해 드립니다.

ISBN 979-11-94880-23-3 (03480)

빛을 먹는 존재들

The Light Eaters　♦　조이 슐랭거 | 정지인 옮김

온몸으로 경험하고 세상에 파고드는 식물지능의 경이로운 세계

생각의힘

작은 것에서 큰 의미를 알아보는 앤과 제프께

그들은 빛을 먹을 수 있어요.
그걸로 충분하지 않습니까?

― 티머시 플라우먼, 민족식물학자

이 책을 향한 찬사

정신이 아득하고, 세계가 확장되며, 가슴 아프도록 아름답다. 너무나도 놀라운 이 책을 읽고 나면, 다시는 예전 같은 눈으로 식물을 보지 않을 것이다. 조이 슐랭거는 인간의 생물학과 은유를 벗어나 그 자체로, 실제 모습 그대로 식물 세계를 바라본다.

에드 용
(퓰리처상 수상 작가, 《이토록 굉장한 세계》《내 속엔 미생물이 너무도 많아》 저자)

과학 저술의 걸작. 활짝 열린 마음과 이글거리는 호기심으로 식물과학에서 솟아나고 있는 혁명을 탐색하는 이 책은, 당신이 알고 있다고 생각하는 것에 대해 다시 생각해 보게 하고, 식물의 세계를 바라보는 새로운 눈을 열어줄 것이다. 탐정 소설과 현장 연구와 철학이 고루 섞인 이 눈부신 책은 굳어 있는 정신을 유연하게 만들어, 우리가 아직 제대로 알지 못하는 식물의 정교함과 섬세함을 새롭고 심오하게 이해하게 해준다. 빛을 먹고 이 세계를 만드는 존재들에 대한 겸허함과 존중과 경외감을 일으킨다는 점에서 내게는 이 책이 오만에 대한 해독제로 느껴진다.

로빈 월 키머러
(식물생태학자, 《향모를 땋으며》《자연은 계산하지 않는다》 저자)

이 혁명적인 책은 눈길을 완전히 사로잡았고, 나는 이 책이 내 우주를 새롭게 재편하는 방식을 소화하느라 조금씩 베어 물면서 이 책을 다 집어삼켰다.

리베카 솔닛
(작가, 역사가, 활동가)

《빛을 먹는 존재들》은 책의 소재인 식물만큼이나 풍성하고 생기 넘치며 놀라움으로 가득하다. 읽어보시라! 세상을 새롭게 보게 될 것이다.

엘리자베스 콜버트
(퓰리처상 수상 작가, 《여섯 번째 대멸종》《화이트 스카이》 저자)

초록 세계의 경이로움에 관한, 반드시 읽어야 할 굉장한 책. 모든 페이지가 새로운 깨달음과 통찰을 전해준다.

데이비드 조지 해스컬
(생물학자, 《숲에서 우주를 보다》《야생의 치유하는 소리》《나무의 노래》 저자)

저자는 우리가 당연히 여기는 보편적 진실을 상기시킨다. 바로 식물이 경탄스럽다는 진실을. 저자는 과학자들의 연구와 자신의 개인적 이야기를 뒤섞어, 우리 생태계에 식물이 그토록 필수적인 존재인 이유를 명쾌히 설명하고, 인간과 자연의 관계에 관한 긴급한 질문들을 던진다. 그 결과인 이 놀랍고도 상냥한 과학책은, 우리의 집 안과 밖에 살고 있는 초록 존재들에 관해 생각하는 방식을 재고하지 않을 수 없게 한다. 〈타임〉

과학 도서라는 장르의 제약을 벗어나는 방식에서 아주 특별한 책. 이 책은 과학자들 혹은 그들의 발견을 서사의 엔진에 억지로 끼워 넣지 않는다. 대신 급진적인 변화를 겪고 있는 식물학 분야 자체가 하나의 등장인물처럼 작동하며 그 변화가 몰고 오는 흥분과 들뜸, 불편함과 불확실함을 고스란히 보여준다. 이 책의 힘은 끊임없이 변동하는 한 분야를 통해 개념들 역시 그 자체의 생애주기를 갖고 있음을, 처음에는 지독한 창피와 모욕을 당하다가, 어느덧 가능성으로 받아들여지고 이윽고 교과서에 실리는 정설이 된다는 것을 상기시키는 데서 나온다. 〈뉴요커〉

저자의 훌륭하고 정교한 문장들로 구성된 묘사는 식물학자들의 인간미와 헌신을 들여다보게 해주는 진귀하고도 반가운 기회를 제공한다. 식물을 사랑하는 사람들은 저자가 호기심이 이끄는 대로 따라간 곳에서 발견한 영감 넘치는 이야기들에 크나큰 흥미를 느낄 것이다. 〈네이처〉

과학 저널리즘과 여행기와 내면 성찰의 여정이 고루 섞인 이 책은 식물의 놀라운 능력들을 탐사하며, 복잡하고 역동적인 식물의 본성을 이해하는 일이 우리 자신을 바라보는 방식도 바꿀 수 있음을 알려준다. 〈사이언스〉

표면적으로 하등 생물로 여겨지던 존재들의 복잡한 행동들에 수시로 깜짝 놀라게 된다. 저자의 글에는 정밀성과 사랑이 가득 담겨 있고, '이럴 수가, 말도 안 돼' 싶은 순간들이 아주 많다. 이 책으로 당신의 뇌에 비료를 주고 나면 당신이 가장 좋아하는 식물, 혹은 가장 싫어하는 식물을 예전처럼 볼 수 없게 될 것이다. 〈월스트리트 저널〉

우리가 너무나 자주 당연한 것으로 치부하는 식물과 그보다 더 미묘한 생명체들에 대한 이 경이로운 감정들이, 지구에 대한 사랑과 지구를 보살피고 싶다는 욕망을 다시금 불어 넣는 데도 결정적으로 중요하다는 사실을 새삼 일깨워주는 찬란한 책. 〈로스앤젤레스 타임스〉

이 책을 읽는 동안 인간의 정신은 적어도 한 페이지에 한 번씩은 놀라서 멈칫하게 된다. 〈보스턴 글로브〉

최근의 과학적 동향에 관한 상세한 보고와 저자 자신의 중요한 통찰이 어우러져 식물에 대해, 그리고 이 세상에서 식물이 하는 역할에 대해 신선한 관점에서 이해하게 해준다. 〈워싱턴 포스트〉

환경 과학 기자인 저자가 식물 역시 지능이 있는 존재일 수 있음을 탁월한 솜

씨로 이야기한다. 경이로움 자체인 이 책은 독자를 식물의 마술적인 세계로 안내한다. 〈라이브러리 저널〉

저자의 시선은 잎과 가지에 머물지 않고 그 너머에서 우리의 초록 이웃들이 세계를 어떻게 감지하는지 들여다보며, 삶에 대한 식물의 시점을 제시해 준다. 《빛을 먹는 존재들》은 환한 빛을 뿜어낸다. 〈스미스소니언〉 매거진

경탄스러운 책. 이 책은 식물뿐 아니라 모든 생명의 본질을 바라보는 방식을 바꿔놓을 것이다. 〈사이언티픽 아메리칸〉

일단 읽고 나면 사람들을 붙잡고서 이게 무슨 책인지 얘기해 주고 싶어지는 책은 흔치 않은데, 이 책이 바로 그런 책이다. 〈데일리 메일〉

독자를 매혹하고 기존 가정에 도전을 제기하는 동시에 깨우침까지 주는데, 이 세 가지 일에 비중이 고르게 실려 있는 진기한 책. 저자가 던지는 질문들에 이 책보다 더 철저하게 소개할 수는 없을 것 같고, 또한 그 주제에 이보다 더 온전히 전념하는 저자도 상상하기 어렵다. 〈커커스 리뷰〉

식물의 대단한 능력에 관한 경이로운 탐사. 페이지마다 정신에 충격을 가하는 발견이 이어지고, 저자는 건강한 지적 호기심과 섬세한 서정성을 결합한다. 과학 글쓰기가 도달한 가장 훌륭한 지점. 〈퍼블리셔스 위클리〉

차례

프롤로그 _15

1장 식물의 의식이라는 문제 _25

2장 과학은 어떻게 생각을 바꾸는가 _55

3장 식물의 의사소통 _99

4장 살아 있는 존재는 느끼는 존재다 _137

5장 땅에 귀를 대고 _179

6장 (식물의) 몸은 기억한다 _209

7장 동물과 대화하다 _237

8장 과학자와 카멜레온 덩굴 _271

9장 식물의 사회적 삶 _327

10장 대물림 _363

11장 식물의 미래 _403

감사의 말 _435

옮긴이의 말 _440

주 _445

찾아보기 _458

일러두기

1. 이 책은 *The Light Eaters: How the Unseen World of Plant Intelligence Offers a New Understanding of Life on Earth*를 우리말로 옮긴 것이다.
2. 단행본은 겹꺾쇠표(《 》)로, 신문, 잡지 등은 홑꺾쇠표(〈 〉)로 표기했다.
3. 저자 주와 옮긴이 주를 구분하였다.
4. 인명 등 외래어는 국립국어원의 표준어 규정 및 외래어표기법을 따랐으나, 일부는 관례와 원어 발음을 존중해 그에 따랐다.
5. 생물종의 명칭은 국명과 학명을 따랐으나, 일부는 국내 통상적인 명칭으로 표기했다. 한국어 명칭이 없는 경우 영어 명칭을 독음대로 적거나 우리말로 적절히 옮겼다.

프롤로그

어둑한 숲속 오솔길을 걷는다. 주위에는 이끼가 두껍게 자라 불룩 솟은 보송보송한 둔덕들이 물결 모양을 이루고 있다. 고개를 젖혀 위를 보니 축축하고 미끌미끌한 나무 기둥들 사이에서 한없이 작아지는 기분이다. 바닥은 습기를 머금고 있어 발걸음을 옮길 때마다 푹푹 꺼진다. 걷다가 본 어느 표지판에는 이 지역에 공격적인 와피티사슴이 출몰한다는 경고문이 적혀 있다. 와피티사슴은 한 마리도 안 보이는걸. 계속 걸음을 옮긴다. 커다란 깃털 같은 것이 눈앞에 나타난다. 칼고사리다. 아기 주먹만 한 새순이 적갈색 벨벳 같은 잔털에 뒤덮인 채 돌돌 말려 있다. 지금 모습만 보면 상상이 잘 안 되지만 이 새순들은 나중에 공작 깃털처럼 위로 솟아올라 분수처럼 포물선을 그릴 고사리잎들의 예고편이다. 머리 위 나뭇가지에서는 이끼가 긴 손가락을 아래로 늘어뜨리듯 흘러내리며 자라고 있다. 쓰러진 나무 둥치에서는 버섯들이 하늘을 향해 호를 그리며 자란다. 모든 것이 동시에 위로, 아래로, 밖으로 뻗치려 애쓰는 모양새다.

　이 모두에게 나는 침입자이지만 아무도 내게 신경 쓰지 않는다. 이곳의 모든 존재는 제 살아가는 일에 완전히 골몰하고 있어서, 나는 흡사 숭숭 뚫린 스펀지 구멍 새로 조심조심 미끄러지며 지나가는 한 마리 개미 같다. 나무의 맨 아래 둥치에 붙어서 위로 기어오르며 자라는 지의류는 원반처럼 생긴 제 몸 가장자리를 둥글게 오므려 위에서 아래로 떨어지는 물방울을 받아내며 새로운 하루를, 성장할 또 한 번의 기회를 얻는다.

나는 태평양 연안 북서부 지역에 있는 호 열대우림Hoh Rain Forest에 와 있다. 사방천지에서 비밀스러운 기운이 느껴진다. 그도 그럴 것이 생물학적 관점에서 볼 때, 여기서 벌어지고 있는 일 가운데는 과학이 아는 것도 있지만 아직 설명하지 못하는 것이 훨씬 많기 때문이다. 여기 내 주변의 모든 존재는 각자 그 자체로 복잡한 적응 시스템들이다. 각각의 생물은 가장 큰 규모부터 가장 작은 규모까지 계단식으로 이루어진, 주변 모든 생물과의 상호관계 층위 속에 중첩되어 있다. 식물과 흙, 흙과 미생물, 미생물과 식물, 식물과 균류, 균류와 흙의 상호관계. 식물이 자기를 뜯어먹고 수분을 시켜주는 동물과 맺고 있는 관계. 식물들끼리 서로 맺고 있는 관계. 이 뒤죽박죽된 아름다움 전체는 범주화를 거부한다.

이런 생각을 하다 보니 음과 양, 즉 서로 반대되는 힘들에 관한 철학이 떠올랐다. 우리는 생명을 만드는 힘이 끊임없이 유동한다는 것을 알고 있다. 어떤 식물의 수분을 도와주는 나방은 애벌레 시절 그 식물의 잎을 우적우적 베어 먹던 바로 그 나방과 같은 종이다. 그러니 식물 입장에서도 자기 잎을 먹어치우는 이 애벌레를 모조리 없애버리는 것은 이로운 일이 아니다. 애벌레가 변태 과정을 거치고 나면 자기 꽃가루를 퍼뜨려줄 바로 그 나방이 될 테니까. 하지만 식물은 잎이 완전히 뜯어먹히는 상황도 두고 볼 수만은 없다. 잎이 없으면 식물은 빛을 먹을 수 없고 그러면 죽게 될 테니 말이다. 그래서 식물은 애벌레들이 들러붙어 자기 몸을 한참이나 뜯어먹어도 한동안은 엄청난 자제력을 발휘하며 견딘다. 그러다 어느 시점에는 애벌레의 입맛을 떨어뜨리는 화학물질을 신중하게 자기 잎들 속에 채워 넣기 시작한다. 이때는 애벌레들 대부분이 앞으로 굶는다 해도 적어도 살아남아 변태하고 수분할 수 있을 만큼은 충분히 잎을 먹은 시점이다. 식물도 애벌레도 죽을 위기 직전까지 갔다가 간신히 빠져나온 셈인데, 결국은 둘 다 번성한다. 상호의존과 경쟁의 밀고 당기기. 큰 범위에서 보자면 아직 결정적 승자는 없는 듯하다. 동물과 식물, 균류, 세균까지 아직 모두 다 여기에 살아 있다. 끊임없이 움직이는 모종의 균형 상태에 도달했달까. 나는 이 모든 밀기와 당기기와 융합이 생물의 어마어마한 창의력을 보여주는 신호임을 알게 되었다.

생명의 복잡함을 어떻게 이해할 것인가는 과학자와 철학자가 각자 머리를 싸매고 풀고자 하는 전문가들의 문제이기도 하지만, 문득 호기심을 느끼는 모든 사람의 문제이기도 하다. 무릇 생명이란 끊임없이 요동치는 존재인지라, 우리가 잘 살펴볼 만큼 충분히 오래 가만히 멈춰주는 일은 없다. 얼핏 생각하기에는 초점을 식물에만 맞추면 괜찮을 것 같다. 그러면 대상이 한 가지니까 더 쉽지 않을까. 하지만 이는 금세 아주 순진한 생각으로 밝혀진다. 복잡성은 크고 작은 모든 규모에 도사리고 있다.

내가 일하는 분야의 저널리스트들은 주로 죽음에 초점을 맞춘다. 아니면 죽음의 전조에, 그러니까 질병이나 재난이나 쇠퇴에 말이다.

이것이 지구가 예측되는 위기를 향해 나아가며 암울한 기준점을 하나하나 차례로 통과하는 동안 우리가 시간의 흐름을 기록하는 방식이다. 사람이 이런 일을 감당하는 데는 한계가 있다. 아니면 가뭄과 홍수에 초점을 맞춘 채 몇 년을 보내는 동안 나의 인내심이 닳고 닳아 얄따래진 건지도 모르겠다. 몇 년 전부터 내가 무감각해지고 속이 텅 비어버렸다는 느낌이 들었다. 내게는 정반대의 무언가가 필요했다. 궁금해졌다. 죽음의 반대가 뭐지? 아마도 창조일까? 끝나는 것이 아니라 생성된다는 감각. 지속적으로 성장하는 특성을 고려하면 식물이야말로 바로 그런 창조와 생성의 존재였다. 식물은 평생 내 마음을 어루만져주었다. 우리가 이미 알고 있던 사실, 그러니까 마음을 평온하게 하는 데는 식물 옆에서 보내는 시간이 긴 수면보다 효과가 더 좋다는 사실이 여러 연구로 증명되기 훨씬 전부터 그랬다. 복잡한 도시에서 살아가는 나는 머리를 깨끗이 비워내고 싶을 때면 공원으로 가서 주목과 느릅나무의 우거진 초록 지붕 아래를 걸었고, 신경이 튀김 냄비에 빠진 듯 바짝 곤두설 때는 내 필로덴드론 화분에서 새잎이 올라오는 모습을 한참이나 들여다보았다. 식물은 창조적 생성의 정의 그 자체다. 비록 동작은 아주 느리지만 항상 움직이면서 살 만한 미래를 찾아 쉴 새 없이 공기와 토양을 탐색한다.

    도시의 식물들은 그들이 살아가기에 가장 부적합해 보이는 장소를 집으로 삼는 것처럼 보였다. 도로의 금 간 포장 틈새를 뚫고 올라오고, 쓰레기투성이 땅뙈기 가장자리의 철망 울타리를 타고 올랐다. 언젠가 내가 사는 건물 현관 앞 계단의 갈라진 틈새에서 이곳 북동부에서는 침입종이라며 미운털이 박힌 가죽나무˙가 솟아났다. 이 나무가 한 계절 만에 거의 2층 건물 높이만큼 자라는 걸 보면서 나는 남몰래 기특해했다. 남몰래 그랬던 건 뉴욕 사람들이 이 나무를 괘씸히 여긴다는 걸 알고 있었기 때문이다. 가죽나무가 이런 시선을 받는 이유 중 하나는 제 뿌리 주변의 땅에 독성 물질을 뿜어내 다른 식물의 성장을 방해하여 자기가 햇빛을 받을 공간을 확보하기 때문이다. 기특해했던 건, 이 나무가 그런 짓을 한다는 게 기막히게 똑똑해 보였기 때문이고. 계절이 끝날 무렵 한 이웃이 큰 벌목용 칼로 그 나무를 베어버렸을 때 나는 이웃의 마음도 이해했다. 그래도 매일 아침 집을 나설 때면 남은 둥치를 감탄스러운 마음으로 바라보았다. 나무는 벌써 초록 순들을 틔워내고 있었다. 이렇게 끈질긴 집념 앞에서는 존경심을 느끼지 않을 수 없다.

　이렇듯 식물은 내 지친 묵시록적 주의를 옮겨다 놓기에 적합한 대상으로 보였다. 분명 식물은 나를 상쾌하게 재충전해 줄 것 같았다. 그러나 얼마 안 가서 나는 식물이란 존재는 그보다 더 큰 일을 해주리란 걸 알게 되었다. 내가 식물에 사로잡힌 채 보낸 몇 년의 시간은 생명의 의미가 무엇이며 생명이 어떤 가능성을 품고 있는지에 대한 나의 이해를 완전히 바꾸어놓았다. 지금 호 우림을 빙 둘러보는 내 눈에 보이는 것은 단지 마음을 어루만져주는 초록의 넘실거림만이 아니다. 여기에는 자기 잠재력을 가장 완전하고 가장 괴상하고 가장 슬

˙ 한국, 중국, 몽골, 일본 등지에 분포하며 척박한 환경에서도 잘 자라는 튼튼한 교목이다. _옮긴이

기롭게 실현하며 살아가는 일의 대가들이 몸소 보여주는 가르침이 있다.

우선, 끊임없이 성장하면서도 단 한 지점에 뿌리내린 채 살아가려면 어마어마하게 많은 여러 어려움에 부닥치게 된다. 식물은 그 난관을 해결하기 위해 우리 인간을 포함하여 모든 생물의 생존 방법 가운데 가장 창의적인 몇 가지 방법을 고안했다. 그중에는 너무나 독창적이어서 식물에게는 거의 불가능할 거라 여겨지는 방법도 많다. 물론 식물을 대체로 삶의 주변부로 밀쳐두고, 동물로서 살아가는 우리 드라마의 무대를 장식하는 생물의 한 부류로만 치부해 왔던 인류에게는 그렇게 여겨진다는 말이다. 그러나 식물들의 믿기 어려운 능력은 우리의 빈약한 상상력은 아랑곳없이 분명히 존재한다. 얼마 지나지 않아 나는 식물이 살아가는 방식이 너무나 놀라워서 아직은 식물이 할 수 있는 일의 한계를 제대로 아는 사람이 아무도 없다는 걸 알게 됐다. 솔직히 식물이 정말로 어떤 존재인지조차 제대로 아는 사람이 없는 것 같았다.

물론 이는 식물학이라는 과학 분야의 문제다. 아니, 문제라기보다 한 세대 동안 식물학에서 일어날 수 있는 가장 흥미진진한 일이라고 할 수도 있다. 한때 진실이라 생각했던 것에 일어난 격변을 얼마나 속 편히 받아들일 수 있는지에 따라 흥미로울 수도 있고 아닐 수도 있겠지만. 나는 헤어나올 가망 없이 그 속에 빠져들고 말았다. 과학 분야에서 논쟁이 벌어진다는 것은 많은 경우 새로운 무언가를 알리는 전조이고, 해당 분야의 대상을 어떤 식으로든 새롭게 이해하게 되었음을 알리는 전조다. 이 경우에 그 대상은 모든 초록 생명체 그 자체였다. 나는 점점 커지던 관심을 식물과학에서 막 등장하고 있던 새로운 개념들에 남김없이 집중하기 시작했다. 식물학자들이 식물의 형태와 행동에서 더 많은 복잡성을 발견할수록 이 새로운 발견들은 식물의 삶에 관한 전통적 가정과 점점 더 어긋나는 것 같았다. 식물학 분야는 이러한 모순점들, 그리고 수수께끼가 늘어나는 속도 못지않게 급속히 늘어나는 쟁점들로 제 살을 깎아먹고 있었다. 하지만 내 안의 무언가는 깔끔한 답이 없다는 바로 이 점에 끌렸는데, 그런 사람이 나 말고도 많지 않을까 싶다. 누구나 미지의 것에 대해서는 끌림과 반감을 둘 다 느끼는 것 아닐까?

이 책에서 우리는 식물과학의 새로운 깨달음들을 알아보고, 새로운 과학적 지식이 만들어지는 과정에 수반하는 갈등도 살펴볼 것이다. 한 학문 분야가 자신들이 다루는 대상에 관한 새로운 개념을 내놓기 전, 자기네 지식의 원칙을 놓고 논쟁을 벌이는 진정한 격변의 시기를 거치는 도중에 그 분야의 내부를 엿볼 기회는 그리 흔하지 않다. 우리는 또한 현재 실험실과 학술저널에서 뜨거운 논쟁을 일으키고 있는 대담한 질문 하나도 살펴볼 것이다. 바로 식물에게도 지능intelligence이 있는가 하는 질문이다. 누구나 알다시피 식물은 뇌가 없다. 그러나 어떤 사람들은 식물이 해내는 경이로운 일들을 고려하면 뇌가 없다 해도 지능이 있는 존재로 여겨야 한다고 주장한다. 우리가 인간이나 다른 일부 종에게 지능이 있는지 판단할 때 사용하는 방법은 추론이다. 다시 말해 어떤 생리학적 신호의 발생이 아니라 그 생물의 행동을 관찰함으로써 지능의 유무를 판단한다. 이들은 우리가 동물에게서 지능의 신호라 여기는 일들을 식물이 할 수 있음을 확인했다면, 그런데 그걸 보고도 식물에 대해서는 지능이라는 용어를 쓰지 않는다면, 이는 비논리적일 뿐만 아니라 불합리한 동물 중심 편향을 보여주는 신호라고 말한다. 어떤 사람들은 거기서 더 나아가, 식물에게 의식도 있을 수 있다는 의견을 제시한다. 의식은 다른 생물은 고사하고 인간에게서도 가장 이해되지 않은 현상일 것이다. 그러나 이 진영의 학자들은 뇌는 단지 정신을 만들어내는 수단 중 하나에 지나지 않을 수도 있다고 말한다.

더 신중한 입장의 식물학자들은 명백한 동물 중심의 관념을 식물에 적용하기를 꺼린다. 어쨌든 식물은 그들만의 독자적인 분기군이며, 식물에게는 우리 동물 분기군과는 오래전에 갈라진 자신들만의 진화사가 따로 있지 않냐는 것이다. 지능과 의식이라는 인간의 개념으로 식물에 색을 칠하는 것은 그들의 본질적인 식물성에도 해를 끼치는 일이라고 이들은 말한다. 우리는 이 과학자 진영도 만나볼 것이다.

그렇지만 내가 만나본 이들 가운데 자신들이 알아낸 식물의 능력 앞에서 입이 떡 벌어지게 경탄하지 않은 식물학자는 단 한 명도 없었다. 지난 20년 사이 과학자들은 최신 과학 기술 덕에 믿을 수 없을 정도로 놀라운 관찰 능력을 얻었다. 이를 통해 과학자들이 발견한 사실들은 바로 우리 눈앞에서 '식물'의 의미를 바꿔놓고 있다.

식물은 우리가 자기들에 대해 어떻게 생각하든 개의치 않고 계속해서 위로, 태양을 향해 솟아오른다. 지구가 이렇게 엉망이 된 순간, 식물은 우리에게 초록 식물처럼 생각해 볼 가능성의 창을 열어준다. 우리가 진실로 이 세계의 한 부분이 되려면, 이 세계의 요동치는 생동성에 깨어 있으려면 우리는 식물을 이해할 필요가 있다. 식물은 대기에 우리가 호흡하는 산소를 채워줄 뿐 아니라 자기들이 햇빛으로 빚어낸 당분으로, 거의 글자 그대로 우리 몸을 짓는 재료를 제공한다. 애초에 우리의 생명이 깜빡이며 존재하기 시작할 때 그 발생을 가능하게 해주는 성분들을 만드는 건 바로 식물이다. 그렇다고 식물이 단지 실용적인 공급 기계인 것만은 아니다. 식물에게는 복잡하고 역동적인 자기들만의 삶—사회적 삶, 성적 삶, 그리고 우리가 대체로 동물만의 영역이라고 가정하는 온갖 미묘한 감각적 음미의 삶—이 있다. 나아가 식물은 우리로서는 상상조차 할 수 없는 것들을 감지하며, 우리는 볼 수 없는 정보의 세계에 살고 있다. 식물을 이해하는 일은 우리 인간에게 새로운 이해의 지평을 열어줄 것이다. 바로 우리가 낯설고도 익숙한 이 교묘한 존재들과 지구를 함께 쓰고 있을 뿐 아니라 그들에게 우리의 생명을 빚지고 있다는 사실이다.

지금 여기 호 우림에서 내가 서 있는 위로 큰잎단풍나무가 가지를 쭉 뻗고 있다. 둥치는 감초고사리와 폐장초, 부처손에 완전히 뒤덮여 있어 마치 그린치 코스프레를 하고 있는 것 같다. 이 녹색 덮개 위쪽으로 우리 눈에 보이는 위쪽 수피 부분은 울룩불룩한 골 몇 개를 만들고 있는데, 마치 무성한 삼림이 깔아준 매트 위로 우뚝 솟은 산악지대처럼 보인다. 이 우림의 바로 동쪽에 있는 상록수 숲 뒤로 높이 펼쳐진 올림픽산맥처럼 말이다. 나는 몸을 기울이고 더 자세히 들여다본다. 이 나무의 초록 옷은 한 세계 속에 들어 있는 또 하나의 세계다. 이 작은 덤불과 고사리잎들은 아주 작은 규모로 숲의 구조를 그대로 모방하고 있다. 우림의 바닥은 잎이 셋인 괭이밥과 작은 깃털 같은 수

풀이끼에 뒤덮여 있다. 나는 이들의 세계에 사로잡혀 그 속으로 빨려 들어갔다. 생각해 보면 우리는 모두 오래전부터 그 세계에 빠져 있었다. 그저 그들의 진짜 속내는 모르고 있었을 뿐. 이는 어리석은 일 같았다. 나는 알고 싶었다. 그래서 밖으로 나가 살펴보기로 했다.

1장
식물의 의식이라는 문제

때가 무르익은 것 같았다.
이 이야기가 세상을 바꿀 수도 있을 것 같은 느낌이 들기 시작했다.
이미 내 세상을 바꾸고 있는 것은 분명했다.

식물이란 무엇일까? 아마도 당신에게는 이 질문에 대한 답이 있을 것이다. 통통한 해바라기의 휠캡 같은 얼굴과 털로 뒤덮인 굵은 줄기를 떠올릴 수도 있겠고, 할머니 집 마당에서 지지대를 감고 올라가는 콩덩굴을 생각할지도 모른다. 아니면 나처럼, 주방 창가에 늘어진, 얼른 물을 줘야 할 것 같은 상태의 스킨답서스를 바라볼지도 모르겠다. 우리가 알고 있는 존재, 매일같이 보는 초록 존재들을.

　물론 당신 생각이 옳다. 우리 인간이 인류 역사 내내 문어를 가리켜 문어라고 불렀던 것이 옳다고 할 때와 같은 방식으로 말이다. 하지만 우리는 최근까지도 알지 못했다. 문어가 다리로 맛을 볼 수 있고,[1] 도구를 사용할 수 있으며,[2] 사람의 얼굴을 기억하고[3] 우리가 우리 세계를 보는 것보다 훨씬 더 섬세하게 자기네 세계를 볼 수 있다는 것을. 몸 전체에 뉴런이 골고루 분산되어 있어서 마치 개별적인 미니 뇌를 여러 개 달고 있는 것 같다는 사실을. 자, 그렇다면 문어란 무엇일까? 그 답이 무엇이든 우리가 상상해 온 것을 훨씬 뛰어넘는 존재가 아닐까.

그 답은 이제야 막 우리에게 어렴풋이 떠오르기 시작했는데, 한 가지 결정적 측면에서는 인간 외 생물의 지능에 대한 우리의 이해에 이미 혁명을 일으켰다. 진화의 나무에서 문어가 자리한 가지는 동물의 역사에서 아주 일찌감치 우리의 가지와 갈라졌다. 문어와 우리의 마지막 공통 조상은 5억 년도 더 전에 바다 밑바닥을 훑고 다니던 편형동물일 것이다.* 지금까지 우리는 돌고래와 개, 그리고 우리와 훨씬 가까운 사촌인 영장류처럼 인간과 진화적으로 비교적 가까운 동물들에게서만 지능을 찾았다. 하지만 이제 우리는 온갖 생물의 대단한 영리함이 인간과는 완전히 독립적으로 진화할 수 있다는 것을 알게 되었다. 이와 비슷한 지각 변동이 식물과 관련된 영역에서도 일어나고 있다. 단, 이 격변은 (아직은) 그보다는 더 조용하게, 생명과학계 내에서도 가장 눈길을 끌지 않는 분야의 실험실과 현장에서 일어나고 있다. 그러나 이 새로운 앎의 무게는 우리가 우리 머릿속에서 식물들을 담아둔 용기의 벽을 터뜨릴 기세다. 언젠가는 그 앎이 생명에 대한 우리의 사고방식을 깡그리 바꿔놓을지도 모른다.

그렇다면 식물이란 무엇일까? 나는 내가 식물이 무엇인지 안다고 확신했다. 그런 상태로 식물학자들과 이야기를 나누기 시작했다.

몇 년 전, 환경 전문 기자로 일하던 내게는 문제가 하나 있었다. 내 업무의 대부분은 기후 변화의 꾸준한 진행, 그리고 오염된 공기와 물

• 비교를 위한 예로, 인간과 돌고래의 마지막 공통 조상은 대략 5,000만 년 전에 살았던 육지 포유류였다. 침팬지와의 마지막 공통 조상은 불과 600만 년 전에도 살고 있었다.

이 건강에 미치는 영향 두 가지에 집중되어 있었다. 달리 말해 나는 인류를 향해 가차 없이 다가오는 죽음의 무거운 발걸음에 관한 글을 쓰고 있었던 셈이다. 그 박자에 맞춰 오륙 년을 보내고 나니, 스멀스멀 다가오는 두려움이 나를 어둠 속에 담가버릴 것만 같았다. 나는 이상하게 행동하기 시작했다. 동료들에게 최근 나온 기후 변화에 관한 정부 간 협의체IPCC 보고서(기후 대재앙을 막아낼 시간이 얼마나 적게 남았는지 알려주는 그 보고서)를 설명해 줄 때면 그들의 얼굴에서 핏기가 사라지기를 기다리며 으스스한 희열을 느끼고는 했다. 오전 내내 기록적인 산불과 허리케인에 관한 뉴스를 흡입하고는 점심시간이 되면 아무렇지 않게 사무실 내 가십거리에 관해 잡담을 나누었다. 구획화가 어찌나 철저히 이루어졌는지 이제는 환경의 격변에 대해 어떠한 감정적 반응도 끌어낼 수 없었다. 그린란드의 빙상氷床이 녹고 있다는 것도 그저 좋은 기삿거리로만 보이기 시작했다.

경이롭고 생동하는 느낌이 드는 뭔가를 자연과학계에서 찾기 시작한 것은 이즈음이었다. 나는 식물을 좋아했다. 밤에 꽃 피는 재스민이 내 방 창틀을 타고 오르는 모습도, 몇 달 동안 아무 변화도 없던 우리 집 떡갈잎고무나무가 갑자기 새순을 세 촉이나 밀어내며 급속히 성장하는 모습을 지켜보는 것도 정말 좋았다. 나의 아파트는 내 컴퓨터 안에서 전개되는 드라마보다 훨씬 좋은, 식물의 흐뭇한 드라마가 펼쳐지는 안식처였다. 그래서 나는 내 기자의 뇌를 식물 쪽으로 돌려 써 보는 건 어떨까 하고 생각했다. 점심시간이면 기후 관련 논문을 찾을 때 쓰던 바로 그 온라인 포털에서 식물학 저널들을 검색하기 시작했다. 그 포털은 최신 연구를 대중에 공개하기 전에, 정해진 공개 날짜

1장 식물의 의식이라는 문제   29

이전에는 관련 기사를 발표하지 않는다는 조건으로 미리 저널리스트들에게 보여주는 시스템이다. 식물학 저널에는 식물에 관한 기본적인 발견들이 가득했다. 이를테면 바나나의 진화적 기원을 밝히고, 일부 꽃들이 미끄러운 이유(꽃꿀을 훔쳐 가는 개미들을 막기 위해서다)를 마침내 알아낸 발견 등이었다. 흡사 지난 시대의 과학을 염탐하는 느낌이 들었다. 정말 이렇게 많은 기본적 사실들이 아직도 발견되지 않은 채 남아 있었다고? 이 새롭고 매혹적인 관심사에 뛰어들고 2주가 지났을 때, 나는 한 양치식물의 전장 유전체 분석*이 처음으로 이루어졌으며[4] 그에 관한 논문이 곧 발표되리라는 사실을 알게 되었다. 나는 그게 얼마나 괄목할 만한 성과인지 아직 알지 못했다. 양치류는 엄청나게 오래된 식물이어서 (겨우 23쌍인 인간의 염색체에 비해) 염색체가 무려 720쌍이나 되는 것도 있다.[5] 유전체학 혁명이 양치식물에 도달하기까지 이렇게 오래 걸린 이유다. 나는 보도 엠바고가 걸린 해당 논문에서 그 양치식물의 이미지를 보자마자 매료되었다. 어느 연구자의 엄지손톱에 놓인, 물개구리밥azolla이라는 아주 작은 물결 모양의 식물을 찍은 사진이었다. 내부에서 빛을 발하나 싶을 만큼 아주 선명한 초록색이었다. 나는 사랑에 빠지고 말았다.

주름물개구리밥, 학명 아졸라 필리쿨로이데스*Azolla filiculoides*, 혹은 짧게 물개구리밥은 세상에서 가장 작은 양치식물 중 하나로 습한 곳에서 아주 오랫동안 살아온 식물이다. 일반적으로 식물의 크기를 보고 복잡성을 판단하는 것은 현명하지 못한 일이다. 물개구리밥은

• 한 생물의 전체 유전체의 모든 유전자 염기서열을 분석하는 것. _옮긴이

대략 5,000만 년 전 지구가 지금보다 훨씬 따뜻했을 때 북극해에서 자라기 시작해 거대한 담요처럼 수면을 덮었다. 이후 100만 년에 걸쳐 엄청난 양의 이산화탄소를 흡수했다. 그래서 고식물학자들은 지구를 식히는 데 물개구리밥들이 결정적인 역할을 했다고 믿고 있고, 일부 연구자들은 현재 이들이 다시 지구를 식히는 데 도움을 줄 수 있을지 알아보는 중이다.

물개구리밥은 또 하나의 기적 같은 묘기를 부릴 수 있다. 약 1억 년 전, 제 몸에 특수한 주머니를 만들어 질소를 고정하는 남세균*Cyano-bacteria* 한 꾸러미를 그 주머니 속에 넣어두기 시작한 것이다. 우리를 둘러싼 공기의 약 80퍼센트가 질소이며, 우리를 포함해 모든 생명체는 생명의 구성단위인 핵산을 만들기 위해 질소를 필요로 한다. 그러나 우리는 기체 형태로는 질소를 전혀 사용할 수 없다. 질소가 사방에 널려 있는데도 우리가 사용할 수 있는 분자는 하나도 없는 셈이다. 우리를 겸손하게 만드는 반전은, 식물들 역시 (그리고 식물로부터 질소를 얻는 우리 모두) 사용 가능한 형태로 질소를 재조합할 줄 아는 세균에게 질소의 공급을 전적으로 의지한다는 사실이다. 그러니까 물개구리밥은 제 몸을 세균들을 위한 호텔로 개조한 셈이다. 이 자그마한 양치식물은 남세균에게 그들이 필요로 하는 당분을 먹이고, 남세균은 부지런히 질소를 변환한다. 중국과 베트남의 농부들은 이 점을 알아차리고 수 세기 동안 물개구리밥을 갈아서 자기네 논에 뿌렸다.[6]

나는 양치식물 안내서들과 양치식물에 관한 지식에 파고들었다. 살면서 몇 번밖에 가동된 적 없는 이토록 왕성한 지식 욕구는 내가 느끼기에도 꽤 뿌듯했다. 물개구리밥이 어찌나 좋아졌는지 왼팔에 작은 물개구리밥 문신까지 새겼다. 저널리스트들은 여러 대상에 짧게 관심을 느끼고 거기 푹 빠졌다가 금세 다른 대상으로 넘어가는 얕고 넓은 지식의 소유자들로 악명이 높다. 하지만 이번에는 무언가에 사로잡힌다는 게 바로 이런 느낌일 거라는 생각이 들었다. 소리 소문 없이 살아온 듯한 이 흔하디흔한 식물군에 대한 의문들이 갑자기 마구 솟아났다. 물개구리밥은 세상을 바꾼 식물이었다. 나는 또 무엇을 모르고 있었을까?

이 탐구의 일환으로 나는 《올리버 색스의 오악사카 저널》을 사서 집어삼킬 듯이 읽었다. 이 얇은 책은 색스가 버스 한 대를 가득 채운 열성적인 아마추어 양치식물학자들(모두 미국양치류연구회 뉴욕지부 소속이었다)과 함께 멕시코 남서부로 양치류 탐사를 떠났을 때 보고 느낀 바를 쓴 책이다. 탐사대를 이끄는 사람 중 한 명은 뉴욕식물원의 양치류 큐레이터인 마흔네 살의 로빈 C. 모런Robbin C. Moran으로, 오악사카주 곳곳으로 이들을 데리고 다닌 사람이다. 며칠 동안 여러 마을과 풍경들을 둘러보고, 시장에서 파는 물건들과 붉은 연지벌레색소(코치닐) 염색통, 그리고 당연히 온갖 종류의 우산이끼liverworts와 고사리들을 보며 경탄한 뒤, 어느 시점에 색스는 황홀경이라는 말 외에 달리 묘사할 수 없는 순간을 맞이한다. 오후의 비스듬한 햇빛이 높이 자란 옥수수 줄기 위로 강렬하게 쏟아지고 있다. 식물학자이자 오악사카 농업에 관한 전문가인 나이 지긋한 한 신사가 옥수수밭 옆에 서 있다. 색스는 찰나의 섬광 같은 그 신비의 순간을 겨우 반 문장 정도로 표현했는데, 읽는 순간 그 단어들은 더없는 진실함으로 내 마음에 와닿았다.

(…) 키 큰 옥수수, 강렬한 태양, 노인이 하나가 된다. 이는 말로 표현할 수 없는 순간이다. 강렬한 실재의 감각, 거의 초자연적인 실재의 감각이 존재하는 순간. 우리는 산길을 따라 내려와 산문山門을 빠져나온 다음 다시 버스에 올랐다. 모두가 모종의 무아지경에 빠져 있거나 멍한 상태였다. 마치 갑작스레 어떤 성스러운 비전을 보았다가 이제 다시 세속으로, 일상적 세계로 돌아온 것처럼.

영원, 실재, 게슈탈트에 대한 찰나적 경험은 박물학 문헌 전체에서 하나의 일관된 줄기로 이어진다. 이렇게 사로잡혔던 사람은 나 혼자만이 아니다. 《팅커 크릭의 순례자Pilgrim on Tinker Creek》*에서 작가 애니 딜라드Annie Dillard도 한 그루 나무 앞에서 가지들 사이로 쏟아지는 햇빛을 바라보며 비슷한 순간을 경험한다. 찰나에 섬광처럼 드러나는 실재. 딜라드가 자신이 그런 순간을 경험하고 있음을 알아차리자마자 그 감각은 사라졌지만, 이 경험으로 그는 구획되지 않고 탁 트여 있는 주의 상태가 존재한다는 것을 깨달았다. 이런 주의 상태는 그때그때 작고 단편석인 조삭으로만 찾아오시만, 일상적이고 평범한 관찰보다 오히려 세계를 더욱 직관적으로 관찰하는 방식일 수 있다.

퇴근 후 이른 새벽까지 식물에 도취한 자연탐구가들과 식물들에 관한 책을 계속 찾아 읽으면서 나는 어디에나 흩뿌려져 있는 그런 순간들을 발견하기 시작했다. 안드레아 울프Andrea Wulf가 쓴 19세기의 유명한 자연탐구가 알렉산더 폰 훔볼트의 전기 《자연의 발명》을 읽

---

* 2007년에 《자연의 지혜》라는 제목으로 번역 출간되었다. _옮긴이

으며 나는 훔볼트도 그런 순간을 경험했음을 알게 되었다. 훔볼트는 야외에 나와 있는 일이 왜 실존적이고도 진실한 무언가를 환기시키는지 궁금해했다. 그는 이렇게 썼다. "어디서나 자연은 인간의 영혼에 익숙한 목소리로 인간에게 말을 건다. 모든 것이 상호작용이며 상호적이다." 그래서 자연은 "온전한 하나의 전체라는 인상을 준다". 그리하여 훔볼트는 서로 맞물린 생물학적 패턴과 지리학적 패턴 및 기후 체계들이 "복잡한 그물 같은 구조로" 결합된, 하나의 살아 있는 전체인 지구라는 개념을 유럽 지성계에 소개했다. 이는 자연의 세계가 서로 영향을 주는 일련의 생물 공동체들이 모여 이루어진 것이라는 생각으로, 서구 과학계에서 생태적 사고가 최초로 희미한 빛을 발한 사건이었다.

식물학 논문을 읽는 일은 왠지 내게도 그런 감정을, 나로서는 아직 온전히 표현할 수 없었지만 어떤 전체를 얼핏 보았다는 느낌을 안겨주었다. 내 지식에 움푹 파여 있는 커다란 공백들을 발견해 가는 느낌이었다. 그간 나는 얼마나 오랫동안 식물에 관해 거의 아무것도 모르는 채로 식물 곁에서 시간을 보내온 것일까? 나는 어떤 평행우주 앞에서 커튼이 조금씩 열리는 것을 느꼈다. 이제는 거기 그 우주가 있다는 건 알았지만, 그 우주가 무엇을 품고 있는지는 아직 알지 못했다.

나는 뉴욕식물원의 양치식물 수업에 등록했다. 강사는 올리버 색스의 양치식물 탐사대에 함께했던 바로 그 로빈 C. 모런으로, 이제 마흔네 살은 아니었으나 나이는 아랑곳없이 여전히 젊음이 넘치는 사람이었다. (나중에 나는 식물학계가 서로 모종의 사연을 공유하는 인물들이 거듭 등장하는 이야기와 같다는 걸 알게 되었다. 다정한 사연도 있고 그렇지 않은 것도 있었지만.) 우리는 양치식물을 동정同定하는 방법과 양치식물의 기본 구조를 배웠고, 유난히 더 특이한 종들에 대해서도 배웠다. 예컨대 부활미역고사리resurrection fern는 참나무 가지 위에서 자라는데, 가물 때는 거의 말라서 바삭한 상태로 쪼그라들어 죽은 것처럼 보인다. 그렇게 바짝 마른 상태로 100년도 더 넘게 버틸 수 있고 그런 다음에도 다시 물을 만나면 멀쩡한 상태로 돌아갈 수 있다. 나무고사리tree fern는 키가 20미터 넘게도 자랄 수 있으며, 앙증맞은 물개구리밥 같은 부류는 아주 작은 비료 공장 역할을 한다. 그런가 하면 소들이 멋모르고 뜯어 먹었다가는 내출혈로 죽게 되는 고사리bracken*도 있다. "완전 잔인한 양치식물이죠" 하고 모런이 말했다.

나는 양치식물이 꽃피는 식물보다 진화적으로 훨씬 더 오래되었다는 것도 알게 되었다. 이들은 씨앗이라는 개념을 진화가 꿈에도 생각해 보지 못했던 태곳적에 일찌감치 자연계에 등장해 씨앗도 없이 번식했다. 며칠 뒤, 그야말로 맹렬한 집착에 빠져 날마다 양치류에 관한 글을 읽던 어느 날 점심시간에 나는 씨앗이 없다는 점이 수 세기에 걸쳐 유럽인들을 어리둥절하게 했다는 걸 알게 되었다. 씨앗이란 유성 생식의 핵심이 아닌가. 적어도 중세 사람들이 생각하기에는 그랬다. 그들의 논리로는 씨앗을 찾을 수 없다면 씨앗이 눈에 보이지 않는 것이라는 결론이 나왔다. 그리고 당시의 또 다른 지배적 이론은 식물의 물리적 특성이란 그 식물의 용도를 알려주는 실마리라는 것이었

• 한국에서 식용하는 바로 그 고사리로, 학명은 프테리디움 아퀼리눔*Pteridium aquilinum*이다. _옮긴이

으니, 사람들은 이 식물들의 보이지 않는 씨앗을 찾을 수 있다면 투명인간이 되는 능력을 얻을 것이라고 믿었다.

실제로 양치식물의 성은 훨씬 더 기이한 것으로 드러났다. 우선 이들은 씨앗이 아니라 포자로 번식한다. 그러나 진짜 놀라운 점은 이들의 정자가 수영을 한다는 사실이다. 우리가 다 아는 고사리의 전형적인 깃털 같은 잎으로 자라기 전에, 이들은 배우체 고사리(전엽체)로서 완전히 다른 삶을 살아간다. 배우체는 세포 하나 두께의 작은 물결 모양 식물인데 나중에 자라날 고사리와는 닮은 구석이 전혀 없어 같은 식물임을 알아보기도 쉽지 않다. 숲속을 걷다가 바닥에 배우체가 있어도 당신은 알아보지 못하고 지나칠 것이다. 수컷 배우체는 비 내린 후 땅에 고인 물에 정자를 방출하고, 정자들은 수정할 배우체 고사리의 난세포를 찾아 헤엄쳐간다. 고사리의 정자는 작은 코르크스크루처럼 생겼고 지구력도 대단해서 60분까지도 수영할 수 있다. 현미경으로 보면 이 세포들이 꿈틀거리는 모습이 보인다.

고사리의 생식에서는 정자만 경이로운 것이 아니다. 내가 고사리에 심취하기 시작한 2018년에, 고사리들이 이웃 고사리종 정자의 움직임을 느리게 하는 호르몬을 방출함으로써 다른 고사리들과 경쟁한다는 연구 결과가 나왔다. 정자의 속도가 느려지면 해당 종의 생존 개체 수가 줄어드니, 훼방을 놓은 고사리는 물이든 햇빛이든 흙이든 부족한 자원을 더 많이 차지할 수 있다.

과학자들은 이런 사실을 막 이해하기 시작한 참이었다. 워싱턴 DC의 스미스소니언 국립자연사박물관의 식물학 연구원 에릭 슈엣펠즈 Eric Schuettpelz는 수화기 저편에서 "이건 완전히 새로운 사실입니다"

라고 말했다. 훼방꾼 정자는 명백히 양치류 과학의 최신 발견이었다. "우리는 그게 식물의 호르몬 때문이란 건 알지만 어떻게 그런 효과를 내는지는 모릅니다." 고사리는 자기가 다른 고사리들과 경쟁 관계라는 걸 어떻게 알았을까? 그 음흉한 호르몬을 방출할 시간은 어떻게 결정했을까? 같은 달, 콜게이트대학교의 한 양치류 연구자는 이 현상에 대한 초기 논문 한 편을 어느 식물학 콘퍼런스에서 발표했다.

나는 잠시 고사리가 다른 고사리의 정자를 원격으로 방해할 수 있다는 사실에 관해 생각했다. 이건 식물이 하는 짓치고는 대단히 야비한 행동이었다. 모런의 깊은 관심이 어디서 왔는지 이해되기 시작했다. 이 역시 놀랍도록 영리하게 보이는 일이었다. 그러면 식물은 또 무엇을 할 수 있을까?

이런 질문을 품고서 나는 새로 발견한 렌즈의 초점을 식물학 내에서도 비교적 새롭게 등장한 분야인 식물행동 분야에 맞추기 시작했다. 마침 새롭게 발표되는 연구들 가운데는 식물의 행동을 다룬 논문들이 아주 많았다. 이 분야는 내가 열고 들어갈 새로운 정신의 관문이 되었다. 식물이 어떤 식으로든 행동할 수 있다는 생각 자체도 이미 매혹적인 가능성이었다. 하지만 내가 발견한 몇 편의 논문은 그 개념을 한층 더 극단적으로 밀고 나갔다. 식물도 일종의 지능을 지니고 있을 수 있다는 의견이었다. 나는 흥미가 동했지만 의심스럽기도 했다. 나만 그런 게 아니었다. 알고 보니 얼마 전에 식물지능 가설을 두고 이미 전면전이 벌어진 터였다.

내가 과학계의 이 모퉁이에 우연히 다다른 때는 대단히 흥미로운 시기였다. 지난 15년 사이에 식물행동 연구가 되살아나면서 식물학에 수많은 새로운 깨달음을 안겨준 참이었다. 이는 어느 무책임한 베스트셀러 한 권이 이 연구 분야를 거의 되돌릴 수 없을 만큼 망쳐버린 지 40년 넘게 지난 뒤의 일이었다. 1973년에 출간된 《식물의 비밀스러운 삶The Secret Life of Plants》*은 전 세계 대중의 상상력을 사로잡았다. 피터 톰킨스Peter Tompkins와 크리스토퍼 버드Christopher Bird가 쓴 이 책은 진짜 과학과 허술한 실험, 비과학적 추측이 뒤섞인 혼합물이었다. 어느 장에서 두 저자는 식물이 느낄 수 있고 소리를 들을 수 있다고, 게다가 로큰롤보다는 베토벤을 더 좋아한다고 말했다. 또 다른 장에서는 클리브 백스터라는 전직 CIA 요원이 자기 집에서 키우는 화초에 거짓말 탐지기를 연결하고 그 화초에 불이 붙는 상상을 했다는 이야기가 나온다. 그랬더니 거짓말 탐지기의 바늘이 미친 듯이 움직였고, 이는 그 식물에서 전기 활동이 치솟았다는 의미였다. 사람이었다면 스트레스가 급상승했다는 의미로 여겨질 만한 결과였다. 백스터에 따르면 그 식물은 자신의 악의적인 생각에 반응하고 있는 것이었다. 그렇다면 식물의 의식만 존재하는 것이 아니라 식물의 마음을 읽는 일도 가능하다는 얘기였다.

　이 책은 식물과학에 관한 책치고는 놀랍게도 출간 즉시 엄청난 대중적 성공을 거뒀다. 파라마운트사는 그 책에 관한 장편 영화도 내놓았다. 영화의 사운드트랙은 스티비 원더가 맡았는데, 사운드트랙 앨범의 초판은 꽃향기를 넣어 발매되었다. 그 책은 다수의 독자들에게 그때까지는 장식적이고 수동적으로만 보여 동물보다는 암석의 세계

• 1993년에 《식물의 정신세계》라는 제목으로 번역 출간되었다. _옮긴이

에 더 가깝게 여겨졌던 주변 식물들을 바라보는 새로운 관점을 제공했다. 또한 식물이 우리처럼 살아 있는 존재라는 이야기를 기꺼이 받아들인 뉴에이지 문화의 대중화 시기와도 잘 맞아떨어졌다. 사람들은 집에서 키우는 화초에 말을 걸기 시작했고, 외출할 때는 떡갈잎고무나무를 위해 클래식 음악을 틀어두고 나갔다.

그러나 그 책은 아름다운 오해들의 모음집이었다. 많은 과학자가 그 책이 제시한 더없이 매력적인 '연구'를 재연하려고 시도했지만 모두 실패했다. 세포 및 분자생리학자 클리포드 슬레이먼Clifford Slayman과 식물생리학자 아서 갤스턴Arthur Galston은 1979년 〈아메리칸 사이언티스트〉에 발표한 글에서 그 책을 "오류이거나 증명할 수 없는 주장들의 집대성"이라고 불렀다.[7] 전직 CIA 요원 백스터와 '백스터 효과'를 재연할 수 있다고 주장한 IBM 연구원 마셀 보겔이 효과가 나타나려면 먼저 대상 식물과 친밀한 감정적 관계를 형성해야 한다고 주장했지만 그런 말도 별 도움은 안 됐다. 백스터와 보겔이 보기에 연구 결과를 재연하지 못한 다른 연구자들의 무능력은 보겔의 그 말로 충분히 해명되는 것이있다. 보겔은 "식물과 사람 사이의 감정이입이 핵심이며" "영적 발전이 반드시 필요하다"라고 말했다.

당시 활동하던 식물학자들에 따르면, 《식물의 비밀스러운 삶》이 이 분야에 입힌 피해는 과장하는 게 불가능할 정도로 극심했다. 과학연구보조금 지원 위원회와 동료 평가 위원회라는 두 수문장—원래도 항상 보수적인 기관들이다—은 문을 아예 닫아 버렸다. 내가 이야기를 나눠본 연구자들에 따르면, 이후 수년에 걸쳐 국립과학재단은 환경에 대한 식물의 반응을 연구하는 모든 연구자에게 보조금 지급을 더욱 꺼리게 되었다고 한다. 식물행동을 탐구한다는 낌새가 조금이라도 보이는 제안서는 모두 퇴짜를 맞았다. 원래도 얼마 안 되던 보조금이 바싹 말라버렸다. 식물행동 연구 분야를 개척했던 과학자들은 진로를 바꾸거나 아예 과학계를 떠났다.

그렇지만 다른 연구를 하면서 때를 기다리고, 흐름이 바뀔 때까지 버틴 소수의 연구자들도 있었다.

지난 15년 사이에 마침내 그 흐름이 바뀌었다. 몇몇 식물행동 연구에 대해 다시 자금이 흘러들어오기 시작했는데, 그래도 처음에는 보조금을 받기가 여전히 어려웠다. 식물학 저널들은 여전히 식물의 지능 연구를 반대하는 사람들이 편집권을 쥐고 있었지만, 그래도 이 논문들을 적게나마 통과시켜주기 시작했다. 이런 변화는 아마도 유전자 염기서열 분석이나 더욱 발전된 현미경 같은 신기술이 이전에는 터무니없어 보였던 결과를 정밀하게 도출해 준 덕분일 것이다. 아니면 《식물의 비밀스러운 삶》이 일으킨 낭패 이후 이어진 정치적 조롱이 이제 충분히 먼 과거사가 되었기 때문일 수도 있다. 그런 논문의 저자들 다수가 자신들의 발견을 묘사하는 데 **지능** 같은 단어는 쓰지 않지만, 그래도 연구 결과는 식물이 모두의 상상을 뛰어넘을 만큼 훨씬 더 정교한 존재들이라는 것임은 분명했다.

식물학 문헌을 탐독하다가 알게 된 사실인데, 근래에 연구자들은 식물이 기억을 지니고 있음을 암시하는 유망한 신호들을 발견했다. 또 어떤 연구자들은 다종의 식물들이 다른 개체와 자신을 구별할 줄 알며, 그 다른 개체들이 자신과 유전적으로 한 집안인지 아닌지도 구별할 수 있다는 사실도 알게 됐다. 이 식물들은 자기가 형제자매 곁에 있다는 걸 알게 되면 그로부터 이틀 안에 그들에게 그림자를 드리우지 않도록 자기 잎의 위치를 재조정한다.[8] 완두콩 새싹의 뿌리는 밀폐된 파이프 속에서 물이 흐르는 소리를 들을 수 있어서 그 방향을 향해 자라는 것으로 보이며,[9] 리마 콩[10]과 담배[11]를 포함한 몇몇 식물은 곤충들이 자기를 우적우적 먹어대면 그 곤충을 떼어내기 위해 그들의 천적을 불러들이는 식으로 대응한다. (토마토의 특정 종을 비롯한 또 다른 식물들은 배고픈 애벌레들이 자기 잎이 아니라 서로를 먹어치우도록 만드는 화학물질을 분비한다.)[12] 그밖에 다른 놀라운 행동들을 탐구하는 논문들은 똑똑 떨어지던 물방울에서 제법 물살이 센 하천으로 불어나고 있었다. 식물학은 새로운 무언가의 시작을 목전에 두고 있는 것 같았다. 나는 계속 근처에 남아 상황을 지켜보고 싶었다.

에어컨이 돌아가는 뉴스룸의 내 책상에서 나는 내 하루의 짜임에 스며드는 이 작은 눈물방울들을 기쁘게 음미했다. 식물행동 연구의 이 르네상스에는 예전의 나에게 말을 건네는 뭔가가 있었다. 나는 남동생이 태어날 때까지 내 인생의 첫 아홉 해를 외동으로 살았다. 동생이 태어난 뒤에도 아홉 살 여자아이, 특히 자기가 아홉 살짜리의 몸에 갇힌 어른이라고 진심으로 믿었던 아이에게 갓난아기는 별 소용이 없었다. 그러니까 나는 외롭고 공상에 잘 빠지는 아이였다는 말이다. 이런 성향의 여자아이들은 복잡한 내면세계를 형성하고 그 내면세계를 자기 주변 세계에 담요처럼 덮어씌우는 경향이 있다. 이런 성향을 이해하지 못하는 어른들은 흔히 이를 멜로드라마적 성향이라고 말한다. 하지만 그 단어는 내가 보는 버전의 현실을 신뢰할 수 없다고 단정하는 느낌이었다. 나는 그 단어가 싫었다. 나는 내가 주변 사물을 있는 그대로 보고 있을 뿐이라고 확신했다. 대개 그 사물이란 나무와 다람쥐, 때로는 바위 같은 것들이었는데, 이들은 생생히 살아 생동하고 있었고 세상에 대해 주의를 바짝 세우고 있었다. 아이들은 만물에 생명이 깃들어 있다고 여기는 것으로 잘 알려져 있다.

내가 알아차리는 것을 다른 사람들, 그러니까 어른들은 알아차리지 못한다는 사실은 내가 남들과 동떨어진 존재라는 의식을 더욱 깊게 만들 뿐이었다. 나는 봄이면 보라색 크로커스가 알을 깨고 나오는 병아리처럼 차가운 땅을 가르며 단단한 부리 같은 새싹을 밀어 올리는 모습을 지켜보았다. 내 침실 창밖에서는 붉은배오색딱다구리가 거대한 백참나무에 구멍을 뚫었다. 아무 거리낌 없이 자신의 생물성을 한껏 드러내는 생물을 목격할 때마다 나는 커튼 뒤 그들의 세계, 진짜 세계를 몰래 들춰본 느낌이 들었다.

어릴 때 살던 집에서 제일 좋았던 부분은 집 뒤쪽 숲으로 100미터쯤 들어간 지점에 있던, 크지도 작지도 않은 움푹 팬 땅이었다. 해마다 봄이면 50~100센티미터 정도 깊이로 빗물이 차서 거의 일 년 내내 고여 있었고 12월에는 표면이 얼었다. 나는 여름이면 고무장화 속에 거미가 들어가 있지 않은지 확인한 다음 장화를 신고 발목이 잠길 정도의 깊이까지 걸어 들어가, 물에 반쯤 잠긴 바위 위에 붙어 자라는 스펀지처럼 폭신한 이끼를 쓰다듬었고, 앉은부채skunk cabbages가 보이면 친구를 만난 것처럼 인사를 건넸다. 어떤 면에서 그들은 정말로 내 친구들이었다. 그 습지에는 청둥오리도 한 쌍 있었지만 이들에게만은 말을 걸지 않았다. 사교적인 면에서 이 청둥오리들에게는 이미 서로가 있어서 내가 끼어들 틈이 없어 보였다. 반면 식물들은 달리 할 일이 없는 것 같았다.

내가 이 식물들이 형태만 다른, 작은 인간들이라고 상상했던 것은 아니다. 그들이 내 말에 답한다고 생각했던 기억도 없다. 그렇지만 엄밀히 말해서 그 식물들이 완전히 침묵한다고 느끼지도 않았다. 그들에게는 자기들만의 일이 있었다. 나도 그랬다. 그들은 아이들과 비슷했다. 과소평가되었다는 점에서 말이다.

작가이자 연구가인 이디스 코브Edith Cobb는《유년기 상상력의 생태학The Ecology of Imagination in Childhood》이라는 책에서 어린이의 초기 사고에서 자연이 하는 역할을 연구하며 보낸 20년의 세월을 풀어놓았다. 코브는 어린이들이 자연 세계에 어느 정도 정서적으로 가까이 다가갈 수 있는 "열린 체계적 태도"를 지니고 있음을 알게 되었다. "어린이에게 현실의 본질에 대한 끊임없는 질문은 대체로 자신과 세계 사이에서 일어나는 비언어적 변증법이다." 코브는, 자신의 창작 방법론이 본질적으로 자기가 어린 시절에 지녔던 관점을 그대로 가져온 것이라고 묘사한 여러 예술가와 사상가를 거론한다. 20세기 미술 비평의 거장이었던 버나드 베렌슨Bernard Berenson은 자서전에서 평생 가장 행복했던 순간은 아마도 어린 소년 시절 어느 나무 그루터기에 올라섰던 순간일 거라고 썼다.[13]

초여름 어느 아침이었다. 은빛 안개가 라임나무들 위에서 어른거리며 떨고 있었다. 공기에는 라임나무의 향이 배어 있었다. 따뜻한 공기가 사랑스레 나를 어루만져주는 것 같았다. 내가 어느 나무 그루터기 위에 기어올랐던 일이, 그러자 순식간에 그 그루터기의 존재 자체에 몰입되던 느낌이, 일부러 떠올리려 애쓸 필요도 없이 고스란히 떠오른다. 물론 그때는 그런 단어를 써서 표현하지 않았다. 내게는 언어가 필요하지 않았다. 그 몰입감과 나는 하나였으니까.

누구나 이런 기억이 있지 않을까? 여기서 '존재 자체'는 올리버 색스와 애니 딜라드, 훔볼트가 말한 '실재'의 감각과 상당히 비슷하다. 그리고 어린 시절 쪼그려 앉아 크로커스를 들여다보며 내가 느꼈던 것과도. 이런 순간들이 무엇인지, 무엇을 할 수 있을지 궁금하다. 어떤 사유의 공간을 열어줄지.

그 숲속 집을 떠나고 몇십 년 뒤, 나는 어느 사무실 건물에 꽁꽁 밀폐된 채 살아가는 도시인이 되어 있었다. 아홉 살 때 느꼈던 앎의 감각, 인간 극장 너머 세계에 대한 감각은 어느덧 둔해져서 걸리적거리지도 않는 매끈한 옹이 정도로 줄어 있었다. 그러다가 양치류에 대한 몰입이 나를 찾아왔고, 이어서 식물지능 논쟁에 대한 호기심도 따라왔다. 익숙한 뭔가가 내 안에서 조용히 똑딱거리기 시작했다.

점심시간의 식물학 독서는 어느새 내가 하루를 보내는 이유가 되었다. 과학저널들에서 발견한 내용 중에는 기자로 일하면서 접한 논쟁들 가운데서도 특히나 매서운 논쟁들이 있었다. 식물의 지능을 탐구하는 논문들 못지않게, 막 발돋움하고 있던 이 분야를 비판하는 반응도 흔했는데, 가장 많은 것은 단어 선택에 대한 비판이었다. 다수의 식물과학자가 식물에 지능을 적용하는 것을 못내 불편해했다. 그보다 더 대담한 추측인 식물의 의식에 대해서는 반감이 더욱 심했다. 그들의 반박은 훌륭했다. 식물에는 뉴런은커녕 뇌도 없다는 것이다. 그리고 식물은 우리와는 아주 다른 도전들을 해결하도록 진화했다. 식물에게 지능과 의식이 왜 필요하다는 말인가? 일련의 엎치락뒤치락하는 뜨거운 논쟁을 촉발한 것은 식물과학계에서 높은 신뢰를 받는 과학자 여덟 명이 함께 쓰고 《식물과학 동향Trends in Plant Science》에 발표한 〈식물에는 의식이 없고 의식이 필요하지도 않다〉[14]라는 제목의 논문인 듯했다. 저자들은 이렇게 썼다. "식물에는 의식에 필요한 최소한의 뇌와 조금이라도 비슷한 정도의 복잡한 해부학적 구조물이 전혀 없는데, 이런 식물이 의식을 지닌다는 것은 가능성이 극도로 희박한 일"이라고 썼다. 오히려 식물이 할 수 있는 일은 무엇이든 "자연 선택을 통해 획득한 유전 정보"에 따른 "선천적 프로그래밍"의 결과로 볼 수 있으며 "이는 인지나 앎과는, 적어도 인지나 앎이라는 용어가 널리 이해되는 바와는 근본적으로 다른 것"이라고 했다.

해당 논문 저자들은 식물의식 주창자들이 "발표한 훌륭한 논문들"에는 진짜 논쟁적인 수장은 없다는 점도 인정했다. 심지어 자신들도 수긍하는 바 동물의 신경계와 유사할 수도 있는 (그러나 저자들은 "일치하는 것은 아니다"라고 놓치지 않고 지적했다) 식물체에서 일어나는 전기 신호의 역할에 관한 논문들조차도 논쟁을 일으키지는 않았다고 했다. 논쟁의 근원은 자신들의 결과에서 지나친 의미를 끌어내고, 자기네 주장을 그럴듯하게 만들려고 학습이나 감정 같은 용어의 의미를 "가소로울 정도로" 단순화한 연구자들이라는 것이 그들의 주장이었다. "오늘날 생물학에서 왜 의인관이 되살아나고 있는 것인가?"라고 그들은 한탄하듯 물었다.

과학계가 보수적인 데는 타당한 이유가 있다. 보수주의는 잘못된 지식에 맞서는 핵심적인 방어벽이다. 그런데 이 논문에는 제 발목을 잡는 느낌이 있었다. 사실 과학은 생명이나 죽음, 지능, 의식에 대해 모두가 동의하는 정의를 가지고 있지 않다. 단어들은 분명 중요하지만, 그 단어들의 정의는 확정되지 않았고, 따라서 아주 넓게 열려 있다. 우리의 지능과 상당히 다르게 보이는 것이라면 식물에게는 지능이 전혀 있을 수 없다는 말일까? 그리고 솔직히, 그들이 말하는 전기 신호를 발하는 유사 신경계가 무엇이든 간에 그것은 대단히 설득력 있게 들린다.

과학은 온갖 강점에도 불구하고, 과학적 방법을 사용해 답할 수 있는 종류의 문제들에만 한정된다. 그리고 생명의 의미나 정의는 그런 문제에 속하지 않는다. 과학은 존재와 비존재에 관한 윤리적 질문을 다루도록 만들어진 체계가 아니다. 그런데 이런 과학에 맡겨지다 보니 식물은 생명이 없는 차가운 개념에 갇힌 상태로 남아 있다. 하지만 여기 용감하게도 모든 질문 가운데 가장 어려운 질문을, 바로 세계에 대해 깨어 있는 상태의 본질, 즉 의식이라는 난제를 풀려고 애쓰는 과학자들이 있었다. 그리고 우리가 식물의 적합한 자리가 어디인지, 식물과 어떤 관계를 맺을 수 있을지를 두고 윤리적 해답을 찾을 때 참고할 과학적 정보의 관리자들은 바로 그들이 아닌가. 특정 실험의 진행과 출판을 허락하거나 허락하지 않는 것은 전적으로 그들 손에 달렸다. 나는 더 자세한 이야기를 들어보고 싶었다.

식물지능에 반대하는 진영은 식물이 동물과 다르다는 것을 명확히 해두기를 바라는 게 분명했다. 하지만 그들은 지능과 의식에 대한 인간 중심적 정의를 사용하여 식물에게 절대로 지능과 의식이 있을 리 없다는 주장을 하고 있었다. 나에게 그 주장은 내재적 모순으로 훼손된 것처럼, 자기 논리를 스스로 부정하는 것처럼 보였다. 무르시아대학교의 인지과학자이자 철학자 파코 칼보Paco Calvo와 에든버러대학교의 저명한 식물생리학자 앤서니 트레와바스Anthony Trewavas도 나와 같은 생각이었다. "이건 확실히 순환 논리다."[15]

나아가 거기에는 일종의 두려움도 있는 게 아닐까 싶었다. 식물지능 개념에 반대 주장을 펼치는 이들이 그 이야기가 너무 일찍 자신들의 손아귀에서 빠져나가 주류 문화 속으로 들어가는 것을 원치 않는 이유를 알 것도 같았다. 주류 문화에 흘러들면 이야기는 복잡성이 제거되어 희석되고 윤색된 채 흡수될지도 몰랐다. 어쩌면 지난번《식물의 비밀스러운 삶》이 그들을 너무나 큰 곤경에 빠트렸던 때처럼 뉴에이지 사상을 뒷받침하는 데 이용될 수도 있다. 이 점은 나도 어느 정도 이해가 갔다. 거의 모든 동화나 애니메이션 영화에서 볼 수 있듯이 대중문화에는 단순한 인간석 서사를 다른 종들에게 넛씌우려는 극단적인 경향이 항상 존재한다. 그렇지만 그들의 두려움은 내게 바로 그 능력, 즉 대중의 무궁무진한 상상력에 대한 명백한 과소평가로 여겨졌다. 상상력은 적절한 기회만 주어진다면 인간과 다른 유형의 지능까지 포용할 만큼 확장될 수 있을 것이다. 이는 물론 쉽지 않은 요구다. 인간다운 손쉬운 결론을 성급히 내리지 않고 진정으로 다른 지능들을 상상할 정신적 공간을 만드는 것은 어려운 과제다. 이전까지 우리 대부분은 그런 요구를 받아본 적이 없었다. 그러나 복잡성과 씨름

하는 일은 정신을 확장한다. 어떻게 받아들여질지 두려워 더욱 큰 과학적 탐구를 억제하는 것은 나머지 우리에게 부당한 일로 보였다. 복잡성을 배경으로 밀쳐두지 않는다면 우리가 가질 수도 있을 세계, 나는 그런 세계에서 살고 싶었다.

내가 식물지능 논쟁을 접한 것은 논의가 막 시작된 초기였지만, 딱 적합한 시점인 것 같았다. 아직 파고들어야 할 연구의 줄기들이 아주 많았으나 그 뒤에는 확실한 과학이 있었으며, 밝혀지고 있던 결과들은 모른 척 옆으로 밀어두기에는 너무 매력적이었다. 어떤 위험이 걸려 있었을까? 나는 그 논쟁의 틀이 어휘 선택에 대한 논쟁으로 짜여 있는 것을 거듭 목격했다. 하지만 오히려 내게 그 논쟁은 세계관을 둘러싼 논쟁처럼 보였다. 현실의 본성에 관한 논쟁. 식물이 무엇인지, 특히 우리 자신과 대비해 볼 때 식물이란 무엇인지에 관한 논쟁 말이다.

어떤 문화를 이해하려 노력하는 일은 빙산을 바라보는 일과 같다고들 한다. 우리에게 보이지 않는 깊은 부분이 아주 거대하다는 말이다. 그러나 내게 식물학자들의 세계와 그들의 문화, 즉 그들이 사용하고 토대로 삼는 개념들은 빙산보다는 뿌리줄기 식물과 더 비슷해 보였다. 논문들을 출력하고 샅샅이 뒤지듯 읽을 때면 돋아난 새순들이 보였다. 새순은 이름들과 개념들이었다. 그러나 오래지 않아 한 식물학자가 내게 다른 식물학자와 이야기를 꼭 나누어보라고 간곡히 권했고, 그 식물학자는 다시 또 다른 식물학자를 소개해 주었다. 지식의 네트워크가, 연구실들과 저널들 사이에 뻗은 뿌리줄기처럼 땅밑에 감춰진 보이지 않는 많은 연결이 모습을 드러내기 시작했다. 누구를 누가 신뢰하는지, 누가 신뢰하지 않는지. 새순과 기는줄기*를 따라 또 새로운 순과 기는줄기를 만나고, 그걸 따라가다 또 새순과 새로운 기는줄기를 만났다.

과학자에게 전화를 걸 때마다 나는 그들 대부분이 식물에 멍에를 씌워 인간에게 이득을 주는 일에는 눈곱만큼도 관심이 없다는 걸 매번 다시 깨달았다. 최고의 통화는 자기의 연구 대상을 향한 사랑에 푹 빠져 있는 연구자들과 나눈 통화였다. 누구라도 붙잡고 다 말해주고 싶어지는 그런 사랑 말이다. 내가 정말로 알고 싶어 한다는 확신이 서면 그들은 화산 같은 열정을 한껏 뿜어냈다. 자신들이 막 신비를 벗겨낸 세상의 한 귀퉁이에 관해, 생물학의 광대하고 혼돈 같은 퍼즐에서 자기가 몸소 찾아낸 조각에 관해 이야기해 주었다. 그들은 세계의 퇴적물을 고운체로 걸러내고 자기 손으로 이리저리 뒤집어보면서 그 조각을 찾아냈고, 자료 읽기와 실험실 작업과 집착적 관심으로 공들인 수년의 세월을 거치며 그 조각들이 어떤 의미를 품고 있는지, 그리고 그 조각을 어디에 끼워 넣어야 하는지를 알게 되었다.

자연을 그런 식으로 보는 것은 부분적인 시각일 뿐임을 나는 알고 있었다. 자연은 맞춰지기를 기다리는 퍼즐도, 해독되기를 기다리는 고서도 아니니까. 자연은 항상 움직이고 있는 혼돈이다. 생물의 삶은 소용돌이처럼 퍼져나가는 각자의 다양한 가능성이며, 그 풍부함 속에는 프랙털적 성격이 깃들어 있다. 모든 유기체가 그러하니, 분명 모든 식물도 초록 잎 달린 존재들의 진화 그물망 속 다른 어느 조각에서

---

* 땅 위로 기어서 뻗는 줄기. _옮긴이

튀어나와 늘 또 다른 변이를 일으켜왔음이 분명하다. 물론 그들 각각은 여전히 변화하는 중이다. 멸종하지 않는 한 그 변화는 결코 끝나는 법이 없기 때문이다. 이러한 다양성은 무한하게 느껴지고, 그래서 파악하기가 불가능할 것만 같다. 내가 이야기를 나눠 본 과학자들도 이를 알고 있었지만, 그래도 어쨌든 계속 파악하려 애쓰고 있었다. 이러니 그들을 더욱 사랑할 수밖에 없었다.

나는 과학자를 전화에 붙들어두기 위해서는 무슨 말을 해야 하는지, 아니 더 정확히는 무슨 말을 하지 말아야 하는지 깨닫기 시작했다. '식물의 감각'은 대체로 괜찮은, 중립적인 영역에 속했다. '식물의 행동'은 조금 더 위태로운 영역으로 다가갔고 '식물의 지능'은 명백히 위험한 말이었다. '의식'은 내가 앞의 세 용어를 다 언급했는데도 상대방이 전화를 끊지 않고 나를 꾸짖는 기미가 느껴지지 않을 때, 그렇게 시험을 통과한 연후에야 비로소 입에 올릴 수 있는 말이었다. 내가 민감한 단어를 말했을 때는 즉각 실수를 감지할 수 있었다. 나와 이야기를 나누던 연구자가 조심스러워지고 마음의 문을 닫았기 때문이다. 특히 우리가 아직 서로 어떤 사람인지 가늠하는 중일 때, 그들이 아직 나와 이야기를 나누는 게 맞는 일인지 판단하려 애쓰는 중일 때는 더욱 그랬다.

하지만 나는 그들의 말랑한 부분들도 자주 감지했다. 질문을 받아줄 여지가 보이는 경우, 그들 역시 '행동'이 무엇을 의미할지, 혹은 무엇을 지능으로 간주할 수 있을지 궁금해한다는 게 분명히 느껴지는 경우가 그랬다. 이런 사람들은 나의 질문을 받고 진지하게 생각했고, 그런 다음 잠시 주저하다가 진지하게 대답해 주었다. 이럴 때는 종종 그들의 내적 갈등도 드러났다. 내가 이야기를 나눠본 많은 이들에게 '지능'은 물론 위험하게 느껴지는 말이었지만, 이는 대부분의 사람이 그 단어를 들으면 머릿속에서 인간의 지능으로 곧장 도약해 버리기 때문이었다. 인간의 인지에 빗대어 식물을 평가하는 건 말도 안 되는 일이다. 그건 그저 식물을 모자란 사람, 덜 떨어진 동물로 만들 뿐이다. 의인화는 이 녹색 몸들을 축소하여 그들이 비슷한 범주에서 인간이 보이는 능력을 훌쩍 뛰어넘는 감각(혹은 지능이라고 말해도 될까?)을 활용한다는 사실을 우리가 인지할 여지조차 남겨주지 않는다. 이것이 의인화가 위험한 이유다. 애초에 우리에게 그 감각이 있는 경우에 한해서지만, 그 감각들의 사람 버전은 식물에 비하면 아주 미미한 수준이다. 이 연구자들에게는 식물의 지능에 관해 이야기하는 것이 쉽지 않은 일이었다. 자칫 잘못하면 함정에 빠져, 자신들이 알게 된 사실의 진정한 경이로움을 제대로 담아내지 못하는 결론들로 이어질 수도 있다는 우려 때문이었다.

내가 처음 그 질문들에 빠져든 지 일 년이 넘게 지난 시점이었다. 2019년 8월 뉴욕이었고, 대기에는 열을 받은 쓰레기와 포장도로가 뿜어내는 냄새가 짙게 배어 있었다. 나는 매일 플랫부시에 있는 찌는 듯한 아파트에서 빠져나와 여섯 블록을 걸어 프로스펙트 공원으로 갔다. 때로 나는 걸음을 멈추고, 길모퉁이에 카드 테이블로 가판대를 차린 남자에게서 차가운 코코넛워터(씨앗)나 몇 센티미터 길이로 자른 사탕수수(풀)를 사 먹었다. 프로스펙트 공원의 석조 기둥들 옆을 지나갈 때면 걸음의 속도를 낮췄다. 빛은 어두워지고, 수백만의 식물이 동시에 뱉어내는 숨 덕분에 기온은 내려갔다. 광합성이 당분을 생산하는 과정이라고 밝혀지기 전까지 자연탐구가들은 광합성의 목적이 자연의 에어컨 역할이라고 믿었다[16]는 사실이 기억났다. 시원한 공기가 내 살갗에 내려앉았고, 나는 그 공기를 깊이 들이마셨다. 젖은 잎 내음이 배인 공기는 상쾌했고 내 머릿속까지 맑게 해주었다. 나는 경외감과 의문이 뒤섞인 마음으로 왕질경이와 아로니아를 바라보았다. 내가 지나쳐가는 모든 식물의 삶에서는 지상뿐 아니라 지하에서도 내가 상상할 수 있는 것보다 더 많은 일이 벌어지고 있다는 걸 새삼스레 의식했다. 어쩌면 그들은 내가 옆을 지나가고 있다는 걸 알지도 모른다. 밝거나 어두운 그 녹색 물결 속에서 나는 여러 개별 종들을, 그리고 훨씬 더 많은 개체를 알아보기 시작했다. 내가 시선을 던지는 모든 곳에서 아주 극적인 사건들이 펼쳐지고 있다는 걸 알았다. 비록 나는 그 드라마를 볼 수 없고 본질도 완전히 알 수는 없었지만.

나는 식물들을 바라보면서 자연 세계와의 물질적 친밀감을 되찾고 있었다. 이는 환경의 재앙을 무시하려는 방편이 아니었다. 오히려 그 재앙의 말뚝에 나를 다시 붙잡아 매는 일이었다. 각 식물은 하나하나가 우리가 잃을 위험에 처해 있는 실체적 세계였고, 모든 생태계는 각자 또 하나의 은하였다. 그렇지만 식물의 지능에 관한 논문들을 읽는 일은 돋보기 하나를 들고 산을 들여다보면서 끙끙거리는 일처럼 느껴졌다. 쏟아져나오는 새로운 발견들은 그런 느낌을 더 심화했다. 연구자들은 식물이 기억할 수 있다는 사실도 알아냈는데, 기억이 어디에 저장되는지는 아직 알아내지 못했다. 식물이 친족을 인지한다는 것도 알아냈는데, 어떻게 알아보는지는 밝혀내지 못했다. 이런 발견들은 더 크고 전체적인 무언가를 가리키는 힌트들, 파편들 같았다.

식물이 무엇일까? 아직 아무도 그 답을 모르는 것 같았다. 나는 그날 공원을 산책하던 중에 결심했다. 일을 그만두기로, 그리고 전업으로 식물에 관해서만 생각하기로. 내가 일하던 뉴스 편집실은 몹시 힘든 시기를 지나고 있었다. 광고 수익이 뚝 떨어지면서 사람들이 해고되었고, 투자자들은 겁을 집어먹었다. 사기는 바닥을 뚫고 내려갔다. 더는 그곳에 있을 이유를 찾을 수 없었다. 이제 언제라도 해고될 수 있다는 느낌이 들었고, 그러자 전업 직장의 안전성이란 개념도 거짓말 같았다. 저축해둔 돈이 좀 있었고, 생활의 규모도 줄일 작정이었다. 변화해야 할 시기였다. 어릴 적 친구 하나가 자기가 자란 농장의 오래된 농가에 내게 내어줄 방이 하나 있다고 했다. 우리가 어릴 때 호밀밭을 가로지르며 뛰어다니던 바로 그 농장이었다. 나는 그곳에 자리를 잡고서 식물들을 보러 더 많은 장소로, 식물들의 조상이 살던 곳으로, 그들이 진화하며 정착한 곳으로 가볼 수 있을 터였다.

해볼 가치가 있는 일이었다. 식물학에서는 분명히 중요한 무슨 일인가가 벌어지고 있었으니까. 과학은 어쩌면 되돌아오지 못할지도 모를 낭떠러지로 다가가고 있었다. 식물은 말이 없고 아무것도 느끼지 못하는 존재라는 우리의 믿음은 완전히 잘못된 믿음처럼 보였다. 때가 무르익은 것 같았다. 좋은 이야깃거리였다. 모호하고 난해한 학문의 영역에만 갇혀 있기에는 너무 좋은 이야깃감이었다. 이 이야기가 세상을 바꿀 수도 있을 것 같은 느낌이 들기 시작했다. 이미 내 세상을 바꾸고 있는 것은 분명했다. 이 이야기에는 나의 개인적 끌림보다 훨씬 큰 중요성이 걸려 있다는 느낌도 들었다. 어쩌면 그건 하나이자 같은 것일지도 모른다고 나는 생각했다. 식물에 관해 생각하며 보내는 시간이 길어질수록, 식물에 관해 더 많이 생각하며 지내고 싶어졌다. 그럴 수 있다면 정말 좋을 것 같았다. 모든 걸 더 명료히 볼 수 있다는 느낌이 들었다.

  나는 집으로 돌아가 주방 창가에 늘어져 자라는 커다란 스킨답서스를 올려다봤다. 잎들이 모두 직립하듯 서 있었다. 내가 나간 뒤로 잎들이 창유리를 바라보도록 일제히 방향을 틀었고, 사실상 유리창에 잎을 딱 붙이고 있었다. 내가 집에서 키우는 다른 식물들도 둘러보았다. 필로덴드론은 옆자리 스킨답서스 제이드의 화분 흙 속으로 제 가느다란 갈색 기근을 밀어 넣고 있었다. 나는 나의 고무나무를 쳐다봤다. 아버지의 고무나무에서 삽수를 하나 잘라다가 키운 것인데, 아버지의 고무나무 역시 당신 부모님의 고무나무에서 잘라온 삽수를 키운 것이다. 할머니와 할아버지가 60년 전 결혼식 날에 선물로 받은 고무나무였다. 지금은 무서울 정도로 거대하게 자란 그 고무나무는 아직도 조부모님 댁 거실 그랜드피아노 옆에 서서 위용을 뽐내고 있다. 이 나무도 한때는 죽기 직전까지 갔었다. 내 할아버지의 어머니, 그러니까 내 증조할머니가 그중 살아남은 가지를 잘라내서 뭉툭한 끝부분을 물에 담가 하얀 뿌리가 돋아나기를 기다리고, 그 건강한 가지 하나를 완전한 나무로 키워냈다. 우리 집안이 사대째 키워온 이 식물은 지금도 내 곁에 이렇게 서서 여전히 소리 없이 새로운 신체 부위를 키워내고 있었다. 이 역시 그 자체로 일종의 기억이 아닐까?

  이해하지 못한다는 게 견딜 수 없는 지경이 되었다. 나가서 직접 알아볼 수밖에 없었다.

2장

과학은
어떻게 생각을 바꾸는가

우리가 식물을 어떻게 생각하기로 결정하는지는
우리의 모든 걸 바꿔놓을 것이다.

팩트에는 이론이 실려 있고, 이론에는 가치가 실려 있으며, 가치에는 역사가 실려 있다.
    — 도나 해러웨이, 〈태초에 말씀이 있었다: 생물학 이론의 기원〉, 1981년[1]

세상 속에 존재한다는 것의 의미가 무엇인지를 인류에게 묻는다면 (⋯) 매우 부분적인 우주의 이미지만 재생산하게 된다.
    — 에마누엘레 코차, 《식물의 삶THE LIFE OF PLANTS》, 2019년[2]

태양의 요동치는 플라스마 표면에서 한 줌의 빛이 힘차게 날아온다. 그 입자들, 수십억 개의 광자들은 1억 5,000만 킬로미터를 질주하며 검은 우주 공간을 가로지른 다음 이곳 지구에서 가장 풍부한 생명체들의 몸이 광활하게 펼쳐진 위로 빵과 꿀의 비처럼 쏟아져 내린다. 식물은 빛을 먹는다. 식물에게 너무나 근본적인 광합성은 지구의 다른 생명체들 대부분에게도 필수적인 생존 조건이다. 우리가 호흡하는 산소는 식물이 광합성을 한 결과로 대기에 가득 채워지는 것이기 때문이다.

우리는 어떻게 이런 상태에 이른 것일까? 15억 년 전, 조류藻類 비슷한 세포 하나가 남세균 하나를 집어삼켰다. 초기 생물인 이 세포로부터 후에 동물과 균류가 진화했으며, 남세균은 오늘날 세상에 넘치게 존재하는, 상상도 할 수 없을 만큼 다양한 박테리아의 조상이다. 그런데 이 둘이 함께하게 되면서 완전히 새로운 생명의 가지 하나가 움텄다.* 새로운 왕국을 지키는 이 파수꾼은 선캄브리아기의 탁한 물에 둥둥 뜬 채로 광합성을 시작했다. 햇빛을 먹고, 거기에 제 환경에 있는 여분의 재료―물, 이산화탄소, 어쩌면 약간의 미량 무기물들―를 더해 당분으로 탈바꿈시키는 일이었다.

이 최초의 식물은 태생적으로 키메라, 다시 말해 유전적으로 서로 별개인 세포들이 모여 구성된 유기체였다.[3] 지구상의 모든 녹색 식물의 잎에는 이 첫 합병의 유전적 흔적이 새겨져 있다. 오늘날 우주에서 떨어지는 광자를 붙잡는 식물 세포들 역시 미니어처 키메라다. 이 세포들 안에는 그 최초의 남세균이 아직도 남아 있으며, 빛을 먹이로 바꾸는 연금술을 오늘도 성실히 행하고 있다.[4]

이 최초의 창조 이후 15억 년이 흐르는 동안 식물은 50만 종으로 진화하고 증식하여 지구상의 모든 생태계에 깃들어 왕성하게 살아가고 있다. 식물의 우위는 절대적이다. 무게를 달아본다면 식물은 지구의 모든 생물 질량의 80퍼센트를 차지할 것이다.[5]

약 5억 년 전 식물이 바다에서 빠져나왔을 때 그들이 도착한 육상

• 여기에는 또 하나의 유기체도 관여했는데, 이 박테리아 기생체는 숙주에게 길든 남세균에게서 조류와 유사한 숙주 세포로 먹이를 운반하는 중개자 역할을 했다.

세계는 이산화탄소와 수소의 안개에 휩싸여 있어서 아무도, 그러니까 식물을 제외한 다른 생명은 그 무엇도 살 수 없는 불모의 땅이었다. 식물은 이미 바닷속에 녹아 있는 이산화탄소에서 산소를 풀어서 끄집어내는 방법을 익힌 터였다. 그들은 이 기술을 새로운 세상에도 적용했다. 어떤 면에서는 식물들이 바다를 함께 가지고 나왔다고도 볼 수 있다. 이 초기 육상 식물 무리는 끊임없이 호흡함으로써 지구 기체의 균형을 산소화 쪽으로 기울여놓았다.[6] 오늘날 우리가 누리고 있는 대기는 바로 그들, 초기 육상 식물들이 만들어낸 것이다. 식물들이 우리가 살 수 있는 세계를 탄생시켰다는 말은 과장이 아니다. 이탈리아의 철학자 에마누엘레 코차Emanuele Coccia가 말했듯이, 우리의 우주는 식물이 건설했다. "무엇보다 세계는 식물이 세계를 재료로 사용하여 만들어낼 수 있는 모든 것이다."

식물은 같은 과정을 통해 우리가 소비하는 모든 당분도 만들어냈다. 생명이라곤 지녀본 적 없는 재료들인 빛과 공기를 가지고 당분을 생산할 수 있는 존재는 우리가 아는 세상 전체에서 오직 식물의 잎뿐이다. 나머지 우리 모두는 식물이 만든 물건을 재활용하는 이치 사용자다. 우리가 하는 재조합도 천재적일 수 있지만, 그래도 그 원재료는 우리가 만든 게 아니다. 원재료는 이렇게 만들어진다. 태양에서 온 광자 하나가 식물이 활짝 펼치고 있는 녹색 부위에 떨어지면, 잎 세포에 있는 엽록체들이 그 빛의 입자를 화학 에너지로 변환한다. 이 태양 에너지는 에너지를 저장하는 특수한 세포에, 말하자면 식물 세계의 재충전 가능한 배터리팩에 저장된다.

동시에 잎은 잎 뒷면에 있는 기공stomata이라는 아주 작은 구멍을 통해 대기 중의 이산화탄소를 빨아들인다. 현미경으로 보면 기공은 살짝 벌어진 입처럼, 뻐끔뻐끔 열렸다 닫혔다 하는 물고기의 입술처럼 보인다. 어쨌든 기공들도 자기네 나름의 방식으로 호흡하는 셈이니까. 기공으로 빨려 들어간 이산화탄소는 엽록체에 흡수된 태양 에너지와 잎맥 속을 항상 흐르고 있는 물을 만난다. 순수한 빛의 에너지를 만나면 물 분자와 이산화탄소 분자는 분해된다. 이리하여 둘에게서 나온 산소 분자의 절반은 자기들이 만난 장소를 떠나 기공의 벌어진 입술 틈새로 다시 세상으로 빠져나와 우리가 숨 쉬는 공기가 된다. 잎은 이제 남은 탄소와 수소와 산소를 가지고 마치 실을 잣듯이 달달한 포도당을 만들어낸다. 정확히 말하자면, 이산화탄소 분자 여섯 개와 물 분자 여섯 개가 태양 에너지에 의해 변환되면 산소 분자 여섯 개, 그리고 이 과정 전체의 진짜 목적인 소중한 포도당 분자 하나가 만들어진다. 식물은 이 포도당을 사용해 새잎을 만들고 새로 만들어진 잎들은 더 많은 포도당을 만드는 데 사용된다. 식물은 또 자기 몸의 아래쪽 지하 구조물로도 포도당을 내려보내 더 많은 뿌리를 내리는 과정에 사용하는데, 이렇게 늘어난 뿌리는 땅속에서 더 많은 물을 빨아올려 몸 전체로 보내고, 이 물은 다시 분해되어 더 많은 포도당을 만드는 데 사용된다. 이것이 생명이 전개되는 방식이다.

  우리도 포도당으로 만들어졌다. 식물로부터 끊임없이 포도당을 공급받지 못한다면 우리의 생체 기능은 금세 중단될 것이다. 생각해 보자. 모든 동물의 장기는 식물에서 온 당분으로 만들어진다. 우리의 뼈와 뼈를 감싼 살도 식물 분자의 흔적을 품고 있다. 우리 몸은 애초에 식물이 자아낸 원재료로 만들어진다. 마찬가지로 우리 뇌를 가로지르는 모든 생각도 식물 덕에 가능하다.

충격적이겠지만 글자 그대로 그렇다. 특히나 뇌는 포도당을 주 연료로 써서 돌아가는 기계다. 포도당이 지속적으로 공급되지 않으면 뉴런들 사이의 의사소통이 느려지다가 결국에는 멈춘다. 기억, 학습, 사고 모든 것이 다 중단된다. 포도당이 없으면 우리 뇌는 시들어버리고 이어서 우리도 곧 시들게 된다. 우리 몸에 도달하는 세상의 모든 포도당은 바나나에 싸여 도착하든 통밀빵 한 조각에 담겨 도착하든 태양의 광자가 자기 몸에 떨어진 순간에 식물이 공기를 끌어다 만들어낸 것이다.

이러니 우리는 매 순간 식물과 대화하고 식물도 우리와 대화하는 셈이다. 우리의 생각과 그 생각의 산물, 우리 문화의 구조, 우리 발명의 방향은 각자 연금술을 행하듯 세상을 창조해 낸 무수히 많은 식물이 뒤에서 밀어준 결과다.

그러나 이런 대단한 능력을 지닌 식물도 돌아다니는 것만은 할 수 없다. 이 제한된 이동성을 고려하면, 식물이 그렇게 광범위하게 퍼져 나갈 수 있었던 것은 생명의 가장 놀라운 위업 중 하나로 볼 수도 있겠다. 일곱 대륙의 모든 땅에 들어가 자리 잡고 살기까지는 혁신과 적응, 그리고 행운이 필요했다. 살아남고, 번식하고, 복잡한 공동체를 형성하는 일, 그리고 그러는 내내 포식자와 변화무쌍한 계절, 자원 부족, 병충해를 이겨내는 것은 또 완전히 다른 문제였다.

이를 멀리 떨어진 섬에서 일하는 희귀식물학자보다 더 잘 아는 사람은 없을 것이다. 스티브 펄먼Steve Perlman은 하와이식물멸종예방프로그램의 수석 식물학자다. 내가 그를 만났을 때 그는 예순아홉 살이었고, 백발에 체격이 다부졌다. 나는 식물지능 연구라는 가시밭길 같은 분야에 들어가기에 앞서, 단순명료하고 전통적인 식물학을 보고 싶었다. 내가 하와이에 온 것은 펄먼의 작업을 보기 위함이지만, 미니밴을 타고 카우아이섬 북서쪽 끝을 향해 구불구불한 진흙 길을 덜컹거리며 올라가는 동안 우리는 감정에 관한 이야기를 나누고 있다. 펄먼은 자기가 아는 다른 몇몇 희귀 식물학자들처럼 프로작•을 먹지는 않는다고 했다. 대신 그는 시를 쓴다. 자기가 오래 알고 지낸 식물이 멸종할 때는 우울증약을 먹든 시를 쓰든 아무튼 뭔가를 하기는 해야 한단다. 멸종이라는 유달리 외로운 죽음을 맞이하는 모든 식물은 각각의 수백만 년짜리 진화 프로젝트에 마침표를 찍는 셈이다. 해당 종의 방대한 유전적 실험이 끝나버린다. 그 식물은 자기가 속한 계보의 마지막 구성원이다.

하와이에서 네 번째로 큰 섬이자 펄먼의 본거지인 카우아이섬의 모든 토종식물은 기막히게 놀라운 뜻밖의 행운과 우연의 산물이다. 모든 종은 각자 한 알의 씨앗으로 바다에 둥둥 떠서 이 섬에 도착했거나 수천 킬로미터 떨어진 곳에서부터, 그러니까 카우아이섬과 가장 가까운 대륙 사이에 있는 3,000킬로미터가 넘는 탁 트인 대양 위를 새의 배 깃털에 달라붙어 날아와 도착했다. 식물학자들은 이 섬에 상륙하는 데 성공하는 씨앗이 1,000년에 한 개나 두 개쯤일 거라고 생각한다.

• 미국에서 널리 사용되는 항우울제 약품의 대명사이다. _ 옮긴이

카우아이섬은 500만 년 전 화산에 의해 형성되었고, 지각판의 이동에 따라 화산 열점熱點에서 점점 밀려갔다. 이 섬은 아직도 북서쪽으로 매년 조금씩 이동하고 있다. 이 지질학적 출생지에서 또 하나의 섬이 생겨나고, 이어서 또 다른 섬이 생겨나 같은 방식으로 왼쪽으로 떠밀려간다. 카우아이는 하와이에서 제일 먼저 생겨난 섬이다. 즉 가장 오래된 섬이므로, 떠돌던 씨앗이 와서 모일 시간도 가장 길었다. 새로 도착한 씨앗이 카우아이의 젊은 땅에 뿌리를 내리면, 그 씨앗은 완전히 새로운 종으로 진화했다. 그런가 하면 각자 이 섬의 완벽한 기후 조건이 제공하는 편안한 품 안에서 서로 다른 삶의 방식을 시도해보는 가운데 몇 가지 새로운 종으로 진화하는 경우들은 더 많았다. 이는 적응방산이라 알려진 과정이다. 그 결과 몇 개의 종에서 수천 개의 변이형이 나타났고, 새로운 변이형은 모두 고유종, 즉 오직 그 섬에만 존재하는 종이 되었다.

통통 튀며 달리는 미니밴의 차창을 내다보며 나는 이 장엄한 사실을 마음속에 담아두려 노력했다. 차는 펄먼이 몰고 있었다. 달리는 밴의 옆면을 부성한 고사리 잎들이 마치 장갑 낀 손들처럼 스치며 쓸어댔다.

길의 한쪽 옆을 따라 이어지는 낭떠러지는 몇백 미터 아래로 곤두박질치며 희미한 녹색으로 뒤덮인 협곡이 되었다. 우리가 더 높은 고도로 올라갈수록 밴을 에워싸는 안개도 더욱 짙어졌다. 차창 밖 무성한 초목들이 금세 축축한 녹색 얼룩으로 변했다. 길이 평탄해지자 펄먼은 차를 세우고 걸어 나갔다. 지금 우리는 아주 높은 곳에 있다. 그는 작업용 부츠의 발끝이 낭떠러지 가장자리에 걸쳐질 때까지 성큼 성큼 걸어가 아래를 내려다본다. 수직으로 떨어지는 벼랑을 뒤덮은 고사리들은 북실북실한 털코트처럼 보이고, 작은 야자나무들이 기묘한 각도로 튀어나와 안개 속으로 뻗어 있다. 이 절벽들은 바닥 부분에서 작은 반달 모양의 계곡을 형성하고 있는데, 계곡의 반대쪽 가장자리는 태평양이다. 우리 발아래로 뻗은 수백 미터는 모든 색조와 명암의 녹색으로 가득 채워져 있다. 진줏빛을 띤 습기가 모든 것에 마치 거미줄처럼 달라붙어 있다.

여러 면에서 카우아이섬은 식물이 한 세계를 맡아서 책임질 때 그 세계가 어떤 모습이 될지를 우리에게 보여주는 최고의 예시다. 섬 전체가 식물들의 전적인 자유에서 탄생한 초현실적 산물들로 뒤덮여 있다. 아무 두려움 없이 진화하는 것이 허용될 때 식물은 얼마나 정교하고 과감하게 독특함을 발산하게 되는지. 예컨대 히비스카델푸스 *Hibiscadelphus* 속을 살펴보자. 하와이에만 자라는 이 식물에는 긴 관 모양의 꽃이 피는데, 이는 바로 이 꽃의 수분을 담당하는 꿀먹이새 honeycreeper의 구부러진 부리에 딱 맞도록 맞춤 제작된 것이다. 그리고 학명 브리가미아 인시그니스*Brighamia insignis*, 하와이어로는 올룰루Ōlulu라 불리는 화산야자vulcan palm도 있다. "꼬챙이에 끼운 양배추cabbage on a stick"라는 별명이 이 나무의 모양을 절묘하게 묘사한다. 수만 년이 넘는 세월에 걸쳐 이 나무는 극도로 희귀한 '멋진 녹색 스핑크스 나방fabulous green sphinx moth(실제 이름이다)'만이 수분할 수 있게 진화했다.

브리가미아는 멸종예방프로그램 초창기에 펄먼의 구조 노력 덕에 완전히 사라질 위기에서는 벗어났지만, 야생 환경에서는 여전히 절멸위급종이다. 당시 펄먼은 밧줄에 매듭을 짓고 손수 만든 도구를 써서 나팔리 해안 절벽 너머로 내려갔다. 그리하여 해발 1.2킬로미터 높이에 매달린 채, 멋진 녹색 스핑크스 나방을 흉내 내기 위해 아내한테서 빌려온 작은 화장솔을 가지고 조심스레 수술의 꽃가루를 암술에 옮겨주었다. "제대로 했는지는 나중에 보면 알아요." 펄먼의 말이다. "나중에 다시 가보면 무르익어 씨앗들이 막 터지려 하는 상태의 열매들을 볼 수 있거든요." (브리가미아는 현재 네덜란드에서도 재배되고 있으며, 그곳에는 이 식물로만 가득한 온실들이 있다. 암스테르담에서 창가에 브리가미아 화분을 두고 키우는 사람들이 이 식물이 거기 도착하기까지 어떤 드라마를 겪었는지 알고 있을까.) 또 어떤 식물들은 매우 특정한 고도에서만 살도록 적응했다. 이를테면, 바로 위에 자라는 양치식물에서 떨어지는 작은 물방울들이 습도 균형을 완벽하게 맞춰주는 낭떠러지 특정 위치에서만 자라는 식물도 있다.

카우아이섬 바깥에서는, 그러니까 지구상의 거의 모든 곳에서는 상당히 다른 식물 진화의 궤적이 펼쳐졌다. 씨앗을 맺고 꽃을 피우는 식물들은 약 2억 년 전에 처음으로 나타났다. 그 후로 이 식물들은 싹을 틔우는 순간부터 시작되는 온갖 위협에 적응하면서 수십만 종으로 나뉘며 진화했다.

뿌리를 내리겠다고 결심할 때, 씨앗은 어마어마한 도박을 하는 것이다. 씨앗이란 영양분에 감싸인 배아인데, 언젠가 한 씨앗 연구자는 내게 씨앗이란 "자기 도시락과 함께 도시락 상자 안에 들어 있는 식물"이라고 묘사했다. 그 상자 안에는 전체 식물의 청사진이 잠든 채로, 하지만 내내 살아 있는 채로 들어 있다. 한 알의 씨앗은 첫 뿌리를 뻗어내기에 알맞은 조건을 끈기 있게 기다리며 10년이 넘도록 바람에 날려 굴러다닐 수도 있다. 일단 첫 뿌리를 뻗은 식물은 이동의 가능성을 모조리 포기한 셈이고, 이동할 수 없으니 이제부터는 자기가 서 있는 바로 그 자리에서 닥쳐오는 모든 위협을, 바람, 눈, 가뭄, 동물의 입을 직면해야 한다.

아기 식물의 뿌리는 세상에 나오기로 결심한 후에는 48시간 안에 물과 영양분을 찾아내야 하고 그런 다음 한 장 또는 두 장의 잎을 흙 위로 밀어내 광합성을 시작해야 한다. 그러지 않으면 이내 씨앗에 들어 있던 자원이 바닥나 죽어버린다. 어느 식물이든 최초로 나오는 초록 부분은 미리 조립되어 씨앗 안에서 접힌 채 기다리고 있다. 사전 조립된 이 소형 식물은 그 식물 자체와는 별로 닮지 않았고, 만화로 그린 듯한 짧은 녹색 줄기에 돋은 초록 떡잎 한 장 혹은 두 장으로 이루어진다. 식물을 표현하는 이모티콘이 바로 이런 모양인데, 사실 이 모습은 일시적 형태일 뿐이다. 떡잎은 최초의 개척자 뿌리가 끌어올린 수액 한 방울을 마신 뒤 펼쳐지며 부풀어 이내 광합성 작업을 개시한다. 이 작업이 성공적으로 이루어졌다면 이 초기 식물체, 공기와 빛의 세계로 가는 이 우주 왕복선은 로켓의 부스터처럼 떨궈지면서 진짜 잎들로 대체된다. 그리고 이렇게 나온 본잎들의 형태는 무한히 다양하다. 무엇이 버텨낼지 점검하는 이 시험 기간이 지난 뒤에야 식물은 원래 예정된 자신의 모습을 닮아가기 시작하고, 자신이 속한 계통의 특성들로 외양을 꾸미고 그런 다음 새로운 환경에 맞게 그 특성들을 적응시킨다.

이 시점에도 식물은 자신의 어린 생명에 가해지는 수많은 위협 중

겨우 첫 위협 하나를 이겨낸 것에 불과하다. 어떤 씨앗이든 완전한 성체로 자라날 가능성은 티끌만큼 작다. 식물을 뜯어 먹는 초식동물이 초기 위협의 상당 부분을 차지한다. 이 동물들은 넓은 땅을 누비며 먹이를 찾아다닐 수 있을 뿐 아니라 필수적인 중추 신경계도 갖추고 있다. 식물에게는 이런 이점이 전혀 없고 달아날 방도도 없다. 대신 이들은 괴롭히는 존재로부터 자신을 방어할 독창적이고 정교한 수단을 개발했을 뿐 아니라, 씨앗 상태로 처음 자리 잡은 바로 그 자리에서 평생 영양분을 빨아올릴 방법도 강구했다.

이동 불가능성에서 오는 위험은 식물이 자연계에서 유독 인상적인 여러 적응을 이뤄내도록 이끈 원동력이었다. 그중에서도 식물이 이룬 가장 큰 성취는 해부학적 탈중앙화일 것이다. 식물은 모듈식으로 구성되어 있다. 즉, 잎 한 장을 떼어내면 새로운 잎을 낼 수 있다. 자신을 보호해 줄 중추 신경계가 없으므로, 생존에 필요한 기관들은 곳곳에 분산되어 있고 그중 다수가 중복적으로 존재한다. 식물이 자기 몸을 조정하고 보호하기 위한 기가 막힌 방식들을 진화로 만들어낸 것 역시 같은 이유에서다. 그 상대가 포유동물이든 벌레든, 자신을 위협하는 적의 살이나 외골격을 꿰뚫을 수 있는 가시나 뾰족한 돌기, 뾰족한 털을 놀랍도록 정밀하게 발달시킨 식물들도 있다. 어떤 식물은 끈적하고 달짝지근한 당분을 분비해 적들을 꾀어 들이고는 배고픈 천적의 입이 그 끈끈한 액체에 달라붙어 움직일 수 없게 만들어버리기도 한다. 또 어떤 식물의 꽃은 꽃꿀을 훔쳐 가는 개미들의 접근을 차단하기 위해 유난히 미끄럽다. 식물의 적응은 어떤 방식이든 대체로 매우 경제적인 방법으로, 매우 구체적인 목적을 달성한다. 아주 작은 변이에도 나름의 목적이 있다. 이는 식물생리학의 모든 영역에 해당하는 말이다. 한 식물의 몸을 구성하는 모든 부분에는 분명한 존재 이유가 있으며, 각자의 임무에 맞춰 정밀하게 조정되어 있다. 더도 덜도 말고 딱 필요한 일을 해내도록 말이다.

한 자리에 붙박여 있으니 식물이 수동적일 거라는 생각은 화학 무기를 만들어내는 식물들의 엄청난 능력을 살펴보면 순식간에 사라진다. 식물은 합성해 낼 수 있는 화학물질의 미묘함과 복잡성 측면에서 인간의 가장 뛰어난 기술마저 능가하는, 그야말로 합성 화학자들이다. 잎은 누군가 자기를 갉아먹고 있음을 감지하면 공기로 운반되는 화학물질을 만들고 뿜어내 가장 멀리 있는 가지들까지 면역계를 가동하라고 알린다. 이어서 모든 가지들은 자기에게 접근하는 진딧물 및 식물을 먹는 각종 벌레들을 단념시킬 더욱 고약한 화학물질들을 만들어낸다. 몇몇 식물종은 애벌레의 침 속 화학물질을 감지해 그 애벌레의 종까지 식별할 수 있고, 그런 다음 바로 그 종을 먹는 포식자를 불러들이는 정확한 화학물질을 합성할 수 있다는 것이 밝혀졌다. 그 다음에는 기생벌들이 그 신호를 알아차리고 기꺼이 다가와 애벌레들을 처리해 준다.

하지만 카우아이섬의 식물들은 이런 방어수단을 전혀 갖추지 못했다. 아니면 적어도 훨씬 적게 갖추었다. 이들은 자기네 조상이 과거에 갖고 있었을지도 모를 방어기제—가시나 독이나 고약한 냄새—를 이 섬에 상륙한 뒤로는 모조리 내던져버렸다. 커다란 육지 포유류나 파충류, 혹은 잠재적 포식자가 본토에서 이 외딴 섬까지 이동해 온 일이 없었기 때문이다. 실제로 하와이의 모든 열도를 통틀어 유일한 토착 육지 포유류는 작고 털이 보송한 박쥐 한 종뿐이다. (이 박쥐의 조상이 북미에서 이곳까지 이동해 왔을 거라고는 생각할 수도 없고, 아마 폭풍에 휩쓸려 왔을 것이다.) 식물의 진화 관점에서 보자면 막아야 할 포식자가 없는데 굳이 방어에 에너지를 쏟을 이유는 없다. 그래서 박하에서는 민트오일이 사라졌고, 쐐기풀에서는 따가운 털들이 없어졌다. 과학자들은 음산하게도 이 과정을 특정 종들이 "천진해지는" 과정이라고 표현한다.

일단 위협이 나타나면 이 행복한 천진성은 종종 치명성이 된다. 현재 카우아이섬은 하와이를 이루는 나머지 섬들과 마찬가지로, 다른 곳의 덜 안락한 환경에서 진화해 온 침입종들에게 포위되어 있다. 이 침입종들은 살아남기 위해서는 그럴 수밖에 없었기에 더 공격적이다. 감정이 덜 실린 표현으로 설명하자면, 더 지략이 뛰어나다. 카우아이섬에서 침입종들은 아주 손쉽게 틈새 생태를 장악한다. 천진한 토착 식물들은 그들을 당해낼 재간이 없다. 그 결과 하와이에서는 일 년에 식물 한 종이라는 속도로 멸종이 일어나고 있다. 자연적 환경에시는 대략 1만 년에 한 종이 멸종하는데 말이다. 펄먼이 개입하는 것이 바로 이 지점이다. 펄먼과 현장 동료 켄 우드Ken Wood는 개체 수가 50본 이하인 식물들만을 대상으로 하는데, 50본보다 훨씬 적은 두세 개체만 남은 식물도 많다. 내가 방문한 당시 개체 수가 그 정도밖에 안 되는 위기종 식물은 238종이 있었는데, 그중 82종이 카우아이의 식물이었다.

펄먼이 없다면 하와이의 희귀 식물들은 완전히 멸종할 것이다. 그가 있기에 그 식물들은 적어도 희망이라도 가져볼 수 있다.

펄먼은 식물들에게 다가가기 위해 라펠을 타고 낭떠러지 아래로 내려가고, 이 태평양 섬의 외딴 절벽 면에 매달리듯 모여서 자라는 겨우 다섯 개체의 식물에 닿기 위해 때로는 헬리콥터에서 뛰어내리는 일도 감행한다. 마지막 남은 수그루들과 암그루들이 자연적 수분으로 번식하기에는 너무 먼 거리에 있다면 수그루의 꽃가루를 봉지에 정성스럽게 받아다 암그루에게로 가져가서, 붓으로 생식 기관에 묻혀 준다. 이런 식물들을 찾아내려면 배낭에 큼직한 도구들을 넣을 귀한 공간을 확보하기 위해 그래놀라바와 은박 파우치에 담긴 참치만 먹으며 며칠 동안 트레킹을 해야 한다. 때로는 찾던 식물에 너무 일찍, 그러니까 해당 식물이 아직 성적으로 성숙하지 않았거나 꽃이 벌어지기 전에 도착하기도 하는데, 그러면 그 모든 일을 뒤로 미루어야 한다.

이 일의 시간 집약적 성격 때문에 펄먼은 자기가 구하고자 하는 식물들과 모종의 관계를 형성할 수밖에 없다. 그도 항상 성공하는 것은 아니다. 그건 불가능한 일이다. "나는 이미 야생에서 20종 정도가 멸종하는 것을 지켜봤어요." 펄먼의 말이다. 어떤 종의 마지막 개체가 죽어가는 동안 펄먼은 그 옆에 앉아 곁을 지켜주었다. 식물의 죽음 역시 인간의 죽음처럼 생물학과 철학 두 영역에 함께 걸쳐 있는 문제다. 심장이 기능을 멈추면 사람은 죽은 것일까? 아니면 뇌가 멈췄을 때? 식물은 살아 있는 세포 몇 개만 있어도 실험실에서 기술적으로 온전히 복제해 낼 수 있다. 하지만 살아 있는 세포가 몇 개만 남은 식물은 건강한 식물이 아니다. 펄먼은 야생에서 무럭무럭 자랄 가능성이 완전히 사라질 정도로 조직의 상당 부분이 죽은 식물은 죽은 것으로 간

주한다. 그런 식물은 수분이 빠져 시들시들해지고 갈색으로 변하다 스러진다.

한 식물의 진화적 발명품이 더는 작동하지 못하게 되었을 때도 펄먼에게는 그 식물을 구해야 할 이유가 충분하다. 외딴곳 험준한 절벽 표면에 자라고 있더라도 거기 닿을 수만 있다면 그 한 종을 그냥 저버려서는 안 된다. 혹은 우드의 말처럼 "우리는 시도할 겁니다. 왜냐하면 시도를 그만두지 않을 거니까요". 서글프지만 실패는 이 일의 한 부분이다. 한 번은 토종 꽃의 마지막 개체 하나가 마침내 시들어 죽었을 때, 펄먼은 그 개체를 땅에서 파내 바에 데려갔다. 감정에 북받친 그는 그 식물의 삶을 기리며 건배를 올렸다.

대부분의 사람은 희귀 식물에 대해 별다른 감정을 느끼지 않으며, 멸종 직전의 희귀 식물을 구출하려고 분투하는 이들이 있음을 모르는 사람은 더 많을 거라고 해도 틀린 말은 아닐 것이다. 평균적으로 사람들은 몇 종의 개들은 구별할 수 있지만, 너도밤나무와 자작나무, 혹은 밀 이삭과 호밀 이삭을 구별하는 경우는 훨씬 드물다. 충분히 이해할 수 있는 일이다. 식물은 우리와는 너무 다른 맥락에서 진화히여 진화적으로 우리와 더 멀리 떨어져 있으니 말이다. 한 자리에 뿌리내린 채 빛을 먹으며 자라고, 수십 년 혹은 수 세기 동안 생명을 유지할 수단을 찾아 끊임없이 자기가 속한 환경을 탐색하는 것이 식물이다. 식물이 살아가는 방식이 우리에게는 너무나 낯선 나머지 심지어 우리는 식물에게도 삶의 방식이 있다는 사실을 상상도 못 하는 경우가 많다.

이처럼 '제대로 보지 못하는' 상태는 식물학자들이 개탄하는 "식물맹"이라는 문제로, 식물이라는 생명체를 사자와 송어가 다른 것처럼 서로 다른 개체, 유전적으로 구별되며 파괴에 취약한 개체들로 보기보다 전혀 구별되지 않는 덩어리로만, 세상의 녹색 얼룩으로만 보는 경향이다. 식물맹이라는 용어는 어떻게 해야 자기가 인생을 바쳐 연구하는 대상에 대중이 눈길이라도 줄지 두 손을 쥐어짜며 노심초사하는 과학자들의 연구논문이나 콘퍼런스에 자주 등장한다. 식물맹이 존재한다는 사실은 곧 식물학자들이 기초 연구 자금을 확보하기 위해 끊임없이 허덕여야 한다는 뜻이다. 그리고 인간 경제에 포함되는 소수의 식물—예컨대 소의 사료로 쓰이는 전분 함량이 아주 높은 옥수수나 우리가 마시는 두 종의 커피—이 아닌 경우, 특정 식물을 구해내야 하는 필요성을 사람들에게 설득하기가 늘 너무나 어렵다는 뜻이기도 하다.

일반적으로 인류는, 우리의 모든 풍경에 틀이 되어주고 우리 주변의 포장되지 않은 땅이면 어디에나 깃들어 살고 있는 보드라운 녹색 살들에 관해 아는 것이 매우 적다. 식물의 세계에는 식물을 거들떠보지도 않는 어떤 종은 알지 못하는 잘 감춰진 비밀들이 있다. 동시에 식물은 우리의 생물학적 측면과 문화의 영역에 영향을 미치는 지고의 권위도 지니고 있다. 게다가 우리가 식물과 비슷하게 무시하는 세균과 균류 역시 그 영향력의 영역을 식물과 공유하고 있다는 점도 언급해야 할 것이다. 우리는 어리석은 판단에 사로잡혀 엉뚱한 대상에게 충성을 바쳐왔는지도 모른다.

우리가 전반적으로 식물에 관심이 없는 이유로 흔히 식물이 느리다는 점을 꼽는다. 그러나 식물의 세계는 우리와는 다른 시간 척도상에 존재한다. 이를테면 어린 오이가 하루에도 몇 번씩 덩굴을 감았다 풀었다 하고 앞으로 뒤로 흔들리는 것과 같은 식물의 일상적인 움직임이 우리에게는 잘 보이지 않는다. 그런 움직임은 우리 중에서 가장 끈기 있는 사람만이 알아차릴 수 있을 만큼 아주 느리게 일어난다. 그렇지만 느림이란 상대적인 개념이다. 마흔 살 된 나무는 마흔 살 된 사람보다 키가 훨씬 더 클 것이다. 콩은 한 달도 안 되는 사이 열 살 아이의 키만큼 자랄 수 있고, 칡넝쿨은 2주 만에 자동차 한 대를 집어삼킬 수 있다.

나에게는 식물맹이 그보다 더 깊이 자리한 무엇으로, 가치 체계와 긴밀하게 연관된 문제로 여겨진다. 가치 체계란 문화적 관점의 산물이다. 사실 식물맹 문제가 모든 문화에 다 존재하는 것은 아니다. 전 세계의 거의 모든 토착민 집단은 식물과 친밀한 관계를 맺고 있으며 식물의 삶을 더 익숙히 알고 있다. 식물에게 인격을 부여하는 문화도 많은데, 그들에게는 인간도 그저 인격체의 한 유형일 뿐이다. 사람 인격체와 식물 인격체가 말 그대로 친척 관계인 경우도 종종 있다. 가넬라라는 브라질의 한 토착민 집단에서는 식물을 자신들의 가계 구성원에 포함시킨다.[7] 정원을 가꾸는 사람들은 부모이고 콩과 호박은 딸들과 아들들이다. 메리 시시프 지니어스Mary Siisip Geniusz는 아니시나베• 민족의 식물에 관한 전통적 가르침을 모은 《식물은 우리에게

• '최초의 사람' 또는 '참된 사람'이라는 뜻으로, 북미의 선주민족 가운데 오대호 지역을 중심으로 거주하는 오지브와족, 오타와족, 포타와토미족, 알곤킨족, 니수카족, 솔토족 등 알곤킨어족 언어와 신화, 문화유산을 공유하는 집단이다. _옮긴이

줄 것이 아주 많고, 우리는 요청하기만 하면 된다Plants Have So Much to Give Us, All We Have to Do Is Ask》⁸라는 책에서 자기네 오대호 지역 사람들이 세상을 이해하는 방식에서는 식물의 우위성이 핵심이라고 썼다. 식물은 바람, 바위, 비, 눈, 천둥이라는 가장 "큰 형님들" 바로 다음으로 창조된 세계의 "둘째 형"이다. 식물은 큰 형님들에게 자기네 생명을 의존하는 동시에 식물 이후에 창조된 모든 생명을 떠받친다. 인간 이외 동물들은 "셋째 형"으로, 이들은 자연의 요소들과 식물들 모두에 의존한다. 그리고 오직 인간만이 최소한의 생존에도 다른 세 형제 모두를 필요로 한다. 지니어스는 이렇게 썼다. "인간은 이 지구의 주인이 아니다. 우리가 속해 있는 이 가족에서 우리는 아기들이다. 우리가 가장 나약한 존재인 것은 우리가 가장 의존적이기 때문이다."

지니어스가 연결, 의존, 친족 관계를 이야기하는 지점에서 대부분의 유럽식 사고는 거리와 분리에 집착한다. 식물이나 채소를 뜻하는 베지터블vegetable이라는 단어의 의미가 변질된 사례만큼 이를 극명하게 보여주는 예도 없을 것이다. 현재 이 단어는 뇌사 상태인 사람을 무례하게 지칭하는 데도 쓰인다. 그러나 중세 라틴어에서 베게타빌리스vegetabilis는 성장하는 것 혹은 번성하는 것을 뜻했다.⁹ 동사 베게타레vegetāre는 생명을 불어넣다, 활기를 띠게 한다는 뜻이었고, 베게레vegere는 살아 있는 상태, 활기찬 상태 그 자체를 의미했다. 서구가 늘 이랬던 게 아님은 명백하다.

사상가 제인 베넷Jane Bennett이 떠오른다. 인간을 제외한 만물의 생동성에 관해 이야기할 때 사용하는 언어에 관심이 많은 베넷은, 우리가 모래밭 위에서 주체와 객체 사이에 선을 긋는 우스꽝스러운 짓을 너무 진지하게 하고 있다고 말한다. 그는 《생동하는 물질》이라는 책에서 "주체성이 시작되는 지점과 끝나는 지점을 명명하려는 철학의 기획은 인간이 나머지 모두와 다른 각별한 존재라는 환상과 결부되어 있는 경우가 너무 많다"라고 썼다.[10] 또 그 기획은 우리가 자연을 지배하고 있다는 믿음이나 혹은 신 앞에 우리가 더 우월하다는 믿음 등 기타 얄팍한 주장에 의지하는 것이며 이런 믿음들은 모두 그 기획 전체를 비현실적으로 이상적이고 실질적으로 쓸모없는 것으로 만든다. 우리가 그보다는 더 현명해질 수 있지 않을까 하고 나는 생각했다.

그렇다면 세계 내 인간의 위치에 대한 유럽 백인들의 관점은, 우리가 식물에 의존하는 존재라는 명명백백한 현실에서 어쩌다 그렇게 멀어진 것일까?

그 답의 뿌리는 아주 깊이 뻗어 있다. 고대 그리스 철학에서는 '영혼'이 생물과 무생물을 구별하는 기준이 되자마자 영혼을 지닌 존재들에 식물을 포함시켰다. 엠페도클레스는 세계를 설명한 저술에서 식물에 영혼을 부여했고, 영혼이 있다는animate, 즉 살아 있다는 바로 그 이유에서 식물을 동물animal이라고 칭했으며, 식물과 동물의 범주를 나눠야 할 이유가 전혀 없다고 느꼈다. 후에 플라톤은 식물이 비록 다양한 영혼 가운데 가장 낮은 영혼이기는 하지만 '욕망하고' '감각하는' 영혼을 갖고 있다고 묘사했다. 또한 그는 식물이 지능도 지니고 있다고 했는데, 플라톤이 보기에 지능 없이는 어떤 감각도 있을 수 없고 의도 없이는 어떤 욕망도 있을 수 없다는 단순한 이유에서였다.[11] 인간 역시 욕망하고 감각하는 영혼을 지녔지만, 이 영혼은 이성과 윤리에 의해 훨씬 향상된 것이므로 인간은, 특히 자유민은 아주 특별한 경우에 해당한다고 보았다. 이성은 우월한 의식의 징표가 되어갔고, 플라톤은 남자들만이 이성을 지닐 수 있고 여자와 아이들과 노예는 대체로 이성을 지닐 수 없다고 믿었다. 그러니 남자들이 자연 전체뿐 아니라 자기보다 못한 이 사람들까지 지배하는 것이 합리적인 일이라는 것이었다.[12]

아리스토텔레스는 플라톤보다 몇 년 뒤에 쓴 글에서 그 위계를 더욱 강화했다. 그는 스칼라 나투라이 scala naturae, 즉 자연의 사다리를 식물이 바닥에 있고 인간이 꼭대기에 있는 것으로 묘사했다. 자연의 사다리의 제일 아랫단에는 지능이란 전혀 존재하지 않으며 심지어 감각조차 존재하지 않는다는 것이 아리스토텔레스의 주장이었다. 식물보다 한 단계 위에 있는 동물들에게는, 감각은 있지만 이성은 없다고도 말했다. 이 무렵 그리스의 철학은 합리적인 원인과 결과에 대한 맹렬한 믿음 쪽으로 명백히 방향을 틀었다. 그리하여 다른 생물들과 존중하는 관계를 유지해야 한다고 보았던 고대 그리스의 믿음에서 멀어져갔다. 이제 평화를 유지하기 위해 자연의 요소들과 인간 이외의 생물들에게 경의를 표하는 제의를 올릴 필요는 없었고, 그저 무엇이 자연 현상을 초래하는지를 합리적으로 이해하기만 하면 되었다.[13] 아리스토텔레스는 식물이 이전에 인정받았던 욕망하거나 감각하는 능력마저 박탈했다. 식물은 오로지 인간의 도구로서만 존재한다는 것이었다.

여기서 우리는 갈림길 하나를 만난다. 이 갈래를 처음 만났을 때 나는 깜짝 놀랐다. 이 갈림길의 이름은 테오프라스토스Theophrastos

다. 그는 이 이야기의 대안적 마무리를, 서구의 사유가 택하지 않았지만 택할 수도 있었을 길을 제시한다. 아리스토텔레스는 세상을 떠나면서 제자들 가운데 유독 탁월했던 테오프라스토스에게 자신의 학교를 맡겼다. 테오프라스토스는 식물에 특별히 관심이 많았다. 그는 식물이 인간을 위해 사용되는 용도에 관해서가 아니라 식물 자체를 다룬 것으로 알려진 최초의 책을 펴냈다.[14] 그는 식물의 행동을, 그러니까 식물이 어떻게 자라며 무엇을 추구하는지, 어떤 것을 좋아하고 싫어하는 것으로 보이는지를 묘사했다. 그가 보기에 식물은 전혀 수동적이지 않았고 오히려 항상 움직이며 자신들의 욕망을 추구했다. 그리고 믿기 어렵지만 테오프라스토스는 농업도 협동의 관계로 묘사했다. 재배되는 식물들이 야생의 같은 식물에 비해 수명이 더 짧아져서 손해를 입는 것 같지만, 식물들이 줄어든 수명을 약탈자로부터 보호받고 필요한 모든 음식과 물의 혜택을 얻는 데 대한 합리적인 거래로 여긴다는 게 그의 생각이었다.[15] 테오프라스토스는 식물을 욕망과 그 욕망을 만족시키려는 의지를 지닌 자율적 존재로서 진지하게, 흔쾌히 받아들인 것으로 보인다.

또 하나 흥미진진한 것은, 그가 아리스토텔레스와 달리 어떤 상상의 위계에서 식물이 어느 위치에 있는지 단정하지 않으면서, 동물 및 인간과는 완전히 다른 식물만의 방식들을 이야기했다는 점이다. 그가 사람과 식물 사이의 어떤 유사점들을 찾아내기는 했다. 특히 식물의 몸속에 흐르는 액체를 동물의 혈액과 같은 것으로 취급하며 둘 다 관 속을 흐른다는 점을 지적했고, 나무의 고갱이를 "심재心材, heartwood"라고 묘사했는데 이는 우리가 오늘날에도 사용하는 용어다.¹⁶ 그러면서도 그는 식물을 단순히 인간과 유사하면서도 열등한 존재로 여기지는 않는다는 점을 분명히 했다. 식물은 동물에 빗대어 재단할 수 없는, 전적으로 자신들만의 범주를 이룬다는 것이었다. 심장과 고갱이의 유비는 그저 이해를 돕는 다리로서만 유용하다. "우리는 더 잘 알려진 것의 도움을 받아 알려지지 않은 것에 대한 앎을 추구해야 하며, 더 잘 알려진 것이란 우리의 감각에 더 크고 더 명확하게 감지되는 것들이다."¹⁷ 나에게 이는 심오하게 인간적인 태도로 여겨진다. 테오프라스토스는 독자들이 있는 자리로 다가가, 인간적 관점 때문에 시야가 제한된 그들이 잘 이해할 수 있는 은유를 사용했다. 간단히 말해서 식물의 복잡성에 관한 글을 쓸 때 그는 인간의 한계를 인식했다. 테오프라스토스의 모델이 더 큰 영향력을 발휘했다면 현대사는 어떤 모습이 되었을까? 그러나 시간의 장난과 주도적인 흐름에 따라 자연과학에, 그리고 이후 서구의 도덕성에 달라붙은 것은 그의 모델이 아니라 아리스토텔레스의 위계였다. 그 결과는? 아주 많은 사례를 꼽을 수 있다. 하지만 아마도 그 전통의 유산을 가장 상징적으로 보여주는 것은 20세기 초입까지도 원형극장에서 의식이 있는 개들을 산 채로 해부한 일이 아닐까?

아리스토텔레스는 인간에게는 '이성적 영혼'•이 있지만 다른 모든 동물에게는 '운동의 영혼'만 있으며, 운동의 영혼이 동물들을 아무 생각 없이 앞으로, 번식과 생존으로 몰고 간다고 믿었다. 이러한 전반적

• 테오프라스토스는 식물이 "이러한 내적인 변화를 자신에게 적절한 것으로 받아들일 수도 있고, 그 변화를 요구하고 추구하는 것은 합리적인 일"이라고 썼다.《식물의 원인에 관하여De Causis Plantarum》.

인 사고가 2,000년 동안 서구 세계에서 지배적 영향력을 행사했고, 17세기 들어 프랑스의 철학자이자 과학자 르네 데카르트가 이를 다시금 다듬었다. 그는 동물의 육체는 물리학과 화학으로 풀 수 있는 퍼즐이라는 믿음을 가지고 '동물 기계animal machine'라는 개념을 대중화했다.[18]

요컨대 200년 뒤 1874년에 생물학자 토머스 헉슬리Thomas Huxley가 한 말처럼 "생명 현상은 물리적 세계의 다른 모든 현상과 마찬가지로 기계적으로 설명할 수 있다"는 것이었다.[19] 과학에 대한 데카르트의 영향력은 시간이 흐를수록 더욱 강해지기만 했다. 그 시대의 새로운 발전들은 하나같이 그의 관점을 뒷받침하는 것으로 보였기 때문이다. 생리학과 해부학은 신체가 작동하는 방식, 예컨대 우리가 어떻게 음식을 소화하고, 호흡하고, 움직이는지에 관해 핵심적으로 중요한 사실들을 알아냈다. 그 각각의 과정은 꽤 기계적인 방식으로 드러났다. 유럽의 과학자들은 이제 곧 생명의 힘 자체가 발견될 것이라 느꼈고, 그 힘을 발견한다면 분명 피나 뼈처럼 또 하나의 기계적인 성분으로 밝혀질 거라고 생각했다. 때는 프랑켄슈타인의 괴물의 시대였다. 조각들을 정확히 끼워 맞추기만 하면 날것의 생명 자체도 만들 수 있다고 믿었던 시대.

하지만 인간은 기계적 본성의 육체를 지녔음에도 그들을 다른 동물들과 구별하는, 말로 표현할 수 없는 이성과 영혼 역시 지니고 있었다. 당시의 생각으로는 개들에게는 그런 것이 없었다. 개가 주변 환경을 지각하는 방식, 혹은 심지어 감각을 느끼는 방식도 진정한 의미의 의식적 경험이 아니라 자동 장치의 기계적 반사라는 생각이었다. 짖는 것처럼 고통을 표현하는 모든 행동 역시 마찬가지, 그냥 반사작용일 뿐이었다. 이 모든 견해가 과학적 사실로 여겨졌다. 그리고 동물을 기계적 존재로 여기는 태도는 인간이 과학 연구를 위해 산 채로 동물을 해부할 때 어떤 죄책감도 느끼지 않게 해주었다.

1800년대에는 생체해부가 다시 유행하면서 새로운 과학적 이해를 이끌어갔다. 영국의 생리학자 윌리엄 하비William Harvey는 살아 있는 동물을 해부한 덕에 혈액의 순환 방식을 정확히 묘사한 최초의 유럽인이 되었다. (다마스쿠스의 아랍인 의사 이븐 알나피스Ibn al-Nafis는 그보다 300년 전에 폐순환을 정확히 설명해 하비를 훨씬 앞질렀다.)[20] 유명한 프랑스 생리학자 클로드 베르나르Claude Bernard는 1860년대에 가족이 기르던 개를 생체해부했다고 알려져 있다. 전해지는 이야기에 따르면 집에 돌아와 베르나르가 한 짓을 알게 된 아내와 딸들은 그를 떠나 초기의 생체해부 반대협회에 가입했다. 생체해부 유행이 끝난 것은 과학이 생각을 바꾸었기 때문이 아니라, 최초의 동물복지협회들이 생겨나 생체해부에 반대했기 때문이었다. (대부분의 경우 여성이 이끌었다.)

아주 가까운 과거까지 사람들이 동물을 어떻게 보았는지 되짚어 보는 것은 과학적 견해가 끊임없이 변화함을 보여주는 강력한 예라는 점에서 식물에 관한 우리의 이야기에도 꽤 유용하다. 또한 그 변화는 철학과 윤리학이 인간 이외의 생물들을 보는 관점에 어떻게 개입할 수 있는지도 보여준다. 만약 전적으로 과학에만 맡겨두었다면, 동물을 어느 정도라도 인간적으로 대할 가치가 있는 존재로 여기기까지 (그런 생각의 변화가 실제로 일어났을 거라고 가정할 때) 훨씬 더 오래 걸렸을 것이다. 오늘날 우리는 마치 아량을 베풀 듯 적어도 일부 동물들에게는 성격과 지능을 인정하며, 그걸 그리 대단한 일로 여기지도 않는다. 또한 우리는 동물에게 해를 입히는 것은 잔인한 짓이라고 판단한다. 물론 사람이 동물에게 해야 하고 하지 말아야 할 일에 대한 도덕적 기준은 여전히 대체로 매우 느슨하고, 종에 따른 편애도 있다. 하지만 요점은 과거에는 존재하지 않았던 인간적 대우의 윤리라는 것이 지금은 존재한다는 것, 그리고 우리가 그걸 극히 당연하게 여긴다는 것이다.

사실 과학자들이 어느 동물에게라도 의식이 있다고 생각하기 시작한 것도 인터넷이 등장한 이후이니 정말 얼마 되지 않은 일이다. 1976년에 도널드 그리핀Donald Griffin이라는 동물학자가 《동물의 인식 문제The Question of Animal Awareness》라는 책을 출간하여, 동물의 인지를 진지하게 고려해야 한다는 주장을 펼쳤다. 그리핀은 1944년에 동료 한 명과 함께 박쥐가 반향정위로 비행한다는 사실을 발견한 장본인이다.[21] 한평생을 박쥐들을 지켜보며 보낸 그는 박쥐에게도 내면세계가 있다고 확신하게 되었다. 박쥐들에게는 행동의 유연성, 다시 말해 외적 상황이 변함에 따라 행동을 바꿀 수 있는 능력이 있으며, 이는 진정한 지능의 징표라고 그리핀은 말했다. 그는 박쥐들이 먹이를 찾는 기발한 기술을 개발하는 모습을 지켜보았다. 또한 박쥐들은 날면서 실시간으로 판단과 결정을 내리는 게 분명해 보였고, 사람들이 하는 것과 똑같은 문제해결 능력도 다수 보였다. 그는 동물의 생각과 이성을 제대로 연구해야 한다고 힘주어 말했다. 신경과학이 이렇게 발전했는데도 아직 아무도 인간의 뇌에서 그 신성한 '의식'이란 것을 인간에게 부여하는 고유한 부위를 찾아내지 못했다. 이제는 그 기계 속 '유령'을 포기해야 할 때가 아니겠냐고 그는 물었다.

이후 그리핀은 의인화의 죄를 저질렀다며 널리 비판받았다. 그런 논의가 조금이라도 진지하게 받아들여지려면 아직 수년의 시간이 더 흘러야 했다. 하지만 그리핀의 글은 동물의 의식이라는 개념을 논의의 지도 위에 올려놓았다.

연구자들은 1960년대의 신경과학 혁명을 거치고 나서야 '마음'이란 것을 과학자가 사람의 뇌를 직접 관찰하기보다 행동을 지켜봄으로써 연구할 수 있는 대상으로 여기게 되었다. 1990년대와 2000년대에 이르자, 야심 찬 동물학자들은 돌고래와 앵무새, 개에게 그런 기법을 적용했다. 그들은 코끼리들이 거울에 비친 것이 자신임을 인지할 수 있고, 까마귀가 도구를 만들 수 있으며, 고양이들은 사람의 유아와 똑같은 애착 유형을 보인다[22]는 것을 알아냈다.

그리핀이 자기 분야의 사람들을 향해 호소한 지 겨우 40년이 지난 오늘날에는 동물의 인지에 관해 이야기하고, 개별 동물의 행동을 연구하고, 동물에게 성격을 부여하는 것이 이단적인 일이 아니다. 사실상 주류에 더 가까이 다가가 있다. 2012년에 한 무리의 과학자들이 케임브리지대학교에 모여 모든 포유류와 조류 그리고 "문어를 포함하여 다른 많은 생물"에게 공식적으로 의식의 존재를 인정했다.[23] 비인간 동물들에게는 모두 의식 상태를 드러내는 물리적 표지가 존재하며, 그들은 명백히 의도성을 갖고 행동한다. 그들은 이렇게 선언했다. "무겁게 쌓인 증거들은 인간만이 유일하게 의식을 생성하는 신경학적 기질을 지닌 존재가 아니라는 결론을 제시한다."

그 목록은 길지 않았다. 포유류, 조류, 문어가 다였다. 그러나 연구자들이 어디를 살펴보든, 모든 동물의 내적 삶에는 우리가 가능하다고 여겼던 것보다 훨씬 더 많은 것이 존재하는 듯했다. 우리가 생각하는 종들의 질서에서 포유류와 조류 다음에는 무엇이 오는 걸까? 파충류? 아니면 곤충? 도마뱀들은 미로를 헤쳐나가는 방법을 학습할 수 있다는 것이 밝혀졌는데,[24] 이는 도마뱀들이 흔히 지능의 표지로 여겨지는 행동 유연성을 지녔음을 알려준다. 최근 여러 예술 양식들을 구별할 줄 아는 것으로 밝혀진 꿀벌들은[25] 정교하고 상징으로 가득한 '8자 춤waggle dance'을 춰서 벌집의 동료들에게 먹이를 찾으려면 정확히 얼마나 멀리 가야 하는지, 태양을 기준으로 어떤 각도로 날아가야 하는지 알려준다.[26] 벌들에게 일종의 주체성이 있을 수도 있다고 암시하는 새로운 연구도 있는데[27] 주체성은 일부 사람들이 의식의 존재를 나타내는 표지로 여기는 것이다. 곤충 다음에는 이제 어디로 더 내려가서 봐야 할까? 식물은 어떨까?

바로 지금, 식물학자들의 한 진영은 이제야말로 의식과 지능에 대한 우리의 관념을 확장하여 식물을 포함해야 할 때라고 주장하고 있다. 다른 진영은 그것은 비논리적인 길이라고 주장한다. 그리고 더 많은 수의 식물학자들은 둘 사이에 앉아서 주목할 만한 작업들을 조용히 수행하며 이 커다란 논쟁이 어떤 결론으로 귀결될지 지켜보며 기다리고 있다. 나도 그들과 함께 앉아 있다. 논쟁이 어디로 갈지는 나도 모른다. 하지만 지금 우리가 식물의 삶에 대한 새로운 이해의 절벽 위에 서 있는 것은 분명하다. 과학은 하나의 거석처럼 느껴질 수 있다. 오늘의 과학이 진실이라 선언하면 앞으로도 언제나 영구히 진실일 것처럼 말이다. 그러나 세상만사는 아주 빨리 바뀔 수 있다.

언젠가 버지니아 시골의 어느 희귀 식물 서적 도서관에서 식물학에 대한 이해가 지금과는 사뭇 달랐던 시대에 만들어진 물건을 만져 볼 기회가 있었다. 수제 종이에 물감으로 글씨를 써넣은 식물학 문헌이 식물학적 기술의 정점이던 때가 있었다. 이런 책들은 독자들에게 식물로 만든 습포로 자가 치유하는 방법을 알려주거나 어느 머나먼 대륙에서 가져온 잎의 모습을 처음으로 선보였다. 아주 많은 경우에 이 책들은 그저 지위를 광고하는 물건, 말하자면 사치품이었다. 한 사람이 등불 아래서 섬세한 종이 위에 다루기 까다로운 색소를 가지고 수고롭게 작업한 수백 시간의 산물이니 말이다. 버지니아의 그 도서관에 있는 책들은 지금은 세상을 떠난 어느 부유한 독지가의 개인 수집품이었다. 예약하고 가야만 문을 열어주는 곳이며, 희귀 서적 세계의 바깥에서는 그 도서관의 존재를 아는 사람도 거의 없는 것 같았다. 그래서인지 그곳은 비밀 정원 같은 고요한 분위기를 풍겼고, 천장까지 닿아 있는 밝은색 목재 책장에는 15세기부터 19세기 사이에 만들어진 책들이 수천 권 꽂혀 있었다. 박식한 사서 토니가 마치 도서 소믈리에처럼 손님의 관심사를 알아보고 그 사람이 좋아할 만한 책을 골라서 꺼내 준다.

오래된 식물학 서적을 들여다보는 일은 순수한 기쁨이다. 그 색감, 오래된 수제 종이의 묵직함, 식물을 마치 당장이라도 책에서 뛰쳐나올 것 같은 표범처럼 생기 넘치게 표현한 놀라울 정도의 섬세함과 정교함. 하지만 나는 오래된 책들 가운데서도 주문을 받아 만든 책이 아니라 명백히 자기 열정을 담아내려고 만든 책들에서 가장 큰 기쁨을 느낀다. 이런 책들은 지위를 광고하지 않는다. 때로는 그 지역의 아주 평범한 식물들이 담겨 있기도 하고 구하기 힘든 외래 식물은 매우 드물다. 심지어 솜씨가 다소 미숙해 보이는 그림들도 있다. 수선화가 다소 투박해 보이거나 크로커스는 줄기라고 보기엔 너무 굵은 선으로 그려져서 시각적 몰입감을 깨트리기도 한다. 이런 책들은 개인적인 책들이며, 그걸 그린 사람이 계속해서 새로운 그림을 더하며 평생에 걸쳐 만든 작품인 경우도 있다. 토니는 내가 이런 책들을 좋아할 거라고 생각했다. 그는 두꺼운 가죽 장정 책 한 권을 책장에서 꺼냈다. 글을 전혀 곁들이지 않은 개인적 연대기로, 1721년에 태어난 샤를 제르맹 드 생토뱅*이 십대 시절부터 한 번에 한 점씩 그리기 시작해 1786년에 세상을 떠날 때까지 계속 그림을 추가해서 만든 책이었다. 그림 스타일과 기교는 평생에 걸쳐 변화했고, 기술적으로 더 훌륭해졌지만 나에게 그런 건 전혀 중요하지 않았다. 모든 그림에는 똑같은 감정적 특성이 배어 있었다. 그건 바로 식물에 대한 정성 어린 마음, 그리고 식물들이 가장 절정에 이르렀을 때 몇 포기씩 함께 모아 그 모습을 기록하고 싶다는 애정이 깃든 마음이었다. 그 모습을 그림으로써 영원한 것으로 만드는 일은 분명 아주 즐거운 일이었을 것이다. 이 책은 생토뱅이 함께 삶을 공유했던 꽃들과 잎들의 초상화 모음집이다. 식물들은 그에게 분명

- Charles Germain de Saint-Aubin(1721~1786). 프랑스 로코코 시대의 자수 디자이너이자 최고의 장인으로 인정받았던 인물이다. 그의 저서《자수 예술L'Art du Brodeur》은 18세기 프랑스 장식 예술과 섬세한 수공예의 정수를 담은 귀중한 자료로 평가받는다. _옮긴이

장식 이상이었다. 아니, 거의 동반자들처럼 보였다.

식물의 삶을 연구하는 학문인 식물학은 사람의 생각 자체만큼이나 역사가 오래되었다. 하지만 식물의 삶에 관한 질문, 그러니까 식물이 실제로 어떻게 사는지에 관한 질문이 문헌에 등장하기까지는 더 오랜 시간이 걸렸다. 식물들이 품고 있는 미스터리는 언제나 생존에 결정적으로 중요한 것이었고, 그런 고로 음식과 약으로서 식물들이 지닌 능력에 관한 정보는 최초의 문자 기록에서부터 등장한다. 그리고 분명 그 정보는 이전 수천 년간 입에서 입으로 전해진 지식이 그 바탕이었을 것이다. 조제약이 등장하기 전에는 식물들과 균류—자기들끼리 하나의 계(균계)를 이루는 균류는 식물과도 자주 협력한다—가 우리를 괴롭히는 모든 것에 대한 약이었다.

인간에게 유용한 식물의 쓸모가 아니라 식물 자체에 관한 정보를 문자로 기록한 최초의 문헌은 기원전 350년경에 테오프라스토스가 쓴 《식물 탐구Historia Plantarum》다. 이 책은 구조, 번식, 성장을 기반으로 식물의 범주를 분류했다. 흔히 최초의 식물과학서로 여겨지는 책이기도 하다. 그러나 식물의 행동이 서구 문헌에 마침내 등장하기까지는 2,000년 넘게 더 기다려야 했다. 빅토리아 시대 말기에 이르면 식물학 연구는 부유한 지식인 계층에서 인기 있는 활동이 되었지만, 줄곧 그랬듯이 식물은 철저히 아무 활동도 하지 않는 존재, 어쩌다 보니 자랄 줄 알게 된 바위 정도라는 가정은 여전했다. 당시 식물학의 초점은 오로지 분류와 식물 그림에만 맞춰져 있었다.

그러다가 1860년대에는 찰스 다윈이 식물에 사로잡혔다. 그 무렵 다윈은 이미 유명인이었다. 《종의 기원》을 출판한 지도 여러 해가 지났고, 섬 여행, 이국적 동물, 화산 지형 같은 것들은 젊었던 시절의 그에게 더 잘 맞았던 관심사였다. 나이가 지긋해지자 다윈은 더 가까운 곳으로, 바로 자기 발치에 있는 것들에게로 관심을 옮겼다.《종의 기원》이후 그가 펴낸 책은 거의가 식물에 관한 책이다. 그러니 우리는 이 책에서 계속 다윈에 관한 이야기를 나누게 될 것이다.

다윈은 몇십 가지 실험을 하고 그 결과로 몇 권의 책을 펴냈는데, 그 과정에서 그가 관찰한 내용은 식물이 아주 느리기는 해도 대단한 운동 능력을 발휘해 움직인다는 것(《덩굴식물의 움직임과 습관에 관하여On the Movements and Habits of Climbing Plants》, 1865년), 때로는 자신의 희한하고 불규칙한 버전들을 만들어낸다는 것(《사육 동물과 재배 식물의 변이The Variation of Animals and Plants Under Domestication》, 1868년,《동일 종 꽃들의 다양한 형태The Different Forms of Flowers on Plants of the Same Species》, 1877년), 그리고 식충식물들이 곤충을 유인해 잡아먹기 위해 속임수를 쓴다는 것(《식충식물Insectivorous Plants》, 1875년)이었다. 다윈은 식물을 의도에 따라 움직이며 활동하는 주체들로 대했다.

《식물의 운농력The Power of Movement in Plants》은 다윈의 마지막에서 두 번째 저서로, 식물들이 특정 방식으로 움직이는 이유를 탐구한 책이다. 이 책에는 다윈이 아들 프랜시스와 함께 식물의 뿌리를 주제로 행한 실험들이 가득하다. 그들이 도달한 결론은 놀랍다. 다윈은 식물 뿌리의 가장 끝부분이 단순해 보이는 각피로 덮여 있는데, 이 각피가 명령 중추인 것 같다고 썼다. 이 부분을 찔러 보거나 불로 그을려 보면 뿌리는 괴롭힘이 오는 방향으로부터 멀어지는 쪽을 향해 자란다. 뿌리 양쪽에 마른 흙과 촉촉한 흙을 두면 뿌리는 수분이 있는 쪽으로 구부러진다. 큰 돌과 말랑한 진흙 사이에 두면 뿌리는 매번 돌에 닿기도 전에 돌이 있는 방향을 피해 그 반대쪽으로 뻗어가다가 똑바로 진흙을 뚫고 자란다.

습기, 영양소, 장해물, 위험. 뿌리골무root cap*는 이 모두를 감지하고 분류하고 그에 따라 방향을 잡은 것이다. 그래서 다윈은 그 부분을 '뿌리-뇌'라고 불렀다. 만약 이 작은 뿌리골무를 잘라내도 뿌리는 여전히 자라지만 마치 눈이 먼 것처럼, 무조건 뿌리골무가 잘리던 순간에 향하고 있던 방향으로만 자란다. 하지만 그러다가 기적이 일어난다. 며칠 후면 잘려나간 골무가 정확히 전과 같은 모습으로 다시 생겨나기 시작한다. 식물의 가장 강력한 힘 중 하나는 어느 부위가 잘려 나가도 해당 부위가 거의 다 다시 자랄 수 있다는 점인데, 잎이 다시 자랄 때는 항상 이전과 다르게 자란다. 뿌리골무는 정확히 똑같이 다시 자라는 유일한 부분이다.

"우리는 식물의 기능 측면에서 어린뿌리의 끝부분보다 더 경이로운 구조물은 없다고 믿는다." 찰스와 프랜시스가 자신들이 느낀 환희를 고스란히 드러내며 그 책의 마지막 문단에서 쓴 말이다. 그들이 뿌리골무에 무슨 짓을 하든 뿌리골무는 그에 상응하는 방식으로 반응했다. "이렇듯 어린뿌리의 끝부분은 여러 능력을 품고 있으며, 인접한 부분들에 움직임을 지시할 힘을 지니고 있으니 여느 하등동물의 뇌처럼 작동한다고 말해도 전혀 과장이 아니다. 뇌도 신체의 앞쪽 끝

• 식물 뿌리의 끝쪽에 자리한 조직의 일종으로, 생장점과 그 주변의 세포를 싸서 보호한다. _옮긴이

부분 안에 자리 잡고서 감각기관들에서 오는 인상을 받아 여러 움직임을 지시하지 않는가."

우리는 과학이 진실을 향한 꾸준한 전진이라고 생각하는 경향이 있다. 이 뿌리-뇌 가설이 참이었다면, 식물에 관한 이 급진적이고 새로운 관점이 자리를 잡았을 것이고 곧장 과학의 여정을 변경하여 식물을 자신들의 삶의 방향을 잡아갈 수 있는 능력 면에서 동물과 비슷한 존재로 보는 경로로 나아갔으리라 생각할 수도 있을 것이다. 하지만 과학의 가장 큰 결점이자 가장 큰 미덕은 거의 항상 동의를 진실로 착각한다는 점이다. 그리고 아무도 다윈의 생각에 동의하지 않았다. 그는 동시대 식물학자들에게 두루 비난받았다. 뿌리-뇌 가설은 곧장 잊힌 채 125년을 보냈고, 오늘날까지도 우리는 아직 그 가설이 참인지 거짓인지 알지 못한다.

토머스 쿤Thomas Kuhn은 《과학혁명의 구조》에서 과학의 역사를 오래된 발견들 위에 새로운 발견이 차곡차곡 쌓여가는 단선적 전진으로 그리지 않았다. 그보다는 특정 영역 내에서 몇몇 조건들이 맞물리며 모종의 과학적 위기를 족발하고, 이어서 하나의 사고 체계가 완전히 새로운 사고 체계로 대체될 때 별안간 일어나는 일련의 돌연한 패러다임 전환으로 제시했다. 여기서 중요한 부분은 위기다. '정상과학'은 위기 촉발 이전에 지배적이던 과학 수행 방식이다. 정상과학은 필연적으로 정상과학의 틀에서 많이 벗어난 모든 것에 적대적이다. 지구가 태양 주위를 돈다고 믿었다는 이유만으로 코페르니쿠스와 갈릴레오가, 혹은 신의 의지를 믿던 시대에 진화를 제안했다는 이유로 다윈이 어떤 대우를 받았는지 생각해 보면 알 것이다. 루이 파스퇴르는 질병의 세균설을 지지했다가 의료계의 극단적인 저항에 직면했다. 자신의 이론이 받아들여지기 전에 그 이론 때문에 처벌을 받은 과학계 선각자들의 명단은 아주 길다. 쿤은 이렇게 썼다. "새로운 유형의 현상을 들춰내는 일은 정상과학의 목적에는 전혀 포함되지 않는다. 사실 정상과학의 기준에 들어맞지 않는 현상은 아예 간과되는 일이 많다."

애초에 존재한다는 것조차 모르는 현상에 대해 기존 패러다임이 어떻게 질문을 던질 수 있겠는가. 과학자들이 과학적 발견에 저항한다는 것은 잘 알려진 사실이다.[28] 그들의 저항은 엉터리 과학을 막아내는 보루 역할을 하지만, 진짜 발견을 놓치거나 지연하는 일도 잦다. 무언가 설명이 필요한 의미심장한 변칙임을 알아보는 것은, 이언 해킹Ian Hacking이《과학혁명의 구조》서문에서 말했듯이 "복잡한 역사적 사건"이다. 그리고 그조차 과학 혁명을 촉발하기에는 충분하지 않다. 이전의 패러다임을 거부할 수 있으려면, 먼저 수용할 만한 대안 패러다임이 있어야 한다. "한 패러다임을 거부하면서 동시에 그를 대체할 다른 패러다임이 없다면 그것은 과학 자체를 거부하는 것"이라고 쿤은 썼다.

식물에게 지능이 있다는 개념, 심지어 어떤 면에서는 의식도 있다는 개념을 받아들이는 일은 확실히 패러다임 전환에 필적하는 일일 것이다. 하지만 그 개념을 잘못 받아들인다면 과학 자체를 거부하고 허공으로 뛰어들게 될 위험이 있다. 증거들이 축적되어야 하고, 뒤이어 그 증거에 대한 폭넓은 인정이 쌓여야 한다. 식물학의 현재 상황은 아직 완성점에 이르지 못한 과학 혁명을 보여주는 전형적인 예다. 그

혁명이 완성되리라는 보장도 없다.• 식물학계는 한창 재편 과정을 거치고 있고, 식물학의 기본 패러다임은 과도기 상태다. 우리에게는 과학적 지식이 어떻게 만들어지는지 지켜볼 기회이기도 하다.

패러다임 전환이 일어난 뒤에는 어떤 일이 일어날까? 쿤은 모두가 다시 정상 상태로 돌아간다고 말한다. 다른 개념이 지배력을 행사했던 적이 있다는 사실 자체가 믿기 어려운 일이 된다. 돌멩이 몇 개가 덜거덕거리면서 시작되었던 일이 산사태를 초래했고, 이제는 그 흐름에 동참하는 것 외에 할 수 있는 일이 없어진다. 사실은 그 흐름밖에 없다. 원래 머뭇거렸던 사람들도 거의 다 새로운 패러다임을 마치 언제나 명백했고 자연스러웠으며 미리 정해져 있던 일인 양 포용한다. 식물에 관해서도 이런 일이 일어날지 궁금하다. 40년 뒤 우리는 식물에 관한 예전의 생각들을 돌아보면서, 지금의 우리가 생체해부에 대한 과거의 인식을 보며 느끼는 것처럼 터무니없고 잘못된 생각이라고 여기게 될까? 정말 궁금하다.

쿤에 따르면 결국에는 소수의 나이 지긋한 반대자들만이 남을 것이다. 그는 이렇게 썼다. "그때도 우리는 그들이 틀린 거라고 말할 수는 없다." 어쨌든 그들은 자신이 고수하는 과학사의 단계 안에서는 옳았다. 하지만 지금은 새로운 세상이 되었다. "우리는 그저 이런 정도의 말이 하고 싶어질 수는 있다. 자신의 직업에 속한 사람들이 모두

• 한창 위기를 겪고 있는 과학계는 "정상적" 연구보다는 "이례적인" 연구를 시도하며, "경쟁적 표현의 급증, 무엇이든 시도하려는 의지, 노골적인 불만 표출, 철학과 근본에 관한 논쟁에 의지하려는 현상"을 목격하게 된다고 쿤은 썼다. 이 문장을 처음 읽었을 때 나는 깜짝 놀랐다. 식물학의 현재 상황에 아주 딱 들어맞는 이야기였기 때문이다.

전향한 후에도 계속 저항하는 사람은 바로 그 사실 때문에 더는 과학자가 아니라고." 그들은 과학에서 빠져나가 세상과 보조를 맞추지 않다가 뒤처진다.

2006년, 한 무리의 식물과학자들이 패러다임에 변화를 일으키려는 희망을 품고서 작지만 무시할 수 없는 산사태를 의도적으로 일으키려 했다. 그들은 논란을 일으킨 논문에서 《식물의 비밀스러운 삶》의 해묵은 망령 때문에 과학자들이 겁을 먹고 침묵하면서, 일부러 혹은 자기도 모르게 "자기검열"을 하고 있다고 비난했다.[29] 그 낙인 때문에 신경생물학과 식물생물학 사이의 잠재적 유사성에 관한 타당한 질문을 던지는 일조차 억압해 왔으며, 위대한 학문적 통찰에 대한 "무지를 영속화했다"는 것이었다. 그 학문적 통찰이란 바로 그들이 재검토하고 싶어 했던 다윈의 뿌리-뇌 가설이다.* 이미 상당한 경력을 쌓은 과학자들이 주를 이룬 이 새로운 연구자 집단은 식물이 다양한 형태의 정보를 처리하고 이를 바탕으로 근거 있는 결정을 내릴 수 있다는 점에서, 식물을 지능이 있는 존재로 다루며 더욱 깊이 탐구해야 한다고 역설했다. 각자의 경력에서 식물들이 바로 이런 일을 하는 모습을 줄곧 지켜봐 온 이 과학자들은 실제로 일어나고 있는 일, 즉 식물의 지능적 행동에 대한 언급을 회피하기 위한 언어적 땜청에 신물이 난 모양이었다. 그들은 자신들을 '식물 신경생물학회Society for Plant Neurobiology'라 명명했다. 본대학교의 세포생물학자 프란티셰크

• 다시 쿤의 말이 생각난다. "종종 새로운 패러다임이 최소한 배아 상태로나마 등장한 뒤에야 위기가 더 전개되거나 명시적으로 인지된다."

발루슈카František Baluška, 워싱턴대학교의 식물생물학자 엘리자베스 반 볼켄버그Elizabeth Van Volkenburgh, 뉴욕식물원 소속 분자생물학자 에릭 D. 브레너Eric D. Brenner, 피렌체대학교의 식물생리학자 스테파노 만쿠소Stefano Mancuso 등이 창립 회원들이다. 이들은 식물에 대한 우리의 이해가 아직도 초보 수준에 지나지 않을 만큼 미숙하다고 지적하며, "새로운 개념들이 필요하고 새로운 질문들을 던져야 한다"[30]고 말했다.

  신경과학을 거론한 것은 대담한 수였다. 그로부터 십여 년이 훌쩍 지난 뒤에도 내가 이야기를 나눠본 다수의 식물학자는 여전히 그것이 지나치게 대담한 일이었다고 생각했다. 그들이 하고자 한 일은 요점을 명확히 하는 것이었다. 물론 식물에는 뉴런도 뇌도 없다. 그러나 여러 연구가 식물에도 그와 유사한 구조물이 존재할 수 있거나 아니면 적어도 비슷한 기능을 수행할 수 있는 모종의 생리적 성질이 있다고, 진지하게 검토할 가치가 있는 인지 능력이 있다고 암시하고 있었다. 식물은 전기 임펄스를 만들며, 뿌리 끝에는 국부 명령 중추 역할을 하는 지섬들이 있는 것으로 보인다. 동물의 뇌에서 가장 흔한 신경전달물질인 글루타메이트와 글라이신은 식물에도 존재하며, 가지와 잎을 통해 정보를 전달하는 과정에서 결정적인 역할을 한다고 여겨진다. 식물이 기억을 형성하고 저장하며 꺼내 쓴다는 것이 밝혀졌고, 환경에 일어난 지극히 미묘한 변화까지 감지하며 그에 반응하여 고도로 정교한 화학물질을 공기 중으로 내보낼 수 있다는 것도 밝혀졌다. 식물은 몸의 여러 부분으로 신호를 보내 방어 체계를 조정한다. 그들은 식물 신경생물학의 목표는 "식물의 감각과 의사소통의 복잡성을 온전히 연구하는 것"이라고 썼다.

따지고 보면 뇌도 전기 임펄스가 흐르는 특수한 흥분성 세포들의 모임일 뿐이지 않은가? '식물 신경생물학'을 옹호하는 사람들은 그 명칭이 글자 그대로의 의미는 아니지만, 그리 심한 과장도 아니라고 말했다. 기능적으로 유사한 것을 표현하는 데 새로운 단어는 필요하지 않다. 그저 새로운 접두사면 충분하다. 식물 뇌, 식물 시냅스, 식물 사고. 그들은 말했다. 보라고, 다윈은 한 세기 전에 이런 일을 하고 있지 않았냐고.

훔볼트와 다윈 같은 철학자-박물학자의 시대 이후로 어느 정도 시간이 흐른 뒤 과학은 전문적 탐구를 추구하게 되었다. 비교적 최근에는 학제 간 협업으로 나아가려는 시도가 보이기는 하지만, 우리는 여전히 전문가들의 시대에 살고 있고, 이 전문가들은 생명의 작동 방식이라는 커다란 질문 안에서 각자 자신들이 차지한 좁은 범위만을 들여다본다. 이러한 방식은 지식의 어마어마한 도약을 이뤄냈고, 전문화에는 깊이가 따라온다. 하지만 전반적으로 각 분야 전문가들은 자신의 분야 외에 더 큰 그림에 대해서는 여전히 잘 모르는 상태다. 식물을 다룰 때는 이런 상황이 무지를 부르는 공식일 수도 있다. 식물은 자신들의 세계를 구성하는 주변 환경, 세균, 균류, 곤충, 광물 그리고 다른 식물들과 끊임없이 생물학적 대화를 주고받는 다차원적 유기체이기 때문이다. 그러니 동물학자들과 곤충학자들이 동물과 곤충의 시점에서 식물을 바라보다가 종종 식물에 관한 대단히 획기적인 발견을 하는 것도 놀라운 일이 아니다. 그렇다고 식물학자들을 비난하려는 건 아니지만, 유전학이 지배하는 이 시대에는 다수의 식물학자들이 더는 식물을 맥동하는 하나의 전체로 보지 않고 그저 유전자 스위치와 단백질 통로의 혼합물로만 보는 것 같다. 물론 그들은 사람도 똑같은 관점으로 보고 있을 수 있다. 그렇다면 그런 관점으로 볼 때 놓치게 되는 건 무엇일까?

식물 신경생물학회는 결국 그 도발적인 명칭에서 한발 물러나 '식물 신호 및 행동 학회Society of Plant Signaling and Behavior'로 명칭을 바꾸었다. 하지만 일부 식물학자들은 **행동**이라는 단어에도 여전히 가시를 세웠다. 판도라의 상자는 이미 뚜껑이 열렸다. 다음에 찾아온 것은 반박, 극도로 신랄한 반박들이었다.

학자들은 글을 다루는 탁월한 능력으로 무장하고 있어서 서로 의견이 갈릴 때면 모진 말도 스스럼없이 쏟아낸다. 《식물과학 동향 TiPS》의 어느 페이지에서 나는 회의적 연구자들이 노골적으로 학문적 독설을 뿜어낸 글들을 읽었다. 한 연구자는 내게 그 사건 전체를 "팁스 소동"이라고 묘사했고, 동료들이 보낸 서한들 가운데 출판되지 않은 것들 그리고 최소한 출판되기 전에 반감의 수위를 한 단계 낮춘 서한들에 관해서도 이야기해주었다. 그러나 반反지능 진영에서 쓴 서한의 한 부분은 내게 특히 의미심장하게 보였다. "다윈은 많은 것을 정확히 짚어냈지만, 뇌 비유만은 면밀한 검토 앞에서 한마디로 버텨내지 못한다." 《식물생리학》교과서의 저자인 링컨 타이즈Lincoln Taiz가 동료 몇 명과 함께 작성한 서한에서 쓴 말이다. "만약 뿌리 끝이 뇌와 유사한 명령 중추라면, 그렇다면 새순 끝도, 떡잎집 끝도, 잎도, 줄기도, 열매도 그럴 것이다. 조절을 위한 상호작용은 식물 전체에서 일어나므로 식물 전체를 뇌와 유사한 명령 중추로 여길 수도 있겠지만, 그렇게 되면 뇌 은유는 애초에 의도했던 추론적 가치를 모조리 잃게 된다."[31]

이 논평은 부인할 목적으로 쓴 것이었다. 그러나 내게는 그 글에서 드러나는 것이 다름 아닌 상상력의 실패라는 생각이 들었다. 어쩌면 식물 전체를 뇌와 유사한 명령 중추로 여길 수도 있을 거라고? 그렇다면 그다음에는? 나는 뇌와 유사한 다리들을 갖고 있고 몸 전체에 뉴런이 고루 분포해 있는 문어를 생각했다. 우리는 문어들에게 세상이 어떻게 보일지 이제야 막 상상해 보기 시작했다. 그 세상이 우리가 보는 세상과는 전혀 다르리라는 데는 의심의 여지가 없다. 또한 몸 전체에 고루 퍼져 있는 뉴런들이 문어에게 그토록 지적인 행동을 할 수 있는 능력뿐 아니라, 우리가 아주 최근에 와서야 생색내듯 인정해 준 영예로운 '의식'의 능력을 문어에게 부여하는 기질의 일부라는 것 역시 분명하다. 식물을 이런 식으로 보는 것은 이제 막 끓어오르기 시작한, 다양한 형태의 분산된 지능에 관한 대화에 식물을 추가하는 일이 될 것이다. 분산된 지능이라는 개념은 균류와 점균류가 구축하는 탈중앙화된 네트워크에 지능이 있을 수 있으며, 어쩌면 바로 이 분산된 특성 때문에 새로운 도전에 더 기민하게 반응할 수 있는지도 모른다는 생각이다.

우리 몸의 중앙 처리 중추인 뇌도 그 내부를 들여다보면 그리 명확히 중앙화되어 있지 않다. 신경과학자들이 뇌 내부를 들여다보고 발견한 것은 분산된 네트워크였다. 명령 지점으로 식별할 수 있는 부분은 존재하지 않는다. 우리 인간의 지능은 각자 특수한 역할을 맡은 뇌세포들이 서로 정보를 주고받는 네트워크에서 나오는 것으로 여겨지며, 이 뇌세포들은 전체를 주관하는 힘에 따르는 것으로는 보이지 않는다. 우리가 내리는 지적인 결정들은 특정한 한 장소에서 나오는 것이 아니라 일종의 네트워크에서, 우리 두개골 안에서 마치 잘 통합된 하나의 도시처럼 서로 연결되어 의사소통을 주고받는 부분들에서 나온다.* 언젠가 저널리스트 마이클 폴란이 말했듯이, 커튼 뒤에 오즈의 마법사는 존재하지 않는지도 모른다.32

과학에서 새로운 아이디어는 새로운 방법을 촉발하고 새로운 이론을 불러온다. 혁명이 없으면 과학은 퇴보할 것이다. 넓은 시야에서 이 사실을 놓치지 않는 것이 중요하다. 과학의 패러다임 전환에는 우리가 사는 세계에 대한 관점을 변화시킬 힘이 있다고 쿤은 말했다. "물

• 이런 사실이 의식에 대해 제기하는 질문들은 더욱더 요란하게 울려 퍼진다. 그렇다면 '기계 속 유령'도 존재하지 않는 것일까? 인간의 의식에 관한 질문은 주로 두 진영 사이에서 계속되는 논쟁이다. 한 진영은 우리의 의식이 우리 뇌의 물질적 작동을 넘어선 어떤 힘, 말하자면 영혼 같은 것 혹은 아직 발견되지는 않았지만 뇌라는 물리적 상태를 넘어섰거나 그와는 별개인 어떤 속성에서 기인한다고 믿는다. 범신론자들이 이 진영에 해당한다. 또 다른 넓은 진영은 의식이란 자연에 존재하는 다른 모든 것과 마찬가지로 진화에서 비롯한 순수하게 생물학적인 현상이며, 의식의 원인은 우리 두개골 안의 헤아릴 수 없이 복잡한 그 기관 속에 자리하고 있을 가능성이 가장 크고, 다만 아직 우리가 그 메커니즘을 발견하지 못한 것뿐이라고 생각한다. 이 진영은 때로 유물론자라 불리기도 한다. 하지만 양쪽 주장 모두 엄밀히 따지면 뇌를, 적어도 정확히 우리 뇌가 존재하는 것과 똑같은 방식의 뇌는 필요로 하지 않는다. 사실 두 진영 모두 의식이 어떤 생물에게 있거나 없는 것이라기보다는 정도의 차이로 존재할 수 있는 것이라는 가능성을 열어두고 있다. 만약 의식이 우주에 자유롭게 떠다니는 초월적인 속성의 결과라면, 한 생물은 이웃한 다른 생물보다 의식을 더 많이 혹은 더 적게 가질 수도 있을까? 그리고 만약 의식이 단순히 생물학적 진화에서 발생하는 속성일 뿐이라면, 그 특성은 각 생물의 진화 궤적에서 더 많이 혹은 덜 강조되었을 수도 있지 않을까? 식물에 관한 한 당면한 질문은, 의식이란 것이 우리 인간과 소수의 특별한 동물들에게만 나타날 수 있는 것인가 아닌가 하는 질문이다.

론 세계 자체는 늘 같다." 식물은 우리가 그들에 대해 어떻게 생각하든 계속 식물로 존재할 것이다. 하지만 우리가 식물을 어떻게 생각하기로 결정하는지는 우리의 모든 걸 바꿔놓을 것이다.

3장
식물의 의사소통

식물은 의사소통하는가?
그리고 만약 한다면 그 사실은 무엇을 바꿔놓을 것인가?

아침 일찍 동이 틀 때 일어났다. 최근 들어 이 무렵이 세계가 가장 생동하는 때라는 걸 알았기 때문이다. 여태 어찌 이걸 몰랐을까? 새벽에는 모든 것이 활발히 움직이며 여린 빛을 낸다. 그에 비하면 환한 대낮은 죽어 있는 시간이다. 집 아래쪽 염습지에서는 새들이 꼭 카페인을 섭취한 것처럼 요란하게 지저귄다. 나는 아직은 카페인을 섭취하지 않았다. 하지만 내 정신이 인간사 쪽으로 분명히 방향을 잡기 전의 어슴푸레한 이 시간이 좋다. 나는 식물에 관한 생각과 글쓰기를 이어가기 위해 캘리포니아 포인트 레예스의 작가 레지던시에 와 있었다. 어떤 질문들을 던져야 할지, 나의 호기심을 어떤 식으로 정리하고 구성해야 할지 명확한 답을 찾고 싶었다. 여기 머무는 우리 소수는 샌 앤드리어스 단층 가장자리에, 그러니까 습지 건너의 또 다른 지각판을 마주 보는 거대한 지각판 가장자리 위에 자리 잡고 생활하고 있었다.* 마

---

* 샌 앤드리어스 단층은 태평양 지각판과 북아메리카 지각판이 만나 경계를 이룬 것으로, 포인트 레예스는 태평양 지각판 위에 있다. _옮긴이

당에는 꿀풀과의 대표 식물 격인 샐비어가 가득 피어 알싸하고 시원하며 향유 같은 향기를 풍기고 있었다. 내 마음속에서 샐비어는 향기 나는 식물의 제왕 자리를 차지하고 있다. 사막에 사는 보라색 세이지, 은청색 세이지, 그리고 금빛 꽃 수천 송이를 활짝 피운 레몬 마리골드까지 근사하고 인상적인 여러 식물이 있었다. 잎에서 윤기가 흐르는 무성한 로즈메리 덤불에는 밤이면 날개 같은 꽃잎을 접는 담청색 꽃들이 빼곡하게 피어 있었다.

나는 포치로 걸어 나갔다. 내 옆에 선 흰 자작나무에 붙어 사는 실송라beard lichen는 마치 큰 뜻이라도 품은 듯 이 젊은 나무의 둥치를 긴 양말처럼 감싸고는 슬그머니 위로 타고 올라갔고, 낮은 가지들로도 너저분한 가닥들을 뻗고 있었다. 내가 바라보는 바로 그 순간, 그 실송라가 교묘하게도 그 자리에 얼어붙어 버렸다는 몽환적인 느낌이 들었다. 지의류의 시간은 인간의 시간보다 느리게 흐르니, 정말 그랬을지도 모른다. 실송라를 포함한 모든 지의류는 항상 움직이고 있지만 우리가 쳐다볼 때는 얼어붙은 듯 꼼짝하지 않는다. 나는 사슴처럼 조심스레 발을 내디디며 공기의 냄새를 들이마시고 들쭉날쭉한 잔디 위를 발끝으로 지나갔다. 갑작스럽게 움직이면 혹시라도 그 향기의 베일이 흩어지기라도 할 것처럼. 하지만 당연히 향기는 흩어지지 않았다. 그 냄새들은 나를 위한 것이 아니었다. 간밤에 읽은 식물의 언어에 관한 새로운 이론들이 이른 새벽의 내 정신에 영향을 미친 게 분명했다. 그 이론들은 식물들이 향기라는 언어로 공기 중에 메시지를 띄워 보낸다는 이론이었다. 나는 내 주변 사방에서 러시아 대하소설보다 더 많은 등장인물과 플롯 라인으로 채워진 다층적인 드라마가 펼쳐지고 있다는 것을 이제 막 이해하기 시작한 참이었다. 그중 얼마간은 나도 냄새로 맡을 수 있었지만, 그 드라마에는 너무 무지한 내 코가 감지하지 못하는 것들이 더 많았다.

나는 여기서 시작하기로 마음먹었다. 식물은 의사소통하는가? 그리고 만약 한다면 그 사실은 무엇을 바꿔놓을 것인가? 의사소통은 자기에 대한 인지와 자기 이외의 존재들, 즉 다른 자아들에 대한 인지를 전제한다. 의사소통이란 개체들 사이를 연결하는 실을 잣는 일이다. 의사소통은 한 생명을 다른 생명들에게 유용하게 만드는 방법, 자신을 다른 자아들에게 중요하게 만드는 방법이다. 의사소통은 개체들을 공동체로 바꿔놓는다. 한 숲 혹은 한 들판 전체가 의사소통하고 있다는 게 사실이라면, 그 숲과 들판의 성격이 바뀐다. 식물이란 무엇인가 하는 관념에도 변화가 생긴다. 의사소통할 수단이 없는 식물은 무엇일까? 껍질에 지나지 않는다. 그리고 대화가 없다면 숲은 숲이 아니다.

간밤에 나는 식물학을 영원히 바꿔놓은 논문을 읽으며 밤을 보냈다.[1] 이 시점에 이 논문은 거의 잊힌 상태였고, 디지털 기록에도 등재되지 않은 것 같았다. 그래서 캘리포니아대학교 데이비스의 식물 및 곤충 생태학자인 릭 카번Rick Karban에게 부탁해 그 논문의 복사본을 우편으로 받아봐야만 했다. 나는 그 논문이 다툼을 불러왔으며, 이 다툼이 적어도 과학자 한 명의 경력을 끝장냈다는 것, 그리고 미래의 모든 식물학자에게는 식물의 의사소통에 관한 질문을 던질 수 있는 문을 열어젖혔다는 사실을 알게 됐다. 하지만 논문은 그 모든 변화를 불러들인 것치고는 비굴해 보일 정도로 순했다. 언어는 극도로 조심스러웠다. 그럴 만도 했다. 이건 칼날 위에 선 논문이었으니까. 결과가 너무 새로운 것이어서 받아들이기보다는 무시해버리기가 더 쉬웠을 것이다. 게다가 그 논문이 나온 시기에는 무시하는 것이 일반적인 추세였다. 식물생물학계에는 긴장이 감돌았다. 데이비드 로즈 David Rhoades는 아주 신중할 수밖에 없었을 것이다.

때는 1983년,《식물의 비밀스러운 삶》의 반향이 여전히 느껴지던 시절이었다. 데이비드 로즈—대부분의 사람에게 데이비로 통한다—는 워싱턴대학교의 동물학자이자 화학자로 주로 곤충을 연구했다. 영국 출신인 그는 사람들과 어울리는 걸 좋아했으며 풍채가 좋고 줄담배를 피웠으며 말할 때 몸동작을 많이 썼다. 두꺼운 콧수염은 입 가장자리 너머까지 뻗어 자랐고 웃으면 눈이 없어졌다. 그는 자신이 확보한 데이터를 매우 진지하게 여겼고, 정말 최소한의 비용만 드는 실험을 설계하는 걸 좋아해서 식료품점에서 찾아낸 재료로 곤충을 모으는 미끼를 만들곤 했다. 그의 논문은 모든 걸 바꿔놓을 터였지만 그 자신의 경력을 끝장내버리는 잔인한 반전도 품고 있었다. 그때는 아무도 그를 믿지 않았기 때문이다.

논문은《곤충에 대한 식물의 저항Plant Resistance to Insects》이라는 (믿기 어렵겠지만) 미국화학회가 펴낸 별로 잘 알려지지 않은 책에 실렸다. 도발적인 내용이 과학 담론이라는 두껍고 푹신한 포장에 싸여 있었다. 로즈는 애벌레들의 번데기 무게와 나뭇잎 소실량을 열두 페이지에 걸쳐 충실히 기록했다. 그는 대학에 딸린 실험용 숲이 천막벌레나방 애벌레tent-forming caterpillars들의 침입으로 몇 년에 걸쳐 대대적으로 파괴되는 모습을 지켜봐 왔다고 설명했다. 그런데 갑자기 상황이 달라졌다. 애벌레들이 죽어 나가기 시작한 것이다. 로즈는 의문을 품었다. 그 먹성 좋던 애벌레들이 왜 갑자기 먹어치우기를 그만두고 잎들을 멀쩡히 남겨두는 거지? 왜 그렇게 갑자기 멸종한 것처럼 보이는 걸까?

로즈가 찾아낸 답은 믿기 어렵고 기가 막혔으며 위험했다. 그 답은 바로, 나무들이 서로 의사소통하고 있었다는 것이다. 애벌레들이 아직 도달하지도 않은 나무들이 애벌레의 공격에 대비해 잎들을 무기로 만들었다. 그 잎을 먹은 애벌레들은 병이 들어 죽었다.

나무들이 뿌리를 통해 의사소통한다는 것은 로즈의 발견보다 좀 더 앞서 확인된 사실이었지만, 이건 다른 얘기였다. 이 나무들은 뿌리로 정보를 전하기에는 너무 멀리 떨어져 있었다. 그런데도 애벌레들이 쳐들어오고 있다는 메시지는 아랑곳없이 전해졌다. 이 현상이 암시하는 사실에 로즈가 느낀 흥분은 신중히 억누르기엔 너무 컸다. 건조하게 묘사만 하는 부분을 다 쓰고 나자 이제 그 말을 해버리는 일밖에 남지 않았고, 그래서 로즈는 그 논문의 진정한 핵심을 한마디 지저귐처럼 뱉어낼 수밖에 없었다. 마음을 가장 잘 드러내는 구두점까지 곁들여서.

"이는 공기로 운반되는 페로몬 물질 때문에 일어난 결과일 수 있음을 시사한다!"[2] 나무들이 공기 중으로 먼 거리를 건너 서로 신호를 주고받고 있다고 로즈는 말했다.

생물의 기본 작용 가운데는 합의된 과학적 정의가 없는 것이 많은데, 의사소통도 그중 하나다. 우리 대부분에게 의사소통이란 우리가 다른 존재에게 그들이 알아야 할 뭔가를 알려주기 위해 표현하는 일이다. 의사소통에는 복잡한 의도성, 예견능력 그리고 원인과 결과에 대한 인식이 있어야 한다. 그렇지만, 의사소통을 무엇이라 정의하든 생물은 비교적 복잡한 형태의 존재가 등장하기 전에도 이미 의사소통을 하고 있었다. 의사소통은 적어도 6억 년 전에 최초의 다세포 생물과 함께 시작되었다. 다세포 생물이 형성될 가능성의 문이 열리려면, 개별 세포들이 서로 협조할 수 있어야 했다. 그 시점 이전까지 모든 생명은 단세포였다. 이 조그만 자율적 존재들은 고대의 바다에 떠다니며 각자 홀로 살길을 찾았다. 더 복잡한 형태의 생명이 등장하려면 개별 세포들이 서로 정보를 공유해야 했다.

오늘날까지도 유기체를 이루는 세포들이 하나의 몸으로 통합되기 위해서는 각 세포들이 자기가 누구이며 무엇을 하는지 알아야만 한다. 세포들은 다른 세포들을 통해 자신을 이해한다. 예를 들어 연결된 세 세포가 있을 때 그중 셋째 세포는 자기가 셋째라는 것과, 따라서 셋째 세포에게 할당된 특정한 과제를 부여받았다는 것을 알고 있다. 이는 셋째 세포가 첫째 세포와 둘째 세포의 존재를 인지하기 때문이다. 이는 자기조직화하는 체계, 하나로 결속된 유기체의 본성이다. 하지만 그 세포가 자기가 셋째임을 어떻게 아는지는 여전히 수수께끼다. 우리는 그 정보가 협력 세포들로부터 그 세포에게 전달되어야만 한다는 것은 알고 있다.[3] 이 의사소통은 그게 정확히 어떤 것이든 간에 최초의 세포 분열과 함께 시작된다. 세포 하나가 두 개가 되고 이어서 네 개가 되는 세포 분열은 모든 다세포 생물의 성장 전략이다. 그 정보의 매체가 전기적인지 화학적인지, 아니면 뭔가 다른 형태인지는 밝혀지지 않았다. 의사소통의 본질 역시 여전히 동물 발생학

의 주요 의문으로 남아 있다. 우리는 정자와 난자가 어떻게 자기조직화하여* 우리를 만드는지 아직 모른다.⁴

식물의 세포들도 이런 일을 한다. 대담하게 말하자면 세포들은 서로 '말'을 주고받는다. 이렇게 해서 각각의 세포는 자기가 무엇을 하는 존재인지, 달리 표현하자면 자기가 누구인지를 이해한다. 옥수수의 유전자들이 위치를 옮겨 다닐 수 있음을 발견하여 노벨생리학·의학상을 받은 유전학자 바버라 매클린톡Barbara McClintock은 이러한 세포의 인식을 "세포의 자기인지"라고 표현했다.⁵

세포들이 대화를 나눌 때는 중요한 일들이 일어난다. 모든 식물의 생명은 그 근간이 되는 이 상호작용에서 생겨난다. 2017년에 버밍엄 대학교 연구자들은 휴면 중인 씨앗 속에 정보를 통합하여 발아 시기를 결정하는 "결정 중추"가 존재한다는 것을 밝혀냈다.⁶ 이 결정 중추는 씨앗의 배아 뿌리 끝부분에 모여 있는 세포 무리로 이루어져 있다. 이 세포들은 씨앗 속 두 가지 호르몬의 농도에 관해 대화를 주고받는다. 하나는 휴면을 유지하게 하는 호르몬, 또 하나는 발아를 촉진하는 호르몬이다. 세포들은 주변 흙의 온도 변화에 관한 정보를 통합하여 두 호르몬을 각각 조절한다. 이런 식으로 이 세포 무리는 언제 스위치를 켜서 세상 밖으로 나갈지를 결정한다. 중요한 것은 발아 결정의 타이밍이다. 이 위험한 결정을 내릴 때는 정확성을 기하기 위해 여러 세포의 누적적 반응에 의지한다. 식물은 상반되는 두 변수—온도 변화

• 외부의 명령 없이 내부의 구성 요소들이 상호작용하면서 스스로 구조와 질서를 만들어내는 것을 뜻한다._옮긴이

에 민감한 두 호르몬의 상대적인 양—에 근거해 결정을 내림으로써 변화무쌍한 세상에서 가장 좋은 선택을 내릴 확률을 높인다. 연구자들은 이 세포 간 커뮤니케이션 방법이 인간 뇌의 특정 구조물들 사이의 커뮤니케이션과도 유사하다고 말했다. 우리의 뇌 역시 변동하는 세계에서 더 나은 의사 결정을 내리기 위해 세포들 사이에서 서로 반대작용을 하는 호르몬들을 주고받는다. 뇌는 한 가지 정보만을 근거로 삼기보다 개별 세포들에서 호르몬을 통해 전달된 정보를 축적하고 그 과정에서 무관한 정보는 솎아내면서, 예컨대 특정 근육을 움직이겠다는 결정을 내린다. 본질적으로 이런 것이 세포 간 의사소통이다.

식물은 세포들의 재잘거림을 통해 자기조직화하는 체계다. 하지만 식물들 모두가 의도를 갖고 서로 의사소통할 거라는 생각, 즉 개체의 의사소통이 한 식물을 넘어 다른 식물에게도 확장될 수 있다는 생각은 식물학에서 비교적 새롭고 여전히 논쟁적인 개념이다. 이 모든 것을 논쟁으로 치닫게 하는 핵심적인 문제가 하나 있다. 바로 동물에게서조차 무엇을 의사소통으로 볼 수 있는가에 관한 합의된 정의가 없다는 문제다.[7] 신호란 의도적으로 전송되어야만 신호인 걸까? 수신자에게서 어떤 반응을 촉발해야만 하는 걸까? 의식과 지능에 확립된 정의가 없는 것처럼 **의사소통**도 철학과 과학 두 영역 사이를 미끄러지듯 왔다 갔다 하지만 어느 쪽에서도 안정된 위치를 점하지 못한다. 나는 지금부터 논의의 명료한 진행을 위해, 하나의 신호가 송신되고 수신되어 어떤 반응을 유발할 때 일어나는 일을 의사소통이라 정의하고자 한다. 여러분은 내가 신호가 **의도적으로** 송신되었을 때라고 말하지 않았음을 눈치챘을 것이다. 의도성은 판단하기가 더 어려운데, 이는 우리가 식물로서 존재한다는 것이 어떤 것인지 모르기 때문이기도 하다. 게다가 의도는 즉각적으로 파악할 수 없는 것이므로, 의도를 묻는 것은 가장 답하기 어려운 질문이다. 우리는 의도의 문제를 중심에 두고 그 주위에 조금이라도 더 가까이 다가가며 둘레를 그려보려 시도할 수 있을 뿐이고, 바라건대 그 과정에서 혹시라도 그 의도가 우리가 이해할 수 있는 형태를 띠기를 희망해볼 따름이다.

하지만 애초에 식물에게 서로 전달할 정보가 있을 수 있다는 단순한 개념조차 과학의 지도 위에는 존재하지 않았다. 데이비드 로즈가 알았던 거라고는 어떤 대대적인 침공이 시작되었고, 그러다 문득 멈췄다는 것뿐이었다. 1977년 봄, 워싱턴대학교의 실험 숲은 천막벌레나방 애벌레들의 지속적이고 혹독한 공격에 거푸 3년째 시달리고 있었다. 평소에는 몇 달 동안 나무에 거미줄 같은 보호용 천막을 짓고 그 속에서 잎을 갉아 먹는 이 골칫덩이들을 너끈히 견뎌냈던 적오리나무red alder와 시트카버드나무sitka willows가 수백 그루씩 죽어가고 있었다. 애벌레들은 이 나무들의 잎을 거의 다 없애버렸고, 이는 곧 나무들에게 기근이 닥쳐왔다는 뜻이다. 나무가 생장기에 광합성을 할 잎이 없으면 당분을 만들지 못해 사실상 굶어 죽는다.

하지만 이듬해인 1978년 봄이 되자 이 힘의 균형에 변화가 생긴 것 같았다. 이번에는 천막벌레나방 애벌레들이 죽어나가고 있었다. 애벌레들의 개체 수가 급감했다. 남아 있는 나뭇잎에는 전해 봄에는 어디서나 보이던 애벌레의 알이 거의 보이지 않았다. 보이는 알들도 대체로 부화하지 않았다. 1979년 봄이 되자 애벌레들은 완전히 사라졌다. 나무들은 이제 죽지 않았다. 잎들이 무성해지고 왕성해졌다. 양쪽의 운이 뒤바뀐 것이다.

생태학자라면 누구나 알겠지만 한 생태계 안에서 아무 이유 없이 일어나는 변화는 없다. 변화를 추동하는 무언가가 있다. 유기화학 박사이자 동물학 박사인 로즈는 설명을 찾기 시작했다. 그는 수년간 도발적인 생각 하나를 곱씹고 있었는데, 동료들에게서는 별로 지지를 얻지 못했다. 동물의 면역계가 이미 접한 질병에 대한 항체를 만드는 것과 상당히 유사하게, 식물도 특정 위협에 노출된 후에는 그 위협에 대한 저항성을 길러낼 수도 있다는 생각이었다. 그는 벌레들이 한 식물을 먹기 시작했다가 어느샌가 먹을 잎이 아주 많이 남아 있는데도 그 잎을 먹는 걸 그만둔다는 걸 알아차렸다. 다시 말하지만, 자연계에서는 어떤 일도 원인 없이 일어나지 않는다. 무언가가 이 벌레들을 멈춘 것이다.

혹시 식물이 침입을 인지하고 그에 대한 일종의 면역 반응을 개시하는 것일 수도 있을까? 그렇다면 지연되는 시간 차이가 설명될 것이다. 식물은 곤충보다 더 느린 시간 척도에서 작동하므로 더 천천히 반응하는 것이 이해가 된다. 그가 실험실에서 한 실험들이 이를 뒷받침했다. 로즈는 애벌레 떼가 잎을 한동안 갉아 먹고 나면 이를 견디던 잎의 화학적 성분이 변화한다는 것을 알아냈다. 식물은 자기 잎의 영양가를 줄였다. 하지만 식물이 능동적으로 자신을 방어한다는 관점은 과학자들이 생각하던 식물의 작동에 관한 전제에는 이단과도 같았다. 그들은 식물이 그렇게 능동적이거나 극적이고 전략적으로 반응한다고 생각하지 않았다. 로즈는 자기 가설을 지지해 주는 사람들을 거의 찾을 수 없었다.

그러던 차에 대학 숲에서 벌어진 천막벌레나방 애벌레의 침입은 그의 가설을 실제 환경에서 연구해 볼 완벽한 시나리오를 제공했다. 포위당한 나무들은 이윽고 잎의 성분을 바꾸어 애벌레들을 병들게 했고, 애벌레들은 설사를 하다가 결국 굶주려 죽었다. 로즈는 흡족했다. 자기 가설이 확인된 것이다. 그런데 그는 또 다른 현상도 알아차렸다. 멀리 떨어져 있어서 애벌레들이 아직 건드리지도 않은 나무의 잎들도 성분을 바꿔버린 것이다. 이 나무들은 경고를 받은 것이고, 그 경고는 어떻게 해서인지 먼 거리를 건너 이 나무들에게 전해졌을 것이다. 식물은 화학적 합성에 관한 한 엄청난 능력자들이라는 걸 로즈는 알고 있었다. 그리고 식물의 어떤 화학물질들은 공기를 타고 이동할 수 있다. 예컨대 익어가는 열매는 공기로 운반되는 에틸렌을 만들어내며 이 에틸렌이 근처에 있는 다른 열매들의 숙성도 촉진한다는 것은 이미 누구나 아는 사실이었다. 과일 업계는 창고 가득한 설익은 바나나를 익힐 때 에틸렌을 사용하며, 그 덕에 빨리 부패하는 과일인 바나나를 전 세계로 유통할 수 있다. 다른 정보, 이를테면 숲이 공격받고 있다는 정보가 담긴 식물 화학물질도 공기를 통해 전달될 수 있을 거라고 생각하는 게 그리 터무니없는 일은 아니었다.

로즈는 여러 콘퍼런스에서 자기 가설을 발표했다. 대화하는 나무들에 관한 이야기가 나무 세계의 가십처럼 식물학자에게서 다른 식물학자에게로 귓속말로 전해지며 퍼져나갔다. 그게 정말 사실일까? 하지만 동료들 누구도 그렇게 별난 내용을 출판하는 위험을 감수할 의사가 없었다. 결국 그의 발견은 잘 알려지지 않은 어느 출판물 속에 묻혔다. 로즈는 일상적인 학자의 임무를 수행하며 이후 몇 년을 보냈다. 학생들을 가르치고 초대 강연을 했지만, 그러는 내내 학술지와 콘퍼런스에서 동료들의 비난에 두들겨 맞고 있었다.[8] 로즈는 점점 더 멘토 역할에 집중했다. 학생들과 신참 교수들은 아직 제도적 보수성으로 시야가 제한되지 않았기 때문인지, 그들을 마주하며 로즈는 훨씬 더 열린 태도를 만났다.

로즈는 갓 곤충학 교수가 된 릭 카번과 서신을 주고받기 시작했다. 카번은 로즈의 '유도 저항' 개념, 그러니까 곤충에게 갉아 먹힌 식물이 자체적으로 화학 조성을 변화시켜 나중에 또 먹힐 확률을 줄이는 현상에 관심이 있었다. 환경의 변덕에 노출된 식물들에 대한 당시의 통념적 관점이 옳을 리 없다는 게 카번의 생각이었다. 그는 나무에 알을 낳는 매미들을 연구하면서 경력을 키워나갔다. 매미의 유충은 부화하면 바닥에 떨어져 나무의 뿌리로 파고 들어가고, 거기서 17년 동안 머물며 나무의 수액을 빨아먹는다. 영양분이 나무의 상층부에 도달하기도 전에 뿌리에서 다 새어나가는 것은 나무에게는 어마어마한 해악이 아닐 수 없다. 젊은 과학도 시절 카번은 선구적인 매미 연구자 조앤 화이트Joann White의 논문[9]을 읽었다. 화이트는 일부 나무들이 자기 가지에서 매미 알이 있는 위치를 파악하고 그 주변에 굳은살 같은 캘러스˙를 형성하여 알들이 부화하기 전에 질식시켜 죽인다는 사실을 알아냈다.

● 식물이 외부의 침입으로 상처를 입었을 때 해당 부위 회복과 치유를 위해 형성하는 조직._옮긴이

카번도 로즈처럼 식물이 결코 수동적일 리 없다고 생각했다. 그는 자신이 이끄는 대학원 수업에 로즈를 초대해 강연을 부탁했다. 이후로도 두 사람은 계속 연락하며 지냈다. 로즈는 카번이 쓴 연구 보조금 신청서의 원고를 읽고 논평을 해주었다. 하지만 로즈 본인의 삶은 무너지고 있었다. 질책은 계속해서 쏟아졌다. 자기가 했던 연구를 재연해 다시 같은 결과를 얻는 일도 잘되지 않았다. 2년 동안 시도했지만 때로는 같은 결과가 나왔고 때로는 나오지 않았다. 비슷한 패턴의 거절을 반복적으로 당한 후로 로즈는 보조금 신청을 아예 그만두었는데, 연구자에게 이는 식음을 전폐하는 것과 맞먹는 일이다. 결국 로즈는 과학적 발견의 세계를 떠났다. 어느 커뮤니티 칼리지에서 유기화학을 가르치는 일자리를 구했고, 태평양 연안에 모텔 하나를 열었다. 그는 1990년대에 말기암 진단을 받았고 2002년에 사망했다. 로즈의 연구는 정확한 장소에 도착하기는 했지만, 다만 당시는 아직 시기가 무르익지 않았을 때였다.

하지만 그러는 내내 서서히, 적어도 다른 사람들에게는 시대의 흐름이 바뀌고 있었다. 로즈가 논문을 발표하고 어섯 달 뒤, 당시 다트머스대학교의 이언 볼드윈Ian Baldwin과 잭 슐츠Jack Schultz라는 젊은 연구자들도 아주 비슷한 결과를 발표했다. 과학사의 흐름에서 운이 누군가에게는 우호적으로 작용하고 다른 누군가에게는 불리하게 작용하는 이유가 항상 분명한 건 아니다. 이 경우에는 운과 연구 설계의 조합 때문이었던 것 같다. 볼드윈과 슐츠는 실험실이라는 안전한 환경에서 이 연구를 수행했다. 야외는 과학을 하기에는 어수선한 장소다. 실험실에서 하는 연구는 깨끗하고 통제가 가능하며 특정적이다. 두 연구자는 설탕단풍나무 묘목 몇 쌍을 무균 상태의 생장 상자 안에 두었다.[10] 묘목들은 같은 공기를 공유했지만 서로 닿지는 않았다. 그런 다음 연구자들은 한 묘목의 잎들을 찢고 다른 나무의 반응을 측정했다. 이후 36시간에 걸쳐 가만히 둔 단풍나무 묘목이 잎에 타닌을 채웠다. 다시 말해 이 묘목은 스스로 손상을 입지 않았음에도 불구하고 자기 잎을 엄청 맛없게 만드는 작업을 진행한 것이다.

볼드윈과 슐츠는 논문에서 제일 먼저 이런 현상을 발견한 로즈의 업적을 인정하며 자신들은 두 번째 발견자라고 언급했다. 심지어 그들은 논문에서 의사소통이라는 단어까지 사용했다(로즈는 신중히 피해가며 끝내 그 단어를 사용하지 않았다). 아니나 다를까 주류 언론은 그 단어 사용을 걸고넘어졌고, 여러 전국 신문에 '말하는 나무들'이라는 기사 제목이 실렸다. 볼드윈과 슐츠는 식물에 그렇게 인간적인 단어를 적용한 것에 대해 동료들에게 전반적으로 질책을 받았다. 하지만 로즈와는 대조적으로 그들의 경력이 비난의 상처에서 무사히 회복했다고 말하는 것은 심하게 축소한 표현일 것이다. 오늘날 볼드윈은 식물행동 연구 분야에서 가장 성공적이고 왕성하게 활동하는 인물 중 한 사람이다. 그는 대학원생과 박사후연구원으로 이루어진 대규모 연구팀을 이끌며 담배들이 어떻게 의사소통하고, 자신들을 방어하고, 함께 번식할 다른 담배들을 고르는지 알아내는 연구를 하고 있다. 잭 슐츠는 식물과 곤충 사이 의사소통 분야의 대표적 연구자로 수십 년을 보냈고, 베인 풀에서 나는 향기는 식물의 화학적 비명과 맞먹는다고 말한 것으로 알려졌다. 두 사람 모두 로즈에게서 영감을 받았다고 밝혔다.

 로즈가 세상을 떠나고 여러 해가 지난 뒤, 잭 슐츠는 로즈가 이후의 실험에서 같은 결과를 얻지 못한 이유를 깨달았다.[11] 지금은 나무들이 계절에 따라 겪는 극적인 여러 변화와 더불어 나무들이 만들어내 공기를 통해 전달하는 화학물질들 역시 계절을 탄다는 사실이 알려져 있다. 최초의 실험은 봄에 한 것인데, 로즈는 가을에 그 반응을 재연하려 시도했다. 결과가 달라진 것도 당연했다. 나무들이 연간 주기상에서 다른 국면에 있었기 때문이다. 로즈가 잘못 짚었던 게 아니었다. 그저 그의 눈에 보이지 않은 변수들이 더 있었던 것뿐이다.

 로즈를 생각하니 오스트리아의 수도사이자 유전학의 아버지인 그레고어 멘델이 떠올랐다. 멘델도 자기가 했던 절묘한 완두콩 교배 실험을 조밥나물hawkweed로도 재연하려 시도했었다.[12] 이 실험에서는 그가 원하는 결과가 도저히 나오지 않았다. 멘델은 자기 필생의 연구가 재연되지 않았으며 따라서 무의미하다고 생각한 나머지 좌절감과 패배감을 안고 세상을 떠났다. 물론 그의 연구는 전혀 무의미하지 않았다. 멘델이 몰랐던 것은 조밥나물이 지닌 기이한 성질이었다. 조밥나물은 수분하지 않고도 무작위로 씨앗을 만들 수 있다. 말하자면 유성 생식을 통한 번식 대신 주기적으로 자기복제를 함으로써 유전 교배 연구 전체를 교란한 것이다. 자연은 결코 매끈한 평면이 아니며, 언제나 인간의 눈에는 보이지 않는 수많은 주름과 표면을 품고 있다. 세상은 창이 아니라 프리즘이다. 어디를 보든 우리는 새로운 굴절을 발견한다.

 로즈와 볼드윈과 슐츠가 자신들의 논문을 방어하고 있던 바로 그 무렵, 식물학의 전당 바깥에서 남아프리카공화국의 야생생물 관리자 한 사람이 '경험적 평가'라고밖에 표현할 수 없는 일을 하고 있었다. 그것은 동료들의 검토를 받은 실험 연구는 아니었지만, 이 일화를 (남아프리카의 야생생물 관리자 본인을 포함하여) 하도 여러 사람에게 반복적으로 듣다 보니, 적절한 경고만 덧붙인다면 이 책에 실어도 되겠다는 생각이 들었다. 나는 어디까지나 이를 한 편의 이야기로만 받아들인다.

1985년, 바우터 판호번Wouter van Hoven은 프리토리아대학교 동물학과의 자기 연구실에 있다가 야생동물 관리관에게서 특이한 요청을 받았다. 바로 지난달에 근처 트란스발 지역의 사냥용 방목장 여러 곳에서 쿠두kudu가 1,000마리 이상 죽었다는 것이다. 쿠두는 영양羚羊 가운데서도 우아한 줄무늬와 길고 구불구불한 뿔을 자랑하는 유독 위엄 있는 종이다. 바로 전 겨울에도 똑같은 일이 있었다. 그때는 죽은 쿠두가 3,000마리에 달했다. 그런데 죽은 쿠두들에게는 아무 문제도 없어 보였다. 찢어진 상처도 없었고, 좀 야위어 보이기는 했지만 병에 걸린 것도 아니었다. 전화를 건 사람은 그에게 가능한 한 빨리 와줄 수 있느냐고 했다. 방목장 주인들은 미칠 지경이었다. 판호번은 아프리카 유제류를 전문적으로 다루며 야생동물의 영양營養 상태를 연구하는 동물학자였다. 그는 무슨 문제인지 자기가 보면 바로 알 거라고 생각했고, 당장 가겠다고 답했다.

판호번이 첫 방목장에 도착해 보니 방금 전쟁이 휩쓸고 간 것처럼 죽은 쿠두들이 사방에 널려 있었다. 그런데 악취 다음으로 그가 느낀 것은 방목장의 규모에 비해 죽은 쿠두의 수가 너무 많다는 것이었다.

일반적으로 쿠두는 100헥타르당 세 마리 이상이 있어서는 안 되는데, 이 방목장에는 100헥타르당 열다섯 마리는 되어 보였다. 그가 이어서 방문한 다른 방목장들 몇 곳도 상황은 똑같았다. 방목장 사냥의 인기가 치솟고 있을 때여서 방목장 주인들은 돈을 긁어모으기 위해 땅을 한계까지 밀어붙이고 있었다.

판호번이 쿠두 몇 마리를 해부해 보니 으깨졌으나 소화되지 않은 아카시아 잎들이 뱃속에 가득했다. 이어서 그는 기린들을 찾아 주위를 둘러보았다. 기린들은 사바나의 한 쪽에 흩어진 채 아카시아 잎들을 우물거리고 있었으니, 죽음이 그들은 건드리지 않았음을 딱 봐도 알 수 있었다.

몇 주가 지나자 퍼즐이 맞춰지기 시작했다. 아카시아는 잎을 뜯어 먹히면 잎 속에 쓴 타닌 성분을 증가시킨다. 이는 판호번이 이미 알고 있던 사실로, 아카시아 특유의 온건한 방어 기제였다. 처음에는 타닌이 약간 증가한다. 위험하지는 않지만, 맛이 안 좋아진다. 대개는 이 정도로도 쿠두를 쫓기에는 충분하다. 하지만 앞선 두 해 연달아 가뭄이 몹시 심했고, 그 결과 풀늘이 다 말라 죽었나. 방목장 울타리 안에 갇힌 너무 많은 쿠두들은 달리 먹을 것도 없고 갈 수 있는 곳도 없었다. 판호번은 쿠두들이 쓴맛에도 불구하고 어쩔 수 없이 아카시아 잎을 계속 먹었을 거라고 생각했다. 그는 쿠두 한 마리의 내장에서 뭉개진 아카시아 잎들 몇 뭉치를 꺼내서 연구실로 가져갔다.

그는 쿠두가 감당할 수 있는 잎 속 타닌 함량이 4퍼센트 정도임을 알고 있었다. 그보다 높아지면 문제가 생긴다. 아카시아들은 계속 먹어대는 쿠두들에게 보복하듯 잎 속 타닌 함량을 계속 높였고, 그래도 쿠두는 계속 먹었다. 그러다 어느 시점에 아카시아 잎의 타닌 함량이 치명적 용량까지 올라갔다. 쿠두의 뱃속에서 가져온 소화되지 않은 잎을 검사해 보니, 타닌 함량이 12퍼센트에 달했다.

판호번은 대략 자연이 "이 동물 개체군을 좀 줄일 수밖에 없겠군"이라고 판단한 거라고 봤다. "그리고 그대로 한 거죠."

판호번은 몇 년 전 나무들이 주고받는 화학적 신호에 관해 읽은 기억이 났다. 아마도 로즈의 논문이나 볼드윈과 슐츠의 논문이었을 것이다. 그 사실을 염두에 두고 판호번은 아카시아 나뭇가지들을 부러뜨린 다음 주변 공기를 채취했다. 아니나 다를까, 손상된 나무들은 다량의 에틸렌을 뿜어냈다. 분명 근처 나무들에까지 날아갈 수 있을 만큼 충분한 양이었을 것이다. 그는 주변 나무들이 그 경고 신호를 받고 그에 따라 행동을 변화시켰다고 판단했다. 합동 독극물 작전을 펼친 셈이었다.

그는 다시 기린들을 살펴보았다. 기린들은 같은 아카시아 잎을 먹고도 어떻게 멀쩡할 수 있었을까? "기린들은 먹고 먹다가 어느 순간 갑자기 먹기를 멈추고 가버려요. 잎이 아주 많이 남아 있는데도요." 에너지 절약의 관점에서는 말이 안 되는 일이었다. 하지만 얼마 지나지 않아 기린들은 열 그루의 나무 중 한 그루에서만 잎을 먹으며, 바람이 불어가는 방향에 있는 나무의 잎은 절대 먹지 않는다는 것이 분명해졌다. 그는 기린들이 타닌을 방출하라는 경고 신호를 받지 않은 나무들의 잎만 먹어야 한다는 걸 터득한 거라고 추측했다.

릭 카번은 그 이야기를, 혹은 그 이야기가 반복되는 방식을 좋아하지 않았다. 그는 경력 내내 인습에 어긋나는 연구 내용을 출판하기 위해 힘겹게 싸우며 보냈지만, 거짓된 길로 빠지는 걸 막아주는 필수적인 안전조치인 엄격한 동료 검토 과정에 대한 신념은 잃지 않았다. 그러한 과정이 없다면 과학은 신뢰성을 모조리 잃어버리게 된다. 인간이라면 누구나 빠질 수 있는 오류의 위험을 견제하기 위해서는 동료들의 심의가 필요하다. 그리고 쿠두 이야기는 바로 그런 종류의 검토를 거치지 않은 것이었다. 다른 식물학자들도 믿음의 스펙트럼에서 저마다 점한 위치는 달라도 카번에 대해서는 아주 큰 존경을 품고 있었다. 식물이 의도적인 행동을 한다는 생각은 전혀 하지 않는 부류의 식물학자일지라도 말이다. 그런 그들도 카번에 관해 말할 때는 "엄밀한" 같은 형용사를 썼고, 내게 가서 그가 일하는 걸 봐야 한다고 말했다.

카번은 장대처럼 키가 크고 동작이 유연하며 화살처럼 똑바른 자세와 솜털 같은 흰머리가 돋보이는 사람이다. 캘리포니아대학교 데이비스 캠퍼스 3층에 있는 그의 사무실에서 그를 만난 날, 카번은 밝은 주황색 테니스화를 신고 짐볼을 책상 의자 대신 쓰고 있었다. 12시 정각이 되자 그의 뒤 벽에 걸린 새 시계에서 꺄악 하는 새소리가 났다. "오래된 시계에요. 새소리도 안 맞고요." 모양은 핀치새인데 파랑어치의 카랑카랑한 소리가 난 것에 대한 해명이었다.

카번의 사무실은 칸막이 하나 없이 넓게 트인 곤충학 실험실 한쪽에 따로 구획한 작은 직사각형 공간이었다. 작업대 위에는 자그마한 죽은 나비들이 담긴 플라스틱 통들이 어지럽게 놓여 있고, 벽에는 장대가 내 키보다 더 긴 잠자리채 두 개가 기대 서 있었다. 나는 그에게 식물학자가 곤충 실험실에서 무엇을 하고 있느냐고 물었다. 그는 어깨를 으쓱해 보이며 "내가 매미 연구로 시작했거든요"라고 내게 상기시켰다. 여전히 그의 연구는 대부분 식물과 곤충이 만나는 지점에 대한 것이다. 지난 20년 동안 그가 연구해 온 현장은 캘리포니아주 매머드 레이크스의 어느 산기슭인데, 높은 고도에 자리한 이곳은 아고산대 숲과 세이지브러시sagebrush가 가득한 사막 지대로 마치 달의 풍경을 보는 듯한 매혹적인 곳이다. 우리는 그곳을 향해 출발했다.

매머드 레이크스에 있는 밸런타인 생태연구 구역은 캘리포니아대학교 샌타바버라의 소유지로 해발 2.4킬로미터의 고대 화산 칼데라에 위치한 보호구역이다. 관광객의 출입을 막는 울타리는 없고 무단 침입은 용인되지 않는다는 경고판만 하나 있었다. 대부분의 사람은 여기서 어디를 쳐다봐야 하는지도 모를 것이다. 입구는 칼데라 주변부의 삐죽삐죽한 소나무 숲인데 이 숲에는 오솔길 하나 안 나 있어서 사실상 바로 옆에 있다고 할 수 있는 스키장에 비하면 사람을 끌 만한 구석이 하나도 없다.

하지만 그 소나무 생울타리를 통과하고 나면 곧바로 언덕으로 이어지는데, 내가 갔던 7월에는 회녹색 세이지브러시와 윤기 나는 만자니타manzanita 덤불로 뒤덮여 있었다. 주황빛 도는 갈색에 바닐라 향이 나는 수피를 지닌 거대한 제프리소나무Jeffrey pine들이 키 작은 식물들 사이에 우뚝 솟아 있다. 바싹 마른 자갈밭을 뚫고 캘리포니아 여로corn lily, 연분홍 플록스Phlox, 흰 제비란rein orchid, 노란 당나귀귀 국화mule's ears, 솜털채진목serviceberry, 그리고 반기생성 사막 페인트브러시desert paintbrush의 주황 덤불이 자라고 있다. 내가 그 언덕을 걸어가니, 나중에 뿔로 자랄 혹이 달린 어린 사슴 두 마리가 경중경중 달아난다. 메뚜기들도 훌쩍 뛰어 저리 가버린다. 땅바닥의 진풍경 위로는 7월의 태양 아래서도 아직 눈이 얼룩덜룩 남아 있는 시에라네바다 산맥의 울퉁불퉁한 봉우리들이 솟아 있다.

그리고 거기에 세이지브러시 덤불 위로 몸을 구부리고 핀셋으로 작고 까만 딱정벌레들을 잡아내는 카번이 있다. 그는 내게도 핀셋 하나와 1파인트들이 종이통—아이스크림을 담는 그런 통인데 공기 구멍들이 뚫려 있다—을 건네며 벌레들을 모으라고 한다. 다음 실험에 다시 사용할 거란다. 과학 저널리스트인 내게는 전문적이고 기술적인 현장 연구의 실제 모습을 발견하는 일이 늘 새롭고 재미있다. 이 딱정벌레들은 전날 밤 그가 손수 덤불에 가져다 둔 것들이다. 벌레들이 아직 거기 남아 있는지 어떤지를 보면 세이지브러시가 포식자들을 제거하려고 얼마나 열심히 노력했는지 알 수 있다. 그렇지만 딱정벌레에게도 포식자는 있다.

"아, 부당벌레가 한 마리를 먹고 있네요." 한순간 데이터 포인드를 빼앗겨 실망한 카번이 말했다. "뭐, 괜찮아요! 이런 게 현실이니까!"

그간 카번은 세이지브러시가 뿜어낸 화학물질을 근처의 야생 담배도 해석할 수 있다는 것, 그리고 야생 담배는 손상을 입기 시작하면 자기를 갉아 먹고 있는 애벌레들을 먹어치우도록 천적들을 불러들일 수 있다는 것을 밝혀냈다. 또 세이지브러시가 자신의 유전적 친족에게서 온 신호에 더 잘 반응한다는 것도 알아냈다. 공기를 통해 전해진 화학적 신호, 이를테면 근처에 위험한 포식자가 있다고 알리는 신호를 받을 때, 그 신호가 가까운 친족 구성원에게서 온 것일 경우 세이지브러시가 그 경고에 주의를 기울일 가능성이 더 크다는 것이다.

내가 매머드 레이크스에 가기 바로 얼마 전, 핀란드의 진화생태학자 아이노 칼스케Aino Kalske와 일본의 화학생태학자 시오지리 카오리Kaori Shiojiri, 코넬대학교의 화학생태학자 안드레 케슬러André Kessler가 포식자의 위협이 별로 없는 평화로운 지역에 사는 미역취 goldenrod들이, 드물지만 공격을 당하게 될 때 놀랍도록 특정적인, 그러니까 가까운 친족만 해석할 수 있는 화학적 경고 신호를 보낼 수 있다는 사실을 밝혀냈다.[13] 그러나 더 험악한 지역에서 자라는 미역취들은 유전적 친족들만이 아니라 그 지역의 모든 미역취가 쉽게 이해할 수 있는 화학적 언어를 사용해 이웃들에게 신호를 보낸다. 말하자면 암호를 써서 속닥이는 내밀한 네트워크가 아니라 확성기를 써서 위협을 널리 알리는 셈이다. 이런 종류의 화학적 의사소통이 신호를 받는 식물들뿐 아니라 신호를 보내는 식물에게도 유익하다는 것을 확인한 최초의 연구였다.* 만약 당신이 식물이라면, 정말로 호된 상황이 닥쳐왔을 때 그 상황이 지나간 뒤 홀로 들판에 남아 있고 싶지는

• 이 미역취 연구의 결과가 나오기 전까지 식물의 의사소통에 대한 한 해석은 사실은 의사소통이 아니라는 것이었다. 그보다는 어느 식물이 떨어져 있는 자신의 또 다른 가지에, 그러니까 자기 몸의 다른 부분에게 방어를 강화하라는 신호를 보낼 때 그 이웃 식물의 신호를 엿듣는 방법을 익혔을 뿐이라는 것이었다. 한 연구자는 휘발성 물질을 통한 신호는 의사소통이 아니라 "독백"이라고 표현했다. 하지만 이 미역취 논문이 그 생각을 뒤집어놓았다. 대화를 주고받는 모든 당사자가 그 대화에서 혜택을 얻는 것으로 보였다. Martin Heil and Rosa M. Adame-Alvarez, 'Short Signalling Distances Make Plant Communication a Soliloquy.' *Biology Letters 6*, no. 6 (2010): 843–45.

않을 것이다. 짝짓기할 상대도 없고, 수분해 줄 곤충을 부르는 일을 도와줄 동료도 없다면 어쩌겠는가. 이 연구는 과학자들이 식물 의사소통의 의도성을 보여주는 일에 가장 가까이 다가간 것이었다. 그 신호들은 다른 개체들이 알아듣도록 의도된 것이었다. 그리고 알다시피 의도성이란 어느 정도 지적인 행동을 보여주는 신호이다.

카번은 동물 행동 연구의 방법들을 거듭 식물에 적용했고, 그 방법들은 매번 효과를 내는 것 같다. 그는 명금류, 즉 노래하는 새들에 관한 어느 연구 결과를 세이지브러시에게 일어나는 일에도 적용할 수 있겠다고 생각했던 것을 기억한다. 그는 확인을 위해 그 핀란드 논문을 재연하려 시도했다. 효과가 있었다. 세이지브러시 역시 벌레들의 위협이 전반적으로 낮은 수준일 때는 곤충의 공격에 관해 자기 가족 무리에게만 경고하는 '사적인' 의사소통 수단을 사용했다.[14] 말하자면 비정규 채널을 사용하는 셈이다. 자신 및 자신과 가까운 부류에게만 통하는 복잡한 화합물을 사용한다는 말이다.

그러나 지역 전체가 집중적 공격을 받게 되면 세이지브러시는 '공공' 채널로 바꾸어 더 보편적으로 이해할 수 있는 경고 신호를 내보낸다. 이는 명금류에 관해 오래전부터 알려져 있던 어떤 사실과도 완벽히 일치한다. 위험한 포식자가 상대적으로 적은 평화로운 곳에 사는 새들은 뭔가 문제가 생겼을 때 자기 가족 무리에게만 경고하는 아주 특정적인 노랫소리를 낸다.[15] 하지만 광범위한 위험에 직면하면 울음소리를 바꾸어 그 지역에 있는 다른 종의 새들도 모두 이해할 수 있는 경고 신호를 보낸다. 이는 공동체의 생존 관점에서 볼 때도 이해가 되는 일이다. 동네 전체가 위협당할 때는 가족이든 아니든 상관없이 나와 같은 부류를 가능하면 많이 살리는 것이 최선이기 때문이다.

  나는 식물들에게 이것이 무엇을 의미할지 생각했다. 한 종 이상에서 이런 현상이 밝혀졌으니, 다른 종들에게서도 발견될 거라고, 그리고 어쩌면 식물계 전체에 퍼져 있을 거라고 가정하는 것도 무리는 아닐 것이다. 그렇다면 식물에게도 나름의 사투리가 있고 사투리를 사용해야 할 때가 언제인지 판단할 수 있을 만큼 자기가 속한 맥락을 충분히 잘 의식하고 있다는 뜻이다. 그뿐 아니라 식물은 누가 누구인지, 그러니까 누가 가족이고 가족이 아닌지도 분명히 의식한다. 그들은 자기가 속한 환경과 적들의 변화하는 상태를 줄곧 파악하고 있다. 식물의 의사소통은 기초적인 수준에 그치지 않고 다양한 의미를 품은 복잡하고 다층적인 것이기도 하다.

  다양한 상황에 대처하는 역량은 비록 단순하더라도 결정적인 방식으로 식물과 우리의 간극을 좁힌다. 우리 삶에서 일어나는 다양한 변화는 당연히 우리에게서 다양한 반응을 촉발한다. 우리는 위협을 평가하고 그 평가에 맞추어 반응을 조정한다. 하지만 이 사실은 내게 개인 간의 차이에 대한 궁금증을 더 일으켰다. 사람은 모두 똑같은 존재가 아니며, 위협에 보이는 반응에서도 개인마다 각자의 개성이 드러난다. 용감함이나 두려움, 대담함이나 신중함의 정도도 사람마다 상당히 큰 차이가 있다. '두려움' 같은 인간적 개념을 곧바로 식물에게 적용할 수 있다고 생각하지는 않았지만, 그보다 온건한 질문은 여전히 던져볼 가치가 있을 것 같았다. 식물 개체들 사이에도 이렇게 반응 스펙트럼이란 것이 존재할까?

  나는 카번의 최근 실험이 정확히 이 질문을 다룬 것이라는 사실을 알고 정말 반가웠다. 그는 식물들 사이에도 성격 차이가 있는지 알고 싶었다. 동물학 분야에서도 성격 연구는 비교적 최근에 와서야 등장했다. 지난 20년 사이에 동물과학은 각각의 동물도 저마다 성격을, 즉 세계에 반응하는 일관되고 고유한 방식을 가지고 있으며 동물의 성격도 연구할 가치가 있다는 생각을 진지하게 받아들이기 시작했다.[16]

동물의 성격 특성을 연구하는 동료들과 자주 이야기를 나누는 카번은 그런 대화를 통해 자신의 연구 접근법과 관련하여 단순하지만 혁신적인 어떤 결론에 도달했다. 동물과 식물은 분명히 다르지만 공통의 세상을 공유한다는 결론이었다. 동물과 식물이 매일 겪는 난관도 아주 비슷하다. 먹이를 찾아야 하고 짝을 찾아야 하며, 이런 일을 다른 생물들이 자기를 잡아먹으려 기를 쓰는 와중에 해내야 한다. "동물들이 어떤 문제를 특정한 방식으로 해결했다면, '흠, 식물도 뭔가 그와 비슷한 일을 하지 않았을지 궁금한데?'라고 질문하는 게 불합리한 일은 아니라고 생각합니다."

보통 과학자들이 식붙이는 농붙이는 생붙의 성격을 측성할 때는 무리 전체에서 나타나는 평균적인 경향성을 살펴본다. 적어도 지난 100년 동안 식물생물학은 한 종에 속한 개별 식물들을 복제물들로 보았다. 과학에서 개별적 특성은 전혀 중요하지 않으며, 과학은 전체 개체군의 평균적 특성만을 살핀다. 그래서일까, 한 개체가 평균에서 너무 멀리 벗어나면 그 개체는 특이값으로 여겨 연구 대상에서 빼버리는 경향이 있다. "개체들이 하는 일은 소음일 뿐이라 여겨지죠." 카번의 설명이다. 그러나 그의 세이지브러시 연구는 평균값은 던져버린다. 성격 연구에서는 개체의 차이를 가치 있는 데이터로 취급한다. 각 차이는 행동 스펙트럼상의 한 지점이며, 잡음은 신호가 된다. "이건 정반대 접근법이에요. 개체들 사이에서 나타나는 차이에 주의를 기울이죠."

세이지브러시가 어떻게 서로 신호를 주고받는지 연구하며 긴 경력을 보낸 카번은 이 과정에서 나타나는 차이들을 섬세하게 포착할 수 있다. 그는 신호 교환이 매번 똑같이 이뤄지지 않는다는 것을 안다. 때로는 한 식물이 괴로워하는 신호를 보내도 이웃들이 방어용 화합물을 생산하지 않거나, 오히려 생산량을 줄이기도 한다. 카번은 이런 현상이 개별 식물에 따라 위험에 대한 내성에 차이가 있기 때문일지 모른다고 생각한다. 위험에 대한 내성은 성격을 측정하는 한 기준이다. 카번에 따르면 어떤 개체는 타고난 겁쟁이 같은 성격을 보일 수도 있고, 이런 개체는 아주 작은 혼란에도 요란한 신호를 보낸다. 그런 경우 같은 가족에 속한 다른 식물들은 이 겁쟁이 친족을 양치기 소년처럼 취급하여 무시해 버리기 일쑤다. 그래서 방어용 화합물을 만들지 않는다.

우리는 세이지브러시 풀밭을 가로지르면서 우리 각자의 삶에 관한 이야기를 나눴다. 카번은 뉴욕 출신으로 고향에서 멀리 떠나 살고 있었다. 알고 보니 그는 현재 나의 어머니가 살고 있는 바로 그 로어이스트사이드의 아파트 단지에서 자랐다. 1960년대의 로어이스트사이드는 아이가 살기에는 험한 곳이었고, 어린 소년에게 그 환경은 자신을 지키기 위해서는 주먹다짐도 피하지 말아야 한다는 것, 그러지 않으면 점심값을 빼앗길 수도 있다는 것을 의미했다. 그건 카번에게 맞지 않는 삶의 방식이었다. 그는 자신이 '위험회피적'이라고 말한다. 그는 세상에 잘 섞여들지 못했고, 적어도 늘 어느 정도는 세상과 분리되어 있다고 느꼈다. 세상이 자신에게 어떤 의도를 품고 있을지 모른다는 의심이었다. 외톨이. 그래서 그는 많은 시간을 집안에서 보냈고 더 평온한 다른 어딘가, 뉴욕의 끊임없이 몰아치는 인간 군상에서 벗어난 곳에 있을 수 있기를 바랐다. 그럴 수 있게 되자마자 그는 나라의 반대편 끝으로 옮겨가 인간이 아닌 생물들의 복잡성을 연구했다. 그는 지금도 자기 연구 작업의 대부분을 야외에서, 예측할 수 없는 생태계의 뒤죽박죽인 현실 속에서 행하기를 고집한다.

확실히 카번의 성격 연구는 식물행동 연구의 가장 바깥쪽 언저리에 자리하고 있다. 그에게는 이 연구를 수행할 만한 저력이 있다. 40년간의 연구 성과로 존경받는 과학자인 그가 식물의 잠재적 성격에 몰두하고 있다는 것은 이 분야에 주의를 기울여온 모든 사람에게 그 사고실험을 할 시기가 무르익었다는 신호다. 만약 그가 얻은 결과가 설득력이 있고 재연 가능하다면, 그것은 식물 연구자들의 작은 세계를 훌쩍 넘어서는 어마어마한 의미를 지닐 것이다. 인산이 환경에 나양하게 반응한다는 점은 인류 전체로서 우리의 회복탄력성을 더욱 키워준다고 할 수 있을 것이다. 식물에 대해서도 똑같은 말을 할 수 있을지 모른다.

2017년에 몬트리올 퀘벡대학교의 행동생태학자 샬린 쿠슈Charline Couchoux가 이메일로 카번에게 제안을 하나 했다. 쿠슈에게는 박사학위 요건을 갖추기 위해 자기 분야 바깥의 누군가와 협업을 해야 하는 과제가 있었다. 자신이 동물의 개체별 행동 차이를 식별하는 방법론을 갖추고 있는데 카번이 그 방법론을 식물에 적용할 수 있으리라는 제안이었다. 이미 쿠슈는 여름이면 버몬트주와 퀘벡주 접경지대 숲에서 다람쥐를 관찰하며 수천 시간을 보낸 터였다. 다람쥐 수십 마리에게 각각 다른 색깔의 귀걸이를 달아주는데, 관찰이 끝날 무렵에는 모습과 행동만으로도 각 다람쥐를 구별할 수 있었다.

다람쥐들의 조난 신호 소리는 뚜렷이 구분된다. 수리매 같은 공중의 포식자를 감지했을 때 지르는 소리가 다르고 육상 포식자에 대한 소리가 다르다. 쿠슈가 보기에 어떤 다람쥐들은 내내 깩깩거리기만 했다. "어떤 다람쥐들은 씨앗을 먹고 있을 때 나뭇잎 하나가 땅에 떨어져도 공황에 사로잡혀서 소리를 지르며 구조 신호를 보내요." 맹금류가 있다고 상상하고는 머리가 떨어져 나갈 듯이 비명을 질러대는 것이다. 이런 다람쥐들은 소심한 녀석들이다. "또 어떤 친구들은 아랑곳없이 먹이 채집을 계속해요." 쿠슈가 성별과 사회적 지위, 연령 요소를 통제해도 다람쥐들 사이의 분명한 성격 차이는 시간이 흘러도 일정하게 유지됐다. 어떤 다람쥐는 위험을 감수하고 어떤 다람쥐는 회피한다.

물론 이런 조난 신호는 다른 다람쥐들이 듣는다. 소리 지르는 다람쥐들의 성격을 알고 있는 다른 다람쥐들이 그 신호를 듣고 어떤 행동을 선택할지는 소리를 지른 다람쥐가 얼마나 믿을 만한가에 달려 있는 것으로 보인다. "내내 늑대가 나타났다고 소리를 질러대는 친구들은 안 믿는 게 낫다는 게 요점이에요." 쿠슈와 동료들은 '소심 - 대범 스펙트럼'에서 서로 다른 지점에 위치하는 여러 다람쥐의 신호 소리를 녹음해서 그 소리를 다른 다람쥐들에게 들려주었다. 소리를 들은 다람쥐들은 대범한 다람쥐가 내는 조난 신호를 들었을 때는 몸을 곧 추세우고 주의를 기울였고, 자주 공황에 빠지는 다람쥐가 낸 소리일 때는 그리 신경 쓰지 않는 것 같았다.

적자생존의 진화적 관점에서 보면 소심한 다람쥐들이 더 불리하다고 생각할 수도 있다. 그러나 쿠슈는 실제로는 그렇지 않다는 걸 알게 됐다. 덜 공격적인 개체들은 위험을 덜 감수했고, 그러니 더 적게 먹었으며 한 해에 낳는 새끼 수도 더 적었다. 이런 다람쥐들은 대체로 더 오래 살았다. 위험한 일을 감행하지 않는다면 독수리에게 잡아먹힐 위험도 더 적다. 스펙트럼의 반대쪽 끝에는 정말로 대범한 다람쥐들이 있었다. "이들은 번식 시기도 더 빠르고 먹기도 더 많이 먹으며 위험을 무릅쓰는 일도 더 많아요. 새끼도 일 년에 세 마리 정도로 더 많이 낳고요. 하지만 그러다가 포식자에게 잡아먹혀 버리죠."

"서로 다른 전략이지만 둘 다 생명에 유리한 전략일 수 있어요." 쿠슈의 말이다. "이런 점은 이제 큰뿔양Bighorn sheep부터 어류까지 여러 종에서 발견되었습니다." 성격에 관한 한 누구에게나 자기 자리 하나씩은 있는 것이다.

카번은 매머드 레이크스에서 북쪽으로 300킬로미터 떨어진 또 다른 연구 현장에서도 99본의 세이지브러시 밭을 가꾸고 있는데, 각 세이지브러시를 한 사람 한 사람 알아보듯이 구별할 수 있다. 카번과 그의 대학원생 제자들은 각 세이지브러시의 유전자 프로필을 분석하여 모든 개체의 연관성까지 파악했다. 그리고 세이지브러시들이 유전적 친족이 보내는 신호에 더 잘 반응한다는 것도 이미 증명한 바 있으며, 이제는 화학물질의 표본 채취 기법을 응용해 식물의 성격을 연구하고 있다.

이를 위해 카번과 대학원생들은 보통 잎 몇 개를 자르는 식으로 세이지브러시에 손상을 입힌다. 그런 다음 필연적으로 분비되는 휘발성 화학물질을 채집하기 위해 세이지브러시를 비닐봉지로 감싼다. 그리고 커다란 주사기에 봉지 속 화학물질이 포함된 공기를 집어넣은 다음, 근처의 다른 세이지브러시 개체 근처에 그 공기를 뿌리고 반응을 기록한다. 다음 단계는 각 개체의 성격 프로필을 공식화하는 것이다. 일단 성격 프로필을 확보하면 시간의 흐름에 따른 각 개체의 반응을 추적할 수 있고, 생애에 걸쳐 성격이 유지되는지도 확인할 수 있다. 카번의 예상대로 겁 많은 덤불이 계속 겁 많은 성격을 유지한다면, 식물 성격 연구 분야가 명확한 연구 방법을 갖추고 제대로 출범하게 될 것이다.

식물 의사소통 연구가 발전함에 따라, 각 연구자들이 살펴보기로 작정하는 거의 모든 곳에서 새로운 정보가 드러나고 있다. 최근에 캘리포니아대학교 어바인 캠퍼스의 과학자 콜린 넬Colleen Nell은 흔히 뮬 팻mule fat이라 불리는 꽃피는 사막 관목을 연구하는 과정에서 암나무는 암나무와 수나무가 보내는 신호 모두에 기울이지만, 수나무는 수나무의 신호에만 귀 기울인다는 사실을 발견했다.[17] 또 식물이 자기 가족에게서 정보를 얻는 걸 더 선호하는 것처럼 보이는 경우도 있다. 카번의 한 연구에서도 세이지브러시들이 유전적 친족에게만 귀 기울이고 유전적 타자에게는 귀 기울이지 않는다는 사실이 발견되었다.[18]

이 새로운 연구는 우리가 건강한 식물 군집이라고 생각하는 것, 그리고 실제로 식물을 보호한다는 것이 무엇을 의미하는지와 관련된 실존적 질문을 제기한다. 이런 결과를 고려하면 단순히 식물을 기르는 것으로는 충분하지 않다. 의사소통이 식물의 생명에 필수적인 기능이라면, 식물에 대한 우리의 돌봄도 식물이 서로 '대화할' 수 있는 능력을 보호하는 데까지 확장되어야 한다.

나중에 집으로 돌아가서 카번의 연구에 관해 되짚어보다가 내가 기르는 화초들을 곰곰 생각하며 오싹한 기분을 느꼈다. 나의 반려식물들은 입막음을 당하고 있는 걸까? 아파트에 생기를 더해주는 이 친구들이 식물로서 본질적인 어떤 부분을 박탈당하고 있는 건 아닐까? 이제는 그럴 수도 있겠다는 생각이 들었다. 무엇보다 이 화초들은 화분에 심겨 있었다. 뿌리끼리의 의사소통에 관한 한 내 화초들이 동료 식물들과의 연결에서 차단되어 있다는 건 부인할 수 없었고, 정상적 환경에서라면 관계 맺고 살아갈 균류와 세균의 네트워크와 차단되었음은 말할 필요도 없었다. 그렇다면 화학적인 식물 언어에서도 차단되어 있을까? 야생에서 살고 있는 자기와 같은 종의 식물들이 항상 하는 것처럼, 내 화초들도 화학물질을 통해 공기 중으로 의미를 뿜어내고 있었을까? 내 아파트에 있는 화초는 거의 다 원예 농장에서 널리 재배되고 있는 열대 식물들이다. 즉 야생의 조상들과는 너무 멀리 떨어진 곳에서 살고 있는 셈이다. 내 화초들은 야생의 친척들에 비해 다소 단순화되고 길든 개체들일까? 너무 여러 세대 동안 고향 정글에서 떨어져 살아서 말하는 법도 잊어버리고 어쩌면 자기네 언어를 한 번도 들어본 적 없는 건 아닐까? 그리고 계통은 차치하더라도, 지금 나는 이 화초들을 화분이라는 제한된 공간에 입막음한 채, 마치 우리에 가둔 동물처럼 키우고 있는 것일까? 그렇게 상상하니 으스스했다.

아니면 내 화초들은 이제 완전히 자립할 수 있는 맥락과 특성을 상실했으니 나의 돌봄을 필요로 하고, 그러니까 늑대보다는 개에 더 가까워진 걸까? 이에 대해서도 어떤 기분을 느껴야 하는지 종잡을 수 없었다. 이게 상상력의 비약이라는 건 나도 알고 있었다. 너무 나간 생각일 수도 있다. 식물의 주도성에 관해 생각할 때는 그러기 쉽다. 그렇지만, 지금 돌아보면 이렇게 생각한 것이 혼란을 더 부추겼다는 자책이 들지만, 주제가 살아 있는 생명체의 주도성일 때 무엇이 '너무 나간' 것일까?

다시 매머드 레이크스로 돌아오자. 카키색 나일론 바지를 입은 카번은 지금 벌레의 눈높이에 맞추기 위해 메마른 흙먼지와 자잘한 자갈이 섞인 땅 위에 완전히 엎드린 채 딱정벌레의 수를 세고 있다. 그가 얼굴을 들이밀고 있는 세이지브러시 덤불 위에 그의 흐물흐물한 현장 모자가 얹혀 있다.

근처 땅바닥에 앉아 있자니 들이마시는 공기를 타고 세이지브러시 특유의 청량하면서도 톡 쏘는 듯한 풀 향기가 코로 들어왔다. 세이지브러시가 만드는 여러 휘발성 화학물질이 어우러진 냄새다. 세이지브러시는 이 물질들을 사용해 자기 몸의 여러 부위와 의사소통하고, 주변의 세이지브러시들은 그 신호를 엿듣고 그에 맞춰 반응할 수 있다. 세이지브러시 세계에서는 이 향기 신호로 "활발히 표현"할 수도 "은근히" 표현할 수도 있을 거라고 카번은 생각한다. 우리가 그 신호를 듣는 법만 배울 수 있다면 표현의 강도도 알 수 있을 거라고.

사람의 마음을 연구할 때도 신경의 메커니즘보다는 행동을 보고 추론하듯이, 카번도 식물행동의 패턴을 찾고 있다. "나는 수십 년간 심리학이 거둔 연구 성과와 그들의 방법론을 활용하는 걸 아주 좋아해서, 그걸 식물에도 적용할 수 있을지 자문해요. 그게 안 될 경우도 있는데, 그래도 괜찮아요."

그러나 그는 심리학 연구 분야에서 정말 적합해 보이는 방법 하나를 발견했다. 바로 행동을 두 단계로 나누어 분석하는 것이다. 첫 단계는 판단, 혹은 날것의 정보를 인식하는 것이고, 다음 단계는 의사결정, 다시 말해 서로 다른 행동들의 비용과 혜택을 저울질하여 최선의 행동을 선택하는 것이다. 이 방법은 식물들에게도 완벽하게 적용된다고 그는 말한다. 서로 다른 식물들이 포식자의 위협을 어떻게 평가하고 어떤 대응 행동을 하는지, 이를테면 잎의 맛을 더 쓰게 만들거나 담배의 경우처럼 자기를 먹고 있는 적이 누구이든 그걸 잡아먹을 천적을 화학적으로 불러들이거나 하는 등의 대응은 각 개체의 성격을 보여주는 강력한 신호일 수 있다. 그들이 위협을 얼마나 심각한 것으로 평가하는지, 그리고 그에 대응해 어떤 행동을 선택하는지는 우리에게 식물이 그들 삶에 접근하는 방식의 다양함에 관해 아주 많은 것을 가르쳐줄 수 있다.

우리는 연구 현장을 벗어나 그 건조한 평원에서 물줄기가 흐르고 있는 그늘진 협곡으로 내려갔다. 모든 것이 강렬한 녹색이었다. 카번은 야생 나리wild tiger lily와 어수리cow parsnip를 가리켰다. 그는 부리 모양을 닮은 노란 물꽈리아재비monkey flower들도 발견한다. "저 꽃들은 수분이 되었다고 생각하면 암술머리를 닫아버려요. 정말로 꽃가루가 묻은 거라면 계속 닫고 있죠. 마치, 좋았어, 내가 찾던 걸 얻었

3장 식물의 의사소통 133

어, 하는 듯 말이죠. 그런데 우리가 풀잎으로 건드려서 녀석들을 속일 수도 있어요." 그가 노란 꽃송이를 건드리며 내게 시범을 보인다. "이제 암술머리가 닫힐 겁니다. 그렇지만 30분쯤 지나면 아니, 이건 아니잖아, 하면서 다시 열릴 거예요."

우리는 계속 걷는다. 북미사시나무, 물망초, 오리나무를 지난다.

나는 카번에게 그가 한 모든 연구가 식물을 보는 그의 시각을 어떻게 바꾸었느냐고 물었다. 그는 이렇게 대꾸했다. "사람들은 내게 식물도 고통을 느끼느냐고 물어요." 하지만 그건 요점에서 벗어난 질문이다. "식물은 자기가 먹히고 있다는 걸 알아요. 하지만 아마 우리와는 아주 다르게 그 일을 경험하겠죠. 식물은 자신의 환경을 아주 잘 인지하고 있어요. 무척 민감한 생물이에요. 그리고 식물이 신경 쓰는 것은 우리가 신경 쓰는 것과는 아주 다르고요. 내가 자기들 위로 몸을 기울이며 그늘을 만들 때는 그걸 알아요. 그리고 식물이 록 음악보다 클래식을 더 좋아한다는 건 웃기는 소리지만, 그래도 음향에 민감하기는 해요."

생각이 점점 깊어지며 카번이 걸음을 멈춘다. "나는… 의식이 있다는 게 적절한 표현일지는 모르겠지만, 아무튼 상당히 잘 인지하고 있는 존재로서 식물들에 대해 큰 존경심을 품고 있어요. 이건 나한테는 새로운 일이에요. 지난 십여 년 사이에 일어난 변화죠. 내게 그 사실들 자체가 새로운 건 아니지만, 세계관의 변화는 새로운 거예요." 카번의 말이다.

1840년, 유스투스 폰 리비히 남작Baron Justus von Liebig이라는 독일의 화학자가 식물 성장에 필요한 세 가지 주요 원소를 분석한 연구서를 발표했다.[19] 그는 또 오랫동안 수수께끼로 남아 있던 비옥한 토양의 비밀도 풀어냈다. 몇십 년 만에 세 원소, 즉 질소, 인, 칼륨으로 현대 합성 비료의 혁명이 일어났고 이로써 농업의 관행은 영구히 바뀌었다.[20] 하지만 그 후로 우리는 식물의 건강이 그보다 훨씬 더 복잡하며, 합성 비료를 무차별적으로 사용하는 것은 장기적으로 생태계와 토양 비옥도에 지울 수 없는 해를 입힐 수 있다는 걸 알게 되었다. 좀 더 최근에는 무수히 많은 미생물과 균류 사이의 종간 관계에도 주의가 쏠리며 토양의 복잡성에 새로운 층위가 더해졌다.

식물의 성격도 그 복잡성을 이루는 또 하나의 층일지 모른다. 해충에 대해 식물이 보이는 개체별 반응 차이는 과거에 토양 비옥도의 기초적 사실이 그랬듯이 아직은 대체로 설명할 수 없는 현상으로 남아 있다. 모든 식물이 똑같지 않다는 것을 이해하고, 또한 식물들이 서로 어떤 식으로 다른지를 이해하게 된다면 연구자들은 뚜렷이 다른 각 식물의 행동을 이해하는 일에, 그리고 어쩌면 더욱 회복력 강한 작물을 개발하는 일에도 한 단계 더 다가서게 될 것이다.

하지만 그 개별성을 손상하는 일은 더욱 큰 도전일 것이다. 농업 연구자들은 19세기 중반에 어떤 병원균이 감자 역병이라는 질병을 초래한 이후로 드넓은 토지에서 한 가지 유전 품종의 작물만을 재배하는 단작單作의 위험성을 줄곧 경고해 왔다. 감자 역병은 당시 아일랜드의 주식 작물이었던 아이리시 럼퍼 품종 감자에 특히 더 치명적이었다. 감자 수확량에 일어난 대참사는 대대적인 기아를 불러와 약 100만 명의 목숨을 앗아갔다. 그렇지만 현대 농업 경제는 무엇보다 수확량에 가치를 두며, 여전히 전 세계의 다수 주식 농산물은 계속해서 광활한 경작지에서 획일적으로 재배되고 있다. 작물들은 다른 무엇보다 생산성을 높이는 방향으로 개량되며, 이 과정에서 자신을 보호하는 능력 같은 다른 특성들은 희생되는 경우가 많다. 그 결과 흔히 작물을 지탱하기 위해서는 엄청난 양의 살충제와 비료가 필요한 실정이다. 이런 경작의 단작은 성격 유형의 단작이기도 할까? 문득 궁금해진다.

그런 경작지에 만약 더 많은 유전적 변이의 유입이 허용된다면, 성격 측면에서는 어떤 일이 일어날 수 있을까? 그 장소의 문화가 변할지도 모르고, 더 많은 삶의 방식이 나란히 병존하며 살아갈 수도 있을 것이다. 생물 다양성이 농경지나 생태계의 회복 탄력성에 유익하다는 것은 이미 수많은 연구가 보여주었다. 하지만 성격의 다양성도 그 모든 것이 돌아가게 만드는 또 한 측면일지 모른다. 다양성이 갖춰진 들판이 번성한다면 그것은 바로 거기 펼쳐진 다양한 삶의 방식들 덕분일 것이다. 이 초기 발견들이 보여주듯이, 유순한 개체도 과감한 개체도 혼자서 자신의 종을 영원히 이어갈 수는 없다.

4장
살아 있는 존재는 느끼는 존재다

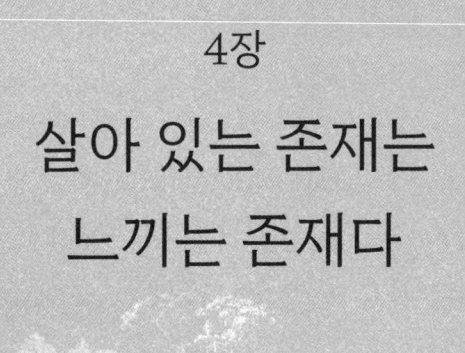

나는 식물이 내가 건드렸다는 걸
자기만의 방식으로 인지하는 모습을 보았다.

우린 그저 하나의 생물학적 가설일 뿐
여기 앉아 진동하고 있지만
우리가 뭐 하러 진동하는지는 몰라
　　　―펑카델릭, 〈생물학적 사색Biological Speculation〉의 가사 일부
　　　　　　　　　1972년 5월 22일, 조지 클린턴 작사

전기는 교묘한 힘이다. 전기 자체는 살아 있지 않지만, 아주 많은 경우 생명을 나타내는 가장 믿음직한 신호다. 전기는 살아 있음의 징후이며, 어쩌면 살아 있음 자체일지도 모른다. 전기는 우리 삶의 모든 측면에 얽혀 있다. 우리의 움직이는 능력, 생각하는 능력, 숨 쉬는 능력까지 모든 능력 뒤에는 전기가 있다. 전기에는 맥박이 없지만 맥박에는 전기가 있다. 아니 그보다 맥박이란 것이 존재하는 이유가 바로 전기다. 그 자체로는 딱히 살아 있다고 할 수 없지만 분명 비활성 상태도 아닌 것은 뭐라고 불러야 하는 걸까? 이론가 제인 베넷은 그것을 생동성vibrancy이라고 부른다. 나는 이 단어가 마음에 든다. 전기는 그 자체의 생동성을 갖고 있다. 그런 전기가 우리를 존재하게 한다.

전기는 식물도 존재하게 한다. 적어도 과학은 그렇게 보고 있다. 어떤 관점에서 보면 식물은 그냥 물주머니에 불과하다. 더 구체적으로 말하자면 돌아다니는 묽은 액체로 부풀어 있는 세포들로 이루어진 피부 같은 주머니다(그런데 사실 이건 우리 인간도 똑같다). 이런 구조이니 식물은 전기가 아주 잘 통한다. 전기 펄스는 식물의 몸을 아주 빠른 속도로 흐른다. 그러면 식물도 전기를 이용해 세상을 이해하고 세상에 반응하는 걸까? 우리가 그러는 것처럼? 움직이고, 성장하고, 멀리 떨어진 부위들로 메시지를 보내고? 우리 몸속의 전기 임펄스는 대부분 뇌를 통과해 정보의 형태로 다시 빠져나오지만, 식물은 그런 방법을 쓸 수 없다. 그렇다면 뇌도 없이 어떻게 전기가 자극에서 의미를 읽어내고 신호를 발송하는 수단이 될 수 있을까? 지금 과학자들은 이 질문의 답을 찾는 경주를 벌이고 있다. 몇몇 과학자들은 내게 어떻게 그런 일이 가능할지에 관한 자신들의 추측을 솔직히 말해주었다. 이는 거의 신비주의에 근접해 보이거나, 아니면 최소한 완전히 새로운 생명관에 가까워 보였다. 그런데 무릇 완전히 새로운 개념이란 처음에는 대개 신비주의처럼 들리는 말로 시작되지 않나?

자기 뺨의 살갗을 만져보라. 손가락과 손가락이 닿은 지점의 감촉을 느껴보라. 당신에게 그 느낌을 전해주는 것이 바로 전기이며, 손가락 끝 세포들과 뺨의 세포들에서 나와 뇌까지 쭉 올라갔다가 다시 되돌아오는 정교한 연쇄 반응이다. 인체에서 전기는 다음과 같이 작동한다. 우리 몸 세포들의 막전위膜電位*는 휴지 상태일 때 아주 미세한

• 세포 외부와 세포 내부 사이의 전위차를 의미한다. _옮긴이

차이로 음전하를 띤다. 그 세포들 사이 액체 속에는 양전하를 띤 원소들, 요컨대 나트륨, 마그네슘, 칼륨, 칼슘이 떠 있다. 이것들이 당신의 전해질이다. 당신이 뺨을 만지면 세포들이 세포막에 있는 이온 통로들을 열어 이 이온들을 통과시킨다. 운하의 수문으로 물이 들어가고 나가는 것과 비슷하다고 보면 된다.

이온들이 밀려들면서 갑자기 세포의 전하가 음에서 양으로 뒤집힌다. 이렇게 되면 활동전위라고 불리는 급격한 전기 신호가 발생한다. 이 돌발적인 전기 신호는 이웃 세포들의 이온 통로 개방도 촉발하여 그 세포들에서도 전기를 일으킨다. 이러한 연쇄 반응이 순식간에 일어나면서, 자극된 세포들이 만든 전류를 탄 정보가 당신의 손가락과 뺨에서 뇌로 갔다가, 다시 뇌에서 손가락과 뺨으로 전달된다. 우리 몸의 거의 모든 세포는 전기를 생성하는 능력이 있다. 근육은 수축하고 이완하는 모든 순간에 전기 활동을 한다. 근육의 움직임을 가능하게 하는 것이 바로 전기라는 말이다. 수축과 이완을 반복하여 우리 온몸에 혈액이 흐르게 해주는 정맥 주변의 평활근 역시 그렇다. 뺨에 손이 닿으면 어떤 느낌이 들지 우리가 미처 궁금해할 새도 없이 뺨에 닿는 촉감을 인지하게 만드는 뇌 역시 환상적인 전기 활동이 벌어지고 있는 현장이다.

그러면 전기가 감소할 때는 어떨까? 전신마취 상태의 사람은 건드려도 반응하지 않는다. 마취된 사람의 몸을 건드리거나 외과용 메스로 살을 가르면, 정상적 상태였을 때 폭발적으로 일어났을 전기 활동이 발생하지 않는다.[1] 마취약이 활동전위를 방해하는 것이다.[2] 이와 유사하게 연구자들이 식충식물인 파리지옥을 유리 상자 안에 넣고 공기에 디에틸 에테르diethyl ether를 주입하여 전신마취하자 그 후로 이 파리지옥은 건드려도 반응하지 않았다.³ 감각모를 아무리 여러 번 건드려도 덫이 닫히지 않았는데, 에테르를 제거하자 15분 뒤 덫이 다시 정상적으로 닫혔다.

'예민한 식물'이라는 별명으로도 알려진 미모사Mimosa pudica 역시 그렇다. 평소에 미모사는 뭔가가 아주 살짝만 닿아도 부채처럼 펼치고 있던 잎을 냉큼 접어 베네치안 블라인드처럼 가지런히 포갠다. 계속해서 건드리면 잎 전체가 줄기와 만나는 부분이 마치 손목이 꺾이는 것처럼 꺾여 아래로 늘어진다. 여기에는 의도가 있다. 잎을 먹고 있던 애벌레 입장에서는 잎이 갑자기 축 늘어지면 잎에서 떨어지기 마련이다. 그런데 미모사에 에테르 처리를 하자 아무리 건드려도 잎을 접지 않았다.⁴

완두콩 모종은 평소에는 20분 정도 동안에도 덩굴손을 하도 움직여대서 마치 춤추는 것처럼 보일 정도인데, 디에틸 에테르를 쏘이면 덩굴손을 안쪽으로 감아버리고는 활발한 움직임을 딱 멈춰버린다. 그러다 에테르를 제거하면 회복하여 다시 덩굴손을 흔들어대기 시작한다.

식물 전기의 이러한 신비는 또 다른 신비들, 요컨대 우리 인체의 신비들도 떠올리게 한다. 우리의 전기적 뇌는 너무 복잡하게 배선되어 있어서 아직도 뇌 속의 모든 경로를 담은 지도는 만들어지지 않았다. 또 마취가 우리에게 어떻게 작동하는지에 관한 수수께끼도 다시 생각하게 된다. 마취제가 우리를 완전히 죽이지는 않으면서 그렇게 손쉽게 우리 회로의 스위치를 '꺼버리는' 기제가 무엇인지 아직 밝혀지지 않았다는 사실 말이다. 우리는 깊은 마취 상태가 인간의 뇌에서 전기 임펄스의 흐름 패턴을 변화시키는 것 같다는 정도만 알고 있다. 뇌파가 감소하고 그 결과 전반적 활동이 둔화된다.[5] 정보의 흐름은 느려지거나 약해지다가 아예 멈추는 것으로 보인다. 일부 학파는 의식의 존재란 주로 그 역의 상태, 다시 말해 무의식 상태가 될 수 있다는 사실에 의해 명백하게 증명된다고 생각한다.

우리 뇌에서 전기는 파동으로 이동한다. 색깔로 뇌 활동을 식별하는 뇌 스캔을 보면 정보는 펄스의 형태로, 두 해안 사이를 오가는 파도처럼 보인다. 신경과 의사들은 뇌 건강과 정신 상태를 판단할 때 늘 이 파동들의 복잡성과 일관성을 기준으로 삼는다. 시애틀에 있는 앨런 뇌과학연구소의 수석 과학자 크리스토프 코흐Christof Koch는 거기서 한발 더 나아간다. 그는 신경과학자 줄리오 토노니Giulio Tononi가 세운 가설의 열렬한 지지자인데, 이 가설에 따르면 바로 그 뇌파 파동들의 복잡성과 통합성이 우리의 내면에 현실에 대한 일관된 느낌을 만들어내고, 그 느낌을 감지하는 것이 인간이 자신의 의식을 인지하는 방식 중 하나다. 토노니는 의식이 풍부한 파동들의 패턴에서 생겨난다고 주장한다.[6] 코흐와 토노니, 그리고 동료들은 그 파동들이 어떻게 통합되어 있는지, 적어도 이론상으로는 측정할 수 있는 계산법을 개발했다. 더 잘 통합되어 있을수록, 다시 말해서 뇌의 개별 영역들이 각자 더 잘 조직되어 있고 또 그 영역들끼리 서로 더 잘 연결되어 있을수록 의식이 한층 높은 단계에 있음을 암시한다. 그들은 이 공식을 사용하면 모든 살아 있는 유기체에서 의식의 잠재력을 발견할 수 있다고 믿는다. 그러니 코흐에게 생물 형태들 사이의 차이는 의식이 있거나 없는 차이가 아니라 의식의 정도와 강도의 차이다. 벌레는 사람보다는 정도가 덜할지라도 어느 정도는 의식을 지니고 있다. 정도의 차이일 뿐이다. 그리고 결국 모든 의식은 파동에서 나온다.●

이 파동은 자연계 전체에서 메아리를 일으킨다. 파동은 생물학적 정보를 전달하기에 아주 좋은 방법이다. 핵 수천 개가 들어 있는 거대한 세포 하나로 이루어진 점균류는 자기 몸 전체에 파도 같은 펄스를 보냄으로써 제 몸의 움직임을 지시한다.7 점균류 개체에서 길을 이끄는 한쪽 가장자리가 근처의 당분이나 단백질 냄새를 감지하면, 자신의 젤리 같은 몸체에서 해당 위치와 가장 가까운 부분을 부드럽게 만들어 몸속 액체가 그 방향으로 흘러가게 한다. 이렇게 액체의 균형이 재조정되면 커다란 자루 같은 세포와 그 속에 담긴 수많은 핵을 비롯해 세포를 이루는 모든 부분은 파도처럼 물결을 일으키며 젤리 같은 몸을 먹이가 있는 방향으로 추진해 간다. 또한 이 점균류는 미세한 수축을 일으켜 맥동을 일으킬 수도 있는데, 그렇게 함으로써 그 흐물흐물한 몸 전체에 파동을 퍼뜨려 제 몸의 먼 부분까지 신속히 신호를 보낼 수 있다. 점균류 개체의 잘 통합된 행동은 이렇게 해서 가능해진다. 한편 균류 역시 파동을 활용하여 주변 환경에 관한 정보를 모아 신체적 행동을 결정한다. 땅속 어디에나 존재하는 균류의 몸인 균사체는 전기적 파동을 활용해 수백만 가닥에 달하

● 앤서니 트레와바스와 동료 두 사람은 코흐의 이른바 통합정보이론을 활용하여 식물의 의식을 탐구해야 한다고 주장하는 글을 발표했다. 〈의식 연구 저널Journal of Consciousness Studies〉 특집호 〈식물의 지각: 이론 및 실증의 문제〉에 실린 페드로 메디아노, 앤서니 트레와바스, 파코 칼보 저 '식물에서 정보와 통합: 식물의 지각에 대한 정량적 탐구를 위하여'를 보라. (28, no. 1–2 (2021): 80–105.)

는 균사를 조율할 수 있다.[8] 이런 식으로 수분과 양분에 관한 정보가 균사체 전체로 전달된다. 균사체 하나를 이루는 머리카락 같은 균사들은 넓게는 1헥타르나 되는 숲 바닥에 한 장의 매트처럼 쫙 퍼져 있을 수도 있는데 말이다. 점균류와 균류 둘 다 뇌가 없이도 이렇게 정보를 받고 흡수하여 일관된 행동으로 옮길 수 있다.[9] 그리고 이 행동 주기는 종종 접촉에서 시작된다.

과학자들은 오래전부터 거의 모든 식물이 어떤 종류의 건드림에나 대단히 민감하며, 그에 따라 성장에 변화를 주는 것을 관찰해 왔다. 이 현상을 가리키는 단어도 따로 있을 정도다. 바로 **접촉형태형성** thigmomorphogenesis이라는 단어다. 다윈이 1800년대 말에 식물의 촉각 민감성에 관해 기술했지만, 농부들은 이 현상을 훨씬 오래전부터 알고 있었다. 여러 지역의 전통적인 농사 방식에서는 특정 작물들을 치거나 찌르거나 때리는 것이 더 건강한 성장을 유도하거나 해충으로 인한 대규모 피해를 예방하는 것으로 여긴다. 1970년대와 1980년대에 오하이오의 한 식물생리학자가 매일 온실 속 식물의 줄기를 치면서 이러한 민간 전승의 지혜가 옳았음을 대략적으로 확인했다. 보통 마크라고 불리는 모더카이 재피Mordecai Jaffe는 식물을 반복적으로 못살게 굴면 식물이 더 강인해진다는 사실을 알아냈다. 그는 보리, 오이, 강낭콩, 피마자, 잉글리시 맨드레이크 같은 대체로 평범한 여러 종의 식물들을 세심하고 꼼꼼하게 쓰다듬는 것으로 연구를 시작했다.[10] 식물을 한 번 쓰다듬으면 아무 변화도 없었다. 하지만 하루에 한 번이나 두 번 약 10초 동안 계속 반복해서 쓰다듬으면, 식물은 꽤 큰 변화를 보였다. 반응은 빨랐다. 평소라면 항상 길이를 늘이고 있던 식물이 그가 줄기를 문지르기 시작한 지 3분 안에 늘이는 속도를 줄이거나 아예 멈춰버렸다. 재피가 쓰다듬기를 멈추면 식물은 잃어버린 시간을 벌충하려는 듯 정상적인 성장 속도보다 훨씬 더 빨리 신속하게 길이를 늘이기 시작했다. 체로키왁스빈Cherokee Wax Bean*의 경우 줄기를 쓰다듬으면 줄기가 더 굵고 단단하게 자랐다.[11] 이런 현상을 보면 짓궂은 농담을 피해가기 어렵지만, 동시에 이는 아주 진지한 일이었다. 재피는 '접촉형태형성'이라는 단어를 만들었고, 이렇게 식물 건드리기 연구라는 새 분야 하나가 탄생했다.

재피는 어린 프레이저전나무Fraser fir[12]와 테다소나무loblolly pine[13]도 마찬가지임을 알게 됐다. 이 나무들은 높이 자라는 대신 더 굵직하고 단단하게 자라기 시작했다. 재피는 이 반응이 아마도 "거센 바람과 근처를 돌아다니는 동물들이 초래하는 스트레스로부터 식물을 보호하기 위한" 것이리라고 추측했다. 항상 부딪히고 구부러지고 있다면 덩치를 키우는 게 좋은 생각일 것이다. 한편 체로키왁스빈에게는 또 다른 전략도 있는 것 같았다. 바로 탄력성을 키우는 것이다. 재피는 줄기들을 좀 구부려보면 어떤 일이 일어날지 알아보기로 했다. 가만히 둔 왁스빈들은 약간 구부러지다가 뚝 끊어진 반면 재피가 쓰다듬었던 왁스빈들은 부러지지 않고 거의 90도까지 접혔다. 그래서 그는 식물을 만지면 식물이 키가 더 작고 두껍고 유연해진다는 걸 알게 되었다. 모두 바람과 조심성 없는 동물들로 가득한 세상에서 살아남게 해주는 놀랍도록 유용한 방법이었다.

---

* 강낭콩의 한 품종으로 길고 노란 콩깍지 속에 콩이 들어 있다. _옮긴이

후에 유전체 혁명이 일어나자 건드리는 행위가 더 심층적인 수준에서 식물에 미치는 영향이 얼마나 강력한지를 눈으로 확인할 수 있게 되었다. 연구자들은 배추과에 속하는 잡초이자 식물생물학계의 실험용 쥐라 할 수 있는 애기장대*Arabidopsis thaliana*의 유전자를 들여다보면서 건드림이 실질적으로 성장을 저해할 만큼 호르몬과 유전자 발현에서 극적인 반응을 소리 없이 촉발하는 것을 목격했다.[14] 그들은 부드러운 붓으로 애기장대를 쓰다듬은 다음 유전자의 반응을 분석했다. 건드린 지 30분 만에 애기장대 유전체의 10퍼센트에서 변화가 생겼다. 애기장대가 이 방해를 해결하는 일에 우선순위를 두고자 키를 키우는 수고에 쏟던 에너지의 방향을 돌린 것이 분명했다. 여러 번 건드리자 애기장대는 키를 키우던 속도를 30퍼센트 정도 줄였는데, 이는 수년 전 재피가 본 결과와도 일치했다.

무언가가 자기를 건드릴 때 식물은 사실상 면역계를 활성화하는 셈이다. 사람이 식물을 건드리는 행동은 이런 식으로 식물의 진균 감염을 예방하는 데 도움이 된다는 것이 밝혀졌다.[15] 식물이 이미 방어체계를 작동시킨 상태이기 때문이다. 어떤 상황에서든 무언가가 식물을 건드리면 식물은 이를 알아차리고 대체로 엄청난 스트레스를 받고 방어적인 상태가 된다. 대부분 식물은 우리가 밟거나 꽃을 꺾을 때도 그리 개의치 않는 것처럼 보인다. 하지만 이제 우리는 그런 순간에 놓인 식물들이 속으로는 깜짝 놀란 호저나 겁먹은 종마처럼 있는 힘껏 발끈한다는 걸 안다. 식물은 우리가 자기들과 접촉하는 것을 온전히 알아차리며 그에 반응해 자신의 삶을 재조정한다.

그런데 이렇게 느끼는 일은 어떻게 가능할까? 식물은 어떻게 건드림을 감지하며, 도대체 어떻게 그걸 반응으로 옮길 수 있는 것일까? 그 답은 아마 전기와 관련이 있을 것이다. 식물이나 동물을 만지면 그 반응은 전압계에 나타날 것이다.

식물의 전기에 대한 초창기 연구 중 하나는 1900년대에 인도의 콜카타에서 자가디시 찬드라 보스Jagadish Chandra Bose라는 생물학자 겸 의사 겸 식물학자 겸 과학소설가가 실행한 것이다. J. C. 보스라 알려진 그는 파장이 10밀리미터 이하로 매우 짧은 전자기파인 밀리미터파를 발견한 무선 통신의 선구자였다. 밀리미터파는 최초의 무선 통신을 가능하게 했고 오늘날 원격 탐지와 공항 보안 스캐너에도 사용되는 마이크로파다. 사실 굴리엘모 마르코니Guglielmo Marconi도 보스가 만든 전파 수신기를 사용하여 최초로 실용화된 무선통신기를 만들었다. 보스는 아마도 그 세대의 가장 유명한 생물학자였을 것이다. 그는 기사작위를 받았고 왕립학회 회원으로 선출되었으며, 인도인 최초로 미국 특허를 보유했다. 그런데도 남아시아를 제외한 다른 지역에서 그의 존재는 거의 잊혔다.

보스는 자신의 핵심적인 발견 이후, 만물에 일종의 전기로 된 생명이 존재할지도 모른다고 생각하여 채소를 대상으로 실험하기 시작했다. 그는 여러 채소에 전기 탐침을 붙이고 전기 활동 스파이크의 형태로 "죽음의 경련"을 기록했다고 주장했다. 극작가 조지 버나드 쇼 앞에서 양배추를 전압계에 연결했는데, 쇼는 끓는 물에 들어간 양배추의 전기적 "경련"을 목격하고 경악했다고 한다.[16] 여기에는 쇼가 채식주의자였다는 말도 덧붙여야 할 것 같다.

보스는 또 미모사가 작은 잎들을 접기 직전에 어떻게 전기 임펄스를 만드는지도 관찰했다. 영국의 과학자 존 버든 샌더슨(John Burdon Sanderson)은 1876년에 또 다른 예민한 식물인 파리지옥의 "전기적 흥분"을 최초로 기록했다.[17] 하지만 샌더슨은 잎의 표면만 살펴보았다. 보스는 그보다 더 깊이 들어가, 손수 고안한 미세전극 기록기를 가지고 식물의 개별 세포들 내부에서 일어나는 전기 반응을 들여다보았다.[18] 과학자들이 동물의 개별 뉴런의 전기 활동을 미세전극으로 읽어내기 몇 년 전의 일이었다.[19] 그는 식물이 자극을 받았을 때 명백히 그 건드림에 반응하여 개별 세포들의 전압이 변화하는 것을 지켜보았다. 몇 년 뒤인 1925년에 보스는 "식물 – 신경"에 관해 쓴 글에서 그 신경들이 시냅스처럼 행동했다고 썼다.[20] 이 무렵에는 동물의 신경계를 최초로 설명한 글들이 발표되고 있었지만, 뉴런이라는 단어는 아직 생겨나기 전이었다.

보스는 식물에도 분명 신경계가 있다고 판단했다. 성장, 광합성, 움직임, 빛과 열, 독소 노출 등 환경의 모든 자극에 대한 반응을 비롯하여 식물이 하는 대부분의 기능을 통제하는 것이 전기 임펄스라고 그는 확신했다. "지난 사반세기에 걸쳐 내가 해온 연구의 결과는 식물의 생리학적 메커니즘이 동물의 그것과 동일하다는 일반화를 확증한다."[21]

이는 완전히 맞는 말은 아니다. 식물 세포는 동물 세포와 다르다. 식물 세포에는 세포벽도 있고 엽록체 등도 있다. 게다가 식물에는 무엇보다 시냅스가 없다. 하지만 보스는 이를 '일반화'라고 표현했고, 우리가 정말로 일반화해서 생각한다면 그의 말은 옳아 보인다. 식물과 동물의 몸은 적어도 전기적인 측면에서 말하자면 비슷한 기본 원리에 따라 작동하는 것 같다.

어쩌다 보스의 식물 실험에 다시 발을 들여놓은 사람이 내가 처음은 아니었다. 《식물의 비밀스러운 삶》은 보스에 관한 이야기에 한 챕터를 할애했는데, 이 챕터는 후에 그 책에 이루어진 면밀한 검증에서 버텨낸 몇 안 되는 부분 중 하나였다. 그 책이 출판된 1973년에 엘리자베스 반 볼켄버그Elizabeth Van Volkenburgh라는 젊은 생물학도는 막 학부를 졸업한 참이었다. 엘리자베스는 노스캐롤라이나주 듀크대학교의 식물학 실험실에서 테크니션으로 일하던 어느 날, 휴식시간에 그 책을 읽었다. 보스를 다룬 챕터가 유독 그의 주의를 끌었다. 이내 식물 전기라는 개념이 볼켄버그를 사로잡았다.

나는 처음에 식물 신경생물학회(지금은 식물 신호 및 행동 학회로 표현을 누그러뜨린 명칭으로 바뀌었다) 회장으로 반 볼켄버그의 이름을 접했고, 수년 전에 그가 해바라기의 전기 임펄스를 연구했다는 걸 알게 되었다. 2018년에 내가 전화를 걸었을 때 그는 놀란 듯한 목소리였다. 현재 워싱턴대학교 교수인 그는 주로 필수 선택 과목으로 생태학 과목을 수강 중인 의예과 학생들을 대상으로 강의하는데, 그들에게는 식물에 전류가 흐르는 이유에 관한 초기 연구는 고사하고 식물 전반에 관한 흥미를 불러일으키기도 어려웠다. 그는 잎들이 어떻게 커지는지 연구하는 실험실을 이끌고 있었다. 그런데 내가 식물 전기에 관한 이야기를 나누겠다고 전화를 건 것이었다. 수년 전 아직 연구 지원금이 마르기 전, 그에 관한 논문들이 아직 발표되고 있던 시절에 그가 몰두했던 바로 그 주제 말이다.

반 볼켄버그는 1973년을 생생히 기억한다. 식물생물학 학사과정을 끝내고 막 졸업한 참이었다. 그가 생물학을 택한 이유는 모든 과목 중 성적이 가장 잘 나온 과목이었기 때문이다. 듀크대학교 실험실에서 그가 한 일은 아무 생각도 필요하지 않은 일이었다. 끝도 없이 실험 식물들의 잎 수를 세고 길이와 너비를 측정하는 일이어서 진저리가 날 정도였다. 자기가 받은 학위로 무엇을 해야 할지 확신은 없었지만 이 일은 분명 아니었다. 휴식시간이면 《식물의 비밀스러운 삶》을 읽었다.

그러니까 그는 식물에게 전기적 삶이 있음을 읽은 것이다. 왜 이 이야기는 학부 강의에서 한 번도 나오지 않았던 걸까? 우선 한 가지 이유를 꼽자면, 보스에게 민망한 시기가 있었다는 것이다. 그는 경력의 한 시절을 기계도 살아 있을까 하는 의문을 푸는 일에 바쳤다. 자기가 사용하는 과학 도구들이 반복적으로 사용한 뒤로 속도가 느려지기 시작하자, 이를 인간의 신경에 나타나는 피로와 유사한 현상으로 본 것이다. 이 에피소드를 들으니 나는 알렉산더 그레이엄 벨이 떠올랐다. 그는 현대 세계에서 가장 중요한 기술 중 하나인 전화기를 발명했지만, 그를 전화기 발명으로 이끈 것은 전신선에서 늘리는 잠음이 죽은 사람들이 보내는 메시지라는 믿음, 그리고 죽은 자기 형에게서 온 메시지일지 모른다는 생각이었다.

그렇다고 벨이 위인의 명단에서 추방된 것은 아니다. 덜 알려진 사실이지만 텔레파시를 믿었던 토머스 에디슨도 마찬가지였다. 그들의 전기는 그런 내용을 그냥 배경으로 밀어버린다. 물론 그들은 백인 남자들이었다. 보스는 피부가 검은 인도인이었고. 한 식물학자는 내게 보스의 유산이 사라진 것은 미국이 저지른 영락없는 인종차별의

산물이라고 말했다.²²

반 볼켄버그는 박사학위를 받은 뒤 일리노이대학교에서 박사후연구원으로 일하고 있던 1981년에 식물 전기를 직접 실험해 보기 시작했다. 원래 그곳에 갔던 건 옥수수를 가지고 전혀 다른 문제를 연구하기 위해서였다. 그런데 활동전위를 연구하고 있던 지도교수가 그에게 활동전위를 측정하는 방법을 알려주었다. 반 볼켄버그는 옥수수 잎 한 장을 잘라서, 전기가 흐르면 신호음이 울리는 전압계에 연결했다. 그런 다음 옥수수 잎에 빛을 비추었다. 잎의 세포들은 아직 살아 있어서 광합성을 할 수 있었는데, 광합성이란 본질적으로 전기적인 과정이다. 전압계가 마구 흥분하며 미친 듯이 신호음을 울려댔다.

"정말 흥분됐죠. 전기에는 아주 파악하기 어려운 뭔가가 있어요." 반 볼켄버그의 말이다. 전기는 눈에 보이지 않지만, 식물에 탐침을 꽂으면 갑자기 화면에서 신호를 볼 수 있다. "와, 정말 대단하더라고요. 마치 그 잎이 나한테 말을 거는 것 같았어요. 살아 있는 거라는 느낌이 들었죠."

반 볼켄버그는 1983년에 다시 워싱턴대학교로 돌아갔는데, 바로 그 무렵 같은 캠퍼스의 다른 건물에서는 데이비드 로즈가 대학 숲에 침입한 애벌레들에 관한 악명 높은 실험을 막 발표한 참이었다. 말하는 나무들에 관한 소식이 퍼지고 있었다.* 식물의 의사소통이라고?

---

* 일곱 달 뒤, 단풍나무에서 거의 똑같은 현상을 발견한 또 한 편의 논문이 〈네이처〉에 발표되었다. 〈네이처〉에 논문을 게재하는 것은 대단한 일이며, 그것만으로도 무게가 실린다. 얼마 지나지 않아 서로 다른 식물 종들 사이에서도 메시지가 전달될 수 있음을 발견한 또 한 편의 논문이 나왔다. 해를 입은 세이지브러시가 방출한 화학물질이 근처의 토마토들도 방어를 강화하도록 촉발할 수 있다는 것이었다.

연구동 복도에서 반 볼켄버그와 동료들은 그게 정말 사실일지 궁금해하며 이야기를 나눴다. 식물이 공기로 운반되는 신호를 가지고 의사소통을 할 수 있다면, 전기 임펄스로도 그럴 수 있을까?

우리는 우리 몸이 기본적으로 전기로 움직인다는 것은 알고 있다. 그런데 전기가 인간의 신경과 근육을 어떻게 조절하는지에 관한 오늘날 우리의 이해가 식물에서 시작되었다는 사실은 대체로 잘 모른다. 앨런 로이드 호지킨Alan Lloyd Hodgkin, 앤드류 필딩 헉슬리Andrew Fielding Huxley, 존 캐루 에클스John Carew Eccles 세 연구자는 1950년대에 인간 뉴런의 전기적 성격을 알아낸 공으로 노벨상을 받았다. 그들의 연구가 토대로 삼은 이전 연구들이 있는데, 그건 바로 연못에서 흔히 자라는 녹조류인 쇠뜨기말의 거대한 세포 속 전기 임펄스를 측정한 연구였다. 쇠뜨기말의 세포는 길이가 10센티미터에 지름은 1밀리미터로 세포치고는 아주 거대해서 맨눈에도 잘 보인다. 그러니 세포에 바로 전극을 꽂을 수 있다. 그리고 그 세포들은 사람의 세포와 상당히 비슷한 방식으로 전기 신호를 일으킨다.

과학이 식물의 전기와 관련한 질문을 던지기까지는 꽤 긴 시간이 걸렸다. 1992년에 영국과 뉴질랜드의 연구자들은 토마토 유묘幼苗에서 화학 신호를 차단할 방법을 찾아내 실험을 하고 있었다. 그런데 화학 신호가 차단된 이 토마토 개체들은 몸의 다른 부분에 상처가 생겼을 때 여전히 몸에 방어용 단백질들을 축적했다.[23] 더불어 그들은 유묘에 일부러 상처를 입힐 때 급속히 증가하는 전기 활동도 포착했다. 화학 신호 대신 전기 임펄스로도 방어 신호를 보낼 수 있을지 연구자들은 궁금해졌다.

〈네이처〉에 발표한 서한에서 그들은 토마토의 전기 활동에 "일부 하등동물의 방어 반응에서 자극을 전달하는 데 사용되는 상피 전도 시스템과 유사한 점들이" 있다고까지 말했다. 상피 전도에서 전기 신호는 인접한 세포들 사이에서 이온이 오갈 수 있는 좁은 통로들을 통해 세포에서 세포로 이동한다. "식물에는 동물의 신경과 유사한 구조물은 없지만" 식물 조직의 세포들은 동물 조직의 세포들과 "거의 동일한 전기 전도성"을 띠는 가는 실 같은 통로들로 연결되어 있다고 그들은 썼다. 방어 태세를 올리라는 신호가 이런 식으로도 전달될 수 있을까? 그렇다면 그건 무엇을 의미할까?

그들이 얻은 결과는 식물에서 전기 신호와 생화학적 반응 사이의 연결에 대한 최초의 결정적인 증거를 제공했다. 비슷한 시기에 반 볼켄버그는 자기가 중요한 무언가에 다가가고 있다고 느꼈다. 처음에 그는 세포들이 어떻게 커지는지 그리고 세포의 확대가 어떻게 잎의 성장으로 이어지는지를 연구했다. 그 후에는 세포막이 서로 다른 빛의 파장에 반응하는 방식과 그 반응이 식물의 성장에 변화를 일으키는 방식에 관한 논문들을 발표했다. 세포막에서는 자기가 교과서에서 배운 것보다 훨씬 많은 일이 일어나고 있다는 생각이 들었다. 동물에서도 전기의 흐름을 관장하는 것이 바로 세포막이다.

반 볼켄버그가 대학원에서 공부를 시작하고 20년이 지난 1993년에 이르자, 마침내 또 한 명의 과학자도 식물의 세포막에서 무슨 일이 일어나는지를 깨달았다. 1970년대부터 식물의 전기를 연구했던 식물학자 바버라 피카드Barbara Pickard는 실험 데이터 못지않게 자신의 직관에도 의지하는 사람으로 알려져 있었다. 물론 동료 연구자들은 그 점을 못마땅해했다. 하지만 그는 세포막을 곧바로 관통하는 통로를 발견했는데 이 통로에는 작은 문도 딸려 있었다. 무언가가 세포를 기계적으로 밀칠 때, 그러니까 물리적 접촉이 일어날 때 세포들에 전류가, 요컨대 칼슘 이온이 흐를 수 있도록 거기 존재하는 통로였다. 피카드와 연구팀은 식물의 기계감응성 이온 통로에 대한 최초의 결정적 증거를 발견했다.[24] 연구자들에게는 식물이 세포 수준에서 어떻게 접촉을 내부에서 오는 물리적 힘으로 경험하는지 관찰할 방법이 처음으로 생긴 것이다. "내가 처음 여기 왔을 때는 아무도 식물에 이온 통로가 있다는 걸 믿지 않았어요." 반 볼켄버그의 말이다. "전압개폐 이온 통로는 신경의 토대잖아요."

식물에서 활동전위를 일으키는 이온들은 동물의 신경에 있는 이온들과 다르며, 그 이온들을 조절하는 단백질들 역시 같지 않다. 그래도 반 볼켄버그는 "그 통로들이 신경과 유사한 기능을 하는지 궁금해하는 게 당연하다"고 생각했다. 두 구조물 사이의 유사성은 도저히 무시할 수 없을 정도였다. 만약 식물에도 신경과 유사한 기능들이 있다면, 그 사실은 엄청난 가능성의 세계를, 그리고 새로운 질문들을 열어젖힐 터였다. 식물들도 느낀다고 말할 수 있을까?

앞에서 토마토를 연구했다던 영국과 뉴질랜드의 연구자들도 2년 전에 같은 개념 주위를 맴돌았지만, 그 문제를 제대로 건드리지는 않았다. 그런데 이제는 이온 통로의 증거가 생겼다. 이 중요한 발견은 눈부신 경력으로 이끌어갈 전환점이 되었어야 마땅했고, 또한 새로운 연구 분야를 탄생시킬 수도 있었을 것이다. 그러나 그 시점에 식물 행동 연구 분야에는 또다시 지원금이 말라버렸다. 1995년, 당시 대통

령 빌 클린턴은 미국농무부가 납세자의 돈으로 "식물의 스트레스"에 관한 연구에 자금을 지원하고 있다는 말을 들었다.[25] 심지어 그해 국정연설에서 그 사실을 조롱하듯 언급하며 그런 낭비적인 지출은 삭감하겠다고 했는데, 그 말을 들어보면 그가 이 연구를 심리치료가 필요한 식물에 관한 연구쯤으로 여기고 있었음을 알 수 있다. 이런 전반적인 분위기는 식물생리학의 한계를 넓히려 애쓰던 연구자들에 대한 미심쩍은 시선을 더욱 강화했다. 연구비를 확보하는 일은 더욱더 어려워졌다. 다른 사람들의 연구에 나타난 결함을 두고 거침없는 말을 쏟아내다가 이미 동료들에게 미운털이 박힌 피카드는 보조금 신청 관행을 따르기를 거부하는 튀는 행동으로 자신을 한층 더 고립시켰다. "사람들은 피카드의 말이 과하다고 느꼈어요." 반 볼켄버그가 말했다. "하지만 그는 이 게임에서 한참 앞서 있었죠." 피카드는 논문 출판을 그만뒀고, 서서히 그 분야에서 배척당했으며, 어쩔 수 없이 자기 실험실도 포기해야 했기에 경력의 마지막 10년은 다른 사람의 실험실에서 연구하며 보냈다.

한편 반 볼켄버그는 그 무렵 유전학 혁명이 시작되면서 식물의 전기적 반응에 관한 연구는 지원금을 얻기가 아예 불가능해졌음을 실감했다. "모든 게 유전학으로 넘어갔어요." 유전자가 대세였고 전기생리학은 한물갔다. 이 연구는 어려웠고 종종 결과도 변덕스러웠다. 세포막은 아주 작을 뿐 아니라 글자 그대로 건드리기가 매우 까다로운 연구 대상이었다. 자금 제공자들은 유전부호에서 패턴을 찾는 일의 명쾌함을 더 좋아했다. 거기에 더해 식물이 그렇게까지 반응을 보일 수 있는 존재라는 생각에 대한 오래된 저항도 여전했다. "사람들은 식물이 전기 신호를 보낼 수 있다는 걸 받아들이지 않았어요. 나도 이 연구에 대한 사람들의 회의에 맞서는 일에 지쳐갔고요." 그가 어떤 시도를 해도 연구비는 나오지 않았다. 결국 반 볼켄버그는 지원금 신청을 포기하고 초점을 전기에서 가르치는 일로 옮겼다. 실험실에서는 다시 잎이 어떻게 자라는지를 연구했는데 식물학에서는 이 수수께끼도 중요하기는 하지만 그만큼 흥미롭지는 않았다. 그는 전기 연구 분야의 새로운 동향에 계속해서 촉각을 세우고 있었고, 기는 줄기처럼 사방으로 뻗치며 연구실과 연구실 사이에서 점들을 연결하고, 배후에서 논쟁을 중재하는 사람이 되었다.

그로부터 30년이 지난 현재, 식물 전기는 그 자체로 어엿한 하나의 연구 분야로서 꽃을 피우기 시작했다. 개선된 도구들에서도 추진력을 받았고, 지금보다 편집증적이었던 과거의 유물인 금기도 서서히 빛이 바랜 덕분이다. 과학자들은 J. C. 보스 시절의 초기 전기 연구들도 되살리고 있는데, 이제는 그 연구에 더 좋은 도구를 사용하고 있다. 과학 기술이 어찌나 극적으로 발전했는지 이제는 최소한의 투자로도 누구나 집에서 식물의 전기를 관찰할 수 있다. 필요한 건 전극과 거기서 얻은 결과를 읽어낼 도구뿐이다. 전극을 우리 손목에 부착하면 일정하게 확 치솟았다가 쭉 내려오는 선이 나타난다. 바로 그 전극을 집에서 키우는 식물의 잎에 붙이고 그 식물을 어떤 식으로든 건드리면 우리가 본 선과 놀랍도록 유사하게 오르락내리락하는 결과가 나타날 것이다. 이렇게 작고 폭발적인 전기 신호들이 바로 활동전위다. 우리의 경우에 이 활동전위는 심장의 뉴런들이 혈액을 펌프질하기 위해 규칙적 간격으로 발화해서 생기는 것이고, 식물의 경우에는…, 음, 아직은 아무도 식물의 활동전위가 왜, 무엇 하러 생겨나는지 정확히 모른다.

이 알쏭달쏭함에 딱 하나 예외가 있는데, 바로 최초의 식물 전기 실험들에서도 사용된 파리지옥이다. 이 유명한 식물은 뾰족한 이빨이 있는 입 같은 덫을 활짝 벌리고 있다가도 순식간에 닫아버리는데 이럴 때 보면 꼭 동물처럼 느껴진다. (실상 이 덫은 경첩이 달린 잎이라 할 수 있다.) 파리지옥은 여느 식물과 다름없이 식물의 마법이라 할 수 있는 광합성도 하지만, 동시에 우리가 보기에 '진짜 먹이'라 할 만한 것들, 그러니까 파리 같은 곤충도 먹는다. 이 입처럼 생긴 잎이 갑자기 휙 닫히며 묘기를 부리듯 육식 능력을 확인시켜 주는 걸 보면 우리는 경이로움을 느낀다. 어떻게 식물이 목숨을 건 싸움의 일반적 운명을 이렇게 멋지게 뒤집어 동물을 이겨버리는 것일까? 물론 시간을 두고 더 천천히 보면 이런 일은 항상 일어난다. 독으로 맞선 잎들의 반격에 서서히 굶어 죽어가는 애벌레들만 떠올려봐도 알 수 있다. 하지만 우리 포유류의 시간 감각은 치우쳐 있다. 우리는 신속히 죽이는 쪽을 훨씬 더 좋아한다.

덫 양쪽의 내부에는 침처럼 생긴 유연한 털들이 곤두서 있다. 곤충들은 달콤한 향기에 꾀여 꽃꿀을 찾으러 왔다가 그 털에 스친다. 2016년에 연구자들은 이 털들이 활동전위를 일으키는 기계감각 스위치이며, 파리지옥은 실제로 활동전위가 일어난 횟수까지 셀 수 있다는 사실을 알아냈다.[26] 털이 건드려지면 전압계에 폭발적 전기 신호가 기록되고 그러면 잎이 철컥 닫힌다. 연구자들은 확실히 확인하기 위해 털은 전혀 건드리지 않고 파리지옥에 일련의 전기를 쏘아보왔다. 덫은 여지없이 닫혔다. 이는 식물의 촉각에 관하여 전기가 그 반응을 초래한 것임을 확실히 알 수 있는 가장 분명한 예다.

다른 모든 식물(과 파리지옥의 다른 모든 부분)에는 여전히 거대한 수수께끼들이 남아 있다. 식물의 한 부위에서 시작된 전기 신호가 어떻게 완전히 다른 부위에서 변화를 일으키는 것일까? 그리고 뇌도 없는데 그 신호는 어떻게 행동으로 옮겨지는 걸까? 한 부분에서 일어난 전기적 흥분이 다른 부분의 변화로 이어지려면 모종의 내적인 조정이 분명 일어날 것이다. 감각 스위치와 신경 유사 구조물들이 발견되는 사이, 예전이라면 식물에 대해 상상도 할 수 없었던 상당히 정교하고 복잡한 상황이 펼쳐지고 있다. 그러나 여전히 과학자들에게는 이 모든 퍼즐 조각을 맞출 방법이 필요하다.

위스콘신대학교 매디슨의 어느 어두운 현미경 관찰실에서 한 식물학 교수가 지도를 그리기 시작했다. 사이먼 길로이Simon Gilroy는 오래전부터 식물의 전기에 관해 생각하고 있었다. 2013년에 길로이와 동료 토요타 마사츠구Masatsugu Toyota는 식물의 몸속에서 전기가 움직이는 모습을 실시간으로 목격한 최초의 사람이 되었다. 그들은 식물에서 전기가 파동으로 움직이는 것을 보며 환희를 느꼈다.

내가 사이먼 길로이를 처음 만났을 때 그는 초록색 필로덴드론 잎이 가득 그려진 밝은 파란색 하와이안 셔츠를 입고 있었다. 식물학자들은 식물을 주제로 한 셔츠를 좋아한다. 가운데 가르마를 탄 그의 밝은 백발은 양쪽 어깨 위에 가지런히 얹힌 뒤 거의 허리에 닿도록 길게 늘어뜨려져 있었다.

영국인이며 자잘한 농담을 잘하는 길로이는 1980년대에 에든버러대학교에서 저명한 식물생리학자 앤서니 트레와바스의 지도를 받으며 공부했다. 두 사람은 수십 년 전부터 전기가 식물의 몸 전체에서 파동 패턴으로 움직인다고 확신했다. 두 사람 모두 그게 이치에 맞는다고 생각했다. 아주 많은 다른 생물 형태에서도 정보는 파동으로 움직이지 않는가. 단지 그들에게는 아직 그 확신을 증명할 기술이 없을 뿐이었다.

근래 들어 트레와바스는 식물에 관해 이야기할 때 도발적인 언어를 사용하는 쪽으로 확실히 태도를 바꾸었고, 그럼으로써 자칭 식물신경생물학자라고 하는 식물학자들 무리와 의견을 같이하며, 식물의 지능과 의식의 존재를 과학적으로 주장하는 논문과 저서를 출간하고 있다. 길로이는 그에 비해 더 조심스러워서 '지능'과 '의식'이라는 말은 쓰지 않으려 하지만, 두 사람은 여전히 함께 일하고 있다. 가장 최근에 그들은 식물의 주도성agency 이론을 전개했다. 길로이는 재빨리 내게 자기는 엄밀히 **생물학적 능동성**에 관해 말하는 것이지 생각과 감정 측면의 의도를 암시하는 것은 아니라고 짚어주었다. 내가 고개를 끄덕이자 그가 말을 이었다. "식물은 정보처리에 한해서는 우리가 동물 활동의 시간 틀로 여기는 시간 범위에서도 동물과 매우 유사한 일들을 해냅니다. 식물도 자기 주변 세계에 관해 매우 복잡한 계산을 해요. 사람이라도 그런 식으로 정보를 처리하고 식물이 도달하는 것과 같은 결과를 얻는다면 엄청나게 대단하게 보일 겁니다." 식물들은 자신이 처한 환경에서 자신의 삶이 잘 굴러가도록 만든다. 길로이에게는 바로 이 점이 식물의 주도성을 보여주는 증거다. 그렇지만 여전히 그 증거는 작동 원리에 대한 이해보다는 추론을 통한 것이다. 길로

이는 이렇게 말했다. "일단 그런 계산을 가능하게 하는 구체적인 기관이 무엇인지 알아내려고 할 때, 우리 식물 연구자들은 아, 그야 뇌에 있는 뉴런이지 하는 식으로 말하는 호강을 누릴 수 없죠. 문제는 그 정보가 어디서 처리되는가예요." 길로이의 연구는 우리에게 그 일이 일어나는 모습을 보여주기 시작했다. "하지만 현재로서는 우리도 그게 **어떻게** 작동하는지는 모릅니다." 관찰과 이해는 종종 서로 아주 멀리 떨어진 자리에서 시작된다.

연구실에 있지 않을 때 길로이는 한 학기당 900여 명에 달하는 학부생에게 생물학 개론을 가르친다. 이 강의는 기본적인 내용 전반을 다루지만 식물에 중점을 둔다는 점은 뚜렷이 드러난다. 강의 중에 이산화탄소로 질식할 듯한 우리와 같았던 지구의 대기가 산소가 주를 이룬 안식처로 변해간 산소 대폭발 사건Great Oxygenation Event이 나오면 그는 한 가지 결정적인 사실, 즉 그 일을 해낸 것이 식물이라는 사실을 학생들이 꼭 이해하고 넘어가게 한다. 식물은 지구의 육지를 다른 형태의 생물들이 출현해 살아갈 수 있는 장소로, 결국에는 호흡할 수 있는 장소로 조성했다. 식물이 없었다면 동물은 신화의 쳇바퀴에 기어 올라갈 아주 희미한 가능성조차 갖지 못했을 것이고, 우리가 '동물'이라 알고 있는 존재들은 생겨나지도 않았을 것이다. "초창기 생명체들이 살던 환경에서는 미토콘드리아 같은 것들도 제 기능을 할 수 없었을 겁니다."

기본적으로 다윈 진화론의 관점은 이런 것이다. 살아 있는 유기체는 다양하고 무작위적인 변이를 거치며 그러다가 그중 어떤 변이가 유리한 효과를 내면 그 변이를 유지한다. 이 관점은 생명이 형성되는 방식을 다소 수동적으로 바라본다. 그러나 식물은 자신들의 진화에, 그리고 환경의 진화에도 확실히 관여했다. 길로이가 보기에 핵심은 바로 이거다. 식물이 자신들의 필요에 알맞도록 세계를 디자인했다는 것. 우리는 왜 그걸 모를까? 식물이 없었다면 우리는 존재하지도 못했을 텐데. 일단 이 점을 깨닫고 나면 식물에 주도성이 없다는 건 터무니없는 생각임을 알게 된다.

  몇 가지 수수께끼를 풀면 식물이 어떻게 그렇게 많은 정보를 그토록 탁월하게 처리하는지 이해하는 데 도움이 된다. 길로이는 식물과학 실험실을 이끌고 있는데, 여기서는 정기적으로 국제우주정거장에 어린 모종들을 보내고 우주비행사들에게 모종을 돌보는 방법을 가르친다. 극미중력이 식물의 뿌리에 미치는 영향을 연구하기 위해서다. 식물이 중력을 어떻게 감지하느냐는 식물학에서 줄곧 풀리지 않는 미스터리다. 어떻게 그러는지 아무도 모른다. 하지만 사람이나 다른 많은 동물이 중력을 감지하는 방식은 알려져 있다. 우리의 속귀에는 서로 90도 각도를 이루고 있는 반고리관이라는 관들이 있다. 이 관의 내벽에는 감각 섬모들이 나 있는데, 파리지옥 내부에 있는 털들과 아주 비슷하다. 또 반고리관에는 액체가 가득 차 있고 거기에는 마치 스노우글로브 속 반짝이 가루처럼 작은 결정들이 떠 있다. 이를 이석이라고 한다. 우리가 몸을 굽히거나 방향을 돌릴 때 이석들은 중력과 함께 아래로 떨어져 섬모들에 내려앉는다. 그러면 섬모들은 핀볼을 맞은 핀처럼 이석의 무게에 구부러지면서 우리 뇌로 전기 신호를 보내고, 이에 뇌는 우리에게 어디가 아래쪽인지를 알려준다. (빙글빙글 돌다가 멈췄을 때 세상이 여전히 움직이는 것처럼 느껴지는 건 반고리관 속 액체가 힘껏 흔들었다 내려놓은 스노우글로브처럼 아직 움직이고 있기 때문이다. 핀볼들이 엉뚱한 핀들을 계속 때리고 있는 형국이다. 귓속의 반짝이 가루가 다시 제자리로 내려앉으면 빙빙 도는 느낌도 잦아든다.) 하지만 여기서 핵심은 전기 신호가 뇌로 간다는 것인데, 그래야만 정보가 우리 몸이 이해할 수 있는 무언가로 변환된다.

"그건 절묘한 기계이고, 우리는 그 기계가 어떻게 작동하는지 알죠." 길로이가 속귀에 관해 한 말이다. 식물에도 아주 유사한 시스템이 있다. 과학자들은 식물의 세포 속에서 우리 속귀 속 결정들처럼 떨어지는 입자들을 발견했다.• "하지만 우리도 그 외에는 어떤 일이 일어나는지 모릅니다. 섬모도 없고, 중력을 측정하는 기계가 무엇인지 우리에게 알려줄 만한 시스템도 없고요." 그 결정들이 떨어진 다음에 무슨 일이 일어나는지는 아무도 모른다. 무엇이 촉발되는 걸까? 그리고 그렇게 촉발된 신호는 어디로 가는 걸까? 전기 임펄스를 통해 전달될까? 아직은 모두 블랙박스 안에 있다. 트리거를 알 수 없으니, 식물이 떨어지는 그 입자들을 감지하는 메커니즘도 미스터리일 수밖에 없다. 그리고 뇌가 없으니, 그 정보는 식물 여기저기를 물수제비처럼 튀어다닐 뿐, 말하자면 그 정보를 이해할 수 있는 의사결정 중추에는 결코 도달하지 못하는 거라고 생각할 수도 있다.

그렇지만 식물은 어떻게 자라야 할지 결정하는 데 필요한 아래쪽과 위쪽 정보를 분명히 처리하고 있다. 일반적으로 뿌리는 아래로 자라고 싹은 위로 자란다. 식물을 옆으로 넘어뜨려도 시간이 지나면 결

• 그러나 이 입자는 칼슘으로 된 우리의 결정과 달리 전분으로 되어 있다.

국 이 식물은 다시 위로 자라기 시작한다. 중력을 감지하고 있는 것이 분명하다. 게다가 식물은 중력에 관한 이 정보를 이미 자기 주변 환경의 여러 양상, 그러니까 장해물, 이웃, 빛의 방향, 토양의 온도 등에서 수집해 둔 정보들과 통합한다. 하지만 어떻게? 지금까지는 아무도 모른다. "그리고 이건 노력을 안 해서 그런 것도 아닙니다." 길로이가 말했다. "정말 엄청나게 똑똑한 연구자들이 그 답을 찾아줄 거라 여겨지는 일들을 죄다 했어요. 아주 영리한 실험들이었죠. 그런데도 도저히 답을 찾지 못했어요."

이는 말 그대로 식물의 지능에 대한 질문 전체의 본질이다. 뇌가 없는 존재가 어떻게 어떤 자극에 대한 반응을 조합해 만들어내는 것일까? 세계에 관한 정보는 어떻게 통합되고 중요도에 따라 등급이 매겨져 식물 자신에게 유익한 행동으로 번역되는 걸까? 그 모든 정보를 해석할 중추적인 장소도 없는데, 식물은 도대체 어떻게 세계를 감각할 수 있는 걸까?

몇 년 전 길로이와 토요타는 그 문제에 한 번 덤벼들어 보기로 했다. 토요타는 동물의 귀에 있는 것과 비슷하게 식물에도 중력 감지와 관련된 전기적 트리거가 존재한다면, 아마도 그 과정에는 칼슘의 폭발적 증가가 수반될 거라고 생각했다. 칼슘은 그 자체로는 정보의 한 형태가 아니다. 기본적으로 전기가 남긴 발자국 같은 것, 일종의 '2차 전달자'다. 동물의 경우 이온 통로가 열릴 때 세포 내 칼슘 농도가 증가한다. 이온 통로는 전기가 통과할 때 열리고, 따라서 전기가 통과한 직후에 세포 내부는 칼슘이 증가해 있는 상태다.

식물 세포에서 칼슘을 시각화하는 기술은 수년 전에 구상된 터였다. 작동 원리는 이렇다. 연구자들은 어두운 물속에서 자연스럽게 빛을 발하는 해파리 종에서 녹색 형광단백질을 만드는 유전자를 추출하여 이 유전자가 칼슘에 반응하도록 조작했다. 그런 다음 이 유전자를 식물의 염색체에 삽입했다. 염색체는 세포에서 다음 세대로 유전자를 전달하는 일을 담당하는 부분이다. 염색체에 삽입된 유전자는 그 생물의 미래 자손의 모든 세포 속에서 자신을 복제한다. 이는 앞으로 그 식물에게서 태어날 모든 씨앗은 녹색 빛을 발하는 능력을 이미 모든 세포 안에 장착하고 있는 자손을 만들 거라는 뜻이다. 흥미롭게도 거의 모든 생물은 해파리 DNA의 바로 이 부분의 기능을 실행할 수 있는 능력을 지니고 있다. 길로이는 이렇게 설명했다. "해파리의 이 유전부호는 보편적이에요. 그 부호를 가져다가 당신이 원하는 아무 생물에나 집어넣어도 똑같이 작동할 겁니다." 사람도 그럴까? 나는 근육 조직에서 희미한 녹색 빛이 나는 사람의 모습을 떠올려보았다. 길로이가 웃었다. "이론상으로는 사람에게도 할 수 있어요. 윤리적으로는 그럴 수 없지만요."

알고 보니 해파리의 이 단백질은 칼슘이 움직이는 모습을 관찰하기에 기막히게 유용한 실험 도구였다. 이 무렵 연구자들은 이미 한 세대 전부터 녹색 형광단백질을 개량해서 활성화될 때 더 밝은 빛을 발하게 했고, 최근에는 기능이 더욱 좋아졌다. 게다가 한 번에 식물 전체를 볼 수 있을 만큼 시야가 넓고, 비교적 약한 형광빛도 감지할 만큼 민감한 카메라를 갖춘 현미경도 나왔다. 이는 과학자들이 오랫동안 시험해 보고 싶어 했던 개념들을 마침내 기술이 따라잡은 상황이다. "한마디로 환상적이었어요." 길로이가 말했다.

길로이와 토요타는 이 형광단백질이 중력의 미스터리를 연구할 완벽한 방법이리라고 생각했다. 어쩌면 형광 경로를 관찰함으로써 신호가 어디로 지나가는지도 확인해 볼 수 있을지 몰랐다. 하지만 이 중요한 중력 문제에 그 방법을 적용해 보기 전에, 이 시스템이 잘 작동하는지 확인하기 위해서는 대조군도 있어야 한다고 생각했다. 칼슘을 쉽게 돌아다니게 만들 수 있는 무언가가 필요했다. 길로이는 토요타에게 식물에 상처를 입히는 일이 분명 칼슘 신호를 촉발할 거라고 말했다. 이미 과학자들은 식물이 잘리거나 씹히거나 어떤 식으로든 손상되면 그 부분에서 즉각 전기 신호가 치솟는다는 것을 확인한 터였다. 그래서 토요타는 잎을 자르기 위해 현미경 앞으로 갔다. 잎이 잘린 바로 그 자리에서 칼슘이 급증하는 걸 보게 되리라 예상했다. 몇 분 뒤, 그는 다시 사무실로 달려 올라갔다. "가서 좀 보셔야겠는데요." 토요타가 말했다. "이제부터 우리 상처 입히기 연구를 해야 할 것 같습니다."

토요타가 잎을 자른 부분에서부터 초록색 물결이 식물 전체를 가로지르며 움직이고 있었다.[27] 잘린 상처의 흔적은 사방으로 퍼져나갔고 이 움직임은 칼슘이 식물의 몸 전체를 다 돌 때까지 계속되었다. 명쾌하면서도 얼떨떨한 광경이었다. 누구라도 이 장면의 의미를 이해할 수 있었다. 어떤 식으로인지 식물 전체가 상처에 관한 통보를 받고 있었다.

"식물 생물학자라면 식물이 밀리초 만에 반응한다는 사실을 압니다. 그건 전혀 논쟁거리가 아니죠. 식물에 어떤 자극을 주면 바로 그 순간에 식물의 생화학에 변화가 생긴다는 건 당연히 알아요." 길로이가 말했다. "하지만 그걸 생물학자가 아닌 사람들도 무슨 일이 일어나는지 이해하도록 제시할 수 있다는 건 대단한 성과지요. 모든 생물이 자기 주변 세계에 매우 신속하게 반응한다는 사실을 모든 사람에게 상기시키는 일 말입니다. 그렇게 반응하지 않는다면 그리 오래 살지 못할 테니까요."

이제 그들은 식물이 어떤 식으로든 건드려지는 것에 얼마나 놀랍도록 예민한지를 실시간으로 볼 수 있게 되었다. 토요타는 어떤 식물을 꽤 오랫동안 가만히 두었다가(식물이 놓여 있는 테이블을 툭 건드리는 것조차 떨리는 초록 신호를 그 식물 전체에 퍼뜨릴 수 있다), 실험실의 플라스틱 피펫으로 잎에 터치라는 단어를 썼다. 그 단어를 중심으로 빛나는 녹색 물결이 진동하듯 바깥으로 퍼져나갔다. 길로이는 나중에 연구 결과를 발표할 때 이 순간을 촬영한 현미경 영상을 마지막 슬라이드로 썼다. 자신의 연락처 정보란 바로 앞에 이 슬라이드를 놓아서 "연락합시다Keep in TOUCH"라고 읽히게 한 것이다.

얼어붙을 듯 추운 12월의 어느 날, 나는 그 녹색 파문을 내 눈으로 보려고 위스콘신에 왔다. 길로이의 사무실에 가서 그를 찾았는데, 이번에는 서프보드 무늬가 있는 불타는 듯한 주황색 하와이안 셔츠를 입고 있다. 바깥 기온은 영하 24도다.

길로이가 나를 자신의 연구실로 데려가니 그의 팀원인 분자생물학자 제시카 퍼낸디즈Jessica Fernandez가 특별히 내 방문을 위해 손수 키웠다는 어린 담배와 애기장대가 담긴 납작한 원예용 트레이를 가져온다. 모두 해파리의 형광단백질이 주입된 식물들이다. 식물학과 현미경 센터의 책임자이며 길로이 랩의 수석 현미경 전문가인 세라 스완슨Sarah Swanson도 합류한다. 스완슨은 길로이의 아내이기도 하다.

퍼낸디즈가 실험대 위에 트레이를 살포시 내려놓는 찰나, 애기장대 유묘의 잎 한 장이 옆에 있던 상자의 가장자리에 걸려 반으로 접히고 만다. "자극을 주지 말아요." 스완슨은 현미경으로 들여다보기 전까지는 식물의 반응성을 고스란히 보존해 두기를 바란다. 완전한 휴식 상태일 때 식물을 놀라게 하는 게 가장 효과적이라는 걸 깨달았기 때문이다. "괜찮아요. 얘들이 회복할 때까지 그대로 둘 테니까요." 퍼낸디즈의 말이다. "그런 다음 고문할 거고요." 스완슨이 덧붙인다.

스완슨이 우리를 작은 방으로 데려가는데 이 방은 컴퓨터 모니터에 연결된 현미경 하나가 장악하고 있다. 스완슨이 불을 켠다. 퍼낸디즈는 핀셋 하나를 글루타메이트 용액에 담갔다가 내게 건넨다. 글루타메이트는 우리 뇌에서 가장 중요한 신경전달물질이며, 최근 연구에 따르면 식물의 신호전달에서도 신호를 증폭시키는 역할을 한다고 밝혀졌다. "꼭 중앙맥을 가로지르세요." 퍼낸디즈가 작은 잎의 중심을 세로로 가르는 두꺼운 잎맥을 가리키며 말한다. 만약 내가 큰 잎맥은 가만히 두고 잎 가장자리만 꼬집는다면 잎은 그에 반응해 빛을 밝히기는 하겠지만 그 신호가 다른 부분들로 이동하지는 않을 거라고 한다. 잎맥은 식물의 정보고속도로다. 잎맥을 건드리면 신호가 파동으로 식물의 몸 전체로 퍼져나갈 것이다. 처음에 나는 조심스럽게 잎을 꼬집었다. 이어 어둠 속에서 다 함께 모니터의 이미지가 변하기를 기다리는 몇 초 동안 방안에 번져가는 실망감이 그대로 느껴진다. 잎은 빛을 발하기 시작하고 내게는 이 정도도 인상적이다. 하지만 나는 이미 길로이의 영상을 본 터여서 빛이 이보다는 더 힘차게 밝혀진다는 것을 알고 있다. 나는 식물에 열성적으로 상처를 입히기가 쉽지 않다. 하지만 퍼낸디즈는 핀셋을 다시 담갔다가 내게 건네면서, 이번에는 제대로 해내도록 방법을 설명해 준다. 내가 꼭 밀그램의 식물 버전 복종 실험에 참여하고 있는 듯한 느낌이 든다. 방 안 가득한 과학자들을 실망시키기 싫어서 이번에는 잎을 더 세게 꼬집는다.

차이는 극명하다. 식물은 크리스마스트리처럼 빛을 밝히고, 잎맥들은 네온사인처럼 이글거린다. 녹색 빛은 상처 입은 자리에서 바깥쪽으로 이동하며 생물발광의 잔물결을 타고 나머지 부분들로 퍼져나간다. 나는 이 식물이 감정의 작은 폭포를 경험하는 모습을 지켜보고 있다. 그리고 감각의 파도를. 빛이 잎맥들을 따라 이동하는 모습은 내게 무언가를 떠올리게 한다. 그것은 너무도 확연하게, 인간의 신경이 가지를 뻗어가는 패턴과 닮았다. 스완슨이 환성을 지른다. "와, 이야, 바로 이거지. 이게 바로 내가 말하던 거예요. 완전 제대로네." 길로이가 외친다. "이거 저장해 둬요." 퍼낸디즈는 박수를 치더니 영상을 아카이브에 저장한다. 2분 만에 식물의 나머지 부분들 모두 신호를 빛았다.

핀셋에 묻힌 글루타메이트는 모든 것의 속도를 높여준다고 한다. 형광 초록빛은 글루타메이트 없이도 나타나지만, 글루타메이트를 더하면 전기 활동이 한층 강렬해지는 모양이다. 2013년에 한 연구팀이 막 상처를 입은 식물에서 글루타메이트가 몸속을 떠돌다가 방어와 관련된 유전자를 활성화한다는 사실을 발견했다.[28] 그리고 이제 길로이와 토요타는 형광 식물을 다루던 중에 글루타메이트를 더하면 빛나는 녹색 신호를 초속 약 1밀리미터 속도로 움직이게 할 수 있다는 사실을 알게 되었다. 이는 식물 기준에서는 번개처럼 빠른 속도다. 단순한 확산이나 식물의 맥관계를 통해 물질들이 수동적으로 흐르는 것이라고 설명하기에는 너무 빠르다. 이 신호는 전기의 속도로 움직이고 있다.

길로이는 식물의 모든 세포 안에 글루타메이트가 저장되어 있다가 내가 핀셋으로 꼬집었을 때처럼 세포가 뭉개질 때 글루타메이트가 "새어 나와" 근처 세포들을 "기겁하게" 만들 가능성이 크다고 생각한다.[29] 세포에 구멍이 뚫리면 안에 있던 글루타메이트가 쏟아져나와 그 세포와 다른 세포들 사이에 다리를 놓고, 그러면 다른 세포들 안에서 나올 준비를 하고 있던 전하를 띤 칼슘 이온들이 바로 빠져나와 이동한다. 내가 핀셋으로 꼬집어 일그러뜨린 힘은 아주 작은 글루타메이트 쓰나미를 일으켰을 것이다.

이는 모두 동물의 신경계가 작동하는 방식과 좀 비슷해 보인다. 실제로 우리 뇌 속의 글루타메이트 시냅스와 밀접하게 연관된 유전자들이 식물의 전기 신호에도 관여한다는 사실을 처음으로 발견한 연구자 에드워드 파머Edward Farmer는 식물의 전기 신호를 관찰하기 시작했을 때 자기가 제일 먼저 한 일이 신경생물학 교과서를 산 것이라고 내게 말했다. 포유류는 신속하게 몸 전체에 신호를 전달하는 데 글루타메이트 수용체를 활용한다. 미식축구 선수가 엔드존*에서 패스된 공을 잡는 장면을 떠올려보자. 여기서 공은 글루타메이트이고 선

• 미식축구에서 경기장 양 끝 후방의 득점구역._옮긴이

수는 글루타메이트 수용체다. 이제, 선수가 공을 잡을 때는 경기장의 조명들에 갑자기 전기가 들어와 불이 번쩍 켜진다고 상상해 보자. 글루타메이트가 글루타메이트 수용체에 결합하면 양이온들이 세포 속으로 흘러 들어가 세포의 전하를 증가시킨다. 우리가 세포의 전기 신호라고 말하는 것은 늘 이렇게 이온들이 세포막을 통과해 세포의 안팎으로 드나드는 현상을 뜻한다. 몸속의 전기는 언제나 이런 식의 화학으로 시작된다. 예를 들어 우리의 시냅스는 시냅스 틈새라 불리는 둘 사이의 떨어진 간격을 뛰어넘어 의사소통하는 두 개의 뉴런으로 이루어진다. 이 시나리오에서 두 뉴런 중 하나에는 글루타메이트가 들어있는 소포체들이 있다. 이 뉴런은 시냅스 틈새에 글루타메이트를 쏟아내는데, 이때 다음 뉴런을 촉발하여 시냅스가 발화하게 만드는 것이 바로 이 글루타메이트다. 길로이가 말하는 식물의 글루타메이트 방출과 상당히 비슷하게 들린다.

식물에 신경전달물질들이 존재한다는 사실 자체도 여러 흥미로운 질문을 던진다. 식물이 자기 몸 전체에 신호를 보내는 데 신경전달물질을 사용한다면, 식물에도 신경계가 있다고 말할 수 있을까? 내가 인간의 신경과 길로이의 식물에서 일어나는 일 사이의 잠재적 유사점들에 관해 미처 질문을 꺼내기도 전에 그는 내 질문을 예상하고 있다. "여기서 작동하는 몇몇 분자들은 같을 수 있어요." 그가 말한다. "식물의 글루타메이트 수용체는 동물의 글루타메이트 수용체와 비슷해 보이죠." 하지만 "그건 신경 전도는 아닙니다. 식물의 신경 같은 건 존재하지 않아요. 신경은 식물에는 존재하지 않습니다." 물론 길로이도 두 시스템 자체가 상당히 비슷해 보인다는 사실은 인정한다.

4장 살아 있는 존재는 느끼는 존재다 171

하지만 신경이라는 말을 쓸 필요는 없다고 말한다. 그는 "식물이 정보 전달에 사용하는 전기 신호의 확산을 가능하게 하는 세포의 통로"라는 표현을 더 선호한다.

길로이는 그걸 신경계라 부르는 건 원치 않을지 모른다. 하지만 그것이 종의 경계를 뛰어넘어 생물학적 현상들이 복제된다는 것을 보여주는 극명한 예라는 점은 그도 인정한다. "생물의 세계에 잘 작동하는 뭔가가 있을 때는, 다수의 서로 다른 생물들에게서 아주 비슷한 모습으로 나타납니다. 이미 바퀴가 있는데 뭐 하러 바퀴를 다시 발명하겠어요?"

식물에 신경이 없다는 사실도 어느 과학 평론가 두 명이 길로이와 토요타가 식물에서 "신경계와 유사한 신호전달"을 발견했다고 학술지에 쓰는 것을 막지는 못했다.[30] 그 호에 실린 글이 최근 식물과학 분야 밖으로도 새어나가 이제는 다른 과학 분야의 사람들도 논의에 동참하고 있다. 누구나 알다시피 식물에는 뉴런도 시냅스도 없다. 그리고 물론 동물에게는 목질부*도 체관부*도 없다. 하지만 식물이 전기를 퍼뜨려 몸의 여러 부분 사이에서 신호를 주고받는 방식은 몇몇 과학자들에게 그런 비교를 하게 만들었는데 그중에서도 가장 흥미로운 비교를 한 사람은 뉴욕대학교의 신경과학자 로돌포 이나스Rodolfo Llinás가 아닐까 한다. 그의 연구 주제가 식물이 아니라 사람이라는 점 때문에 더 그렇다.

• 주로 수분의 통로가 되고 몸체를 지탱해 주는, 속씨식물의 관다발 가운데 조직체._옮긴이

■ 물질의 통로가 되는 체관 등의 복합 조직._옮긴이

〈식물과 동물의 진화를 더 잘 이해하기 위해 신경계의 정의를 확장하는 일에 관하여〉라는 논문에서 이나스와 살라망카대학교의 동료 세르히오 미겔토메Sergio Miguel-Tomé는 신경계를 다른 형태의 다른 생물들에도 존재할 수 있는 생리 시스템으로 보지 않고 오직 동물만이 가질 수 있는 것으로 정의하는 건 터무니없는 일이라고 주장했다.³¹ 계통발생학 관점에서 생명의 나무 가운데 한 부분에만 신경계를 할당하는 정의는, 비슷한 도전에 대처하는 생물들이 비슷한 체계를 진화시킨다는 매우 실질적인 수렴진화의 힘을 무시하는 처사다. 진화에서 이런 수렴진화는 항상 일어나며 대표적인 예가 날개다. 비행은 새와 박쥐, 곤충에게서 각자 따로 진화했지만 아주 비슷한 효과를 낸다. 눈도 그렇다. 눈의 수정체는 각자 따로 여러 번 진화했다.

이나스와 미겔토메는 신경계도 수렴진화의 한 사례로 보는 것이 합리적이라고 말한다. 자연에 다양한 형태의 신경계가 존재한다면, 식물 역시 명백히 그중 한 형태를 지니고 있다. 거위처럼 걷고 거위처럼 꽥꽥 소리를 낸다면 그건 아마도 거위일 것이다. 왜 아직 그것을 신경계라고 부르지 않는가?

생각해 보니 나는 길로이의 어두운 현미경실에 갔던 그날 이전까지는, 줄곧 식물에 관해 배운 모든 내용과 내 앞에 있는 진짜 식물을 연결하기가 쉽지 않았다. 때로는 이론과 물리적 현실이 무척 동떨어진 느낌이었다. 바꿔 말하면, 식물에게서 보이는 여러 능력이 글자 그대로 믿을 수 없게 느껴졌다. 내 눈에 보이는 것을 식물이 한 일이라고 인정할 수가 없었다. 그 사실들은 전파나 자기극과 비슷했다. 나는 그것들이 존재한다는 것을 받아들이기는 했지만 그 물질적 성질을 내면으로 이해한 건 아니었다. 하지만 초록색 빛이 식물의 몸 전체로 이동하는 광경을 목격하면서 상황이 바뀌었다. 갑자기 그 모든 게 손에 잡힐 듯 구체적으로 변했다. 나는 식물이 내가 건드렸다는 걸 자기만의 방식으로 인지하는 모습을 보았다.

　식물에 관해 생각하며 지낸 지도 어느덧 몇 년째에 접어든 때였다. 진작에 이 사실을 이해하지 못한 나의 굼뜸은, 식물의 대단한 능력에 관한 뉴스가 대중에게 전해질 때 이 뉴스가 처할 운명에 대한 나쁜 징조로 여겨졌다. 그토록 몰두해서 관심을 기울여온 나조차 사실을 받아들이기까지 이렇게 오래 걸렸는데, 이 정보를 대중이 즉각 받아들이리라고 어떻게 기대할 수 있을까? 나는 이 모든 정보 조각들이 여러 겹의 울타리에, 그러니까 무슨 수를 써서라도 식물과 우리의 거리를 벌리려는 언어에 감싸여 있는 것이 문제의 일부임을 깨달았다. 식물의 맥관계를 신경계라고 부른다면 이런 사정을 바꿀 수 있다. 나는 테오프라스토스를, 그리고 사람들에게는 그들이 쉽게 이해할 수 있게 해주는 은유가 필요하다고 생각한 그의 지혜를 생각했다. 나무의 고갱이는 심재heartwood라 불러야 한다고 그는 말했다. 아무도 심재를 보며 거기서 대정맥을 보게 될 거라 예상하지는 않는다. 오히려 그 단어는 정확한 의미를 떠올려준다. 여기가 나무의 생명을 유지하는 부드러운 속살이라고. 그리고 여기에 전기 신호가 맥동하며 지나가는 통로들도 있다고.

　그렇지만 여전히 식물의 전기는 한 가지 중요한 면에서 수수께끼로 남아 있다. 우리의 조직과 기관들 역시 모두 전기 임펄스를 통해 조정되며, 우리는 그 모든 전기의 종착점이 뇌라는 걸 알고 있다. 식물에는 이렇게 종착점으로 볼 수 있는 곳이 존재하지 않는다.

뇌가 있는 생물의 감각 역학에 관해 우리가 아는 바를 기준으로 한다면, 뇌가 없다는 것은 감각이 생성한 전기는 모두 식물의 몸 전체로 무의미하게 퍼져나갈 뿐 아주 국소적인 반응 이상은 만들 수 없다는 뜻이어야 한다. 하지만 실상은 그렇지가 않았다. 한 곳이 건드려진 식물은 그 자극을 몸 전체에서 경험한다. 지금 우리는 사이먼 길로이의 칼슘 파동 영상을 통해 이 사실을 알고 눈으로 볼 수 있다. 건드림의 영향이 식물의 몸 전체에 파동으로 퍼져나가는 동안 식물은 건드려졌음을 깨닫고 그에 걸맞게 반응한다.

생물학적 관점에서 볼 때 접촉은 우리에게조차 까다로운 것이다. 인체가 세포 수준에서 촉각을 어떻게 감지하는지 이해하려는 탐구는 아직도 청소년기 정도에 머물러 있다.[32] 최근에는 큰 도약이 있었다. 2021년 노벨의학상은 열, 냉기, 접촉을 느끼는 기계수용기를 발견한 두 연구자*가 수상했다. 하지만 우리는 인체가 신체적 입력을 그 의미까지 고스란히 담아 우리 뇌에 전달할 수 있는 세포 수준의 정보로 어떻게 번역하는지는 아직도 알아내는 중이다. 우리는 사람이 촉각을 감지하는 데 이온 통로가 중요하다는 걸 알고 있고, 이제는 바로 그 이온 통로들이 식물이 자기네 세상을 감각하는 데도 중요할 수 있다는 것도 안다. 사람은 전해질로 주로 칼륨 이온을 사용하며, 식물은 주로 칼슘 이온을 사용한다. 이는 여전히 제대로 이해되지 않은 영역

---

* 데이비드 줄리어스David Julius와 아르뎀 파타푸티언Ardem Patapoutian이다. _옮긴이

이지만, 엘리자베스 해스웰Elizabeth Haswell은 이를 밝혀줄 잠재력이 있는 연구를 수행하는 과학자 중 한 사람이다. 생화학을 전공한 그는 박사후연구원 시절에, 식물이 위와 아래를 어떻게 분간하는지 과학이 아직 답을 알아내지 못했다는 사실에 깊은 흥미를 느꼈다. 항상 존재해 온 중력의 이 수수께끼는 자신의 살아생전에 풀릴는지도 확신할 수 없는 문제였다. 해스웰은 이후 워싱턴대학교 세인트루이스에서 일곱 명으로 이루어진 연구팀을 이끌며 기계수용기를 찾는 일에 전념했다. 그러니까 그들은 식물이 물리적 입력을 그 의미를 고스란히 담아 몸 전체에 전달할 수 있는 세포 수준의 정보로 번역하는 메커니즘을, 달리 표현하자면 식물이 자신이 속한 세계를 이해하는 데 필요한 기계적 메커니즘을 찾고 있었던 것이다.

해스웰은 자신이 식물지능 논쟁에서 어느 지점에 서 있는지에 확신이 서지 않는다. "나는 이 주제에 대해 뚜렷한 의견을 갖기가 어려워요." 해스웰의 말이다. "식물에 뇌가 있다고 말하고 싶지는 않아요. 동물을 기준으로 삼는 건 마음에 안 들어요. 식물과 동물은 서로 다르게 진화했으니까요. 우리는 동식물에 각자 다른 방법으로 접근할 필요가 있어요." 그런데도 뭔가가 계속 그의 마음에 걸렸다. "안식년에 들어가면서, 이 문제에 대한 분명한 내 의견을 정립하겠다고 생각했어요. 하지만 그러지 못했죠."

해스웰의 작업은 가장 미세한 수준에서 이루어진다. 식물의 개별 세포들이 기계적 압력을 어떻게 화학적 반응으로 바꾸는지를 연구한다. 그러면서도 그는 더 큰 그림을, 그 블랙박스를 생각한다. "나는 식물이 자극들에 대해 세포보다 더 높은 수준에서, 이를테면 조직이나 개체 전체 수준에서 반응하고 있는 게 아닌가 싶어요." 해스웰은 재피의 식물 쓰다듬기 논문을 언급하고, 파리지옥이 특정 시간 안에 감각모 두 개가 건드려져야만 잎을 닫는다는 점도 언급한다. "수를 셀 수 있다는 거잖아요. 그 식물을 한 번만 건드려서는 그 엄청난 형태적 변화가 일어나지 않거든요." 그러나 반복적으로 건드리면 형태를 바꾼다. "그건 분명 그 식물 전체에서 통합해서 내린 일종의 결정이죠. 그 모든 입력을 어떻게 해서인지 통합해야만 할 텐데, 나로서는 어떻게 그러는지를 도저히 모르겠어요."

길로이의 칼슘 이동 영상을 볼 때 나는 뇌 활동 영상에서 본 뇌에 불이 들어오는 장면이 떠올랐다. 우리에게는 뇌 속 전기를 실시간으로 관찰할 수 있는 도구가 있다. 거기엔 비슷해 보이는 뭔가가 있었다. 나는 해스웰과 트레와바스와 다른 많은 이들을 생각했다. 그들은 모두 어떤 식으로든 이렇게 자문하고 있는 것 같았다. 혹시 그게 식물 전체라면? 우리가 모두 잘못 보고 있는 거라면? 물론 식물에는 뇌가 없지. 하지만 식물 전체가 그 자체로 뇌와 유사한 무엇이라면? 나는 이 생각을 머릿속에서 떨칠 수 없었다. 단순한 생각이었지만 잘 맞아떨어지는 것 같았다. 또 어쩌면 아주 어리석은 생각인 것도 같았다.

놀랍게도 어느 날 나는 이 생각을 입 밖에 내어 말하고 있는 자신을 발견했다. 시애틀의 워싱턴대학교 캠퍼스에서 장엄한 고목들의 그늘에 앉아 있을 때 이제는 그 학교의 학장이 된 엘리자베스 반 볼켄버그에게 한 말이었다. 우리는 활동전위에 관해, 활동전위가 어디로 가는지, 식물의 한 외딴 부분에서 일어난 어떤 일에 왜 식물 전체가 반응할 수 있는지 이야기하던 참이었다. "식물 전체가 뇌와 비슷한 뭔가일 수도 있을까요?" 하고 내가 물었다. 그가 미소를 지었다. 우리가 이야기를 나눈 지도 세 시간이 다 되어가고 있었다. 나는 이 질문을 마지막까지 남겨두었다. 그 말에 그가 정나미를 떼고 야속하게 그 자리에서 대화를 끝내버릴지도 모른다고 생각했기 때문이다. 그런데 이제 그 말을 해버렸고, 미소 짓는 그를 보며 바보 같은 짓을 했다고 생각했다.

그때 그가 내 쪽으로 약간 몸을 기울이더니 목소리를 낮추고 "나도 그 생각이 옳다고 생각해요"라고 속삭이듯 말했다. "그저 그런 말을 안 할 뿐이지."

5장

땅에 귀를 대고

세상은 소음으로 가득하다.
식물은 또 무엇을 들을 수 있을까?

지금은 밤, 여기는 쿠바 남동부의 우림이다. 칠흑 같은 어둠 속에서 긴혀박쥐long-tongued bat 한 마리가 아주 빠른 속도로 나무들 사이를 헤치고 날아가며 빽빽한 임관을 뚫고 뚜렷한 경로를 만들어내고 있다. 얇디얇은 막 같은 날개로 은밀히 날아다니는 이 털뭉치는 무게가 겨우 9그램이 될락 말락 한다. 종이비행기 수준이다. 박쥐는 짧은 음파들을 맥박처럼 잇달아 내보내고 자칼의 귀를 닮은 큰 귀로 되돌아오는 반향에 귀 기울인다. 연달아 들려오는 반향음들이 대상들과 대기의 풍경을 그려내는 동안 이 조그만 포유동물은 닐개의 각도를 바꿔가며 복잡하게 얽힌 덩굴 사이를 뚫고 지나간다.

갑자기 어떤 음파 하나가 맑고 또렷하게 돌아오기 시작한다. 박쥐가 주변을 날면서 그리로 다가가는 동안 그 지점과 박쥐 사이의 각도는 수시로 달라지지만, 그래도 이 음파는 같은 방식으로 계속 들려온다. 이 선명한 소리는 거부할 수 없는 유혹이며, 한밤에 환히 타오르는 횃불이다. 그 지점에 도착한 박쥐는 동그랗게 모여서 피어난 화려한 자주색 꽃들이 매달린 덩굴을 발견한다. 꽃가루가 잔뜩 묻은 박쥐

5장 땅에 귀를 대고 181

의 얼굴은 꽃 아래에 매달린, 꽃꿀이 가득한 빨간 주머니를 향해 아래로 향하고 있다. 박쥐는 긴 혀를 쭉 내밀고 꽃과 주머니 사이에 얼굴을 들이민다. 그렇게 공중에 뜬 채 꽃꿀을 할짝할짝 핥아먹는다. 그러는 동안 박쥐의 등에는 꽃가루가 잔뜩 묻는다. 동그란 꽃 무리 바로 위에는 반짝이는 잎들이 자라고 있다. 눈에 띄게 오목하고 긴 타원형 잎들이 마치 세로로 세워놓은 카누 같다. 이 잎의 깊고 둥그런 형태는 여러 각도에서 오는 음파에 똑같이 선명한 메아리를 돌려보낸다. 음파들이 혼란스럽게 뒤죽박죽된 숲속을 날아다니는 박쥐에게는 한 지점에서 크고 일관되게 돌아오는 반향에 주의가 끌릴 수밖에 없다. 그리고 여러 식물들이 빽빽하게 자리 잡은 풍경 속에서 여기저기 흩어져 자라면서 박쥐에게 수분을 의지하고 있는 희귀한 덩굴식물에게는 박쥐의 주의를 끄는 것이 무엇보다 중요하다.

이 루비색 음파 반향기의 정체는 박쥐와의 음향 교신에 딱 맞춰진 식물로 밝혀진 덩굴식물 마르크그라비아 에베니아 *Marcgravia evenia*다.[1] 박쥐와 관계 있는 식물로 이보다 먼저 밝혀진 것은 중미 전역의 우림 가장자리에서 자라는 꽃피는 덩굴식물이었다. 무쿠나 홀토니이 *Mucuna holtonii*라는 이 식물은 작은 꽃들을 아주 많이 피우고 꽃가루를 폭발적으로 퍼뜨린다.[2] 박쥐가 이 식물의 꽃꿀을 먹으려면 꽃 위에 내려앉아서 날개처럼 생긴 두 꽃잎 사이 틈새로 주둥이를 밀어 넣어야 한다. 이때 생기는 압력이 용골판keel이라 불리는 서로 붙어 있는 또 다른 꽃잎 두 개를 눌러 벌어지게 한다. 용골판 안에는 꽃가루를 가득 품은 수술이 엄청난 장력으로 접혀 있다. 박쥐가 용골판을 터뜨리면 수술은 꽃가루 대부분을 박쥐의 엉덩이를 향해 발사한다.

과학자들이 관찰해 보니 이 박쥐들은 한결같이 꽃가루를 품은, 용골판이 아직 터지지 않은 꽃들에만 내려앉고 꽃가루가 다 빠져나간 꽃들은 피했다. 꽃들이 정말 많았는데 박쥐들은 그중에서 어떻게 딱 맞는 꽃들을 찾아내는 것일까? 열리지 않은 용골판은 또 하나의 오목한 기판vexillum에 감싸여 있는데, 마치 경첩이 달린 꽃잎이 하나 더 붙어 있는 것 같다. 연구자들은 이 기판이 박쥐의 음파를 반향하는 완벽한 거울 역할을 한다는 사실을 알아냈다. 그들은 여러 각도에서 이 기판이 되돌려보내는 반향은 "놀랍도록 진폭이 크다"라고 썼다. 마르크그라비아의 잎에서 생기는 반향과 아주 비슷하다. 일단 꽃이 박쥐의 엉덩이에 꽃가루를 다 털어내고 나면, 그 거울은 아래로 몸을 낮춰 음향의 격전장에서 퇴장한다. 그러면 박쥐들은 더는 그 꽃을 찾을 수 없고 대신 아직 거울이 세워져 있는 다른 꽃들을 찾아간다.

식물은 소리와 유난히 밀접한 관계를 맺고 있다. 식물의 환경에서는 어디든 소리로 가득하니, 식물로서는 그 광활하고 다양한 감각 세계에 적극적으로 참여하는 것이 타당한 일일 것이다. 더구나 식물이 유인하거나 쫓아버려야 할 수많은 생물이 가자 자기 정체를 드러내는 분명한 소리를 갖고 있으니 말이다. 그래서 식물은 자기 몸을 주파수와 진동의 세계에 참여하기 알맞은 모양으로 만들었다. 식물이 제 몸에 귀를 달았다는 말이 과장이 아니다.

2011년에 미주리주의 두 연구자가 엉뚱한 일을 벌였다. 식물에 기타 픽업을 달고 식물이 들을 수 있다는 걸 증명한 것이다. 이 아이디어는 좋은 아이디어가 대개 그렇듯 우연히 떠올랐다. 동물 의사소통 연구자인 렉스 코크로프트Rex Cocroft는 뿔매미treehopper를 연구하고 있었다. 이 곤충은 비현실적일 정도로 특이하게 생겼는데, 여러 색으로 빛나는 외골격을 가졌고 종에 따라서는 머리 바로 위에 말도 안 되게 긴 뿔도 하나 솟아 있어서, 마치 직각으로 뿔이 난 유니콘 같다. 코크로프트는 뿔매미가 일부러 배를 아주 빠르게 흔들어 다리로, 이어서 자기가 올라가 있는 나무나 목질의 관목 가지들로 그 진동을 퍼뜨리는 것을 관찰했다. 이 진동은 식물을 타고 이동해 다른 뿔매미들에게 전해진다. 이 뿔매미들은 마치 축음기 바늘처럼 진동을 감지하기에 적합하도록 적응한 매우 예민한 다리를 갖추고 있다. 코크로프트는 뿔매미의 이 진동이 "안녕, 나 여기 있어"하고 말하는 방법임을 알아냈다. 이 곤충들은 한마디로 식물을 깡통 전화기처럼 활용하고 있었다. 흥미로운 작업이었다. 그런데 어느 날 그가 이 진동을 포착하려고 했던 녹음이 또 다른 소음 때문에 오염되었다. 귀에 거슬리는 소리였다. 게다가 리드미컬했다. 뿔매미 소리는 아니었다. "온갖 애벌레들이 잎을 씹어먹고 있었죠." 코크로프트와 공동연구 중인 오하이오주 털리도대학교의 선임 연구과학자 하이디 애플Heidi Appel의 말이다. 애플은 매력적인 가능성을 떠올렸다.

　애벌레들은 곤충 세계의 깡통따개들이다. 내가 이런 비유를 들자 애플이 말했다. "사실 난 그 소리를 좋아해요." 사람 귀에 들릴 정도로 음량을 키우면 애벌레가 잎을 씹는 소리는 건초를 씹는 건장한 염소의 이빨 소리, 혹은 손으로 울퉁불퉁한 조약돌 몇 개를 쥐고 비벼대는 소리처럼 들린다. 이 소리는 만화 속 등장인물이 당근을 씹는 소리처럼 누군가에게는 이상하게도 듣기 좋은 소리일 수도 있다. 하지만 증폭하지 않는다면 너무나도 미세한 소리다. 애벌레가 잎을 씹는 소리의 진동은 잎에서 아래위로 만 분의 몇 센티미터 정도까지만 전해진다.

애플은 자기네 대학에서 열린 세미나에서 쿠키와 커피를 즐기는 휴식시간에 코크로프트를 만났다. 두 사람은 각자 연구 중인 시스템에 관한 이야기로 자신을 소개했다. 자연과학자들이 하는 전형적인 사교 활동이다. "나는 식물이 자기가 손상되었음을 어떻게 인지하며 거기에 어떻게 대처할 수 있는지를 연구해요." 애플은 이렇게 말했던 것으로 기억한다.

"나는 동물이 식물에 일으킨 진동을 통해 서로 의사소통하는 방식을 연구해요." 코크로프트가 말했다. 그는 며칠 전 자신의 연구 도구에 생긴 문제에 관해 애플에게 말했다. "애벌레가 그 식물을 먹고 있는 바람에 일이 꼬였어요." 둘은 잠시 대화를 멈추고 서로를 빤히 쳐다봤다. "식물이 그 진동들을 이용하는 거 아닐까요?" 애플이 말했다.

"그때가 아하, 하는 깨달음의 순간"이었다고 애플은 기억한다. 두 사람은 함께 일련의 실험을 했다. 추론의 흐름은 대략 이랬다. 식물의 생애에 잎을 갉아 먹는 애벌레들은 언제나 존재한다. 이 애벌레들은 아주 뚜렷이 구별되는 소리를 낸다. 음향 진동은 식물이 감지할 수 있는 다른 거의 모든 신호보다 더 빨리 식물의 몸을 타고 이동한다. 그러니 식물이 그 진동을 감지할 수 있는 것이 식물에게 유리하지 않을까 하고 그들은 생각했다.

하지만 그들이 들어서고 있던 곳은 말도 많고 탈도 많은 영역이었다. 식물학계에는 출간된 지 40년이 지났는데도 여전히《식물의 비밀스러운 삶》의 유령이 어슬렁거리고 있었다. 식물이 소리를 듣도록, 아니면 적어도 우리가 소리로 여기는 진동을 해석할 수 있도록 진화하지 않았을까 하고 질문한다면 미심쩍은 시선을 받을 게 분명했다. 심지어 애플의 남편인 동료 식물과학자 잭 슐츠마저 비판적이었다. 슐츠는 나무가 공기 중으로 내보낸 화학물질을 통해 의사소통한다고 주장한 최초의 연구자 중 한 사람이었고, 이는 1980년대의 식물과학자라면 손가락질 받기 딱 좋은 주장이었다. 화학적 의사소통이 얼토당토않은 말이 아니라 과학적 사실로 여겨지기까지는 오랜 시간을, 최소한 2000년대 중반까지는 기다려야 했다. "남편이 나를 보면서 이러더라고요. '당신 돌았어. 미쳤다고.'" 애플은 그렇게 기억한다. "그런 게 과학 특유의 회의주의죠"라고 애플은 수더분하게 말한다. 이날은 9월 초의 따뜻한 날이었고, 애플은 오하이오주 털리도 근처에 있는 자기 집 바깥에 서서 나무 한 그루를 쳐다보고 있었다. 슐츠는 집안에서 그들이 최근 함께 작업한 논문을 쓰고 있었다. 부부가 협업한 지도 30년이 넘었다.

애플은 식물학 분야를 덮친 식물지능 논쟁에 대한 대단한 신봉자는 아니다. 그런 논쟁은 철학에 맡겨두고 그동안 과학자들은 엄밀한 과학 연구나 하는 게 더 좋다고 생각한다. 과학자들이 사용하는 단어들이 중요한 이유는 그들이 연구하는 대상이 복잡하기 때문이다. 생각이나 의사소통 같은 물렁물렁한 단어를 쓰면 상황을 더 혼란스럽게 만들 뿐이란다. "나는 내가 모르는 게 너무 많다는 사실에 겸허함을 느껴요. 하지만 우리가 정의하는 방식에 관한 한, 그게 타협할 수 있는 건지는 모르겠어요." 그렇지만 식물이 소리를 감지할 수 있다는 데 대해서는 마음속에 한 점의 의심도 없다.

"이런 맙소사." 애플이 다시 나무 쪽으로 돌아서며 말했다. 가지에 커다랗고 희끄무레한 색깔의 쌍살벌paper wasp 둥지가 매달려 있었다. 그는 거기 서서 잠시 감탄스럽게 쳐다보더니 마당 안을 계속 돌아다녔다. 이 마당이란 약 3,600평에 달하는 범람원으로 웅장한 참나무들이 숲을 이루고 있고 여우 한 마리도 뛰어다니는 곳이다. 애플은 자기가 벌새들을 위해 걸어놓은 작은 설탕물 통 앞에 도착했다. 속이 텅 비어 있었다. 벌새들이 다 먹었다고 보기에는 불가능한 속도였다. 하지만 벌떼의 소행으로 보자면 그렇게 빠른 속도는 아니었다. "아이, 참, 내가 벌집 짓기 딱 좋은 환경을 만들어줬네요."

식물과 곤충은 온종일, 각자 생애주기의 다양한 단계에서 상호작용한다. 이는 식물의 삶에서도 곤충의 삶에서도 어쩌면 서로에게 가장 중요한 관계일 수 있다. 만약 그 곤충이 꽃꿀을 마시거나 잎을 먹는 종류라면 말이다. 그리고 이 말은 대다수 곤충에 해당한다. 식물과 곤충을 합하면 지구상 모든 다세포 생물의 약 절반을 차지한다. 그러니 그 둘의 관계가 지구에서 가장 중요한 관계 중 하나라고 말해도 과장은 아닐 것이다. 식물이 소리를 듣는지 시험해 보기로 했을 때 코크로프트와 애플은 배추흰나비 애벌레를 가지고 연구했다. 오동통한 이 연두색 애벌레는 잎을 상당히 빠른 속도로 먹어치울 수 있다. 배추흰나비 애벌레가 식물을 먹는 방식은 다음과 같다. 먼저 양쪽의 몽똑한 발들을 종잇장 같은 잎날의 양쪽에 찔러넣은 다음 엄지 같은 머리를 들어 올려 위쪽부터 아래로 내려가며 갉아먹기 시작하고, 그렇게 먹다 보면 머리가 자기 몸통 쪽으로 내려온다. 그러면 찔렀던 발을 빼

5장 땅에 귀를 대고 187

고 몽똑한 발들을 다시 찔러넣는데 뒤쪽 발부터 찔러 점점 앞으로 넘어오기 때문에 뒤에서 앞으로 물결이 이는 듯한 모양새가 되고, 이런 식으로 아주 조금씩 꼬물꼬물 물결치듯 앞으로 나아간다. 그런 다음 이 과정을 다시 반복한다. 머리를 들고 아래로 선을 그리며 우적우적 씹고, 이렇게 몇 번 진탕 먹고 나면 아까는 초록색 잎의 살이 있었던 곳에 초승달 모양의 빈 공간이 남는다. 근처에 보이는 아무 잎이나 살펴보라. 만약 그 잎의 가장자리가 눈송이 장식을 오려낸 종이처럼 초승달 모양으로 잘려 있다면, 그건 애벌레 한 마리가 그 자리를 지나갔으며 이 녀석이 잠깐은 배가 부른 상태라는 뜻이다.

이런 괘씸한 파괴를 피할 수 있다면 식물 입장에서는 더없이 이로울 것이다. 그 유용한 엽록체들, 그 모든 광합성의 잠재력들이 젤리 같은 곤충의 뱃속으로 다 들어가 버리다니. 식물들에게 희소식은 애벌레가 식사 중일 때 이 일을 끝장내버릴, 아니면 적어도 녀석의 사촌들이 파티에 합류하는 것을 막을 여러 가지 기발한 방법을 마련해 두었다는 것이다. 앞에서 살펴보았듯이 어떤 식물들은 역겨운 맛을 내려고 쓴 타닌을 뿜어낸다. 또 다른 식물들은 자기들만의 곤충 퇴치제를 생산하는데, 많은 경우 이 물질들은 인간이 식물에서 가장 즐기는 부분이다. 이를테면 오레가노의 풍미 짙은 오레가노 오일이 그렇고, 서양고추냉이 뿌리의 톡 쏘는 맛도 그렇다. 때로는 더 무시무시한 방법도 있다. 무시무시한 사례 하나를 꼽자면 소박한 토마토를 들 수 있다. 토마토가 자기 잎에 주입하는 어떤 물질은 잎을 갉아 먹던 애벌레들이 고개를 들어 느닷없이 동료 애벌레들을 노리게 만든다. 곧 잎은 이 애벌레들에게 아무 의미도 없어진다. 그리고 애벌레들은 서로를 뜯어먹기 시작한다.

하지만 우리가 길로이의 연구실에서 보았듯이, 씹히는 일에 대한 잎의 반응은 그 잎 자체에만 한정되지 않는다. 잎을 깨물면 식물 전체에서 호르몬의 변화가 연달아 일어나는데, 이는 식물의 여러 다른 부분들이 서로 대화를 나눌 수 있다는 뜻이다. 전기도 이를 설명할 한 방법인 것 같지만, 전기가 식물의 몸 전체로 이동하는 속도(대략 초속 5센티미터)는 과학자들이 관찰한 몇 가지 반응들보다는 느리다. 이 위협에 관한 소식을 전하는 한 가지 방법은 우리에게 소리로 감지되는 진동을 사용하는 것으로 보인다. 음향의 진동은 아주 신속하게 이동한다. 딱딱한 목질 식물에서 진동은 초속 수천 센티미터의 속도로 이동하는데, 이 속도는 전반적으로 식물이 부드러울수록 떨어지지만, 그래도 어떤 경우든 상당히 빠르다고 할 수 있다. 그렇다면 식물이 침입자들의 소리를 듣는다고 말할 수 있을까?

이를 알아내기 위해 애플과 코크로프트는 애기장대를 대상으로 확실히 그 잎을 먹을 존재들, 바로 배추흰나비 애벌레의 소리로 시험해 보기로 했다. 실험을 위해 그들은 피에조 기타 픽업을 배추흰나비 애벌레가 씹을 때 나는 소리와 정확히 똑같은 주파수를 내도록 설정했다. 대조군으로 다른 애기장대 무리에게도 피에조 픽업을 부착했지만 여기서는 아무 소리도 안 나게 그냥 두었다.

첫 실험에서 그들은 애벌레가 씹는 소리를 재생하여 애기장대 잎들에 미세한 진동을 전달했다. 하지만 여기에 식물이 반응하는지는 어떻게 확인할 수 있을까? "공격을 받은 식물은 그 순간 바로 반응할 수도 있지만 벌어진 사태를 파악하고는 다음 공격에는 더 빨리 대응하려고 준비할 수도 있어요." 애플이 말했다. 그래서 그들은 애기장대에서 픽업을 떼고 진짜 애벌레로 애기장대들을 시험했다. 그런 다음 애기장대가 방어 물질을 정말로 만들었는지 확인하기 위해 실험실에서 잎을 분석할 때까지 기다려야 했다.

"이게 진짜야?" 그 결과를 봤을 때 애플은 텅 빈 방 안에 대고 큰 소리로 말했다. 애플은 실험실로 가서 테크니션에게 수치를 다시 확인해 봐달라고 부탁했다. 테크니션이 결과를 다시 보냈다. 여전히 말도 안 되는 결과였다.

신호는 분명했다. 애기장대는 애벌레의 소리를 들을 수 있었다. 애플은 코크로프트에게 전화를 걸었다. "내 말 못 믿을 거예요." 이제 그들은 만나서 자신들이 실수했을지도 모를 모든 가능성을 짚어 보았다.

"이건 어쩌면 식물이 곤충한테만 그러는 게 아니라 모든 것에 다 반응하는 건지도 몰라." 애플은 이렇게 추측해 보았다. 그래서 그들은 여러 대조군을 가지고 실험을 반복했다. 작은 선풍기를 써서 산들바람을 흉내 냈다. 혹시 바람이 애기장대가 방어를 강화하게 만들 수도 있을까? 매미충leafhopper이 짝을 부를 때 내는 소리도 틀어보았다. 이 소리는 애벌레가 잎을 씹는 소리와 진폭은 똑같았지만 리듬 패턴이 달랐다. 그리고 애기장대는 이 소리에는 전혀 반응하지 않았다. 매미충은 애기장대를 안 먹으니까.

모든 실험이 사실을 더욱 명확히 해주었을 뿐이다. 이 식물이 오직 진짜 포식자의 씹는 소리에만 반응한다는 사실.[3] "당연히 아주 기뻤지요." 애플이 말했다. "과학계에서 상황을 제대로 이해하는 과정은 대체로 점진적으로 진행돼요. 우리는 대부분 자기 경력 전체를 쏟아부어서…, 어, 그냥 실험에서 원하는 결과가 나오지 않는 일이 아주 흔하다는 정도로만 말해둘게요. 하지만 제대로 된 결과가 나올 때도, 그 결과가 세상이 작동하는 방식에 관해 우리에게 알려주는 것은 아주 작은 조각 하나하나예요. 벽을 쌓는 벽돌 같아요. 점점 쌓여 커져가죠." 하지만 이건 작은 조각 하나가 아니었다. 식물이, 귀가 없는 식물이 자기들만의 방식으로 정말로 소리를 들을 수 있다는 증거였다. 식물에게 소리는 순수한 진동이다. 그리고 식물은 자기가 해를 입는 일과 연관되어 있음을 분명히 아는 진동, 이를테면 애벌레의 입이 식물의 살을 씹을 때 나는 진동을 감지했을 때는 그 문제에 대응하기 위해 무언가 행동을 취한다.

일단 식물이 애벌레가 씹는 소리를 감지할 수 있다는 사실이 밝혀지자, 생각해 봐야 할 또 다른 의문들이 딸려 나왔다. 세상은 소음으로 가득하다. 식물은 또 무엇을 들을 수 있을까?

내가 이 글을 쓰고 있는 현재, 연구자들은 몇몇 사람들이 식물음향학phytoacoustics이라 부르기 시작한 분야를 태동시키느라 분주하다. 식물이 소리를 들을 수 있다는 건 식물의 관점에서 생각해 보면 훨씬 더 신빙성 있게 느껴진다. 청각은 너무나도 유용한 감각이다. 특히나 한 자리에 뿌리를 내리고 있는 존재라면 더욱 그렇다. 당신이 달아나거나 쫓아갈 수 없다면, 적어도 아주 빠른 속도로 그럴 수는 없다면, 당신에게는 챙겨 받을 수 있는 모든 사전 경고가 필요할 것이다. 그보다 더 기본적인 수준에서 생각해 봐도 청각은 태고부터 어디에나 존재해 온, 생명에 근본이 되는 감각이다. 식물은 음향 정보를 사용해 얻을 수 있는 이득이 아주 많다. 어떤 생물의 외부에서 이 생물의 생존에 유용할 수도 있는 어떤 일이 일어나고 있다면, 이 생물은 그걸 감지할 방법을 발달시켰을 것이다. 끊임없이 이로운 것을 탐색하는 진화는 생물이 생존 프로젝트를 추진하는 데 자신의 인지를 활용할 방법을 제공할 것이다.

그리고 만약 과학자들이 적합한 응용법을 찾는다면 이는 농업에도 대단히 유용할 수 있다. 어쨌든 애플의 연구에서는 소리 신호가 식물이 스스로 살충제를 만들도록 유도한 것이니 말이다. 만약 식물에게 단순히 소리를 틀어주는 것만으로도 스스로 살충제를 만들게 할 수 있다면, 농장에서 합성 살충제를 쓸 필요가 줄거나 사라질 것이고, 어떤 경우에는 특정 작물을 재배하는 이유가 되는 물질의 농도를 증가시킬 수도 있다. 예를 들어 겨자 농사를 짓는 이유는 겨자가 스스로 만든 살충제, 즉 겨자씨 기름을 얻기 위한 것이다. 라벤더 관목에 경계 태세를 올리게 하는 소리를 들려주면 사람이 라벤더 오일에서 귀하게 여기는 방어 물질을 더 많이 만들게 유도할 수 있다.

전 세계 연구자들은 식물에게 특정 소리를 들려주어 특정 행동을 유도할 수 있는지 알아내려 애쓰고 있다. 그들은 다양한 길이의 시간에 걸쳐 다양한 주파수로 실험한다. 현재 소리에 대한 연구는 다소 마구잡이식이다. 한 연구에서는 애기장대에게 열흘 동안 하루에 세 시간씩 일련의 소리를 들려주면 해로운 곰팡이 감염을 물리치는 능력이 커진다는 것을 보여주었다.[4] 또 다른 연구는 한 시간 동안 벼에 몇 가지 소리를 들려준 것이 가뭄에서 살아남는 능력을 향상시켰음을 알아냈다.[5] 그리고 자주개자리alfalfa 싹에 두 시간 동안 다양한 주파수의 소리를 들려준 연구자들은 비타민C 함량이 증가했음을 발견했는데, 이는 곧 자주개자리의 영양가가 높아졌다는 말이다.6 그리고 브로콜리 싹과 무 싹으로 이 실험을 반복했을 때는 플라보노이드* 함량도 높일 수 있었다.7 농부들이 농장에서 농약 살포기 대신 초대형 붐 박스를 사용하는 미래를 상상할 수도 있을 것 같다.

애플의 연구도 어떤 면에서는 이런 유형에 들어가지만, 그는 식물 앞에서 닥치는 대로 여러 소리를 들려주는 것보다는 실제로 식물이 자연에서 접하는 소리에 더 관심이 많다. 식물이 자신들과 함께 나란히 진화해 온 소리들에 흥미로운 반응을 보일 가능성이 더 크다는 게 애플의 생각이다. 과학자들은 이를 '생태학적 관련성'이라고 한다. 포식자들의 소리는 확실히 생태학적 관련성이 크다. 애기장대에게 애기장대를 먹는 애벌레의 소리를 들어주는 것이 애기장대의 면역계 활동을 점화할 수 있다면, 다른 식물-포식자 또는 식물-수분매개자 쌍에도 그대로 적용되리라고 생각하는 게 합리적이다. 예를 들어 진동수분■하는 꽃들에게 벌의 윙윙거리는 소리를 녹음하여 들려주면 그 꽃들이 꽃가루를 방출하도록 유도할 수 있다. 식물이 자기 열매를 먹는 동물들의, 대개는 아주 시끄러운 소리(앵무새를 생각해 보라)를 듣고서 열매 숙성 시기를 결정할 수도 있을까? 또는 식물들이 천둥소

- 식물의 색을 결정하는 식물 화학물질로 항산화 작용 등의 역할을 한다. _옮긴이
■ 진동 수분buzz pollination은 특정 종의 벌이 진동할 때 꽃가루가 보관된 수술의 기공이 열리며 꽃가루가 방출되어 꿀벌의 몸에 묻어 수분되는 방식이다. 특정 주파수의 진동에만 꽃가루가 나오므로 특정 종의 식물과 벌 사이의 특화된 파트너 관계라고 할 수 있다. _옮긴이

리를 듣고 비 맞을 준비를 하기도 할까? 이는 충분히 타당한 생각 같다. 사막 식물은 가능한 한 물을 많이 흡수하도록 준비할 필요가 있을 것이고, 꽃에 꽃가루가 있는 식물들은 꽃가루가 다 씻겨가지 않도록 폭우가 내리기 전에 꽃잎을 닫는 게 좋을 테니 말이다. 식물음향학은 이런 의문의 답을 찾고자 한다.

그렇다면 논리적으로 바로 다음에 나올 질문은 식물이 도대체 어떻게 들을 수 있느냐는 것이다. 식물에는 전형적인 의미의 귀는 없지만, 귀는 다양한 형태를 띨 수 있다. 2017년에 중국과 미국의 연구자들이 협업하여 알아낸 바에 따르면, 애기장대에 난 미세한 털들이 음향 안테나 기능을 하여 자기 쪽으로 오는 소리의 주파수를 감지하여 진동한다고 한다.[8] 잎에 미세한 털 같은 구조물이 있는 식물은 그 밖에도 많다. 다른 종의 식물들에서도 모상체라 불리는 이 구조물들이 안테나처럼 기능하는지 알아내려면 더 많은 연구가 필요할 것이다. 연구자들은 이미 식물이 모상체를 가지고 나방과 애벌레의 발자국을 감지하며 이에 따라 방어를 강화한다는 것을 알아냈다.[9] 모상체는 정교하고 예민한 기관임이 틀림없다. 그러고 보니 절로 연상되는 것이 동물의 속귀다. 속귀도 역시 음파에 반응해 진동하는 특수한 유모 세포hair cell로 덮여 있으며, 그 진동을 전기 신호로 바꾸어 신경을 따라 뇌로 보낸다. 진화가 좋은 아이디어를 떠올리면 생물의 전 범주에서 그 아이디어가 고루 반영된다는 걸 다시 한번 일깨워주는 예다.

지금은 소리가 식물의 형태까지 결정할 정도로 식물의 생명에 너무나도 중요하다고 말하는 연구들이 등장하고 있다. 2019년에 텔아

비브대학교의 연구자들이 해변달맞이꽃—찻잔 모양의 밝은 노란색 꽃이 피고 바닥에 낮게 붙어 자란다—에게 꿀벌이 날아다니는 소리를 녹음해서 들어주면 3분 만에 꽃꿀의 당도를 높인다는 것을 알아냈다.[10] 이 달맞이꽃은 벌의 윙윙거리는 날갯짓의 주파수를 벗어난 소리는 모조리 무시했다. 진화생물학자 릴라흐 하다니Lilach Hadany가 이끄는 이 연구팀은 꽃꿀이 더 달아지면—벌 소리에 노출되지 않은 꽃들에 비해 당분 함량이 더 높았다—수분 매개자들을 더 잘 끌어들일 수 있고, 따라서 타가수분*의 확률이 높아진다고 추측했다.

다른 수분 매개자가 몇 분 전에 다녀간 식물 주변에는 다양한 수분 매개자들이 더 많이 모여드는 것으로 알려져 있다. 그렇다면 식물은 앞으로 벌들이 더 올 거라 예상하는 것이 타당할 것이다. 하지만 그 찻잔 모양 꽃이 정말로 위성 접시 안테나처럼 작용해서 수분 매개자들의 소리에 귀 기울이고 있는 것일까? 하다니와 당시 하다니 연구실 소속 대학원생이었던 공동 저자 마린 베이츠Marine Veits는 이번에는 동작 추적 레이저를 달맞이꽃에 맞춘 상태로 녹음한 소리를 다시 들려주었고, 꽃의 진동이 녹음된 벌 소리의 파장과 일치한다는 걸 알게 되었다. 꽃이 정말로 증폭기처럼 작동하고 있었고, 꽃 전체의 오목한 접시 같은 모양은 일종의 공명 스피커 같은 역할을 했다. 이어서 연구팀이 꽃잎 몇 개를 떼어내 꽃의 완벽한 사발 형태를 무너뜨리고 다시 시험했더니 이번에는 꽃이 벌의 주파수에 공명하지 못했다. 이 경우

---

* 서로 다른 유전자를 가진 꽃의 꽃가루가 곤충이나 바람, 물 등을 매개로 이루어지는 수분._옮긴이

해변달맞이꽃 전체에서 꽃은 '소리 듣는 일'을 담당하는 부분 중 하나임이 분명하다. 꽃이 이렇게 사발 모양인 것도 위성 접시가 오목한 형태를 띤 것과 같은 이유임을 짐작케 한다. "우리는 잠재적 청각기관을 찾아냈는데, 그 기관은 바로 꽃 자체예요." 하다니의 말이다. 이제 하다니는 꽃을 볼 때면 어디서나 귀가 보인다고 한다.

뿌리 역시 음향적 측면에서 꽃만큼 예민한 것으로 여겨진다. 식물의 몸은 절반이 흙 속에 있는데 귀가 땅 위에만 있을 이유가 있을까? 땅 밑에서도 들어야 할 소리가 아주 많다. 두더지한테만 물어봐도 충분하다. 아니, 모니카 개글리아노Monica Gagliano라면 완두콩에게 물어보고 싶을지도 모르겠다.

웨스턴오스트레일리아대학교의 개글리아노 연구실에 있는 완두콩 유묘들은 거대한 플라스틱 바지를 입은 것 같은 모습이었다. PVC 파이프 위쪽으로 어린싹의 돌돌 말린 윗부분이 빼꼼 나와 있었다. 이 파이프는 아래쪽이 두 다리처럼 갈라져 있어서 Y자를 뒤집어놓은 모양이다. 개글리아노는 완두콩이 소리를 들을 수 있는지, 더 정확히 말하면 '물이 움직이는 소리'를 들을 수 있는지 시험하는 중이었다. 이 PVC 파이프 바지는 사실상 실험실 생쥐의 학습과 행동을 시험할 때 사용하는 Y-미로와 개념적으로 동일한 구조물이다. 이 경우에 Y가 테스트하는 것은 완두콩 유묘의 뿌리가 어느 방향으로 자라기로 결정하는가이다. 개글리아노는 뒤집힌 Y의 양쪽 다리통 맨 밑에 서로 다른 트레이를 놓아두었다. 며칠 자란 뒤면 완두콩 뿌리는 파이프의 갈림길을 만나게 되고, 양단간에 결정을 내려야 한다. 생쥐가 미로에서 어느 쪽으로 꺾을지 결정해야 하듯이. 첫 실험에서는 한 트레이에는 물이 몇 티스푼 있었고 다른 트레이는 비어 있었다. 식물의 뿌리가 흙 속의 습도 차이를 감지해 가까운 거리에 있는 물을 찾을 수 있다는 것은 이미 관찰을 통해 잘 확인된 사실이며, 예상대로 거의 모든 완두콩 싹이 물이 있는 트레이 쪽으로 뿌리를 뻗었다.

다음에 이 실험을 반복할 때 개글리아노는 Y 파이프의 다리 한쪽 밑에는 계속 빈 트레이를 두었지만, 반대쪽 다리 밑에는 바로 사용할 수 있는 물을 두는 대신 다리 한쪽 아래 가까이에 밀폐된 플라스틱 파이프를 두고 어항용 펌프로 계속 물을 돌려 파이프 안에 물이 흐르게 했다. 이번에는 식물이 습기를 감지할 방법이 전혀 없었고, 오직 물의 신호가 될 수 있는 실시간으로 흐르는 물소리뿐이었다. 하지만 이번에도 거의 모든 완두콩이 물 흐르는 소리가 나는 쪽으로 뿌리를 뻗었다.[11] 다음에는 완두콩들에게 물이 담긴 트레이와 밀폐된 파이프 속을 흐르는 물소리 둘 중 하나를 선택하게 했다. 이 경우에 완두콩들은 닿을 수 있는 물을 선택해서 물소리보다 실제 습기를, 확실히 마실 수 있는 물을 더 선호한다는 것을 보여주었다. 개글리아노는 완두콩 유묘들이 다양한 감각 신호를 분석하여 자신의 건강에 대한 우선순위 관점에서 입력된 감각들의 등급을 매길 수 있는 것 같다고 생각했다. 그러나 무엇보다 중요한 사실은 이 식물들이 실제로 흐르는 물소리를 들을 수 있고, 그 방향을 향해 움직일 수 있다는 것이었다.

배관공이라면 이런 사실에 놀라지 않을 것이다. 배관공들은 나무 뿌리가 밀폐된 배수관을 뚫고 들어오는 짜증 나는 현상에 익숙하다. 시 행정 당국들은 매년 '뿌리 침입'으로 구멍이 난 파이프들을 수리하는 데 수백만 달러를 쓴다. 일례로 독일은 뿌리 때문에 터진 파이프

보수에 해마다 약 3,700만 유로를 쏟다.¹² 미국 산림청은 하수구 막힘의 원인 중 절반 이상으로 뿌리 침입을 지목한다.¹³

현재 개글리아노는 동료 연구자들에게 식물이 또 무엇을 들을 수 있을지 더 폭넓게 생각해 보자고 촉구한다.¹⁴ 식물이 동물의 소리를 들을 수 있다면, 식물끼리도 서로 소리를 들을 수 있을까? 식물의 줄기 속에서 물이 위로 이동하면서 기포가 터질 때 아주 작게 톡 하는 소리가 난다는 사실은 오래전부터 알려져 있었다. 이 과정을 공동 현상이라 하는데 이러한 '공동 파열음'은 건조 스트레스에 시달릴 때 더 잦아지는 것으로 보인다.¹⁵ 충분히 말이 된다. 물이 적을수록 줄기 속 기포가 더 많을 테니까. 개글리아노는 이 파열음이 그냥 기포가 우연히 터지는 소리가 아니라 식물 스스로 의도적으로 내뱉는 소리는 아닐지 궁금했다.

해변달맞이꽃 연구의 주역인 하다니는 2023년에 이 공동 파열음 이론이 맞을 수 있다는 최초의 확실한 증거를 발견했다.¹⁶ 하다니는 박쥐 소리를 연구하는 요시 요벨Yossi Yovel과 함께 밀, 옥수수, 담쟁이, 포도, 선인장에 마이크를 달고 초음파 파열음을 녹음했다. 나는 이 녹음된 소리들을 속도를 높이고 귀에 들리도록 증폭한 것을 들었다. 그 소리는 팝콘이 터지는 소리, 혹은 누군가 열심히 타이핑하는 소리처럼 들렸다.

식물 종마다 특유의 파열음 주파수가 있는 것 같았다. 예컨대 선인장은 포도와 아주 다른 소리가 났다. 그러나 무엇보다 흥미로운 건 식물의 상태에 따라 그 소리가 극적으로 바뀌는 것이라고 하다니는 설명했다. 탈수 스트레스에 시달리는 식물과 물을 잘 먹은 건강한 식물의 소리 사이에는 큰 차이가 있었다. 예를 들어 토마토는 건조 스트레스를 받을 때는 시간당 평균 서른다섯 번 소리를 냈지만, 필요한 물을 충분히 공급받았을 때는 소리를 내는 횟수가 평균 한 시간에 한 번 이하였다. 하다니가 초식동물의 대역을 맡아 잎을 잘랐을 때도 소리 나는 횟수가 급격히 증가했다. 괴롭힘을 당하지 않은 식물들은 그에 비해 상당히 조용했다. "토마토와 담배는 기분이 좋을 때는 소리를 거의 내지 않아요." 하다니의 말이다.

하다니 연구팀은 식물의 소리와 일반 소음을 구별할 수 있고, 오직 식물이 내는 소리만을 근거로 식물이 탈수 상태인지, 베었는지, 멀쩡한지 등을 식별할 수 있는 머신러닝 모델을 개발했다. 이는 앞으로 초음파 센서를 갖추면 농부들이 소리를 듣고 작물에게 언제 어느 만큼 물이 필요한지 알 날이 올 가능성을 확실히 열어젖힌다.

그러나 그보다 더 흥미로운 건 이 소리가 식물의 의사소통에 대해 갖는 의미다. 정체성과 건강 상태. 이는 그 소리를 들을 수 있는 존재에게는 아주 많은 정보를 제공한다. 사람은 이 소리를 못 듣는다. 증폭기가 없이는 말이다. 하지만 나방들은 들을 수 있다. 박쥐도, 생쥐도. 하다니가 녹음한 소리는 측정한 바에 따르면 약 5미터까지 떨어진 곳에 있는 작은 생물들이 들을 수 있다. 동물들은 이 소리를 감지하고 해석할 수 있을까? 혹은 더 흥미로운 가능성을 생각한다면, 다른 식물들도 그럴 수 있을까? 달리 표현하자면, 식물들은 소리로 의사소통할 수 있을까? 하다니는 "우리가 감지할 수 있다면, 다른 생물들도 그럴 수 있겠죠"라고 말한다.

나와 통화할 때 하다니는 자신의 발견을 과장하지 않으려 조심했다. 그 결과가 소리를 내는 식물의 의도에 관해 우리에게 말해주는 건 없다고 했다. 그 톡 소리는 배가 고플 때 우리 배에서 나는 꼬르륵 소리처럼 물리적 현상의 부산물에 지나지 않을 수도 있다고. "아직 나는 언어라는 말은 쓰지 않아요. 언어란 양측을 상정하는 것이니까요." 하지만 하다니는 가장 보수적으로 보더라도 누군가가 소리를 듣고 있을 가능성이 있다고 생각한다고 말했다. 잦은 톡톡 소리가 그 식물이 건조함에 시달리고 있음을, 혹은 곤충들에 포위당해 있음을 의미한다면, 다른 식물들은 그 소리를 경고로 활용할 수 있다. 그래서 기공을 닫거나 면역 반응을 높일 수도 있을 것이다. 하다니는 다음으로 바로 이를 연구할 계획이고, 이제 막 그 연구에 필요한 대규모 연구비를 확보한 상태다.

하지만 그 톡 소리를 내는 식물 자체에게는 무엇을 의미할까? 그게 의도적으로 낸 소리인 걸까? 문제가 까다로워지는 것이 바로 이 지점이다. 우리는 한 생물이 다른 생물이 제공하는 정보를 사용하기 시작하면, 대개는 진화가 개입하여 그 정보를 제공하는 생물을 미세 조정한다는 것을 알고 있다. "그 소리는 전적으로 수동적인 것일 수도 있지만, 만약 다른 생물들이 그 소리에 반응한다면 소리를 내는 존재에게 자연 선택이 작용할 수 있어요." 하다니의 말이다. 다시 말해서 그 소리는 우연한 소음이라는 원래의 소박한 기원을 넘어 진화했을 수 있다는 것이다. 지금 그 소리는 아주 실질적인 목적에, 이를테면 의사소통에 사용되도록 최적화된 것일 수 있다. "복잡한 문제예요. 우리는 의사소통 수단들에 관해 생각하다가 이런 예측을 하게 된 거예요. 과학은 긴 과정이죠. 우린 아직 거기까지는 가지 못했어요."

가벼운 낙관이 묻어나는 말투로 하다니가 말했다.

개글리아노는 이 질문을 박쥐의 초음파에 비유했다.[17] 최초의 증거가 등장한 후로도 과학은 한 세기 넘게 박쥐가 소리를 사용해 공간 속 자신의 위치를 정할 수 있다는 걸 믿지 않았다. 그건 동물이 할 수 있는 일에 관한 인간의 가정에서 너무 많이 벗어나는 것으로 보였다. 과학의 불신은 박쥐의 반향정위에 대한 발견을 막았다. 식물에 대해서도 똑같은 일이 일어나고 있는 건 아닐까?

실제로 애초에 식물이 소리를 내는 동기가 반향정위라고 말하는 사람들도 있다. 덩굴식물들은 유묘일 때 허공에서 빙빙 돌며 자신이 타고 오를 곧은 기둥을 찾는다고 알려져 있다. 그리고 타고 오르기에 적합한 표면이 어디에 있는지를 실제로 그 표면에 닿기 훨씬 전부터 아는 것처럼 보인다. 식물 신경생물학을 옹호하는 원년 멤버 중 한 사람이며 개글리아노와 자주 협업하는 스테파노 만쿠소는 타임랩스 영상을 활용해 강낭콩이 근처의 금속 지지대를 찾아 헤매고 발견하는 동안 이 현상을 관찰했다. 이번에도 공동 파열음, 물이 줄기 속에서 위로 이동하는 동안 기포가 터지는 순전히 우연한 소리가 논리석인 설명인 것 같다. 그러나 살아 있는 생물의 몸속에 우연이라는 게 존재할까? 만쿠소는 덩굴이 반향정위를 사용해 막대 위치를 감지할지도 모른다고 추측한다.[18] 개글리아노는 그것이 기본적인 진화의 논리를 따르는 일이라고 본다. 소리를 내어 주변 환경을 파악하는 것은 식물에게 유리한 일이다. "음향 신호는 신속하게 확산하며 에너지나 건강으로 치르는 비용은 극히 작기" 때문이다. 하지만 이를 증명할 확실한 증거는 아직 얻지 못했다.

식물에게도 할 말이 있을 수 있을까? 개글리아노는 우리가 이를 알아내기를 바란다. 이 시점까지 이 질문은 아직 답을 얻지 못했고, 실제 실험의 관점에서는 아직 제대로 질문이 던져지지도 않았다. 그러나 지금은 식물 의사소통의 방식으로 인정받고 있는 화학적 신호에 관해서도 얼마 전까지만 해도 상황은 똑같았다. 개글리아노는 이렇게 썼다. "예컨대 식물화학생태학의 탄생은 식물의 충격적일 정도로 '수다스러운' 성격과 휘발성 물질로 이루어진 식물 어휘의 유창함을 드러내주었다."

이미 과학자들은 언어가 인간 세계에만 존재하는 것이 아니라고 증명하는 설득력 있는 증거들을 찾아냈다. 프레리도그는 형용사를 사용하는 것으로 보인다. 특정하게 반복되는 소리를 사용해 포식자의 크기와 모양, 색깔, 속도를 묘사하는 것이다.[19] 박새에게는 구문론도 있어서, 동료들에게 위험이 없는지 살펴보라고 지시하거나 가까이 오라고 말할 때 등 의미에 따라 지저귀는 소리를 서로 뚜렷이 다르게 연결하여 사용한다.[20] 우리는 멧금류 새들이 위험을 알리는 동료의 소리를 들으면 따라서 소리를 내 경고를 전달한다는 이야기, 다람쥐들은 위험한 걸 질색해서 살짝만 겁이 나도 비명을 지른다는 이야기도 들었다. 우리가 소리로 된 식물 언어의 가능성을 배제하는 건 편협한 일인지도 모른다.

현재 시점에 식물학자들 사이에서 개글리아노의 이름을 거론하는 것은 편 가르기를 심하게 조장하는 일이다. 개글리아노는 학계 바깥에서 인지도가 더 높아지고 있는 와중에도 식물학 분야에서는 평가가 엇갈리는 인물이 되었다. 2020년에 캘리포니아대학교 데이비스의 한 대학원생이 개글리아노의 유난히 파격적인 완두콩 학습 연구를 재연하려고 시도했다. 완두콩을 Y자 미로에 넣고, 식물이 동물과 유사하게 순한 신호와 보상을 연상하여 학습할 수 있음을 발견한 연구였다.[21] 이 경우 신호는 선풍기의 약한 바람이었고 보상은 빛이었다. 결과가 사실이라면 세상이 바뀔 일이었다. 연상 학습은 동물에서도 결정적인 지능의 척도이기 때문이다. 하지만 그 대학원생은 그런 결과를 낼 수 없었다.[22] 그의 완두콩에서는 학습의 신호가 나타나지 않았다. 개글리아노를 전반적으로 깎아내리는 쑥덕거림이 내 귀에 더 많이 들려오기 시작했다. 이 사건은 식물학계 내부에서 그의 평판을 훼손했다. 하지만 재연은 아주 까다로운 일이라는 점은 꼭 짚고 넘어가야 한다. 서로 독립적인 여러 무리의 사람들이 한 가지 연구를 반복해도 똑같은 결과가 나오는 것은 새로운 과학적 결론을 확정하는 데 필수적인 일이다. 하지만 그럴 수 없다는 것이 언제나 원래의 결과가 틀렸음을 의미하는 건 아니다. 그래도 그 연구 설계가 완전히 신뢰할 만큼 충분히 탄탄하지 않다는 의미이기는 하다. 만약 그 결과가 실제로 맞는 결과라면 그걸 증명할 더 나은 실험이 나오기를 기다려야 할 것이다.

또 어떤 사람들은 개글리아노가 2018년에 출간한 회고록 《식물은 이렇게 말했다 Thus Spoke the Plant》 때문에 평판이 추락한 거라고 본다. 그 책에서 개글리아노는 페루에서 한 샤먼 의식에 참여했을 때 식물의 영과 교감한 경험을 묘사한다. 식물이 자신에게 연구를 어떻게 설계하는 게 가장 좋은지 말해주었다는 것이다. 과학은 암묵적으로 정교분리를 전제한다. 과학의 순수성은 신비의 영역으로 들어가지 않는 것을 의미하며, 만약 그리로 들어갔다면 적어도 그걸 자기 안에만 담아두는 것을 의미한다. 과학계는 다양한 사람들로 이루어져 있으며, 만약 그 사람들이 당신의 작업을 탐탁지 않게 여기거나 당신을 자기네 부족의 일원으로 보지 않는다면, 당신은 조롱당하고 연구자금을 얻지 못할 수도 있다. 개글리아노는 조롱을 당해왔다. 콘퍼런스에서는 남자들이(그런 사람들은 항상 남자들이다) 자리에서 일어나 노발대발하며 비난을 퍼부었고, 학술지에서는 한 무리의 식물학자들(이번에도 남자들)이 이의를 제기하는 서한들을 보냈다.

그러나 그렇게까지 가혹하지 않은 사람들도 있다. 이들은 개글리아노가 그렇게까지 조롱당하는 이유를 모르겠다고 말한다. 개글리아노보다 훨씬 더 신비주의적인 길로 들어간 남자들도 학계에는 아주 많기 때문이다. 또 다른 사람들은 더 섬세하고 미묘하게 표현한다. 분명 완두콩 학습 논문의 연구 설계에 결함이 있었던 것 같기는 하지만 아이디어 자체는 좋았고, 더 대범한 질문을 던지도록 식물학계를 밀어붙이는 누군가가 있다는 데 고마움을 느꼈다. 특히 식물의 음향과 관련하여 더욱 그랬다. 식물음향학을 주창하는 개글리아노의 작업은 실질적인 변화를 불러왔고, 이제는 식물의 듣기 연구를 진지하게 받아들일 때가 왔다고.

한편 과학계와 그밖의 세계가 개글리아노를 받아들이는 방식의 차이는 주목할 만하다. 그는 철학 콘퍼런스들과 일반 대중을 대상으로 한 과학 행사들에서 꽉 들어찬 청중 앞에서 강연한다. 그의 프로필은 2019년 〈뉴욕타임스〉의 과학이 아니라 스타일 섹션에 실렸다. 뉴욕공영라디오방송국WNYC의 라디오랩 프로그램에서는 개글리아노의 작업을 소개하는 에피소드가 방송되었고, 여러 주류 미디어에서 개글리아노와 인터뷰했다. 개글리아노의 과학적 아이디어들은 제도적인 과학계 외부에서 많은 사람에게 깊은 공감을 일으키고 있다.

역사가 모니카 개글리아노를 어떻게 볼지는 앞으로 두고 봐야 할 일이지만, 나는 그를 시대의 완벽한 상징으로 본다. 식물에 관한 새로운 과학이 두 세계의 대립을 일으키고 있는 바로 이때, 개글리아노는 두 세계에 발을 하나씩 담그고 있다. 그는 페미니즘 이론 저널들에, 과학자들이 연구를 수행할 때 자신이 느끼는 감각을 더 많이 활용해야 한다고 주장하는 글을 발표했다. 물론 그것이 과학자들이 훈련받은 방식과는 완전히 상반된다는 걸 인정하기는 했지만 말이다. 2022년에 캘리포니아대학교 데이비스의 인류학자 크리스티 온지크 Kristi Onzik와 함께 쓴 논문[23]에서는 바버라 매클린톡이 비범한 방법론으로 결국 1944년에 옥수수 유전자의 성질에 관한 획기적인 발견을 하고 분야를 바꿔놓은 일을 거론했다. 매클린톡은 일부 유전자들이 이리저리 뛰어다니면서 염색체에서 자신의 위치를 자발적으로 바꾼다는 것을 발견했는데, 이는 전에는 들어본 적도 없는 이야기였다. 매클린톡은 우러나는 경외감에 "빠진 채 자신을 잊고" 온 감각을 집중해 몇 시간씩 옥수수에게 면밀히 귀를 기울이다가 이윽고 "이 생물에 대한 감각"이 생겨났다고 느꼈고, 옥수수와 "직접 의사소통"할 수 있는 새로운 능력을 얻었다고 했다. 그가 발견한 것이 사실이었다는 것을 동료들에게 증명할 수 있는 분자 수준의 기술이 등장하기까지는 여러 해가 더 필요했다. 온지크와 개글리아노는 과학자들이 자신의 경력을 지탱하는 합리적 확실성에 대한 집착을 놓고 좀 더 마음을 열어야 한다고 주장한다.

　인류학자인 온지크는 식물의 행동을 연구하는 연구자들의 문화를 연구주제로 선택하고, 호주에 있는 개글리아노의 연구실에 동행했다. 거기서 개글리아노는 뿌리가 장해물을 예측하고 피함으로써 저항이 가장 적은 경로를 선택해 자랄 수 있을지 알아보려 시도하고 있었다. 뿌리가 물이 흐르고 있는 방향을 감지하는지 알아보던 실험과 설계 면에서는 비슷했지만, 이번에는 두 갈래가 아니라 네 갈래로 나뉜 더 복잡한 미로를 사용했다. 온지크는 개글리아노가 멸균된 실험실 환경에 점점 더 답답함을 느끼는 것을 지켜보았다. 미로를 만드는 플렉시글라스 부품들이 담겨온 스티로폼 상자들이 엄청난 양의 쓰레기가 되어 쌓였다. 온지크가 쓴 글에 따르면 개글리아노는 "별 주저 없이" 미로들을 챙기더니 뉴사우스웨일스주의 아열대림에 있는 어느 집으로 옮겨갔다. "거미와 도롱뇽, 뱀들"에 둘러싸인 그곳에서 개글리아노는 다시 실험을 시작했다. 새 환경은 멸균되어 있지도 않았고 온도가 통제되지도 않았다. 개글리아노는 재연 가능한 과학의 영역을 의도적으로 떠나온 것이다. 다음에 무슨 일이 일어나든 그것은 전통적인 과학 학술지에서 받아들여지지 않을 터였다. 하지만 개글리아노는 앎의 다른 방식을 더듬어 찾는 중이었다고 온지크는 썼다.

　영적 세계와 과학의 세계 사이의 선 위에 자리 잡는다는 건 위태로운 일이며, 확실히 동료들로부터 비판과 경멸까지 받기 쉽다. 하지만 개글리아노는 거기서도 편안해 보이고, 위축되지 않는 것 같다. 내게는 그가 두 세계를 서로 관계 맺어주려 시도하고 있는 것처럼 보인다. 어떤 면에서 개글리아노는 식물지능을 둘러싼 전쟁에서 가장 예민한 지대에 서 있다고 할 수 있다. 현재 그가 템플턴 세계자선재단에서 '다양한 지능' 연구를 후원하는 100만 달러 규모의 지원금을 받고 있다는 사실도 도움이 될 것이다. 개글리아노는 호주의 서던크로스대학교에 적을 두고 있지만, 그의 연구자금은 전통적인 연방의 지원에서 자유롭다. 학계의 입맛을 맞추는 일은 적어도 재정적인 이유에서는 더는 그의 걱정거리가 아니다.

개글리아노는 2020년 초에 다트머스대학교에서 열린 한 강연에서 우리가 인간으로서 겸손해져야 한다고 말했다. "우리는 이 동네에 나타난 지 얼마 안 된 꼬마들입니다. 전통적으로 우리는 어르신들에게 존경을 표해야 하지요." 여기서 어르신들이란 세균, 균류, 식물을 뜻한다. 진화의 연쇄 꼭대기에 인류를 두는 것을 그는 '오만하고' '건방진' 일이라고 말한다.

"과학이 앎의 유일한 방식이라고 누가 그랬나요? 과학자로서 나는 과학을 사랑합니다. 과학은 세계를 기술하는 아름다운 방식이라고 생각해요. 하지만 유일한 방식은 아닙니다."

나는 소리를 듣는 식물이라는 개념이 실존적 갈등을 불러일으켰다는 사실, 표면적으로는 과학과 영성 사이의 문제처럼 보이는 갈등을 일으켰다는 사실에 충격을 받았다. 그러나 또한 식물이 실제로 소리를 들을 수 있다는 사실에는 아무도 반박하지 않는다는 걸 깨달은 것도 충격이었다. 물론 식물이 무엇을 듣고 있는지는 앞으로 더 밝혀내야 할 문제로 남아 있다. 하지만 그것은 지금까지 평생을 그 반대로 가정하고 살아온 사람에게는 그 자체로 지축이 뒤흔들릴 것 같은 깨달음이다. 나에게 소리의 세계는 언제나 식물이 관여할 수 있는 그 어떤 것과도 근본적으로 분리된 세계 같았다. 그러나 최근에는 식물이 무엇인가에 관한 내 생각이 완전히 바뀌고 있었다. 식물은 우리 감각 세계의 모든 수준으로 침투해 들어오는 것으로 보인다. 갑자기 내가 존재하는 영역이, 내가 느끼고 나누고 듣고 있는 세계가 잎들의 세계와의 근본적 분리성을 잃어가는 것처럼 보였다. 나도 모르게 두 세계 사이에 쌓아올린 벽이 점점 얇아지고 더 투명해지고 있었다. 곧 터질 듯 위태로운 비눗방울의 젖은 막처럼. 단단한 초록 싹들이 그 벽을 뚫고 나오고 있었다.

6장

(식물의) 몸은 기억한다

기억은 우리에게 학습할 수 있는 능력,
시간과 공간 속에서 자신의 위치를 판단할 수 있는 능력을 부여한다.
식물이 기억할 수 있다면 그건 어떤 의미일까?

9월치고 말도 안 되게 따뜻한 날, 구름 한 점 없는 하늘에서 태양이 베를린을 환히 비추고 있다. 베를린은 가을부터 일찌감치 시작되는 긴 잿빛 겨울로 유명한 터라 사람들은 이날을 마지막으로 한동안은 이렇게 화창한 날을 못 볼 거라고 예감하는 듯하다. 그래선지 다들 도시 곳곳의 공원에 나와 나무 울타리와 장미 관목 사이에 드러누워 있다. 나이 지긋한 남자 셋이 벤치에 앉아 아무 말 없이 얼굴을 비스듬히 위로 향한 채 눈을 지그시 감고 있는 게 보인다. 모공으로 마지막 빛을 들이마시려는 것 같다.

베를린 식물원은 이미 칙칙한 기운이 지배하고 있지만, 몇몇 군센 식물들은 아직도 꽃을 피우고 있다. 이 꽃들 역시 이울어가는 빛을 향하고 있다. 나와 함께 걷고 있는 틸로 헤닝Tilo Henning은 이곳의 연구자다. 헤닝은 페루의 안데스산맥에서 자라는 꽃 피는 로아사과 *Loasaceae*에 속하는 식물인 나사 포이소니아나*Nasa poissoniana*에 관해 이야기하고 있고, 나는 듣자마자 그 식물에 매료됐다.

"꽃이 기억한다니 무슨 말인가요?" 내가 묻는다. "그 꽃이 기억을 어디에 저장하는 거죠?"

헤닝은 고개를 저으며 웃는다. 한 갈래로 내려 묶은 검은 머리가 티셔츠 옷깃에 걸쳐 있다. 헤닝도 모른다. 아무도 모른다. 하지만 헤닝과 동료 막스 바이겐트Max Weigend는 나사 포이소니아나가 정보를 저장하고 인출할 수 있다는 사실을 관찰로 알아냈다. 바이겐트는 몇 시간 거리에 있는 본의 식물원 원장이다. 그들은 여러 색깔로 이루어진 이 별 모양 꽃들이 뒤영벌들이 오는 시간 사이의 간격을 기억할 수 있고 자기들의 수분 매개자들이 다음번에 도착할 시간을 예측할 수 있다는 걸 알게 됐다.

이 연구는 식물행동의 세계에 식물의 기억이라는 새롭고도 폭발적인 양상을 더했다. 내가 여기까지 찾아온 건 모든 복잡한 행동의 기반은 분명 기억이라는 생각이 들었기 때문이다. 지금까지 나는 식물이 주변 환경의 소리를 듣고, 접촉을 느끼며, 정보를 교환한다는 것을 배웠다. 하지만 이 각각의 능력은 덧없이 지나가는 일시성 때문에 제한된다. 기억할 수 없다면 그 모든 감각이 다 무슨 소용이란 말인가? 기억이 없으면 지적으로 할 수 있는 일은 매우 적어진다. 기억은 우리에게 학습할 수 있는 능력, 시간과 공간 속에서 자신의 위치를 판단할 수 있는 능력을 부여한다. 식물이 기억할 수 있다면 그건 어떤 의미일까? 철새들이 매년 똑같은 도래지로 돌아오는 것 같은 유전적인 종류의 기억 말고, 개별 개체의 기억, 탄력적인 기억 말이다. 환경이 바뀌면 따라 바뀌는 기억. 로아사과의 외계인 같이 생긴 정교한 꽃의 구조와 찔리면 따가운 털은 20년 넘게 헤닝과 바이겐트의 관심을 사로잡았다. 그들은 수십 가지 새로운 종을 명명했고 쐐기풀 가시와 비슷한 로아사과 줄기의 가시들을 기술했다. 그러는 동안 두 사람은 이 가시들에 찔려 수없이 물집이 잡혔다. 바이겐트는 특히 찌르고 쏘는 성질에 매료되었다. 그는 로아사과 식물들이 사람과 동물이 이빨을 만드는 데 사용하는 것과 똑같은 성분을 가지고 쏘는 털들을 만들어낸다는 것을 알아냈다.[1] 식물에게는 유리한 일이다. 쏘기란 만만치 않은 작업이기 때문이다. 그 털들은 정확히 피하주사기처럼 생겼는데, 적의 외골격을 뚫고 독소를 주입하려면 충분히 단단해야 한다. 다른 과의 식물들을 보면서 그는 종마다 찌르는 털의 구조가 놀랍도록 특유하다는 것을 알게 되었다. 각자 함유한 미네랄의 조합도 다른데, 아마도 이 조합은 해당 식물을 먹는 서로 다른 동물들의 피부를 뚫는 데 필요한 강도에 따라 맞춰졌을 것이다.[2] 그러던 어느 해, 두 사람은 본에 있는 어느 온실에서 벌들이 자기들이 수분하는 식물 주변을 날아다니는 모습에서 영감을 받아 어떤 실험을 해본 후 새로운 사실을 깨달았다. 나사 포이소니아나는 수분 매개자가 나타나리라 예상한 때에 맞춰 꽃가루를 내놓을 줄 안다는 것이다. 이는 수분 매개자의 지난번 방문 이후의 시간 간격을 기억함으로써 가능한 일이다.

그 무렵 나사 포이소니아나는 그들의 연구에 힘입어 이미 "동물처럼 행동하는 꽃"이라 불리고 있었다.[3] 많은 식물이 그렇듯 그 꽃은 꽃가루를 신중하게 할당해서 내놓는다. 한 번에 조금씩만 꽃가루를 내놓아 나방이나 벌 한 마리가 너무 많이 가져가는 일이 없도록 하려는 것이다. 한 마리가 많은 꽃가루를 독식할 경우 유전적 다양성 프로젝트 전반에 불리하기 때문이다. 하지만 나사 포이소니아나는 여기서 한 단계 더 나아간다.[4] 주변에 수분 매개자의 수가 적어졌다는 걸 눈치채면, 한 번에 내놓는 끈적끈적한 꽃가루 덩어리의 크기를 더 키운다. 수분이 온전히 이루어질 기회가 그리 많지 않을 테니 가능성을 극대화하려는 전략이다. 그뿐 아니라 꽃꿀의 농도도 낮추어 날아다니는 수분 매개자들이 똑같은 양의 당분을 얻기 위해 재차 방문하게 하고, 올 때마다 이 곤충들의 몸에 꽃가루를 묻힌다. 그렇게 척박한 환경에서 살아가는 꽃에게는 수분 매개자를 잘 조종하는 것이 현명한 법이다. 나사 포이소니아나는 해발 1.5~5킬로미터 사이 고지대에서 잘 자라며, 대개 적은 수의 개체들이 모여 산다. 모든 가능성을 최대한 잘 활용할 수밖에 없는 형편이다.

나사 포이소니아나는 몸의 각 부분을 사람 눈에도 보일 만큼 빨리 움직이는 몇 안 되는 식물 중 하나다. 이 식물은 2~3분 사이에 수평으로 누워 있던 수술을 수직으로 세운다. 처음에 이 꽃의 수술들은 누운 채로, 꽃의 중심부를 둥글게 둘러싼 카누 모양의 오목한 꽃잎들 속에 나뉘어 들어가 있다. 벌은 이 꽃에 도착하면 중심부의 가리비처럼 생긴 꽃잎 아래로 빨대처럼 생긴 구기를 밀어 넣어 꽃잎을 들어 올린다. 이 가리비 꽃잎 밑에 꽃꿀 주머니가 있고 벌은 이 꽃꿀을 마신다. 꽃잎을 들어 올리는 동작은 어떤 식으로인지 수술 중 하나를 일어나도록 촉발한다. 이 반응을 일으키는 메커니즘은 아직 수수께끼다. 하지만 수술이 일어나는 장면을 보고 있으면 절로 전율이 인다. 전략적으로 분배한 노란 꽃가루 뭉치를 머리에 단 가늘고 흰 수술대가 꽃의 중심부와 직각을 이루며 화살처럼 곧게 선다. 수술 몇 개가 일어나면 꽃잎 중심부에 가느다란 원뿔 형태로 모이고, 이러면 꽃은 SF 영화에서 보던 레이저빔 발사기와 놀랍도록 흡사한 모양이 된다.

이외에도 빠르게 움직이는 식물들에게는 명확한 동기가 있다. 예를 들어 뽕나무는 꽃가루를 음속의 절반쯤 되는 속도로 날려 보낼 수 있는데, 이는 꽃가루가 자라기에 적합한 환경을 찾을 수 있을 만큼 충분히 멀리 날아갈 가능성을 상당히 키운다.* 그러므로 나사 포이소니아나가 그렇게 빨리 움직이는 데도 분명 이유가 있을 터였다. "우리는 이런 생각을 했어요. 어쩌면 나사 포이소니아나가 이 과정을 통제할 수 있는지도 모른다고." 헤닝의 말이다. "어쩌면 수분 매개자들이 찾아오는 빈도를 인지하고 있을지 모른다는 생각이었죠."

헤닝과 바이겐트가 2019년에 한 새로운 발견은 나사 포이소니아나의 정교한 번식 셈법에 무척 놀라운 측면을 하나 추가했다. 처음에 온 벌이 꽃꿀을 모두 다 가져가고 나면 다음에 온 벌은 꽃꿀을 하나도 얻지 못한다. 하지만 나사 포이소니아나는 개의치 않고 싱싱한 꽃가루가 가득 묻은 새 수술을 올려놓아 이 벌에게도 꽃가루를 묻힌다. 곤충이 한 식물에서 꽃꿀을 찾지 못하면 같은 개체의 다른 꽃에서는 꽃꿀을 찾으려는 시도도 하지 않는다는 건 오래전부터 잘 알려진 사실이었다. 대신 이 곤충은 텅 빈 꽃의 꽃가루를 몸에 묻힌 채로 더 멀리 떨어진 이웃 식물로 날아가 다음 꽃을 수정시킨다. 이 속임수가 바로 나사 포이소니아나의 유전적 다양성의 핵심 열쇠다. 그런데 바이겐

• 하지만 빨리 움직이는 식물들 가운데 아직 그 이유를 알아내지 못한 것도 있다. 예를 들어 카람볼라(스타프루트) 나무는 종일 잎을 움직이는데 왜 그러는지는 모른다. 집에서 흔히 키우는 마란타속 식물들은 밤이면 합장하듯 잎을 모아 닫는 다양한 식물 중 한 종류인데, 과학자들은 아직도 그 이유에 관해 논쟁 중이다. 나비단풍(불고사리fire fern라 불리지만 양치류가 아니라 꿩이밥속이다)의 잎은 천천히 "춤추는" 것처럼 보이는데, 이유는 아무도 모른다.

트와 헤닝은 다음 벌이 도착하기도 전에 수술이 이미 올라간다는 것을 알아차렸다. 이 일은 벌이 도착하기 조금 전에 일어나는 것으로 보였다. 마치 이 식물이 미래를 예측할 수 있는 것 같았다. 하지만 사실 이 식물은 그냥 과거를 기억하고 있었던 것이다.

두 연구자는 이게 정말로 사실인지 확인할 실험을 꾸리고, 직접 벌의 역할을 맡았다. 한 무리의 꽃들에서는 15분마다 꽃꿀 주머니를 탐침으로 살폈고, 다른 무리의 꽃들에서는 45분마다 탐침으로 살폈다. 셋째 무리는 대조군으로 가만히 내버려 두었다. 다음날 다시 와서 지켜보고 있으니 15분 그룹은 촉박한 스케줄에 따라 열심히 수술을 들어 올렸고, 45분 그룹은 더 오래 기다렸다가 수술을 더 띄엄띄엄 들어 올렸다. 그들은 다시 시험해 보았다. 수분 매개자가 방문하는 시간 간격이 바뀌면, 이를테면 45분에서 한 시간 반으로 바뀌면 다음날 나사 포이소니아나는 새로운 스케줄에 맞춰 수술 전시 타이밍을 조정했다. 이 식물은 경험으로 학습하고 있었던 것이다.[5]

"이 식물들은 명백히 방문과 방문 사이 시간을 셈할 수 있고 그 기억을 간직할 수 있습니다." 헤닝이 말했다. 식물학자들은 이전까지 이런 행동을 한 번도 본 적이 없었다. 나사 포이소니아나는 꽃가루 회계의 대가일 뿐만 아니라 기억하는 꽃이기도 하다.

우리는 계속 식물원의 정원 사이로 난 길을 따라 걷고 있다. 나는 최근에 식물학 분야에서 일고 있는 논쟁에 관해 헤닝이 어떻게 생각하는지 알고 싶다. 식물이 행동한다고 볼 수 있는지 없는지, 식물의 행동이 지능이나 의식을 암시하는 것인지 아닌지 하는 논쟁 말이다.

내가 거듭 느낀 것처럼 이 논쟁은 세간의 화제일 뿐 아니라 매우 민감한 주제였다. 식물에 지능이 있을까? 만약 지능이 있다면, 의식도 있는 걸까? 나는 자기가 20년 동안 연구한 식물이 기억할 수 있다는 사실을 최근에야 발견한 헤닝이 특히 이 사안에 대해 어떻게 생각하는지 알고 싶었다. 그 안데스의 꽃은 시간을 셈했고 그런 다음 제가 실제 경험한 시나리오에 따라 행동을 바꾸고 있었다. 헤닝과 바이겐트는 논문에서 이런 행동을 "지능적" 행동이라고 표현했지만, 그 단어에는 여전히 조심스럽게 따옴표가 둘러쳐져 있었다. 나는 헤닝이 그 꽃의 명백한 기억 능력을 의식의 표시로 보았을 수도 있다고 생각했지만, 한편으로는 그 역시 대수롭지 않게 그 꽃을 여러 반응 프로그램이 장착되어 있을 뿐 의식은 없는 로봇으로 볼지도 모른다고 생각했다. 우리는 때로 로봇도 "지능적"이라고 표현하지 않는가.

기억은 오래전부터 우리가 우리 자신의 의식을 생각하는 방식과 불가분하게 얽혀 있었다. 우리의 '과거 감각'이라 불리는 것은 시간을 통과하며 움직이는 존재로서 자신을 바라보는 인식으로 가득 차 있다. 기억은 우리가 자신에게 들려주는 자기 서사의 근간이며, 의식적 경험에서 기억보다 더 핵심적인 것은 없다. 그런데 심리철학자들은 이러한 장기기억과, 지금까지 식물학자들이 식물도 할 수 있음을 발견한 유형의 기억을 별개의 것으로 구분하는 경향이 있다. 짐작건대 그들은 식물이 제 몸의 부위들이 성장함에 따라 달라지는 압력을 셈하거나 벌이 도착하는 시간을 셈하는 것이 의식적 기억은 아니라고 주장할 것이다. 하지만 이는 확립된 의견이라고 보기 어렵다. 다수의 다른 철학자들은 그와 반대되는 주장을 하며 모든 기억은 의식과 공통 기반을 공유한다고 말한다.[6] 모든 기억은 무색무취한 세계를 개인적 의미가 깃든 놀이터로 바꿔놓는다. 물론 의식의 기저를 이루는 신경 메커니즘을 과학자들이 밝혀낼 때까지 이 논쟁은 계속될 것이다.

내가 이 질문을 했을 때 헤닝은 처음 두 번은 대답을 회피했다. 그러나 세 번째로 묻자 그 안에서 뭔가가 달라졌다. 헤닝은 걸음을 멈추고 대답하려는 듯 돌아섰다. 내 끈질김에 진절머리가 난 것일 수도 있고, 아니면 내가 전문 연구자에게 기대되는 신중한 과묵함의 외관을 그에게서 벗겨낸 것일지도 몰랐다. 반론을 제기하는 논문들은 모두 뇌가 없다는 점에 초점을 맞춘다고 헤닝은 말했다. 그들은 뇌가 없다는 건 지능도 없다는 의미라고 썼다. "식물에는 뇌 같은 구조물이 없죠. 그건 분명해요. 하지만 식물이 하는 걸 보세요. 그러니까, 식물은 외부 세계에서 정보를 취하잖아요. 그 정보를 처리하고요. 결정을 내리죠. 그리고 그 결정을 수행해요. 식물은 모든 걸 계산에 넣어 고려하고, 그 모든 정보를 반응으로 탈바꿈시켜요. 그리고 나한테는 이게 바로 지능에 대한 기본적인 정의예요. 내 말은, 그건 단순히 자동적으로 일어나는 작용이 아니라는 거예요. 일부 자동적인 것도 있겠죠. 빛을 향해 자란다든가 하는 거요. 하지만 여기서 일어나는 일은 그런 예가 아니에요. 자동적인 게 아니라고요."

헤닝은 나의 첫 질문으로 돌아갔다. 나사 포이소니아나는 어디에 기억을 저장할 수 있을까 하는 질문 말이다. 물론 그건 아직도 수수께끼의 영역에 있다. 하지만 헤닝은 말했다. "어쩌면 그저 우리 눈에 그 구조물이 보이지 않는 것일 수도 있어요. 혹은 식물의 몸 전체에 속속들이 퍼져 있고, 개별적인 하나의 구조물 같은 건 존재하지 않을 수도 있고요. 어쩌면 그게 식물의 속임수일지도 모르죠. 유기체 전체가 뇌

일 수도 있다는 것요."

기억이란, 심지어 사람의 기억도 여전히 대체로 신비에 감싸여 있다. 신경생물학자들은 뇌 스캔을 통해 인간의 특정 기억들을 뉴런들의 특정한 연결로서 '볼' 방법을 찾아냈지만, 아직은 과학의 눈으로도 볼 수 없는 것이 더 많다. 게다가 사람의 몸에 남아 있지만 뉴런과는 전혀 무관한 기억들도 존재한다. 우리의 면역세포들은 병원체를 기억하고, 다음에 그 병원체들이 나타나면 그 기억에 의지해 반응한다. 사람의 세포에 담긴 후성유전적 기억은 세대를 넘어 대물림될 수 있다. 우리는 스트레스와 트라우마의 피해뿐 아니라 대기오염 같은 것에 노출된 피해도 혈통을 타고 자녀와 손주 세대로 내려갈 수 있고 그럼으로써 그들의 염증 표지자 같은 것들에 잠재적으로 영향을 줄 수 있음을 알고 있다. "몸은 기억한다"고 하지 않는가?[7] 하지만 우리는 이런 유형의 기억들은 우리 의식의 풍경에 포함시키지 않는다. 우리의 몸이 우리를 위해 간직하는 기억들은 우리 건강에 변화가 생기면서 겉으로 드러날 때까지는 침묵을 지키고 있다. 그리고 그렇게 드러난 후에는 손에 잡힐 듯한 구체성을 띤다. 그러나 후성유전학은 우리가 이제 겨우 그 커튼을 살짝 들춰보기 시작한 분야다. 아직 우리에게는 후성유전적 기억을 우리 자신에 대한 감각으로 통합하게 해줄 언어도 없다. 기억이란 우리 인간의 기억조차 해석하기 까다로운 것이다.

식물에게도 이런 세포 수준의 기억이 존재한다. 나는 베를린을 방문하고 얼마 지나지 않아서 몸소 그 일을 경험하게 되었다. 당시 나는 살고 있던 브루클린의 아파트를 비우고 어린 시절 뛰놀던 호밀밭이 있는 곳으로 이사해 친구네 농장에서 지내고 있었고, 직장을 그만 두고서는 모든 시간을 쏟아 식물과학에 관해 궁금한 것들을 탐구하고 세상에 알리는 일에 몰두하고 있었다. 농장 주인의 아들인 링컨은 학교에서 나보다 한 학년 아래인 친구였다. 링컨의 부모는 링컨과 내가 자라는 모습을 모두 지켜보았다. 이제는 링컨이 농장 주인이 됐다. 그 농장은 뉴욕시에서 한 시간 반 거리 코네티컷에 있는, 제멋대로 자란 단풍나무 숲과 목초지로 이루어진 300에이커의 땅에 자리 잡고 있다. 링컨에게는 염소 두 마리와 산란계 여남은 마리, 그리고 거대한 칠면조 수컷 한 마리가 있었는데, 이 칠면조가 칠면조에 대한 내 이해를 영원히 바꿔놓았다. 녀석은 위풍당당한 공룡이었고, 바로크풍을 연상시키는 화려함과 카리스마가 넘치는 존재로, 언제 봐도 기분 상태가 어떤지 분명히 드러났다. 내가 어떻게 이렇게 경외감을 일으키는 야수를 먹을 수 있었을까? 그런데 내가 농장에 머문 기간이 절반쯤 지났을 때 이 무시무시한 칠면조는 스라소니에게 잡아먹혔다.

    추운 시기였다. 나는 그곳에 11월에 도착해서 1월까지 머물렀다. 12월 첫째 주에 링컨과 그의 파트너, 링컨의 아버지, 나와 나의 파트너까지 모두 함께 한지형 마늘을 심었다. 마늘은 10월에 심는 게 좋다. 만약 당신이 일을 미루다 늦어졌다면 11월에 심을 수도 있지만, 그보다 더 꾸물거렸다가는 낭패를 볼 위험이 커진다. 마늘 쪽에게 뿌리를 내도 안전하다고 설득하려면 땅속에 약간의 열기가 필요하다. 그 해에 농장에서는 가능한 최후의 순간까지 이 일을 미뤄두고 있었다. 마늘을 심은 다음 날 아침에 일어났더니 첫눈이 내려 있었다. 모든 것이 눈에 덮여 있었다. 우리가 마늘을 심은 두 줄기의 고랑이 하얀 시트의 가장자리에 난 두 줄의 바느질 자국처럼 보였다.

마늘을 심기 전날 밤, 우리는 주방 가운데에 마늘을 한가득 쌓아두고 의자에 둘러앉아 통마늘을 버터나이프의 평평한 면으로 눌러 마늘쪽들을 분리했다. 우리 모습은 꼭 굴 껍데기를 벗기는 사람들 같았다. 버터나이프의 힘을 받아 통마늘이 갈라지면서 종잇장 같은 껍질이 벗겨지면 속에서 나오는 마늘쪽들은 유연하고 하얀 곡선을 그리는 진주알들처럼 보인다. 자연이 만들어내는 형태들을 볼 때면 너무 경이로워 입이 딱 벌어지는 경우가 한두 번이 아니다. 마늘은 저 얄브스름한 종이 같은 껍질을 어떻게 만들었을까? 그리고 이 마늘쪽들은 어찌 이렇게 완벽한 곡선을 그리며 완벽하게 분할되어 있을까? 마치 하얀 목재로 만든 오렌지 같고, 하나씩 선반旋盤*으로 돌려 깎은 것 같다. 그러나 무엇보다 놀라운 건 이 각각의 마늘쪽들이 본격적인 겨울이 닥치기 전에 뾰족한 쪽을 위로 향하고 땅속에 아늑하게 자리 잡으면 그 수가 몇 배로 불어나게 된다는 점이다. 국수 가닥 같은 하얀 뿌리와 초록의 연한 싹을 낼 것이고, 모든 일이 순조롭게 굴러가서(마늘의 경우 대개는 그렇다) 7월이 되면 마늘쪽 한 알을 심었던 자리에 마늘 한 통이 생겨 있게 된다.

마늘이 싹을 틔우는 데 필요한 것은 겨울의 기억이다. 이윽고 봄이 온다는 사실만으로는 생명을 탄생시키기에 충분하지 않다. 길게 이어진 추위가 꼭 있어야 한다. 이러한 겨울의 기억을 '춘화春化, vernalization'라고 한다. 사과나무와 복숭아나무는 이 과정 없이는 꽃

• 금속, 나무, 돌 따위를 회전시켜서 갈거나 파내거나 도려내 원하는 모양을 만드는 기계. _옮긴이

을 피우지도 열매를 맺지도 않는다. 주로 봄에 가장 먼저 피는 꽃들인 튤립, 크로커스, 수선화, 히아신스도 강력한 춘화 과정이 필요하다. 따뜻한 지역에 사는 사람이 튤립 구근을 살 때면 현명한 꽃집 주인은 구근을 심기 몇 주 전에 냉장고에 넣어두라고 충고한다. 그러지 않으면 절대 꽃을 보지 못할 거라고.

겨우내 뼛속에 스며드는 한기를 느끼며 앉아 지내는 동안, 나는 차디찬 땅속에서 쥠쇠처럼 땅을 꽉 움켜쥔 결빙 상태를 인지하고, 지나는 날들을 셈하며 기다릴 마늘쪽들을 생각했다. 아마도 이 모든 일에서 우리가 가장 배울 점은 식물이 기다릴 줄 안다는 것, 불리한 환경을 견뎌낼 줄 안다는 것이리라. 자신의 시간이 아직은 오지 않았지만 반드시 오리라는 것, 자기가 무럭무럭 자라는 일은 가능한가 불가능한가의 문제가 아니라 시간의 문제라는 것. 마늘을 생각하면 위안이 됐다. 마늘의 인내심이 나를 지탱해 주었다. 마늘의 기다림은 기다려야 할 무언가가 있음을 의미했다. 단단한 땅은 기어이 녹을 것이고, 공기는 다시 내 몸에도 고향 같은 느낌을 안겨줄 터였다.

춘화는 식물이 기억한다는 걸 의미한다. 이 현상에 대해서는 논쟁의 여지 없이 기억이란 단어를 사용한다. 식물은 과거에 관해 저장된 정보를 사용하여 미래를 위한 결정을 내린다. 이는 특이한 예 하나가 아니다. 식물은 낮의 길이와 태양의 위치를 파악한다. 분홍색 꽃이 피는 콘월아욱Cornish mallow은 해가 뜨기 몇 시간 전에 해가 뜰 방향을 정확히 예측해 지평선을 바라보도록 잎들을 돌린다.[8] 움직임 자체는 잎자루 기저부의 조직에서 생겨나는 것으로, 잎자루 속을 지나가는 물의 압력을 조절하여 원하는 방향으로 잎자루를 구부린다. 낮 동안

콩월아욱이 경험하는 햇빛의 양과 방향은 잎 전체에 분포하는 광수용체에 부호화된다. 광수용체는 그 정보를 저장하고 밤새 그 정보를 활용해 이튿날 해가 언제 어디서 뜰지 예측한다.

연구자들은 혼돈에 빠진 '태양'처럼 광원의 방향을 이리저리 바꾸어가며 아욱을 정신없게 만들었다. 아욱은 새로운 위치를 학습한다. 더 똑똑한 태양 전지판을 만들기 위해 아욱에게 한 수 배우고자 하는 한 연구팀의 표현에 따르면 아욱의 반응은 "엄청나게 복잡하지만 극도로 우아하다".[9]

우리가 심은 마늘의 경우에는 기억과 셈이 하나로 엮여 있다. 춘화에 의지하는 식물들은 추운 기간과 따뜻한 기간이 충분히 지나갔는지 확인해야 하므로 시간의 흐름을 기록하는 어떤 방식이 분명 있을 것이다. 2월인데 갑자기 이틀 동안 따뜻해졌다고 땅 밖으로 나갔다가는 큰 낭패를 볼 수 있다. 즉 식물은 날수를 세는 것으로 보인다. 이는 여러 식물들이 따뜻한 날이 나흘 이상 이어질 때까지 기다리는 이유다. 일시적인 이상 고온일 가능성이 줄기 때문이다.

식물이 기억할 수 있다는 사실은 식물을 우리와 더 가까운 존재로, 어떤 식으로든 좀 더 읽어내기 쉬운 존재로 만들어준다. 그러나 식물이 전적으로 자기들만으로 이루어진 식물계라는 왕국을 구축하고 있음을 상기하면 겸허함이 느껴진다. 그 왕국은 그들과 우리가 거의 움직일 수 없던 시절, 원시 대양에서 떠다니던 단세포 생물이었던 때, 생명의 나무에서 우리가 있던 가지에서 결정적으로 멀어지게 한 폭발적인 진화적 혁신의 산물이다. 식물과 우리는 생물학적으로 더할 수 없이 다르다. 그렇지만 식물의 패턴과 리듬에는 우리의 패턴과 리듬에 공명하는 부분들이 있다. 우리처럼 식물도 생체 시계를 장착하고 있고, 낮과 밤의 순환을 필요로 한다. 겨울에는 느려지고 봄이 되면 속도를 높인다. 식물도 젊음과 늙음의 시기들을 지난다. 그리고 자신이 겪은 일들에 대한 기록을 지니고 있다. 기억은 명백히 생물학적 속성에 깊이 뿌리내리고 있다. 이는 아주 타당한 일이다. 만약 모든 진화의 궤도가 생존을 지향하는 것이라면, 기억할 수 있는 능력은 당연히 진화에 유리하기 때문이다.

식물학 분야를 더 넓게 훑으며 헤닝의 꽃과 비슷한 행동을 하는 다른 식물들을 찾아보니, 역시 기억과 움직임은 한 쌍으로 움직이는 것 같았다. 식물의 몸은 특정 정보들을 기록하고 그런 다음 그 정보에 따라 움직인다. 빨리 움직이는 식물 중에서도 가장 많은 관심을 받는 파리지옥을 생각해 보자. 앞에서도 말했듯이 파리지옥은 다섯까지 셀 수 있고, 그 셈에 대한 기억을 저장할 수 있다. 적어도 자기 덫에 잡힌 것이 파리인지 아닌지 판단이 설 때까지는 그 기억을 보유한다. 그 계산 과정은 이렇다. 파리지옥의 덫 안에 난 감각모들이 20초 안에 두 번 건드려진다면 이는 살아 있는 생물이 그 안에서 움직이고 있다는 믿을 만한 신호이니 덫은 철컹 닫힌다. 그런데 파리지옥은 덫을 오므리고 난 다음에도 계속 셈을 한다. 만약 감각모가 짧은 시간 안에 연달아 다섯 번 건드려지면 살아서 꿈틀거리는 생명체를 잡았다는 걸 아무 의심 없이 확신할 수 있다. 그러면 이 식물은 덫 안에 소화액을 뿜어내고 곧 고기 식사가 시작된다. 소화는 여러 날 걸리는 일이므로 확실히 해두는 게 중요하다.

하지만 덫이 두 번 건드려져서 닫았는데 건드림이 멈췄다면 덫은 하루 안에 다시 열린다. 이 경우에는 분명 붙잡은 게 무엇이든 귀찮게 상대하고 있기에는 너무 작은 것이거나 살아 있는 생물이 아닐 수도 있다. 나뭇가지 조각이거나 작은 돌조각일 수도 있고, 우리에게 종족의 비밀을 가르쳐 준 파리지옥들의 경우에는 식물학자의 차가운 탐침 끝일 수도 있다. 그러면 파리지옥은 착오를 정정한다.

이와 유사하게 몇몇 덩굴식물들도 수를 세고 판단 착오도 정정하는 것으로 알려져 있는데, 이런 일에는 모두 기억이 필요하다.[10] 스스로 몸을 지탱할 수 있는 식물들에 비해 덩굴식물은 움직일 수 있다는 강력한 특권이 있다. 그러나 어린 덩굴식물은 당장 지지할 구조물을 찾아내야 하는데, 그러지 않으면 자라면서 늘어나는 자기 무게에 무너질 위험이 있기 때문이다. 그래서 이들은 기가 막히게, 대담하게, 신속하게 움직인다. 한 번은 주방 조리대에 고구마 하나를 놔뒀더니 싹눈 몇 군데서 싹이 나왔다. 나는 어떤 일이 일어날지도 모르는 채로 이 고구마를 큰 화분에 심고 물을 주었다. 며칠 뒤, 부지런한 최초의 덩굴손이 근처 식탁 다리를 붙잡았다. 2주가 지나자 더 많은 덩굴손들이 합류했다. 이제 고구마는 식탁 다리 세 개를 감아 오르고 있었고, 대담하게도 커다란 도마 위까지 가로지르고 있었다. 덩굴손 하나는 서랍 손잡이를 칭칭 감고 있었다. 이런 문어 같은 녀석을 우리 집에 두게 된 것이 즐거웠다. 나는 왜 고구마를 먹기만 하고 심어볼 생각은 한 번도 안 했을까? 이쪽이 훨씬 좋은데 말이다.

타임랩스 동영상은 덩굴식물 및 기타 식물들이 움직이는 모습을 관찰할 수 있는 기적 같은 선물이다. 인디애나대학교 생물학 교수인 로저 행가터Roger Hangarter는 '움직이는 식물Plants in Motion'[11]이라는 사이트를 운영한다. 초기 인터넷 스타일을 아직도 유지하고 있는 이 사이트는 식물이 움직이는 영상들을 모아놓은 사랑스러운 온라인 라이브러리다. 당연히 나도 여기서 여러 시간을 보냈다. 하지만 인터넷에서 가장 흥미로운 식물 영상은 덩굴식물의 삶의 방식을 극단까지 몰고 간 기생식물인 새삼 덩굴dodder vine의 영상이다. 새삼은 잎을 전혀 내지 않기 때문에 땅에서 나오자마자 당분을 빨아들일 숙주를 찾아야만 한다. 숙주를 찾으면 땅에서 완전히 빠져나가 자기에게 필요한 모든 것을 이 호구에게 의존한다. 새삼은 광합성을 하지 않으니 엽록소도 아무 소용이 없어서 기이하게도 주황색을 띠고 있고, 잎이 하나도 없으니 매끈한 작은 지렁이 같은 인상을 준다. 타임랩스 영상으로 본 새삼이 자라는 모습은 경이 그 자체다. 땅 위로 나온 어린 새삼 덩굴은 허공에서 끄트머리를 천천히 돌린다. 누가 봐도 녀석이 무언가를 찾고 있다는 걸 단박에 이해할 수 있다. 사실 그 동작은 정말로 킁킁거리며 냄새를 맡는 것처럼 보인다. 실제로 새삼은 공기를 시식하며 기생하기에 적합한 식물이 발산하는 성분을 찾는 중이다.[12] 그런 다음 한 방향으로 더욱 단호하게 움직이기 시작하고 이윽고 목표물에 물리적으로 접촉한다.

    영리하게 선택하는 능력은 지능을 나타내는 징표 중 하나다. 지능intelligence의 라틴어 어원 인테를레게레interlegere는 '여럿 가운데 선택하다'라는 뜻이다. 식물이 선택을 내리는 모습을 관찰하기에 새삼은 정말로 재미있는 대상이다. 예를 들어 새삼은 밀보다 토마토를 선호한다. 밀은 타고 오르기 어렵고, 딱히 과즙이랄 것도 없다. 어린 새삼이 밀과 토마토 사이에서 자랄 경우, 땅에서 솟아 나온 직후 곧바로 허공에서 빙글빙글 돌기 시작한다. 몇 바퀴 순회한 다음에는 단호하게 방향을 정한다. 멀리 있는 이웃들의 존재를 알아차린 것이다. 이제 새삼은 새끼 뱀처럼 공중을 가로지르며 곧바로 토마토를 표적으로 움직이는 동시에 밀은 피한다. 취리히연방공과대학교의 생태학자 콘수엘로 데 모라에스Consuelo De Moraes가 이끄는 연구팀은 2006년에 이 현상을 처음으로 알아차렸다. 그녀는 그 일이 벌어지는 빠른 속도에 충격을 받았던 일을 기억하고 있다. 타임랩스 영상으로 새삼을 보았을 때 그 장면은 너무나도 확연히 동물의 행동을 연상시켰다.

새삼은 적합한 먹잇감이라 판단한 대상과 만나면 거기에 제 몸을 감기 시작한다. 몇 시간 동안 새삼은 상대에게 그런 노력을 기울일 가치가 있는지 없는지 점검한다. 과학자들은 실험실 연구를 통해 새삼이 무엇을 찾고 있는지 답을 찾았다. 명백한 답은 그 특정 숙주에게서 뽑아낼 수 있을 영양가 있는 에너지의 양이며, 이를 판단하는 근거는 숙주의 전반적 건강 상태와 숙주의 몸속을 돌고 있는 영양분의 농도다. 한 실험에서 산사나무들 사이에서 자라던 새삼들은 추가로 영양분을 주입한 산사나무를 선택하고 영양분이 부족한 환경에서 자라던 산사나무들은 거부했다.[13] 그런데 새삼은 산사나무들의 몸을 관통하기도 전에 이런 선택을 내렸기 때문에, 그 정보를 어떻게 수집했는지에 대한 의문이 남았다(그 답은 아마도 식물에 관한 한 대부분 그렇듯이 화학적 신호일 것이다). 먹잇감의 가치가 수준 이하라고 밝혀지면 새삼은 한두 시간 안에 감기를 멈추고 새로운 먹잇감을 찾아 나선다. 그러나 그 식물이 좋은 숙주가 될 거라고 판단하면 먹잇감의 줄기를 더 많이 칭칭 감아 똬리를 튼다.

새삼이 총 몇 바퀴나 돌돌 감았는지 그 수를 보면 새삼이 숙주 식물에 기생하는 데 에너지를 얼마나 사용하기로 계획했는지를 알 수 있다.14 그러니까 새삼은 수를 세고 있다. 더 여러 바퀴를 감았다는 건 빨대를 꽂을 공간을 더 많이 확보했다는 뜻이다. 새삼은 감는 과정이 끝나면 코일 같은 제 몸 가장자리를 따라 흡혈귀 송곳니 같은 뾰족한 돌기들을 돋아낸다. 이 돌기들은 숙주 속으로 파고들어 수액을 빨아들이기 시작한다. 새삼은 숙주가 죽을 만큼 수액을 다 빨아먹지는 않는다. 죽은 숙주는 저한테도 득이 안 되기 때문이다.* 새삼은 숙주가 쪼그라들면서도 꾸역꾸역 간신히 살아가면서 광합성을 이어가게 한다. 새삼이 잎을 만들지 않는 것은 그럴 필요가 없기 때문이다. 필요한 것은 전부 다른 식물들의 몸에서 얻는다. 그리고 이 일에 이례적으로 능하다. 새삼은 전 세계 농경지에 영향을 미치며, 25개 국가에서 25종의 작물에 심각한 피해를 준다.15 새삼의 멍에에 얽매여 새삼 좋은 일만 하며 사는 식물에게는 자기 열매를 튼실히 맺는 데 쓸 만한 자원이 별로 없다. 새삼의 덩굴손 같은 몸은 엉킨 실뭉치로 만든 빽빽한 그물처럼 농경지를 뒤덮은 채, 마치 수백만 마리의 식물 드라큘라처럼 작은 이빨들을 피해자 식물의 기다란 목에 박아넣고 있다.

자기가 감는 바퀴 수를 헤아리며 칭칭 감고 있는 새삼은 움직임을 통해 일종의 살아 있는 기억을 구현하고 있다. 기억이란 당신이 사는 곳에 관해, 세상이 당신에게 만들어주는 기회와 위험에 관해 배운 것

• 완전한 진실은 아닌 것이, 때로 새삼은 숙주 식물을 죽이기도 한다. 그러나 이건 새삼이 의도치 않게 일을 그르친 결과다. 새삼 같은 기생 식물에게는 숙주가 계속 살아 있는 것이 이득이다.

을 저장하는 방식이다. 학습이란 아욱이 태양을 향해 잎을 돌리는 것처럼 생존을 위한 진화의 전략이다. 기억, 학습, 움직임. 이 셋은 서로 얽혀 있는 한 묶음으로 보인다.

에든버러대학교의 식물생리학자 앤서니 트레와바스는 식물에 관해 생각할 때 네트워크 이론을 적용하는 걸 좋아한다. 그는 분명 개별 식물 시스템들을 상세히 검토하는 훈련을 받았지만, 그보다는 식물 전체에, 함께 행동하는 모든 부분의 총합에서 무엇이 나오는지에 주의를 기울여야 한다고 주장한다. 그에 따르면 동물은 항상 먹이를 찾기 위해 넓은 땅 위를 돌아다닐 필요가 있었기에 동물의 진화는 "감각 기능과 운동 기능을 정교하게 다듬었고 신속한 연결로 그 둘을 결합했으며" 이윽고 신경세포들로도 결합했는데, 이 신경세포들은 "한데 단단히 뭉쳐져 뇌가 되었다".[16] 다른 무엇으로 정신을 지을 수 있겠는가? 결국 뇌는 진화를 통해 존재하게 되었고, 비정신적 재료들로, 그러니까 살과 피, 특수한 기능을 갖춘 신경세포들로 만들어졌다.

1866년에 토머스 헨리 헉슬리는 유명한 말을 남겼다. "어떻게 의식 상태처럼 놀라운 것이 신경 조직을 자극한 결과로 나타날 수 있는 것일까? 알라딘이 램프를 문지르면 지니가 나타나는 것만큼이나 불가사의한 일이다." 그 후로 우리는 뇌에 관해 아주 많이 알게 되었다. 하지만 지금까지도 의식은 현대의 신경생물학으로도 이해할 수 없는 것으로 드러났다. 뇌가 '정신'의 경험을 만들어낸다는 사실은 단순히 뇌가 물리적으로 존재한다는 것만으로는 설명되지 않는다. 트레와바스가 판단하기에 뇌는 지능과 의식을 만드는 전략 중 하나에 불과하다. 식물은 한마디로 자신들의 필요에 맞게 우리와는 다른 진화의 경로를 갔다. 식물의 주의와 의식은 각 부분에 국소화되어 있지만 그 각각의 부분들이 서로 의사소통하며 하나의 전체로서 전략적으로 행동함으로써 우리 못지않게 의식을 만들어낸다. 그는 이렇게 썼다. "수백만 개의 세포로 이루어진 개별 식물은 자기조직화하는 복잡계로서, 분산 제어를 통해 국소적으로 환경을 활용할 수 있지만 이런 활용은 전체 식물 시스템의 맥락 안에서 이루어진다. 그러므로 이들의 의식은 국소화된 것이 아니라 식물 전체에서 공유되는 것인데, 이는 동물의 의식이 뇌에 중앙집중화된 것과는 대조적이다."[17]

트레와바스는 식물이 자신을 항상 인식하고 있다는 증거로 식물이 자라는 방식을 든다. 식물의 구성은 모듈식이다. 식물은 다수의 마디들에서 자라나는데, 각 마디의 끝에는 어떤 종류의 조직으로도 분화할 수 있는 분열조직이 자리하고 있다. 식물학자 로빈 월 키머러Robin Wall Kimmerer는 동물의 줄기세포처럼 식물의 분열조직도 필요한 무엇으로든 분화할 준비가 되어 있는 영구적 배아 상태라고 썼다.[18] 키머러는 식물의 지능이 존재하는 곳을 찾고자 할 때 제일 먼저 살펴보면 좋을 곳이 바로 이 호르몬과 영양분이 가득한 창의적 세포 생성 현장일 거라고 말한다. 분열조직은 식물이 스스로 끊임없이 실시하는 전신 스캔의 결과를 감지한다. 식물은 뻗어나간 가지들로 이루어진 자기 몸의 각 부분이 어떻게 지내는지, 각각의 잎이 광합성을 얼마나 하고 있는지, 각각의 뿌리가 수분을 얼마나 빨아올리는지 항상 모니터링한다. 만약 어떤 가지가 제 몫만큼 일을 못 해내고 있다면 그 가지로는 계속 살아가는 데 필요한 자원을 점점 적게 보낸다. 성장은 분열조직으로부터 다른 방향들로 진행된다. 만약 어떤 마디가 계속 기대만큼 성과를 못 낸다면, 식물은 이 마디를 완전히 차단하여 시들게 하고 그리로 가던 에너지를 더 생산적인 다른 부분들을 지탱하는 쪽으로 재할당한다.

언젠가 햇살이 환한 대낮에 워싱턴 서부에서 길을 걷다가 거대한 북미측백나무 군락을 만났다. 이 나무들의 치마처럼 늘어진 가장자리는 워낙 빽빽하고 두꺼워서 나무둥치가 들여다보이지 않았다. 나는 모퉁이를 돌아가 군락들 안으로 들어갔는데, 그건 마치 지도 위에서 시간대를 나누는 점선을 넘어가는 일 같았다. 갑자기 밤이 되었다. 길고 뾰족한 잎들이 깔린 어둑한 숲 바닥에서는 귀처럼 유연하면서도 탄탄한 윤기 나는 밤색 버섯들이 폭발하듯 돋아나고 있었다. 쓰러진 통나무들은 그 자리에서 썩어가고 있었고, 썩어가는 나무에서 톱밥처럼 부스러진 붉은 가루들이 흘러내려 축축하게 쌓여 있었으며, 분해되고 있던 수피는 연두색 이끼로 도톰히 덮여 있었다. 이 어둠은 측백나무들이 저희 몸으로 만들어낸 것이었다. 그리고 이제는 내 눈에도 이 나무들의 두껍고 곧은 둥치가 보였다. 이 부분에는 가지가 단 하나도 없었다. 마치 폭포에 깎여 생긴 동굴 속 혹은 나무로 된 시기스 천막 안에 들어와 있는 것 같았다. 윤기 나는 초록 잎들은 내가 있는 쪽에서부터 바깥쪽을 향해, 한낮의 빛을 향해 호를 그리며 뻗어 있었다. 이 측백나무 군락 안쪽에서 보이는 둥치들은 높은 곳에 달린, 잎이 없는 가지 몇 개를 제외하고는 밋밋했다. 한때는 그 가지들이 난 위치에도 무리를 해서라도 안쪽을 향한 잎을 몇 개 낼 정도로는 충분한 빛이 들어왔을 것이다. 하지만 만약 당신이 나무라면, 당신은 어둠을 향해서는 움직이지 않을 것이다. 이제는 쪼그라든 그 가지들은 오래전 흘러간 과거사였다. 내가 보고 있는 건 재할당이 일어나고 있는 현장이었다.

이런 일을 해내려면 식물은 항상 자기 몸에 어떤 일이 일어나고 있는지, 그 일이 얼마나 오랫동안 일어나고 있는지 기억해야 한다. "이 역동은 생명 주기 내내 계속되며, 이를 위해서는 말하자면 실황 중계 같은 것이 필요하다"라고 트레와바스는 썼다. 끊임없는 선택을 통해 생명을 이어가는 식물은 자기 몸에 일어난 형태의 변화에 맞추어 몸속을 흐르는 수액의 압력을 미세하게 재조정한다. 만약 잎 하나가 죽었다면, 말하자면 퇴역했다면, 이 식물은 균형을 유지하고 반드시 서 있는 자세를 유지하기 위해 몸 전체의 압력을 재조정해야 한다. 이는 미묘하지만 명백한 일이다. 식물의 몸 전체에 생물학적 인식이 가득 차 있는 것이다.

어느 식물이든 환경에 맞추어 자기 몸을 만들면서 성장하는데, 이는 뿌리와 싹 모두에 해당한다. 그 결과 만들어지는 형태는 식물이 맞닥뜨린 물리적 장해물, 땅속의 영양소 분포, 빛의 방향에 대한 직접적인 반응을 보여준다. 이렇기에 식물의 몸 전체는 전 생애에 걸쳐 매 순간 이 식물이 처한 환경 조건을 드러내는 물리적 표현이다. 가장 최근에 나온 싹과 뿌리는 앞으로 올 변화에 대처해 나갈 것이고, 가장 오래된 부분들은 이전에 겪었던 조건들에 대한 기록이다. 이렇듯 식물은 실마리가 없어도 읽을 수 있는 하나의 지도이며, 한 식물의 삶의 이야기는 척 보면 바로 해독이 가능하다.

우리 뇌에는 뉴런들의 연결이라는 기억의 물리적 실체가 있다. 어쩌면 식물에도 기억의 물리적 경로가 존재할지 모른다. 땅속을 헤치고 나아가며 가지를 나누고 방향을 바꾸는 뿌리는 한때 수분이 있던 위치를 알려준다. 둥치에서 가지가 자라다 떨어지고 남은 흔적은 그곳이 한때는 햇빛이 비치던 곳이지만 이제는 그늘에 가려 빛이 들어오지 않는 자리라는 이야기를 들려준다. 이런 기억의 기반은 토양과 대기다. 우리 경우에는 뇌의 회백질이지만 말이다. 식물의 이런 기억은 물리적 공간의 배치도인 셈인데, 마침 이는 우리의 뇌가 가장 잘 기억하는 것이기도 하다. 공간 기억은 인간의 가장 예리한 기억이며, 우리 조상들이 수렵과 채집으로 살아가던 시절부터 남겨진 것이라 여겨진다. 그 시절에는 주변 환경의 배치를 재빨리 기억에 담아두는 일이 위험과 보상으로 가득한 혹독한 환경에서 살아남는 데 결정적으로 중요했다.•

그런데 만약 우리가 우리를 잡아먹으려 혈안이 된 덩치 큰 포유동물들에게서 달아날 필요가 없었다면? 혹은 저녁 거리를 찾아 복잡한 풍경 속을 누비며 우리보다 작은 포유동물들을 민첩하게 잡아야 할 필요가 없었다면? 우리 뇌는 중앙집중화되어 한데 옹골지게 압축되어 있는데, 이는 여기저기 돌아다닐 수밖에 없고 그럴 때마다 지력을 꼭 가지고 다녀야 하는 동물에게 완벽한 방식이다. 만약 사냥할 필요 없이, 머리 위에서 쏟아져 내려 우리 온몸에 와닿는 햇빛이 우리의 식량이었다면, 그래서 우리는 햇빛을 받아들일 준비만 하면 되도록 진

• 이는 기억력 선수들이 고대의 서사시 낭송자들의 기법을 흉내 내 머릿속에 '기억 궁전'을 짓는 이유이기도 하다. 기억해야 할 대상들을 상상의 집 속 여러 방에 놓여 있는 물건들처럼 배치하고, 나중에 그 집안을 돌아다니며 다시 가져와야 한다고 상상하는 것이다. 더 자세한 이야기는 조슈아 포어의 《1년 만에 기억력 천재가 된 남자 Moonwalking with Einstein》를 보라.

화했다면? 그렇다면 우리는 옹골지고 휴대 가능한 뇌를 형성하는 대신 입들로 뒤덮인 새 팔을 그때그때 필요에 따라 뚝딱 만들어낼 수 있는 무한한 능력을 갖추도록 진화했을지 모른다. 우리 같은 동물들은 몸이 얼마나 온전한 상태를 유지할 수 있는지에 따라 살고 죽지만, 어쩌면 우리는 그런 취약성 대신 회복 탄력성을 갖추게 진화했을 수도 있다. 식량을 받아내기에 더는 이상적이지 않은 위치에 있는 팔 하나나 둘쯤은 아무렇지 않게 떨궈버릴 수 있는 능력 말이다.

동물의 뇌는 마음을 만들고 기억을 저장하는 여러 형식 중 하나일 뿐이라고 생각하기로 선택한다면, 영겁처럼 기나긴 진화의 역사 전체에서 애초에 마음이 어떻게 생겨났는지 그 실마리를 찾아보는 것이 현명한 일일 것이다. 철학자 피터 고프리스미스Peter Godfrey-Smith는 《후생동물》에서 바다를 떠다니던 최초의 다세포 생물에게서 동물 정신이 출현하는 과정을 추적한다. 헤엄을 칠 수 있거나 해저를 가로질러 뛰어다닐 수 있었던 최초의 생명체들을 생각하며, 그는 이 초기 동물들이 자신을 인식했을지, 그리고 다른 개체들과 자신이 별개의 존재임을 인식했을지가 궁금했다. 환경을 감지하고 그 환경에 대한 기억들을 구축했을까? 다시 말해 그 동물들은 경험이란 걸 하고 있었을까? 그들이 먹이를 찾아 아주 많이 돌아다녔던 것은 분명했다.

"새롭고 확장적인 행위들은 감각 능력의 확장을 수반한다." 고드프리스미스는 이렇게 썼다. "사용되지 않는 정보를 취하는 것으로는 생물학적으로 아무것도 얻을 수 없다." 만약 이 생물들이 돌아다녔다면(물론 돌아다녔다), 그렇다면 그들은 온갖 새로운 감각 정보에 자신을 노출하고 있었다는 말이다. 그 정보를 나중에 참고할 수 있도록 어떤 식으로든 저장하고 자기가 사는 세계의 사실들에 관한 그림을 구축할 능력이 없다면 그건 얼마나 아까운 노릇일까. 아마도 의도를 갖고서 공간을 가로질러 움직일 수 있는 능력이 먼저 생기고, 그 움직임에 대한 반응으로 공간을 감각하는 능력이 이어서 생겼을 것이다. 경험의 진화 이전에 동물들에게 무엇이 존재했을지 생각해 볼 때, 감각보다 먼저 움직이는 능력을 갖게 된 동물을 상상하노라면 재미있다고 그는 말한다. 감각하는 일과 감각을 저장하는 능력은 자동적으로 뒤따라 나왔으리라는 것이다. 최초로 자기 세계를 경험한 동물은 동시에 스스로 애를 써 움직이기 시작한 최초의 동물일 가능성이 크다.

동작과 경험은 자연스럽게 한 쌍으로 이루어지는 듯하다. 움직여라, 그러면 새로운 경험들이 당신 앞에 열리리니. 이 입력들을 기록하고 번영을 위한 사적인 추구에 활용하는 것은 이치에 맞는다. 이것이 배움의 탄생이다. 동물의 진화에 관해 내가 읽었던 것은 지금까지 식물에 관해 내가 배운 모든 것과도 맞아떨어진다. 특정한 냄새를 찾아 공기 중을 탐색하고, 삶을 이어가려면 덩굴을 몇 바퀴나 감아야 할지 그 바퀴 수를 세고 있는 새삼 덩굴을 생각해 본다. 주방을 오가며 살펴보면, 풍성하게 자라는 우리 집 스킨답서스는 자기 모든 부분의 상태를 지속적으로 추적하며 어디로 자랄지 결정한다. 그 답은 어디에 있든 항상 창 쪽인 것 같다. 그리고 페루 산지에 사는 기억하는 꽃 나사 포이소니아나는 수술을 들어 올리고, 벌을 경험하고, 이어서 다음 벌을 경험하기 위해서 다음 수술은 언제 들어 올릴지 결정한다.

식물도 동물처럼 공간 속에서 움직인다. 하지만 자기들만의 독특한 방식으로, 즉 성장함으로써 움직인다. 그들이 움직이는 내내 공간의 맛을 보고, 그 결과를 계산에 넣고, 자기가 배운 걸 나중에 쓰기 위해 저장해 두는 걸 쉽게 상상할 수 있다. 이렇게 생각하면 식물의 기억이라는 개념에서 어느 정도 신비로움이 줄어든다.

기억과 경험은 본질적으로 연결되어 있다. 자기 세계의 외형을 기억할 수 있는 존재는 이미 그 세계를 경험했다고 볼 수 있기 때문이다. 또한 그 존재는 나중에 같은 상황에 다시 직면했을 때 현명한 결정을 내릴, 말하자면 지적으로 행동할 가능성이 더 크다. 아마도 기억은 우리의 가장 먼 조상들을 더욱 복잡한 삶의 방식으로 이끌었을 것이고, 그 방식들에는 한층 더 복잡한 의사결정이 필요했을 것이다. 우리는 식물이 기억을 어디에 저장하는지는 모른다. 뇌가 없는 그들의 마음 어딘가라고 말할 수 있을 것이다. 그러나, 식물에게도 명백히 기억이 있다는 인지 자체만으로도 우리의 세계를 바꾸기에 충분하다. 우리 각자가 축적한 개인적 경험들은 우리에게 자신에 대한 감각, 자신의 주관성에 대한 감각을 부여하며, 이런 감각을 우리는 의식이라고 여긴다. 식물의 삶을 더 관대하게 바라본다면 식물에게도 어느 정도 그와 동일한 주관성을 부여할 수 있을지 모른다. 어쨌든 식물도 자기들의 세계 속에서 움직이며 그 세계를 경험하고 기억하는 것으로 보이니 말이다. 물론 알 수 없는 수수께끼들은 여전히 남아 있다. 식물이 어디까지 기억하는지 우리가 그 범위를 이해하기에는 아직 한참 멀었다. 우리에게는 약간의 단서와 그보다 더 적은 답들만 있으며, 아직 해보지 못한 실험이 훨씬 많다. 그래도 식물과 우리 사이를 잇는 새로운 관계의 실들은 이미 생겨났다. 자아들의 한 우주가 초점 속으로 들어온다.

7장
동물과 대화하다

식물은 도움을 요청하거나 요구할 수 있고,
그들이 속한 세상은 그들의 부름에 답할 준비가 되어 있다.

2018년에 출간된 수 버크Sue Burke의 과학소설《세미오시스Semiosis》에서는 식물들이 핵심 캐릭터들이다. 한 무리의 사람들이 전쟁과 기후 변화로 황폐해진 지구에서 탈출해 우주를 날아 초록색 행성에 착륙하고, 그곳을 '팍스'라 이름 짓는다. 그들은 팍스에서 다시 인류의 삶을 시작하는데, 이번에는 자연계에 대한 다른 지향성을 갖고서, 그러니까 "생태에 맞서지 않고 생태와 더불어" 살기로 한다. 그들은 곧 그 말이 팍스 식물들의 의지를 공손히 모시는 하인이 된다는 의미임을 깨닫게 된다.

"지구의 식물들은 수를 셀 수 있어요. 그들은 볼 수 있고, 움직일 수 있고, 엉뚱한 곤충이 자기에게 접촉하면 살충 물질도 만들 수 있죠." 이 정착지의 식물학자 옥타비오의 말이다. 팍스의 식물들은 지구의 식물보다 훨씬 오래 진화해 왔다. 한 식물은 정착민들이 너무 많이 침범하자 그중 몇 명을 죽이고, 그들이 곡물을 경작하는 밭을 망쳐놓는다. 여기서 식물들은 미리 전략적으로 계획을 세울 수 있는 것 같다.

사람들은 자기들이 살아남을 방법은 유독 강력한 덩굴식물의 처분에 자신들을 맡기는 것뿐이라고 판단한다. 옥타비오는 말한다. "우리는 그 식물을 위해 일할 겁니다. 그 반대가 아니라요." 옥타비오의 말이다. "그 식물도 우리를 도울 겁니다. 단지 그게 자기를 돕는 일이기 때문이죠." 지구에서 맡았던 역할과는 반대로 여기서 인간은 서로 전쟁하는 식물들 사이에서 '종속된 용병'이 된다.

인간의 세대로 몇 세대가 지난 뒤, 또 다른 외계 종이 인간을 공격했을 때 이 덩굴식물은 그 종을 죽이지 않으면서도 그들의 위협을 무력화하는 방법을 제안한다. 팍스의 계율은 평화로운 공존이다. "상리공생相利共生은 강제로도 달성할 수 있어." 덩굴식물이 제 열매에 마취제를 주입하여 침략자들을 무장해제 시킬지 말지 고민하며 말한다. "요컨대 우리는 공생체를 징집하는 셈이지." 이 말에 인간들은 충격으로 아무 말도 못한다. 덩굴식물은 격려하듯 덧붙인다. "이런 건 식물이 동물에게 자주 하는 일이야."

이즈음 나는 릭 카번과 그의 세이지브러시들에게서 식물들 사이의 의사소통에 관해 배워 알고 있었다. 화학 신호를 정교하게 교환하여 닥쳐오는 위협에 관해 다른 식물들에게 경고하는 일 말이다. 나는 이 조용한 대화가 어디에나 존재하며, 우리는 알아차리지 못하지만 아주 쉽게 전달된다는 것을 안다. 소리도 움직임도 필요 없는 커뮤니케이션 형식이기 때문이다. 의미의 세계가 공기 중에 떠다닌다. 하지만 대체로 식물과 식물의 커뮤니케이션 연구는 경보 신호에 초점을 맞춘 것 같았다. 누가 누구에게, 그리고 언제 경보 신호를 보내는지. 이는 충분히 이해된다. 공격에 대비하는 것은 살아남는 데 아주 중요하니까. 하지만 의미를 전달할 수 있는 이렇게 큰 능력이 있는데 전달하는 내용이 경고뿐일 리는 없다는 생각이 들었다. 식물의 커뮤니케이션에는 경고 신호 외에도 분명 뭔가 더 있을 터였다. 그리고 나중에 알게 되었지만 이 생각은 적중했다. 훨씬 더 많은 것들이 논의되고 있었다. 하지만 우연히 맞닥뜨리기 전까지 내가 생각도 못 해본 것이 있었으니, 바로 식물이 결코 자기네 같은 부류끼리만 대화하는 건 아니라는 점이었다. 식물은 수시로 종의 경계선을 뛰어넘는다.

실제로 식물이 다른 종들과 맺는 관계, 그리고 심지어 동물들과 맺는 관계는 호혜적인 관계부터 철저히 적대적인 관계까지 전 범위를 망라하는 역학 관계의 태피스트리라 할 수 있다. 그리고 그 차이를 구분하기가 어려운 경우도 많다.

이를 연구하는 분야는 '바이오커뮤니케이션bio-communication'이라는 깔끔한 용어로 불린다. 다만 오늘날 밝혀지고 있는 복잡한 종간 관계들을 표현하기에는 너무 깔끔한 단어인 것 같다. 나는 바이오커뮤니케이션의 세계로 빠져들면서 생명의 규칙이란 아무 규칙 없이 뒤섞이는 것이 아닐까 하는 느낌을 받았다. 모든 것이 다른 모든 것에 영향을 주고 변화시키고 있는 것 같다. 우리가 알아차리든 말든 우리의 삶이란 "다종多種의 혼란 속 풍요로운 뒹굴기"라고 썼던 이론가 도나 해러웨이의 말이 떠올랐다.[1]

새삼 덩굴이 어떻게 먹잇감을 선택하는지 발견한 생태학자 콘수엘로 데 모라에스는 바로 그런 혼란 속에서 살고 있다. 가장자리에 앉아 눈을 가늘게 뜨고 종과 종이 상호작용하는 모습을 지켜본다. 사실 그녀는 이전 과학자들이 아무것도 보지 못했던 곳에서 의미 있는 상호작용을 알아보는 일에 불가사의할 정도로 뛰어난 것 같다. 데 모라에스는 엄격하게 과학적인 사람이며, 그의 말에는 허튼소리 따위는 허용하지 않는 명료함이 있다. 자기가 재연할 수 있다고 확신하지 않는 것이나 동료 심사를 통과할 거라는 확신이 들지 않는 것은 내게 그 무엇도 말하려 하지 않았다. 하지만 그는 경이로움도 느낄 수 있을 뿐 아니라, 사실은 그 경이감을 일차적인 연구 도구로 활용한다. 데 모라에스의 엄격한 과학적 기준은 그가 다종의 혼란한 세상에서 보내온 특파원 보도를 신뢰할 수 있게 만들고, 그 때문에 더더욱 놀랍게 만든다.

데 모라에스는 취리히연방공과대학교 환경시스템과학과의 자기 방에서, 나와 책상을 사이에 두고 앉아 이야기를 들려준다. 뒷배경의 갤러리 같은 벽에는 핀으로 고정된 나비가 들어 있는 정사각형 액자들이 그의 윤곽을 두드러지게 한다. 이 나비들은 데 모라에스가 연구 중인 애벌레의 성체다. 그의 전문 분야는 곤충과 식물과 바이러스인데, 이들은 상당히 복잡하고 정교한 방식으로 서로의 삶에 또 하나의 층을 더하며 포개져 살아간다. 예를 들어 1990년대에 데 모라에스는 옥수수와 나방 애벌레와 벌이 만드는 삼각관계 드라마를 연구했다. 먼저 나방 애벌레가 옥수수 잎을 갉아 먹는다. 이를 알아차린 옥수수는 이 애벌레가 자기 잎에 남긴 침과 게워낸 분비물의 조합을 표본으로 삼고 애벌레의 종을 알아낸다. 최소한 이 애벌레를 기생 숙주로 삼도록 불러들여야 할 벌이 어느 종인지는 안다. 이제 옥수수는 화학 성분을 정교하게 조합한 기체를 분출한다. 한 시간 정도 지나면 필요한 일을 처리해 줄 바로 그 벌이 도착한다. 자기 앞에 펼쳐진 이상적인 장면이 분명 반가웠을 벌은 곧바로 바늘처럼 뾰족한 산란관을 애벌레에게 찔러넣고 그 안에 제 알을 낳는다. 이 알들이 부화하면 벌 유충들은 유난히 큰 턱을 써서 나방 애벌레를 안에서부터 파먹는다. 그런 다음 쌀알처럼 생긴 고치를 만들고, 이를 속이 텅 비어버린 애벌레의 껍질에 붙여둔다. 그 결과 녹색 애벌레의 몸에 하얀 실크 같은 돌기들이 잔뜩 돋아 있는 모양이 완성된다. 마치 펠트로 만든 고슴도치 가시 같다고나 할까. 옥수수는 이런 방법으로 궁지에서 벗어난다. 데 모라에스는 1998년에 옥수수와 담배, 목화에서 이런 행동을 발견했다.[2]

그로부터 20년 뒤, 데 모라에스는 온실에서 기르던 흑겨자의 몇몇 잎에서 작은 물린 자국 몇 개를 알아보았다. 작은 초승달 모양의 자국이었는데, 이건 언제나 뒤영벌의 입이 낸 자국임을 말해주는 신호다. 하지만 뒤영벌이 왜 잎을 물었던 걸까? 그는 계속 지켜보았다.

그는 곧 그 뒤영벌들이 굶어 죽어가고 있었던 것임을 깨달았다. 꼭 다문 겨자 꽃봉오리들 주변을 며칠째 날아다니고 있었는데 아직도 꽃잎이 열리지 않았던 것이다. 얼른 달콤한 꽃꿀 웅덩이에 제 혀를 밀어 넣지 못한다면 뒤영벌들은 움직이는 속도가 느려지기 시작할 것이고 그들의 몸은 필사적으로 열량을 아끼려 할 것이다. 이윽고 땅에 내려앉게 되고, 조금 기어보다가 죽게 된다. 불쌍한 벌들. 타이밍이 안 맞은 탓이다. 꽃이 필 때가 되려면 아직 한 달은 더 있어야 했다. 꽃봉오리는 꽃잎을 열어주지 않을 것이다. 데 모라에스가 지켜보는 동안에도 벌들이 겨자의 잎을 깨물었다. 그리고 이튿날 꽃이 피었다. 벌들은 꽃꿀을 마시고 살아남았다.

재미있네, 하고 데 모라에스는 생각했다. 벌들은 잎을 먹지 않는다. 먹이가 되지 않는 뭔가에 소중한 에너지를 낭비하는 건 쓸데없는 일일 것이다. 그런데 여기 이 뒤영벌들은 어쨌거나 겨자의 잎을 깨물었다. 사방 천지에 초승달 모양 자국이 나 있었다. 분명 이미 전에 누군가가 이걸 알아봤을 거야, 하고 그는 생각했다. "그래서 문헌 검색을 해봤는데, 사람들이 어떻게 이런 걸 놓쳤을까 싶은 거예요."

데 모라에스는 적절한 대조군을 갖춰 실험한 뒤, 벌들이 자기가 꿀을 먹는 식물을 깨물면 그 식물은 원래 개화 시기보다 30일까지 앞당겨 꽃을 피운다는 사실을 발견했다.[3] 명백히 여기서 이득을 보는 것은 벌들이지만, 식물에게도 이롭다는 것 또한 알게 됐다. 수분해 줄 벌들이 주변에 있는 시기에 맞춰 꽃을 피울 수 있기 때문이다. 자연의 타이밍이란 원래 이런 식이다. 모든 종은 어떤 식으로든 다른 종에게 의존한다. 이 관계의 타이밍이 어긋나면 모두가 피해를 본다. 생존은 종들 사이 경계선을 넘어 의사소통할 수단이 있느냐에 달려 있다.

"제자 한 명이 자기가 먹던 시금치 샐러드에 이런 반달 모양 자국이 있다며 제게 사진을 보내왔어요. 우린 전에는 그 자국을 눈여겨본 적이 없었는데 이제는 주위를 둘러볼 때마다 맙소사, 여기도 벌에 물린 자국이 있네, 한다니까요. 일단 어떤 사실을 알게 되면, 우리 정신은 계속 그걸 알아보게 되잖아요." 데 모라에스의 말이다.

그가 알게 된 바에 따르면 우리가 흔히 보는 뒤영벌들은 노란 물꽈리아재비가 자기들에게 줄 꽃가루를 많이 품고 있는지 그렇지 않은지를 멀리서도 알아볼 수 있다. 꽃에서 나오는 특정한 휘발성 성분의 냄새를 맡아서 아는 것인데, 이 냄새는 벌의 뇌에서는 '꽃가루 한가득'이라고 번역된다. 하지만 꽃가루를 한가득 만들려면 자원이 아주 많이 든다. 그래서 물꽈리아재비는 손쉬운 방법을 개발했다. 이 꽃은 뒤영벌의 사전 조사 과정의 규칙을 알아차리고는 꽃가루를 더 많이 만드는 대신 그냥 그 휘발성 물질만 잔뜩 발산했다. 한마디로 거짓말을 하는 것이다. 뒤영벌은 이 거짓말에 속아서 날아왔다가 실망만 하게 된다. 어쨌든 물꽈리아재비는 제가 원하는 것을 얻는다. 뒤영벌에게 꽃가루를 묻혔으니까. 물꽈리아재비는 거짓말의 명수다.[4]

생물 간 의사소통을 보면 죄다 물꽈리아재비 같은 녀석들뿐이다. 데 모라에스는 곤충, 식물, 바이러스가 꾀를 부려 서로 속고 속이는 '군비 경쟁'을 벌이고 있다고 말한다. "모두가 살아남으려 애쓰고 있는 거예요. 전부 다요." 자신의 발견을 설명하면서 데 모라에스는 사이사이 웃음 지었다. 처음에 그 발견들을 보고 느꼈던 경이로움을 또다시 느끼는 모양이었다. 나는 그가 자연을 전쟁터로 보는 시각을 강력히 고수하지는 않는다는 느낌을 받았다. 그저 다윈 이후로 과학계 전체가 손쉽게 사용하는 은유이기 때문에 그냥 사용하는 것 같았다.

몇 년 전 한 대학원생 제자가 취리히 식물원의 온실에서 자기가 좋아하는 식물을 발견하고는 그 씨앗 몇 개를 데 모라에스의 연구실로 가져왔다. 그들은 함께 이 식물을 길렀고, 길이가 2.5센티미터나 되는 가시로 뒤덮인 어두운 자주색 줄기를 경이롭게 바라보았다. 이 식물에서는 가시들이 작고 노란 꽃을 크기로 압도했고, 이 식물의 모든 부분에는 사람에게 유독한 성분이 있다. 이 식물의 일반명은 '자주악마purple devil'와 '악의malevolence'다. 그들은 어떻게 되는지 보려고 어린 애벌레들을 이 식물 위에 놓아 보았다. 잠시 후, 이 악마 식물의 줄기에 뭔가 끈적끈적한 방울들이 맺혔다. 마치 새벽에 성모초lady's mantle에 맺히는 이슬처럼 당분으로 된 선명하고 완벽한 구체였다. 이는 꽃 바깥에 있는 꽃꿀이라는 의미에서 '꽃외꿀extra-floral nectar'이라 불리는 것인데 식물에서 흔히 볼 수 있는 건 아니다. 전형적으로 꽃외꿀은 당분을 먹는, 그리고 어떤 식으로든 그 식물에게 도움이 되는 동물을 유인하려고 분비된다. 그들은 애벌레들을 계속 지켜보았다. 녀석들은 정말로 그 당분 방울에 꼬여 들었다. 하지만 애벌레들은 그 식물을 돕지는 않았다. 식물을 먹을 뿐이었다. 그러다 갑자기 애벌레들의 입에 뭔가 문제가 생겼다. 자그마한 경첩 같은 턱이 마치 본드로 붙인 것처럼 그 방울에 달라붙어 버린 것이다. "마치 엄청나게 끈적한 캐러멜이 입안에 딱 붙어버린 것 같았죠." 애벌레들은 머리를 앞뒤로 흔들며 그 물질을 떼버리려고 애썼다. 하지만 미약한 몸부림이었다. 입에 닿는 팔도 없는 상황에서 애벌레들이 할 수 있는 일은 별로 없었다. 완벽하게 동그란 설탕 방울은 덫이었다. 그걸 삼키려고 했다가는 두 번 다시 입을 벌리지 못하게 된다.

    최근 데 모라에스는 미역취를 연구하고 있다. 기다란 줄기에 부드러운 아치를 그리며 황금빛 노란 꽃들을 조롱조롱 매다는 미역취는 북미 동부 지역이면 거의 어디서나 볼 수 있다. 2020년에 데 모라에스는 미역취가 벌레혹•을 만드는 파리들이 근처에서 뿜어내는 휘발성 신호를 감지하여 파리가 자기 몸에 닿기도 전에 즉각 면역 시스템을 가동한다는 것을 알아냈다. 벌레혹을 만드는 곤충들은 식물에게 큰 해악을 입힌다. 이들은 일단 식물에 도착하면 식물의 DNA를 강

• 곤충, 균류 등의 자극으로 식물의 줄기, 잎, 뿌리 따위에 발생하는 혹 모양의 불룩한 부분._옮긴이

탈하여 식물이 자신의 살로 벌레들을 위한 집을 짓게 만든다. 그렇게 만들어진 벌레혹은 구조가 기하학적으로 매우 복잡하며, 원래는 그 식물이 만들지 않는 색깔을 띠기도 한다. 이 곤충들은 벌레혹 안에 알을 낳는데, 이 알들이 배가 고픈 상태로 부화하면 식물에게는 또 하나의 문제가 된다. 이 모든 상황은 식물의 관점에서 보면 무조건 피하는 게 상책이다. 그러니 미역취가 벌레혹을 만드는 파리들이 근처에 있는지 알아낼 수 있도록 진화한 것은 충분히 납득할 수 있다. 하지만 파리들도 미역취가 자기네 도착을 감지할 수 있다는 것을 알아서 그에 따라 미역취들을 평가한다. 만약 미역취가 파리에 맞선 방어벽을 세웠다는 것을 시사하는 휘발성 물질을 뿜어내고 있다면, 알을 품고 있는 암파리들은 이를 알아차리고 그 개체를 피한다. 파리 입장에서도 방어가 허술한 개체를 찾아가는 것이 더 낫다.[5]

종들 사이의 이런 대화는 항상 일어나고 있지만 인간의 지각에는 전혀 감지되지 않는다. 그 의사소통은 정교하고 역동적이며 다층적이고 신속하다. 이 모든 일이 몇 분 만에 일어난다. 지금까지는 그중 아주 작은 부분만을 알아냈을 뿐이라고 데 모라에스는 말한다. "나는 항상 우리가 모르는 게 얼마나 많은지에 놀란답니다."

나는 벌들을 불러들이는 옥수수와 토마토를 다시 생각했다. 그들은 한마디로 협력자들을 모집한 것이다. 아니, 약간 다른 각도로 보면 벌들을 도구로 활용하고 있었다. 협력과 강제를 가르는 선은 때때로 흐릿하다. 벌들 역시 그 관계에서 확실히 득을 보았다. 하지만 어쨌거나 처음에 그 관계를 제안한 것은 식물이었다. 식물의 관점에서 보면 그 일을 해낼 알맞은 도구를 찾아낸 것이라 볼 수 있다. 도구 사용 능력이 동물의 지능을 알아보는 표준적 테스트라는 것이 생각났다. 나는 까마귀들이 막대기로 음식 상자를 여는 영상, 해달들이 연체동물의 껍데기를 부술 때 돌을 모루로 사용하는 영상을 보았다. 이게 그렇게 다른 걸까? 나는 계속 문헌들을 읽었다. 알고 보니 이건 식물의 세계에서 수없이 되풀이되어온 이야기였다.

토마토, 감자, 담배와 같이 가지과에 속하는 비터스위트 나이트셰이드Bittersweet nightshade•는 개미 경호원을 모집하기 위해 달콤한 꽃꿀을 분비한다. 개미들은 이 식물이 자기들을 위해 분비한 끈적한 시럽에 홀려 비터스위트의 줄기에 달라붙어 있는 이 식물의 숙적 벼룩잎벌레flea beetle 유충들을 열심히 떼어낸다. 개미들은 서둘러야 한다. 이 꼬물거리는 벼룩잎벌레 아기들이 비터스위트의 몸에 구멍을 뚫고 문제를 일으킬 여지를 주면 안 되기 때문이다. 개미들은 줄을 지어 유충들을 개미굴 깊숙이 데려간다.[6] 이후 그 유충들은 다시 볼 수 없다.

이 밖에도 개미를 이런 식으로 부리는 식물들이 여럿 있는데, 그 수는 식물학계가 '개미식물ant plants'이라는 비공식적 명칭을 붙여줄 만큼 많다(머미코파이트myrmecophyte라는 공식 명칭도 있다). 어떤 개미종들은 이제는 자기들과 협력하는 개미식물 없이는 생존하지 못하는데, 열대의 마카랑가속 나무와 공생하며 이 나무들과 떨어지면 금방 죽어버리는 개미들이 바로 이런 예다.[7] 아카시아들도 비슷한 관계를 맺고 있다. 협력자 개미들에게 먹이를 제공하고 자기 가지에 난 속이

• 배풍등의 일종._옮긴이

빈 가시들을 개미들을 위한 특별한 둥지로 내어준다. 이에 개미들은 자기네 둥지 나무를 괴롭히는 모든 것을 맹렬히 공격한다. 개미식물에 관한 위키피디아 페이지에는 나뭇잎 위에서 적갈색 큰 개미 세 마리가 더 작은 빨간 개미 한 마리를 에워싸고 있는 사진이 실려 있다. 큰 개미 중 둘은 작은 개미의 앞다리들을 턱으로 물고 있고 다른 한 마리는 뒤에서 작은 개미의 배를 물고 있다. 사진 아래에는 "개미들이 합심해서 침입한 개미 한 마리의 몸을 뜯으려 하고 있다"라는 설명이 붙어 있다. 나무는 개미들을 모집해 경호원으로 부리고, 개미 경호원들은 그 대가로 시럽과 숙소를 얻는다.

식물은 스스로 할 수 없는 일이 있을 때 자기들을 대신해 그 일을 해줄 존재들을 찾아낸다. 그런데 그 다른 존재들이 자기 나름의 목적이 있는 생물들이라면, 도움을 얻기 위해서는 약간의 뇌물 혹은 조종이 필요하다. 예를 들어 콩과 식물은 뿌리 속 세균과 제휴를 맺고 질소 비료를 지속적이고 안정적으로 공급받는다. 이들의 뿌리에는 한 쪽이 찌그러진 진주알 같은 동그란 뿌리혹들이 잔뜩 달려 있는데 바로 이 뿌리혹들이 박테리아 군집의 집 역할을 한다. 뿌리혹 내부의 박테리아들은 식물을 위해 토양 속 질소를 고정해 주고, 식물은 그 보답으로 당분을 먹이로 제공한다. 하지만 이러한 방식이 항상 콩이 바라는 만큼 순조롭게 이루어지는 것은 아니다. 박테리아는 변덕스럽다. 항상 할 일을 하는 것도 아니고, 항상 그 일을 잘하는 것도 아니다. 질소를 고정하는 박테리아들의 능력도 편차가 크다. 콩들은 각 뿌리혹 속에 사는 공생체들을 모니터링하면서 그들이 이 거래 관계에서 자기 몫을 계속하고 있는지 확인하며 일대일 교환을 요구한다. 무임승

차 중인 박테리아를 발견하면 콩은 바로 그 뿌리혹에 산소 공급을 차단해 태만한 박테리아에게 벌을 준다.[8]

콩과 식물의 방식은 약간의 민폐나 처벌이 끼어들기는 하지만 유기체들 사이의 단순명료한 거래를 보여주는 예다. 그보다 해석이 더 까다로운 종간 관계들도 있다. 생물학적 시스템에서 특히 강요성 여부는 판단하기가 어렵다. 한쪽이 강요 때문에 어쩔 수 없이 따르고 있는 것인지 아닌지 누가 단언할 수 있을까? 우리에게 강요처럼 보이는 일이 당사자 개체들에게는 다른 의미가 있을 수도 있다. 그런 사례 중 하나로 생물학자들이 "성적으로 기만한다"라고 표현하는 한 무리의 난초를 들 수 있다. 이 난초들은 식물이 생화학을 얼마나 세밀하고 정교하게 활용하는지 보여주는 빼어난 예다.

식물은 화학 성분 합성의 천재들이다. 당장 닥친 문제를 해결하는 데 필요한 화합물이 무엇이든 식물은 뚝딱 다 만들어내는 것으로 보이고, 그 물질을 기공을 통해 기체로 발산하거나 때로는 뿌리로 내보내 토양에 퍼뜨린다. 이 일에서 식물이 보이는 정밀함과 다재다능함은 다른 모든 유기체를 능가하며, 이는 수시로 연구자들을 충격에 빠트리는 완전히 새로운 범주의 감각이라고 말해도 지나치지 않을 것이다. 기체 샘플링 도구가 한 단계 발전할 때마다 식물이 만들어내는 화학 성분의 전체 그림은 더욱더 확장되고, 더욱 섬세하고 구체적으로 조절된 화학적 발명품들이 우리 눈에 들어온다. 식물은 우리가 만든 도구로 감지할 수 있는 것보다 훨씬 더 복잡한 화합물을 만들어낸다는 것이 명백하다.

하지만 일단 난초 이야기로 돌아오자. 호주의 진화생물학자 로드

피컬Rod Peakal은 몇 종류의 난초들이 자기들과 짝짓기하도록 벌들을 설득하는 방식을 30년 넘게 연구했다. 난초들의 목적은 벌들에게 제 꽃가루를 잔뜩 묻히는 것이다. 그러니까 이 난초들은 자기들의 생식을 위해 팬터마임으로 벌의 짝짓기를 흉내 내는데, 그러면 벌은 무심코 식물과 짝짓기하게 되는 것이다. 구체적인 방법은 좀 복잡하다. 우리가 아는 다른 어떤 사례에서도 식물이 다른 종의 삶에 이토록 내밀하게 관여하는 예는 찾기 어려울 것이다. 그러니 최선을 다해 한번 상상해 보자.

우리가 살펴본 기이한 식물 중 다수가 그렇듯이, 벌과의 짝짓기에 정통한 여러 난초도 호주의 토착종이다. 일례로 거미난초spider orchid를 보자. 이 난초가 거미를 닮은 외양을 지니게 된 것은 일반적인 꽃잎의 개념을 폐기해 버린 결과다. 보통 꽃잎 대신 줄처럼 길게 늘어지는 가닥 같은 꽃잎을 만드는데, 그중 하나의 끝에는 고치처럼 생긴 불룩한 부분이 달려 있어 바람이 불면 아래위로 심하게 흔들린다. 이 둥그런 부분은 특정 종 말벌 암컷과 크기와 모양이 대략 비슷하다.

이제 벌들을 생각해 보자. 이 종의 암벌은 날지 못한다. 이 벌들이 교미하려면 발정한 상태로 식물 위에 앉아 있는 날개가 없는 암벌을 수벌이 날아다니며 찾아야 한다. 암벌을 발견한 수벌은 암벌을 꽉 껴안고, 마치 서로 몸을 단단히 묶고 뛰어내린 두 스카이다이버처럼 날면서 공중에서 교미한다. 그러니까 거미난초의 모조 암벌은 교묘하게 이 방식에 맞춰 만들어진 것이다. 수벌은 이 가짜 암벌에 내려앉아 꽉 껴안은 다음 멀리 데려가기 위해 들어 올리려 용을 쓰며 거세게 몸을 흔들어댄다. 말벌과 가짜 말벌은 가느다란 줄처럼 생긴 꽃받침 위에서 함께 통통 튀고, 그러다가 이윽고 진짜 말벌이 난초의 중앙에 있는 꽃술대에 부딪힌다. 꽃술대에는 말벌 등에 철썩 들러붙을 순간을 기다리는 꽃가루가 있다. 얼마 후 말벌은 어쩌면 자기가 착각했음을 알아차리고 (아니면 여전히 모르는 채로) 꽃가루를 달고 날아간다. (비슷한 전략을 쓰는 또 다른 난초 종은 벌의 등에 깔끔하게 뭉친 꽃가루 덩어리를 붙인다. 그러면 이 벌은 노란 가방을 등에 메고 벌 학교에 등교하는 초등학생 벌처럼 보인다.) 아까 그 말벌은 근처에서 다른 암벌로 보이는 난초 꽃으로 날아가 다시 힘껏 몸을 굴려보는데, 이 과정에서 이 꽃에 꽃가루를 부려놓는다. 이 말벌은 난초 군락지를 날아다니며 짝꿍들이 정말 많다고 생각할 것 같다.

오랫동안 대다수 사람들은 난초에서 추처럼 늘어진 입술꽃잎이 그 모양으로 벌을 유혹한다고 믿었다.* 하지만 로드 피컬은 벌들의 시력이 꽤 좋다고 생각했다. 그리고 실제로 아무리 암벌의 모양을 잘 흉내낸 난초라도 세부적인 부분에서는 게으름을 부렸다. 그럭저럭 비슷한 실루엣은 만들어지지만 가까이서 보면 속아 넘어갈 만큼 그럴듯하지는 않다. 똑같은 수분 전략을 쓰는 다른 몇몇 난초 종들은 거미난초보다 위장에 정성을 덜 들인다. 피컬은 이걸 보고 완전히 속아 넘어갈 벌은 없을 거라 생각했다. 게다가 말벌은 암벌이 발정한 상태일 때

---

* 그러나 1928년에 호주의 선구적인 자연학자 이디스 콜먼은 분명 향기가 연관되어 있을 거라고 결론지었다. 하지만 아직 그와 관련된 화학은 이해되지 않은 상태였고, 시각적 속임수라는 생각이 여전히 지배적이었다. 이디스 콜먼, '이크네우모니드 리소핌플라 세미풍타타 커비 수컷에 의한 호주 난초의 수분Pollination of an Australian Orchid by the Male Ichneumonid Lissopimpla semipunctata, Kirkby', 〈생태곤충학〉.

만 교미한다. 이건 분명 페로몬의 문제일 터였다.

신호화학물질semiochemical이란 한 생물의 몸속에서 합성되어 다른 생물에게 작용하도록 배출되는 모든 화합물을 말한다. 정의만 봐도 이는 한 생물이 다른 생물을 조종하기 위해 만들고 배출하는 화학물질임을 알 수 있다. **신호화학물질**이라는 용어는 어떤 의도도 악의도 내포하지 않는다. 그저 누구든 그 물질을 들이마신 생물은 원하든 원하지 않든 특정 행동을 하게 된다는 으스스한 사실만이 내포되어 있을 뿐. 심지어 그 생물들은 그게 자기 의사에 따른 행동이라고 생각할 수도 있다.

2000년대 초에 피켈은 난초의 속임수가 화학과 얼마나 관계가 있는지 측정해 보았다. 이 난초가 말벌의 여러 냄새를 조합해 상당히 설득력 있는 냄새를 뿜어내고 있을 거라는 생각이 들었다. 그는 특정 난초가 특정 종의 말벌만을 끌어들인다는 것, 따라서 여기 얽힌 화학은 꽤 특정적이라는 것을 알고 있었다. 피켈은 난초들이 이미 알려진 1,700가지가 넘는 꽃향기 성분들을 적절히 조합해서 사용할 거라고 짐작했다.

"완전히 틀린 생각이었죠."[9] 2020년 이 분야의 연례 온라인 콘퍼런스에서 전 세계 식물학자들에게 피켈이 한 말이다. 그와 연구팀이 분석한 신호화학물질들은 거의 전부가 식물과학 분야에서 완전히 처음 접하는 것이었다.[10] 겨우 몇 가지 난초만 분석한 것인데도 그랬다. 이 밖에도 얼마나 많은 화합물이 이 세상에서, 공기 중에서 우리 눈에는 보이지도 않는 채로 미묘하게 환경을 조종하며 활동하고 있을까? 그뿐 아니라 최근 기체감지 기술의 발달에 힘입어 피켈은 말벌을 유혹하는 일이 난초가 두 가지 이상의 화합물을 정확한 비율로 혼합하는 데 달려 있다는 걸 알아낼 수 있었다.[11] 난초마다 레시피는 달랐다. 한 종은 두 가지 물질을 정확히 10 대 1로 혼합한 기체를 만들어냈다. 또 다른 종은 전혀 다른 두 가지 물질을 4 대 1 비율로 섞어 사용했다. 이 모든 화합물은 과학이 이전에 접해본 적 없는 것들이었다. 각각의 난초 종들이 각자의 수분 매개자를 유혹할 물질을 얼마나 정교하게 맞춤 제작하는지 너무 놀라워 머리가 어질어질할 정도였고, 그중에는 현대의 최첨단 도구들이 감지할 수 있는 범위를 벗어난 것도 많았다. 게다가 난초들이 자기네 신호화학물질의 효과를 내려면 자외선이 필요하다는 사실까지 밝혀졌다. 다시 말해서 이 난초들은 햇빛까지 부재료로 사용하고 있었다.

피컬은 작은 검정 구슬에 그 미묘한 화학물질을 묻혔다. 난초꽃의 가짜 암벌 형태가 없어도 수벌들이 그 물질의 유혹에 빠질지 알아보기 위해서였다. 마치 마술을 부린 듯 효과가 있었고, 이로써 그 마술 같은 속임수는 시각적 눈속임이 아니라 화학적 속임수였음이 증명되었다. "물론 진화의 관점에서 난초가 어떻게 벌의 사적인 커뮤니케이션 신호를 그렇게 정확하게 가로채서 이용할 수 있는지는 여전히 수수께끼로 남아 있습니다." 피컬의 말이다. 식물과 곤충 사이에서 이보다 더 섬세하게 조정된 공진화 체계를 상상하기는 어려웠다.

하지만 그의 말을 듣는 동안 이 이야기에서 뭔가 빠져 있는 게 아닌가 하는 생각이 들었다. 이건 확실히 성적인 속임수처럼 보였지만, 벌이 난초의 책략을 알면서도 그냥 함께 놀아주는 거라면? 요크대학교의 과학 인류학자 너태샤 마이어스Natasha Myers와 토론토대학교에서 과학사를 연구하는 칼라 허스택Carla Hustak은 난초와 벌의 관계를 바라보는 또 다른 관점을 제시한다.[12] 1862년에 찰스 다윈도 알아보았듯이 난초의 몸과 곤충의 몸은 서로 정확하게 맞물리며, 이는 자연에서 가장 완벽한 적응으로 볼 수 있다.[13] 하지만 다윈은 여전히 이를 본질적으로 속이는 일이라 보았다. 이 관계에서 곤충은 번식에 아무런 이득도 얻지 못하니 난초가 벌을 기만하는 게 분명하다고. 그런데 마이어스와 허스택은 그와는 다른 가능성이 있지 않을까 하는 의문을 품었다. 혹시 다윈주의 적자생존과는 다른 뭔가가 아닐까? 그들은 곤충과 난초 사이의 로맨틱한 장난 같은 것, 서로 다른 종들 사이에서 쌍방이 그 방식에 동의하고 기꺼이 함께 놀아보기로 한 일종의 춤사위라는 관점을 제시했다. 어쩌면 이 만남은 "한 종 내부, 혹은 종과 종 사이의 재미와 놀이, 즉흥성"이 표준이 되는 또다른 종류의 생태학적 관계의 증거일지도 모른다. 요컨대 그 벌은 "유사 교미가 주는 쾌락에 탐닉하고 있는" 거라고 할 수 있지도 않을까?

너무 나간 말처럼 들릴지도 모른다. 그러나 다윈도 자기 집에 있는 난초들을 상대로 일종의 다중감각 실험을 하지 않았던가. 자기 손가락과 머리카락, 그 밖의 도구들로 난초의 각 부분을 찔러 보고 쑤셔 보고 쓸어 보면서 곤충이 촉발했던 것과 같은 반응을 자기도 이끌어낼 수 있을지, 다시 말해 난초의 꽃가루주머니가 자기한테도 꽃가루를 뿌려줄지를 알아보려고 했다. 사실상 다윈은 잔뜩 흥분한 벌의 롤플레잉을 하며 아주 긴 시간을 보낸 셈이다. 그는 사람인 자기도 명백히 알아볼 만큼 난초가 특정 종류의 접촉을 감각적으로 더 좋아하는 성향이 있다고 묘사했다. 마이어스와 허스택은 이 관계를 난초와 수분 매개자 양자 모두 만족을 느끼는 호혜적 얽힘으로 볼 수 있을지 의문을 던졌다. 어쨌든 다윈도 자연을 "뒤얽힌 둑"으로, 서로의 삶에 긴밀하게 관여하는 종들 사이 "풀어낼 수 없는 유연관계의 그물망"이라고 말하지 않았던가.[14] 다른 존재들의 삶에 대한 식물들의 관여를 또 다른 방식으로, 그러니까 덜 적대적이고 더욱 내밀하게 읽어낼 여지가 여기 있는지도 모른다.

또한 연구로 밝혀진바, 이 난초들이 대체로 화학적 모방에 지나치게 완벽을 기하지는 않는다는 점도 꼭 말해야 할 것 같다. 그러니까 수벌을 설득할 수는 있지만 진짜 암벌과 완전히 똑같지는 않은 정도로 그 혼합물의 몇몇 양상을 살짝 바꾸는 것이다.[15] 이는 충분히 납득이 된다. 만약 난초들이 경쟁에서 암벌들을 한참 앞질러 수벌들을 너무 잘 유혹한다면, 수벌들이 난초에 너무 홀려서 진짜 암벌들과는 교미하지 않으려 할 수도 있기 때문이다. 그렇게 되면 난초는 수분 매개자를 잃을 위험에 처할 것이다. 그 차이를 알아차리고도 어쨌거나 꽃과 교미하기로 마음먹은 수벌이 이 모든 일을 어떻게 생각할지 궁금하다.

식물학자이자 시티즌 포타와토미 네이션*의 성원인 로빈 월 키머러는 《향모를 땋으며》에서, 젊은 시절 해마다 9월이면 쑥부쟁이aster와 미역취가 함께 꽃 피는 이유가 너무도 알고 싶었다는 이야기를 들려준다.[16] 불타는 듯 진한 노란색 미역취꽃 옆에 깊은 보랏빛의 쑥부쟁이꽃이 피어 있으면 도취될 것 같은 역동적인 광경이 연출됐다. 이 꽃들이 왜 이렇게 아름다운 건지 그는 무척 알고 싶었다. 키머러는 유

• 오클라호마주에 위치한, 포타와토미 부족 가운데 가장 큰 공동체. _옮긴이

년기에 인간 이외의 존재들에게도 인칭대명사를 썼던 선주민 아이였다. 1970년대에 대학에 들어갔을 때, 지도교수는 그에게서 그런 종류의 지적 갈망을 떨쳐내고 싶어 하는 것 같았다. 아름다움에 관한 질문은 식물학과에서 설 자리가 없다고 했다. 아름다움은 객관적이지 않고 주관적이며, 따라서 결코 과학에 걸맞은 탐구 거리가 될 수 없다는 것이었다. 식물은 주체가 아니라 과학적 답을 뽑아내야 할 대상이어야 한다고.

하지만 키머러는 토박이 과학에서는 그것이 부적절한 질문이 아니라는 걸 배웠다. 후에 박사학위를 받고 식물학과에서 교수가 된 키머러는 선주민 원로들의 모임에 참석하게 되었는데, 거기서 한 나바호 여인이 식물과 식물이 선호하는 관계에 관해, 그러니까 식물들이 누구 옆에서 자라는 걸 좋아하는지, 식물이 왜 그렇게 아름다운지 몇 시간에 걸쳐 이야기했다. 여인은 쑥부쟁이와 미역취는 언급하지 않았지만 "그의 말은 각성제와 같아서", 그 무렵 이미 여러 해를 보내며 자기도 모르게 물들어 있던 과학적 절대론에서 깨어나게 해주었다고 키머러는 말했다. 그는 다시 예전의 의문으로 돌아갔다. 한 생물이 이런저런 방식에서 혜택을 보고 있는지 측정하고 싶을 때 과학자들은 번식을 측정하는 경향이 있다. 그러니까 만약 쑥부쟁이와 미역취가 실제로 함께 자라는 일에서 혜택을 본다면, 그 모든 아름다움에 목적이 있는 거라면, 아마도 두 식물은 혼자 자라는 것보다 함께 자랄 때 번식률이 더 높아질 것이다. 쑥부쟁이와 미역취 둘 다 번식을 수분에 의지하므로 키머러는 벌들을 살펴보기로 했다.

노랑과 보라는 색상환에서 정반대 지점에 자리한 보색이어서, 서로에게 유리한 시각 효과를 낳는다. 우리의 눈은 노랑과 보라가 각자 홀로 있을 때보다 함께 배치되어 있을 때 더 강렬하게 반응한다. 어쩌면 이 색깔들이 벌들에게도 똑같은 효과를 낼지 모른다고 그는 생각했다. 모든 꽃은 기본적으로 수분 매개자들을 끌어들이려는 광고판이다. 광고가 화려할수록 더 많은 벌이 찾아온다. 벌들은 우리보다 시각 스펙트럼이 훨씬 넓으며 우리가 보지 못하는 색깔들도 볼 수 있다. 많은 꽃들에 줄무늬가 있는데, 벌의 눈에만 보이는 이 줄무늬는 벌에게 마치 활주로나 과녁의 줄무늬 같다. 그러나 쑥부쟁이와 미역취의 경우에는 벌들에게 보이는 모습과 우리에게 보이는 모습이 사실상 똑같다는 게 드러났다. 벌들도 보라와 노랑이 어우러져 만들어내는 눈부신 효과를 본다. 키머러는 쑥부쟁이와 미역취가 벌과 관련된 이유로 함께 자랄 거라는 자신의 가설을 시험했고, 그 결과 두 식물이 따로 자랄 때보다 함께 자랄 때 더 많은 수분 매개자를 끌어들인다는 사실을 발견했다. 미역취만 자라는 꽃밭이나 쑥부쟁이만 자라는 꽃밭보다 둘이 함께 자라는 꽃밭에 더 많은 벌이 찾아갔다. 두 꽃이 어우러진 광경에는 키머러를 매혹한 것처럼 벌들도 매혹하는 뭔가가 있었다. 키머러는 그 아름다움이 의도된 것이라고 결론지었다. 결국 우리의 주관적 미감도 식물의 의도에 관한 실마리가 될 수 있는 것이다.

아름다움은 거의 항상 일종의 의사소통이다. 말하자면 "나를 선택해줘"라는 뜻을 전하는 것이다. 아름다움에 대한 선호는 동물계 전반에서 나타나며, 동물은 자기가 아름답다고 인식한 것에 끌린다. 그러니 식물이 아름다움을 활용하는 것도 놀라운 일이 아니다. 꽃 자체가 동물에게 아름답게 보이기 위한 진화의 산물이다.[17] 원래 대부분의 육상 식물은 자기네 꽃가루를 한 개체에서 다른 개체로 옮기는 일을 바람에 의지했다. 하지만 이윽고 동물들도 육지로 올라왔고, 이후 식물의 단백질 풍부한 꽃가루를 먹기 시작했다. 이 동물들은 식물을 먹는 과정에서 꽃가루 일부를 이 꽃에서 저 꽃으로 옮기며 바람보다 훨씬 더 효율적이고 깔끔한 방식으로 수분을 도왔다. 그러자 곧 식물들은 동물들에게 꽃가루의 위치를 더 잘 알려주기 위해 잎들을 색색의 작은 깃발들로 바꾸기 시작했고 이 깃발이 바로 초기의 꽃잎이다. 꽃잎들은 점점 더 복잡한 색과 형태를 띠었고, 결국에는 자기네 수분 매개자의 눈의 특정한 해부학적 구조에만 보이는 상징들을 만들어냈다. 이 시각적 전시에 꽃꿀과 꽃향기가 더해졌다. 이 유혹적인 구성은 꽃이라는 형태로 나타났고, 꽃들은 점점 더 복잡해지는 눈의 해부학적 구조와 점점 더 까탈스러워지는 미적 취향을 지닌 동물들을 유혹하기 위해 경쟁을 벌이며 점점 더 극단적인 미학적 시도를 밀고 나갔다.* 이제 꽃의 아름다움은 우리에게도 명료하게 말을 건넨다.

우리는 식물의 생화학적 천재성이 그들에게 회복 탄력성을 갖춰주

• 하지만 사람의 경우에도 그렇듯이 애초에 미적인 선호가 어디서 비롯된 것인지는 여전히 수수께끼로 남아 있다. 우리가 어떤 것을 아름답다고 느끼는 이유는 뭘까? 때로는 아름다운 특성이 감춰진 진화적 우위를, 즉 개체가 지닌 유전된 강점을 암시할 수도 있다. 이를 '좋은 유전자' 가설이라고 하지만, 이는 아직 연구 결과로 증명되지 않았다. 아름다움과 강건함 사이에 그런 상관관계가 발견되지 않는 경우가 더 많다. 대개의 경우 아름다움은 겉보기에는 전혀 적응에 유리해 보이지 않는다. 생물의 아름다움을 연구하는 한 연구가는 〈뉴욕타임스 매거진〉에 실은 글에서 그 아름다움을 "진짜 쓸데없는 사치"라고 표현했다. 우리가 어떤 대상을 아름답다고 느끼는 이유는 전혀 분명하지 않다. 하지만 아름다운 데는 명백한 이점들이 있다. 아름다움은 동물의 뇌에서 무언가를 촉발하여 끌림을 활성화한다. 이를 모르지 않는 식물들은 자신을 아름답게 만들려 애쓴다.

고, 포식자로부터 잘 지켜주며, 미묘한 방식으로든 노골적인 방식으로든 필요를 충족해 준다는 것을 알고 있다. 게다가 식물은 유럽인의 감성이 만물의 '자연 질서'라 여기는 것에 항상 맞아떨어지지도 않는다. 그들은 자기 종만을 고수하지도 않으며, 심지어 명확히 한정된 성별만을 고집하지도 않는다. 따지고 보면 거미난초는 벌과 짝짓기해서 번식하는 셈이다. 사시나무나 민들레 같은 일부 식물들은 거의 자기복제로만 번식하기도 하고, 딸기처럼 때로는 자기복제도 하고 때로는 유성번식도 하는 식물도 있다. 많은 식물이 자웅동체로 암수 생식기가 한 꽃에 함께 존재한다(식물 해부학에서는 흥미롭게도 이런 꽃을 '완전화perfect flower'라 부른다). 태곳적부터 존재한 은행나무는 제 몸의 한 부분에서 스스로 성별을 바꾸어 수그루에서 암가지를 뻗기도 한다.18 오늘날 우리와 함께 살아가는 나무 중 가장 오래된 축에 드는 은행나무는 공룡 시대부터 수억 년을 꾸역꾸역 살아남았다. 은행나무가 그 기나긴 세월 동안 어떤 환경에서도 꿋꿋이 회복 탄력성을 발휘할 수 있었던 건 어쩌면 바로 이런 성별 유연성인지도 모른다.

 6월의 어느 습한 날 나는 버지니아주에서 피터 크레인 경Sir Peter Crane과 함께 은행나무 숲을 걷고 있었다. 큐 왕립식물원의 원장을 지낸 고식물학자인 그는 다음날 엘리자베스 여왕의 즉위 70주년을 기념하는 플래티넘 주빌리 행사에 참석하기 위해 영국으로 갈 예정이었다. 그러나 이날은 자신이 가장 좋아하는 식물 종 무리 사이에 있었다. 이 은행나무 숲은 1929년에 블랜디 수목원에 300그루를 심은 묘목이 자란 것으로 지금은 키가 꽤 크게 자랐다. 크레인은 아시아에서 이보다 훨씬 더 오래되고 거대한 은행나무들을 보았다고 했다. 부채 모양의 잎들이 숲속 공기를 시원하게 식혀주고 빛을 연한 올리브 그린색으로 물들였다. 나는 그리운 마음으로 이 나무들이 11월에 보여줄 장면을 상상했다. 밝은 황금빛 노랑으로 물든 은행잎들이 동시에 낙엽 지면서 노란 비처럼 후드득 떨어질 모습을. 은행나무 가로수가 흔한 뉴욕에서 잿빛 11월의 여러 날에 그 광경을 보며 얼마나 경탄했던지. 운이 좋아서 딱 적당한 날 딱 적당한 곳에 있게 된다면, 당신은 깃털처럼 가벼운 금화가 비처럼 쏟아져 내리는 모습과 금빛 비늘이 깔린 보도를 보게 된다. 그런 뉴욕의 낙엽 쇼 대신 지금 나는 버지니아주에 와서 은행나무의 생애주기 중 반대쪽 끝을 보고 있다. 숲 바닥에서 수백 개의 작은 아기 은행나무들이 자라고 있었는데, 싹을 돋아낸 냄새 고약한 씨앗과 아직 연결된 채여서 깨고 나온 껍질을 아직 반쯤 몸에 걸치고 있는 병아리 같았다. 이 유묘들은 대부분 기약 없는 운명이었다. 그들 위로 거대하게 버티고 선 성체 은행나무 중에 딱히 쓰러져 죽을 것처럼 보이는 나무는 없었다. 그것만이 은행나무 숲의 지붕에 구멍이 뚫릴 유일한 기회이고, 구멍이 생겨야 이 어린 나무들 중 어느 하나라도 살아볼 시노나마 해볼 수 있을 텐데. 안쓰러운 마음에 나는 나중에 집에 가서 화분에 심으려고 아기 은행나무 세 촉을 땅에서 파내어 크레인과 함께 산책하는 내내 들고 다녔다.

크레인은 일본 동료들과 함께 최초로 은행나무의 성전환에 관한 논문을 발표했다. 어느 일본 신문에서 천연기념물로 지정된 유명한 은행나무의 수그루에서 암가지 하나가 자랐다는 짧은 기사를 본 뒤였다. 연구를 위해 가보니 정말로 그 가지에서 씨앗이 생기고 있었다. 이 일본 은행나무를 포함해서 성전환한 은행나무는 지금까지 네 그루밖에 보고되지 않았다. 런던의 큐 왕립식물원과 켄터키주에 한 그루씩 있고, 또 한 그루는 우리가 서 있던 바로 이 버지니아주 은행나무 숲에 있다. 크레인 경은 이 현상이 지금은 극도로 희귀한 일로 여겨지지만 그건 단지 수고스럽게 들여다보는 사람이 거의 없기 때문일 수도 있다고 설명했다. 완전히 자란 은행나무는 가지가 수백 개씩 되고 키가 매우 크기 때문에 성별 특성을 가까이서 관찰하려면 엄청나게 어렵고 비용도 많이 든다. 게다가 은행나무의 성별을 확인할 수 있는 시기도 극히 짧다. 은행나무의 생식 기관이 꽃가루나 씨방을 만들 때까지 기다려야 하고, 그런 다음에도 꽃가루가 가득한 나무에서 변칙적인 가지 하나를 찾아내는 것은 너무 힘든 일이라 아직 아무도 시도한 적이 없다. 하지만 크레인은 은행나무의 문화적 유산과 생물학적 유산에 관해 거의 존경심을 품고 이야기하는 책의 저자답게, 은행나무들이 무슨 일을 하든 그건 우리가 주의를 기울일 가치가 있는 일이라고 말한다. 그것은 은행나무가 수억 년 동안 거의 변함없이 살아남은 방법 중 하나일 수 있기 때문이다.

난초, 사시나무, 딸기, 개미식물 그리고 은행나무까지 이 모든 식물에는 결정적으로 변칙적인 뭔가가 있다. 양자택일을 무시하고 종간 경계선을 넘나들며 이성애적 번식 방식을 (어쩐지 희희낙락하면서) 거부하는 관능적 얽힘의 감각이 그것이다. 이런 관점에서 보면 우리가 자연의 모든 것을 승자가 명확히 판명나는 전쟁으로 보는 관념에서 벗어나는 데도 도움이 될 것이다. 때로 그것은 즉흥적인 선택일 수도 있고 협력일 수도 있으며, 또 전혀 다른 무엇일 수도 있다.

내가 야르모 홀로파이넨Jarmo Holopainen과 이야기를 나눴을 때는, 그가 동부핀란드대학교에서 막 은퇴하려던 시점이었다. 동부핀란드 대학교는 수년간 식물 상호작용 연구의 선구적 연구기관으로 자리매 김한 터였다. 나는 핀란드에 이 분야의 혁신을 이끌기에 적합한 특별 한 무언가가 있을지 궁금했다. 핀란드에서는 특히 나무들이 남다르 다. 핀란드에는 거대한 사시나무 숲이 있는데 이 나무들은 광범위한 클론 군집을 이루며 자란다. 그 숲의 모든 나무가 사실상 똑같은 개체 라는 뜻이다. 이들이 거대한 단일 유기체라는 생각을 하면 머릿속에 새로운 공간이 열린다. 이 모두가 한 존재라면 분명 자신의 수많은 가 지들 사이에서 의사소통을 할텐데, 이 경우에는 그 가지들 자체가 온 전한 한 그루의 나무들이다. 거대한 단일 유기체와 개체군의 차이는 뭘까? 전화를 걸고 그 사시나무 숲의 모습을 머릿속에 그려보고 있는 데 홀로파이넨이 전화를 받았다. 그의 목소리는 친절하고 느긋하고 무게가 있었다. 자기가 인생을 보낸 과학계의 미래에 관해 생각하는 사람 같았다. 젊은 사람들은 자신이 은퇴할 즈음이면 자기 분야를 더 잘 이해하게 될 거라 상상할 것이다. 그러나 오히려 홀로파이넨은 끝 맺지 못한 일들이 널려 있는 들판을 내다보고 있다.

그의 전문 분야는 식물의 휘발성 물질이다. 식물이 의사소통에 사용 하는 화학물질 말이다. 2012년에 그는 제자 제임스 블랜드James Blande 와 함께 식물의 생화학 합성을 '언어'로, 여러 화합물의 복잡하고 다양 한 조합을 '어휘'로 설명한 아름다운 논문을 발표했다.[19] 화학물질 꽃다 발을 이루는 물질들의 조합과 비율은 '문장'으로 볼 수 있다고 했다.

"그렇게 보면 식물이 말을 한다고 할 수 있죠." 그가 수화기 너머에서 말했다. 특히 절묘한 한 연구에서 그는 북구의 추운 기후에서 잘 자라는 백자작나무silver birch가 때때로 바구미weevil들의 공격에 시달린다는 사실을 발견했다. 그런데 백자작나무들이 백산차Rhododendron tomentosum와 같은 지역에서 자랄 때는 잎벌레들을 특히 잘 막아낸다는 사실도 알게 되었다. 백산차는 수천 년 전부터 북쪽 지역의 선주민들이 차와 약으로 사용해 온 식물로 래브라도차Labrador tea라고도 알려져 있다. 백산차 옆에서 자라는 백자작나무의 잎에서는 자작나무 잎다운 냄새가 전혀 안 나고 오히려 래브라도차의 독특한 향과 비슷한 냄새가 난다. 홀로파이넨은 블랜드를 비롯한 연구원들과 함께 그 향기의 출처가 실제로 백자작나무가 아니라는 것을 알아냈다. 그것은 래브라도차에 약효를 불어넣는 바로 그 물질이었다. 백자작나무는 그 향기를 이웃 식물에게서 흡수했고, 그 화합물은 백자작나무의 잎에 달라붙어 있다가 잎벌레들이 닥쳐왔을 때 방어물로 작용했다.[20] 동일한 화합물이 두 식물을 모두 보호한다. 이는 서로 전혀 다른 두 식물이 함께 엮어낸 완전한 문장이다.

그러나 최근 홀로파이넨은 그 향기 문장들을 실어나르는 공기에 더 깊은 관심이 생겼다. 그는 인간이 일으킨 대기오염이 식물의 휘발성 신호 물질을 뒤죽박죽으로 만들어 식물의 의사소통을 교란할 수도 있는지 알고 싶었다. 요점만 말하자면, 실제로 그랬다. 다른 종들을 상대로 한 식물의 의사소통이 얼마나 중요한지가 분명해짐에 따라, 우리가 처음부터 그들의 의사소통을 방해하고 있었을지 모른다는 것을 깨달아가는 중이다. 계속해서 공기를 채우고 있는 오염은 식물이 서로 신호를 보내고 서로의 신호를 해석하는 능력을 망치는 것으로 보인다.[21] 식물의 종간 의사소통이 종의 경계선을 넘나들 수 있는 것처럼, 우리의 의사소통 역시 그렇다. 그리고 우리는 그들에게 스모그라는 언어로 말하고 있는 셈이다.

식물은 어느 정도의 오존은 감당할 수 있도록 적응했다고 홀로파이넨은 말했다. 하지만 오존은 일종의 스트레스에 해당하며, 모든 스트레스가 그렇듯 어느 정도에 이르면 견디기 어려운 수준이 되고 농도가 충분히 높아지면 조직을 손상시킨다. 그리고 특히 도시 및 주변 지역에서 식물이 흔히 겪는 낮은 농도의 만성적 오존 노출은 공기로 운반되는 식물의 화학 신호를 억제할 수 있다. 그 신호는 오염된 공기 중에서는 그리 멀리 이동할 수 없기 때문이다.

다음으로 오존은 이동 중인 화학 신호의 구성을 바꿔놓아 메시지를 뒤죽박죽으로 만들어 의미를 알아볼 수 없게 할 수 있다. 게다가 신호를 받아야 할 식물은 아예 신호를 듣지 못하게 될 수도 있다. 어쨌든 오존은 식물에게 유독하므로 오존을 감지한 식물은 기체가 드나드는 구멍인 잎 아랫면의 기공을 닫아버릴 수 있기 때문이다. 이산화탄소 오염에 대해서도 사정은 같아 보인다. "우리는 이산화탄소 배출량이 높은 환경에서 식물을 키울 때도 신호가 약해진다는 것을 알고 있어요." 홀로파이넨이 말했다. "또 이산화탄소 농도가 높은 환경에서는 식물이 기공을 열어두지 않는다는 것도 알고요." 기본적으로 공기 오염은 식물의 의사소통을 완전히 망쳐놓는다. 그리고 그 상황은 점점 더 나빠지고 있을 뿐이다.

연쇄 효과는 만만치 않게 위협적이다. 식물의 방어기제, 예컨대 곤충의 공격이 닥쳐올 거라는 경고를 받을 때 스스로 쓴맛으로 바꾸는 능력은 해충을 감당할 수 있는 수준으로 유지하는 주요한 방법이다. 식물이 메시지를 전달할 수 없다면 이런 식의 자연적 해충 방제는 불가능해진다. "정상적으로 통제되던 해충 종들이 폭발적 수준으로 증가할 수도 있습니다." 홀로파이넨이 말했다. "그러면 심각한 결과가 생길 수 있어요."

그리고 해를 입는 것은 식물만이 아니다. 서로 뒤얽힌 생명의 그물망에서는 언제나 그렇듯이 이 문제에도 더 많은 종의 생명이 걸려 있다. 블랜드가 나에게 차근차근 설명해 주었다. 예를 들어 어떤 식물이 기생벌을 불러들여 애벌레의 몸속에 알을 낳게 함으로써 자기를 먹어치우는 해충을 처치할 수 있도록 진화했다고 해보자. 이 기생벌은 알을 낳을 장소를 찾을 때 그곳을 알려주는 이 식물에게 크게 의존하고 있을 가능성이 크다. 제 유충을 위한 숙주 식물을 찾지 못한다면 기생벌 개체군은 감소할 것이다.

블랜드는 흑겨자꽃이 오존에 노출되면 흑겨자의 수분 매개자인 뒤영벌들이 그 꽃을 찾는 데 시간이 더 오래 걸린다는 것을 알아냈다.[22] 그는 이를 확인하기 위해 고프로 카메라로 이 벌들이 벌집에서 나올 때부터 벌들을 따라갔다. 겨자의 수분 매개자들이 줄어든다는 건 제대로 자랄 겨자 식물이 줄어든다는 뜻이고, 이를 겨자 농사 전반에 적용하면 공급 부족이나 흉작을 의미할 수 있다. 그리고 이런 상황을 맞고 있는 식물이 흑겨자뿐이라고 생각할 이유는 없다. 겨자과(배추과, 십자화과라고도 불린다) 식물은 앞에서도 보았듯이 원래부터 식물 연구자들이 즐겨 연구하는 식물들이다. 아직 아무도 연구할 생각도 해보지 않았지만, 위험에 처해 있는 종간 관계들이 더 많을 것이다.

지금 블랜드는 유럽 북부에서 전반적으로 잘 자라고 심지어 북극에서도 버텨내는 매력적인 상록수인 구주소나무scots pine를 살펴보는 중이다. 그가 이 나무를 선택한 이유 중 하나는 침엽수에서 이런 종류의 문제를 연구한 사람이 아직 아무도 없었기 때문이다. 지금까지 그는 잎벌레들이 구주소나무 유묘의 줄기를 먹기 시작하면 이 소나무가 휘발성 물질을 발산해 이웃 구주소나무 유묘들이 즉각 면역계를 활성화하게 만드는 것을 관찰했다. 이 물질은 다른 유묘들의 광합성 증가도 촉발하는데, 이는 아마도 닥쳐올 공격에 대비하는 방편일 것이다. 광합성이란 결국 식물이 대기에서 탄소를 분리하는 일인데, 식물이 신호를 보내고 방어하는 데 사용하는 모든 화합물을 만들려면 다량의 탄소가 필요하다.

하지만 오염이 일어나면 모든 게 달라진다. "일부 식물들은 어떻게든 대응했던 것으로 보이지만 나머지는 그러지 못했습니다." 블랜드가 말했다. 주변 공기가 오염되어 있을 때는 아직 공격받기 전인 유묘들이 광합성을 증가시키지 않고 면역계를 점화하지도 않는다. "그 상호작용에 결렬이 생긴 것처럼 보였다는 게 적절한 표현일 것 같습니다."

여기에 더해 우리가 식량을 재배하는 방식도 식물의 의사소통을 방해하는 것으로 보인다는 증거들이 나오고 있다. 이를 일반화된 상황으로 보기는 어렵지만 말이다. 재배 식물들 중에는 실제로 야생종보다 휘발성 물질을 더 많이 만들어내는 종도 있다. 하지만 연구 결과 상업용으로 재배하는 옥수수 품종은 곤충들이 자기 몸에 알을 낳는 걸 알아차렸을 때도 그 지역 재래종에 비해 휘발성 물질을 훨씬 적게 만들어내는 것으로 밝혀졌다. 이 옥수수는 자기를 도와줄 포식자 곤충을 전혀 불러들이지 못했다.²³ 위험이 닥쳐온 순간에도 아무 소리도 내지 못하는 조용한 옥수수밭들이 있다는 말이다.

그렇다면 옥수수처럼 유전공학적으로 상당히 변형된 식용 식물을 광활한 농경지에 단일 품종으로 재배하는 일이 의도치 않게 그 식물들의 의사소통 능력을 제거해 버린 것은 아닌가 하는 의문이 생긴다. 아니면 끊임없이 자신을 방어하지 않아도 생존에 필요한 모든 것을 얻는 식물에게는 의사소통 능력이 필요 없어지고 그래서 자연 선택이 그 능력을 제거해 버린 것인지도 모른다. 이는 부분적으로 현대의 산업적 농경에 농약이 그렇게 많이 필요한 이유이기도 하다. 몇몇 식물들은 해충의 침입에 대해 서로 경고해 주거나 도움을 주는 포식자들을 부르는 일을 이제는 그리 잘하지 못하게 된 것 같으니 말이다.

종의 경계를 넘나드는 식물의 의사소통을 우선시하는 일이 잠재적으로 식물과 인간 모두를 이롭게 하리라는 것은 분명하다. 우리는 명백히 해충과의 전쟁에서 지고 있다.²⁴ 세계적으로 매년 잡초와 해충을 통제하는 데 일반적인 농약 200만 톤을 쓴다.²⁵ (미국만 보면 한 해에 4만 5,400킬로그램을 쓴다고 한다.)²⁶ 그리고 대개 한 번만 살포하지 않는다. 대다수 작물은 해충 방제를 위해 성장 시기에 여러 차례 농약을 흠뻑 뿌려야 한다. 그러면 당연한 수순으로 해충들은 농약에 내성을 갖도록 진화하고, 이에 따라 점점 더 많은 농약을 써야 하며, 그러다 언젠가는 완전히 새로운 성분의 농약을 개발해야 한다. 이 모든 일이 인간의 건강에 미치는 영향도 아주 심각할 수 있다. 전 세계적으로 매년 1만 1,000명이나 되는 농장 노동자들이 농약 중독으로 사망하며²⁷ 목숨을 잃지는 않더라도 심각한 농약 중독에 빠지는 사람이 3억

8,500만 명에 이르는데, 이는 주기적이고 지속적인 농약 노출로 인한 기형아 출산, 호흡 장애, 기타 장기적 건강 문제는 포함하지 않은 수치다.* 한편 농약이 살포된 농경지에 내린 빗물은 농약을 씻어내 농장에서 하천과 강으로 데려가는데, 이는 물고기와 수중 야생생물뿐 아니라 상수도를 오염시켜 전체 인구의 건강에까지 악영향을 끼친다. 반드시 다른 방식을 마련해야 한다.

우리는 여전히 언어 능력을 상당히 보유하고 있는 재배 식물들에게서 배울 것이 많다. 토마토의 기발한 방어 전술에 관한 이야기를 많이 들었는데, 그렇다면 토마토에게 귀를 기울여서 우리가 배울 수 있는 건 무엇일지 궁금해졌다. 몇몇 콩 품종들도 자기방어의 챔피언들이다. 리마콩이 기생벌을 끌어들이는 데 쓰는 테르펜을 함유하도록 벼를 개량하는 작업도 진행 중이다.[28] 시험 결과, 이렇게 변형된 벼는 벼의 해충을 처리할 포식자들을 불러들이는 새로운 능력을 갖추었다.

일부 식물과학자들은 식물의 타고난 방어 기제를 더 많이 활용하여 스스로 방어할 줄 아는 작물을 개발해야 한다고 주장한다.[29] 어떤 이들은 동반 재배의 오래된 지혜로 돌아가는 방향을 제시한다. 식물이 다른 어떤 식물과 곁에서 함께 자랄 때 더 잘 자라고 더 잘 살아남는지, 어떤 식물들이 자연적으로 동반자가 되는지에 주의를 기울이는 과거의 방식 말이다. 딸기는 동반 재배의 이점을 분명히 보여주는 식물이다. 딸기꽃은 자가 수정한다. 자기 꽃가루를 써서, 한마디로 스

• 믿기 어렵겠지만 이는 전체 농장 노동자 가운데 44퍼센트 정도가 해마다 농약에 중독된다는 뜻이다.

스로 수분하여 열매를 만드는 것이다. 동시에 딸기는 다른 딸기 개체와 타가수분도 할 수 있는데, 이 경우에는 날아다니는 곤충의 도움이 필요하다. 농부들은 완벽한 별 모양의 파란 꽃이 피는 약초인 보리지 옆에 딸기를 함께 심었을 때 수확량이 3분의 1 더 많고 품질도 훨씬 좋은 딸기가 열린다는 것을 알고 있다.[30] 보리지는 딸기의 수분 매개자들을 끌어들이는데, 딸기는 번식 적응력이 뛰어나서 자가수분이 아닌 곤충을 통한 번식을 할 때 더 품질 좋고 풍성한 열매를 맺는다.[31] 집에서 텃밭을 가꾸는 사람들이나 토착민 농부들은 오랜 세월 동반 재배 방법을 써왔지만, 아직도 통상적인 대규모 농업에서는 이런 방식을 쓰는 일이 드물다.

나는 함께 아름다운 꽃을 피우고, 그 과정에서 서로의 수분 매개자를 더 많이 불러들이는 미역취와 쑥부쟁이를 생각하고, 두 식물이 식물의 의사소통에 관해 한 개체 내의 소통, 동료 식물끼리의 소통, 곤충과의 소통까지 우리에게 말해주는 모든 것을 생각한다. 식물은 도움을 요청하거나 요구할 수 있고, 그들이 속한 세상은 그들의 부름에 답할 준비가 되어 있는 것 같다. 우리가 식물들이 스스로 더 많이 말하도록 해야 한다는 주장에는 강력하고 타당한 근거가 있다.

8장

과학자와 카멜레온 덩굴

우리는 모두 끊임없이 변화하고 있다.
그 누구의 존재든 그 존재가 시작되고 끝나는 곳이 어디인지
누가 단언할 수 있을까?

뉴욕에서 칠레의 산티아고로 가는 비행기 안, 좌석에 달린 화면은 지구를 따라 직선으로 내려가는 굵은 선으로 우리의 항로를 표시했다. 우리는 똑바로 남쪽으로 11시간을 비행할 터였다. 나는 다음 주의 대부분을 보낼 예정인 칠레의 온대우림에 관한 글을 읽고 있었다. 좁고 긴 나라인 칠레의 남부에서 여러 호수와 잇단 화산들 사이에 샌드위치처럼 자리하고 있는 그 온대우림에 가려면, 산티아고에서 다시 비행기를 갈아타고 두 시간 더 남쪽으로 가야 한다. 2014년에 이 우림에서 에르네스토 히아놀리Ernesto Gianoli라는 페루의 생태학자가 어느 흔한 덩굴식물이 아직 다른 어떤 식물에서도 본 적 없는 일을 하고 있는 걸 발견했다. 이 식물은 자기 옆에서 자라는 거의 모든 식물의 형태로 자발적으로 변신할 수 있다.

보킬라 트리폴리올라타Boquila trifoliolata는 단순하게 생긴 식물로, 마치 클로버나 콩잎처럼 선명한 초록색 잎 세 장이 한데 모여 난다. 나는 몇 시간씩 보킬라 사진을 들여다보며 보낸 터라 그 식물을 아주 잘 안다는 느낌이 들었는데, 사실 그렇다기보다는 이 타원형 잎 모양

8장 과학자와 카멜레온 덩굴 273

이 얘기의 전부는 아니라는 정도는 알았다고 해야 할 것이다. 히아놀리는 보킬라가 모방할 수 있는 식물 종을 스무 종까지 세었지만, 그 수는 계속 늘어나고 있었다. 현장 연구를 위해 내려갈 때마다 그는 새로운 종을 발견했다. 단지 얼마나 자세히 들여다보고 얼마나 시간을 들이느냐의 문제인 것 같았다.

보킬라가 특정 식물학계에서는 제법 유명한 식물이 되었음에도 자연 서식지에서 보킬라를 연구하는 연구자는 여전히 히아놀리뿐이었다. 그는 다시 연구하러 가고 싶은 마음이 굴뚝같았다. 내가 처음 그를 따라 가고 싶어 했던 때로부터 18개월 정도가 지난 후 그가 마침내 보킬라 서식지로 연구 여행을 갈 수 있게 되었을 때, 그의 목소리에서는 안도감과 동시에 흥분이 묻어났다. 히아놀리는 자기와 연구팀은 다른 덩굴식물을 연구하러 거기에 갈 예정이지만 내가 함께 간다면 환영이라고, 거기서 보킬라도 많이 볼 수 있을 거라고 말했다.

나는 3년 전 직장을 그만뒀을 때부터 줄곧 그의 발견을 추적해 왔고, 그러는 사이 보킬라는 식물학계에 제대로 동요를 일으키고 있었다. 독일의 한 연구팀은 보킬라의 놀라운 모방 능력은 식물이 볼 수 있음을 시사한다고 확신했다. 그렇지 않고서야 어떻게 이웃 식물의 잎 질감과 잎맥 패턴, 형태까지 정확히 복제할 수 있겠는가? 히아놀리는 그 가설이 마뜩잖았다. 그는 그 현상을 상당히 다른 관점에서 보고 있었다. 박테리아와 관련이 있다는 생각인데, 이에 관해서는 그가 나중에 내게 설명해 주기로 했다. 하지만 그 메커니즘이 무엇이든, 이 덩굴식물이 식물의 본질과 식물이 할 수 있는 일에 대한 우리의 생각을 바꿔주리라는 건 분명해 보였다. 충분히 가치 있는 여행일 것 같았다. 나는 당장 비행편을 예약했다.

히아놀리는 칠레 라세레나대학교의 교수로, 그의 전문 영역은 적응 가소성, 그러니까 식물이 환경의 변화에 맞추어 행동을 조정하는 능력이다. 처음 연락을 주고받기 시작했을 때 우리는 그가 편한 시간에 답할 수 있도록 음성 메시지를 활용했다(그의 태어난 지 얼마 안 된 아기가 도통 잠을 안 잔다고 했다). 나는 히아놀리의 차분하고 신중한 목소리와 또박또박한 말투를 듣자마자 냉철한 사색가라는 인상을 받았다. 그는 다윈을 읽고 축구를 하며 보낸 유년기에 관해 이야기했다. 열일곱 살 때 거의 프로 선수가 될 뻔했으나 대신 생물학을 선택했다. 그건 정말 괴로운 결정이었지만 (그 얘기를 하는 목소리에서도 그 감정이 그대로 느껴졌다) 그도 다윈처럼 자기가 사는 세상에 대한 이해에 뭔가를 보태고 싶었다. 히아놀리는 과학철학자 칼 포퍼Karl Popper의 인용문을 자기 이메일 서명으로 쓰고 있었다. "내가 아는 것이 아주 적다는 사실뿐 아니라 내가 그 어떤 지혜를 얻고자 열망하든 그 지혜의 핵심은 나의 무한한 무지를 온전히 깨닫는 데 있다는 걸 가르쳐준 분이 나의 스승님이기 때문입니다." 나 역시 몇 년 동안 식물에 관한 발견들을 찾아 읽고 난 후로 나의 무지, 나아가 집단으로서 우리 인간의 무지의 무한함이 갈수록 더 명백히 느껴졌다.

히아놀리는 처음에 곤충과 식물의 상호작용을 연구했지만, 자기가 그중에서도 식물 쪽에 더 끌린다는 걸 깨달았다. "보통 식물이 '영리한 일'을 할 거라고는 생각하지 않으니까요"라고 그는 말했다. 식물은 곤충과의 상호작용에서 수동적 존재일 거라 여겨진다. 하지만 그는 식물이 "예상을 훌쩍 뛰어넘는 일들을" 하고 있음을 금세 깨달왔다. 히아놀리는 내게 식물이 화학적 신호를 내보내 자기를 먹고 있는 곤충의 천적을 불러와서 그 곤충들을 떼어내 잡아먹게 한다는 이야기를, 혹은 어떤 식물들은 곤충이 자기 몸 어딘가에 알을 낳은 것을 감지하여 그 알들을 파괴할 수 있다는 이야기를 들어봤냐고 물었다. "혹은 식물도 어떤 식으로인지 소리를 들을 수 있다는 연구 결과는 알고 있습니까? 식물이 애벌레가 자기 몸을 갉아 먹는 소리를 감지하고 그에 따라 방어 전략을 변경할 수 있다는 거예요." 모두 다 들어본 이야기였지만, 그래도 식물학자들조차 이런 이야기를 기가 막히게 경이롭고 말도 안 되는 발견으로 여긴다는 것을 다시 확인하니 재미있었다. 히아놀리는 말했다. "식물의 경탄스러움에는 이렇게 끝이 없다니까요."

결국 덩굴식물을 전문적으로 연구하게 된 것도 그에게 딱 어울리는 일 같다. 덩굴식물은 너무나 명백히 동물을 연상시키니 말이다. 덩굴은 기어오른다. 그것도 많은 경우 상당히 민첩하게. 히아놀리의 영웅인 다윈 역시 한동안 덩굴식물의 행동에 심취했고 1865년에는 덩굴식물에 관한 두꺼운 책 한 권을 출간했다.[1] 《덩굴식물의 움직임과 습관에 관하여On the Movements and Habits of Climbing Plants》에서 다윈은 수십 가지 덩굴식물이 다양한 신체적 기술을 활용해 필요한 일을 처리하는 모습을 관찰했다. 어떤 덩굴은 물체를 휘감고 위로 올라가며, 또 어떤 덩굴은 끈적끈적한 접착제를 분비하고, 또 다른 덩굴은 작은 갈고리를 만들어 위로 올라갈 때 지지물로 삼았다. 그리고 모두 다 공중에서 무언가 단단한 것에 부딪힐 때까지 덩굴손 끝을 천천히 돌리며 원을 그리는 식으로 지지대의 위치를 찾았다. 다윈은 이 식물들이 자기가 막대기로 만들어준 덤불이나 끈으로 만들어준 정글짐 위로 "허둥지둥 기어오르는" 걸 보고 있을 때 오랑우탄이나 고양이를 떠올리지 않을 수 없었다. 이 덩굴식물들에게는 경로를 완벽히 수정하는 능력도 있는 듯했다. 덩굴이 돌돌 감고 있던 막대기 하나를 다윈이 빼내자, 그 덩굴손은 동그랗게 감았던 몸을 그냥 쭉 펴더니 타고 오를 다른 뭔가를 찾는 탐색을 재개했다.

다윈은 영국 큐 왕립식물원에 있던 덩굴식물 컬렉션에서 온갖 종들을 구해다가 연구했다. 당대의 박물학자들은 배를 타고 머나먼 아시아, 오세아니아, 라틴아메리카로 여행을 떠났다가 그곳의 이국적인 식물 종들을 이 식물원으로 가져왔는데, 이는 종종 영국 제국주의에 기여하는 일이기도 했다. 아프리카와 남아시아, 호주에서 온 세로페기아Ceropegia*는 펼쳐진 낙하산을 닮은 꽃이 피는 식물인데, 다윈은 이 세로페기아의 덩굴손이 느리지만 꾸준히 지지대를 미끄러지듯이 타고 오르다가 지지대 꼭대기를 넘어가지는 못하는 모습을 지켜보았다. 그는 이 장면을 오를 수 없는 산을 결연히 오르려는 사람을 지켜보는 것처럼 묘사했다. 덩굴손은 막대기에서 "갑자기 껑충 뛰어" 내리며 반대쪽으로 떨어졌다가, 다시 같은 각도로 빙빙 감으며 올라갔다. 이렇게 오르다가 떨어지고 다시 올라가는 주기가 몇 번이나 되풀이되었다. 다윈은 이렇게 썼다. "이 덩굴손의 움직임은 아주 기이하게 보였다. 마치 제 실패가 넌더리가 나지만 그래도 반드시 다시 시도하겠다고 마음먹은 것 같다."

• 흔히 '러브체인'이라 불리는 식물이 세로피기아 속이다. _옮긴이

또 꽃고비과에 속하는 멕시코 원산의 어느 꽃피는 덩굴식물은 다윈이 세워준 지지대를 타고 오르려고 덩굴손에서 고리 같은 걸 내밀었다. "빙빙 돌던 덩굴손 하나가 지지대에 부딪히면 줄기들이 재빨리 휘어지며 지지대를 붙잡는다. 여기서는 작은 고리들이 중요한 역할을 하는데, 줄기가 지지대를 단단히 붙잡기도 전에 빠른 회전 운동 때문에 다른 데로 끌려가는 걸 막아주기 때문이다." 이 고리들은 갈고리 모양의 엄지로 울퉁불퉁한 바위벽을 오르는 박쥐들을 떠올리게 했다. 이 식물이 줄기가 계속 빙빙 도느라 한 번 붙잡았던 지지대를 놓치게 되는 상황을 방지하려고 줄기의 위치를 고정해 둔다는 사실을 생각하니, 언젠가 보았던 발로 기장 이삭을 쥐고 부리로 기장을 한 알씩 떼어먹던 앵무새들의 모습도 떠올랐다. 무언가를 붙잡아 두는 행동은 너무나 익숙하고 너무나 분명한 동물의 특징이다.•

그러니까 덩굴식물은 오래전부터 놀라운 묘기를 선보인 전력이 있다. 하지만 히아놀리가 보킬라의 행동을 발견했을 때, 그러니까 칠레의 이 작은 식물이 덩굴의 형태를 한 카멜레온 같은 존재라는 사실을 알았을 때는, 식물에 대해 우리가 이전에 목격했던 사실이나 증명했

• 다윈이 관찰한 또 다른 두 식물은 마침 보킬라와 같은 으름덩굴과Lardizabalaceae에 속한다. 초콜릿 같은 맛이 나는 보라색 열매를 맺는 덩굴식물로 한국과 일본 등에 자생하는 으름덩굴Akebia quinata과, 열매가 통통하고 세로로 길며 가지 같은 맛이 나고 '소시지 덩굴'이라고도 불리는 히말라야의 식물 스타운토니아 라티폴리아 Stauntonia latifolia다. (보킬라는 칠레가 원산지이지만 그 친척들은 대부분 아시아에 있다.) 이 식물들은 다윈이 관찰한 덩굴식물 가운데 가장 속도가 빠른 축에 속해서 한 바퀴를 완전히 도는 데 세 시간이 채 걸리지 않았다. 타임랩스로는 덩굴의 움직임을 쉽게 볼 수 있지만, 이 기술이 나오기 한참 전에 살았던 다윈은 몇 시간이고 며칠이고 줄곧 지켜보면서 시간의 흐름에 따라 덩굴이 얼마나 움직였는지 표시했다.

던 이론 중에서 이 덩굴식물이 하는 일을 설명할 수 있는 건 없었다. 이런 종류의 모방은 어떤 식물에서도 관찰된 적이 없었다. 보킬라가 어떻게 그런 일을 하는지 알아내려면, 히아놀리의 표현을 빌리면 "기존 지식의 경로"에서 벗어나는 일이 필요하다. 그리고 과학에서 전혀 알려지지 않은 새로운 일들이 대개 그렇듯이, 새로운 경로를 따라가는 도중에는 유혹적인 함정들이 나타날 것이고, 그럴듯해 보이던 설명들도 나중에 틀린 것으로 밝혀지며 수년간의 연구를 틀어지게 할 수도 있다. "우리가 이 비밀을 밝혀낼 수 있다면, 보킬라의 이 능력에 숨은 메커니즘을 찾아낼 수 있다면, 우리는 어떤 새로운 개념을 얻게 될 가능성이 크다고 생각합니다. 새로운 과정. 새로운 상호작용. 새로운… 무언가요." 이렇게 말한 뒤 그는 스마트폰 마이크에 대고 한 번 웃고는 전송 버튼을 눌렀다.

보킬라의 수수께끼가 풀리지 않는 이유, 그러니까 보킬라의 자발적 모방이 우리가 지금까지 식물에 관해 알고 있던 모든 것으로는 설명되지 않는 이유를 이해하려면, 식물이 빛을 감지하는 방식을 다시 살펴볼 필요가 있다. 무언가를 모방하려면 짐작건대 어느 수준에선가는 그 대상이 어떻게 보이는지를 알아야 한다. 빛 감지는 동물이 사물의 모습을 아는 기본적인 방식이다. 우리는 그걸 시각이라고 부른다. 식물도 빛을 감지한다. 주로는 빛을 먹어야 하기 때문이고 때로는 빛을 피해야 하기 때문이다. 하지만 이것이 보킬라가 그 묘기를 부리는 방식이기도 할까?

식물의 삶에서 다른 어떤 힘도 빛보다 더 큰 의미를 지니는 것은 없다. 하지만 지나친 빛은 잎을 태우므로 위험할 수 있다. 식물은 잎이 타는 걸 방지하기 위한 여러 방법을 고안해냈다. 그런데 빛은 전형적으로 완전한 어둠 속에서 잘 자라나는 뿌리에게도 적이 될 수 있다.

식물학 실험실에서는 과학자들이 뿌리가 형성되는 모습을 관찰할 수 있도록 투명한 상자나 맑은 페트리 접시에서 식물을 키우는 경우가 많다. 뿌리는 어두운 땅속에서보다, 다시 말해서 야생과 같은 환경보다 실험실 환경에서 10배는 더 길게 자라는 것으로 알려져 있다.[2] 과학자들은 대체로 이를 실험실의 탁월한 성장 환경 때문이라고 여긴다. 좋은 흙에 빛과 물도 풍부하니 식물이 잘 자라지 않을 이유가 없다는 생각이다. 그러나 앞에서 우리가 자칭 식물 신경학자들의 초창기 단체 회원으로 만났던 슬로바키아의 식물학자 프란티셰크 발루슈카는 다른 가설을 내놓았다. 그 뿌리들이 사실은 달아나고 있다는 것이다.[3] 뿌리에게 빛은 스트레스 요인이며 빛을 감지할 수 있는 뿌리는 빛에서 멀어지려고 가능한 한 빨리 자란다. 발루슈카는 이 점이 연구 설계의 큰 맹점이며, 이 때문에 수십 년간의 과학 문헌에 오류가 번졌을 수 있다고 말한다. 그와 동료들은 옥수수 뿌리와 애기장대 뿌리의 빛 회피를 증명했고[4] 실험 환경에서 어두운색을 넣은 페트리 접시를 사용해야 한다고 주장한다. 그런데 발루슈카는 이 개념을 단순한 빛 '감지'의 영역 너머까지 가져갔다. 이제 그는 우리가 다른 언어, 보다 핵심을 꿰뚫는 언어를 사용해야 한다고 제안한다. 바로 뿌리가 빛을 볼 수 있다고 말해야 한다는 것이다. 그는 뿌리가 일종의 시각을 지니고 있다고 말한다.

칠레에 가기 2년 전, 나는 독일의 본대학교 세포 및 분자 식물학 연구소의 꼭대기 층에서 발루슈카를 만났다. 그는 거기서 한 연구팀을 이끌고 있었다. 쓰던 이메일을 마무리하고 있던 그는 내게 복도 저쪽에 있는 세미나실에 가 있으라고 안내했다. 그날 본은 구름이 잔뜩 끼어 회색빛이었고, 하늘에서는 간간이 구름이 터지며 빗물을 쏟아냈다. 교내 식물원의 이끼들만이 날씨를 한껏 만끽하고 있었다.

발루슈카는 1~2분쯤 뒤 내가 있는 세미나실로 와서 의자에 조심스레 걸터앉더니 출발선에 선 달리기 선수처럼 몸을 앞으로 기울였다. 키가 크고 어깨가 넓고 눈은 파랬다. 그는 내게 몇십 년을 연구실에서 보냈는데 이듬해에는 은퇴할 거라고 말했다. 그러고는 나를 쳐다보며 물었다. 알고 싶은 게 뭐예요? 뉴욕에서 비에 젖은 모습으로 찾아와서는 탁자 위에 젖은 공책을 펴서 말리고 있는 기자가 의아한 모양이었다.

이즈음 발루슈카는 식물학자들 사이에서 식물 신경생물학회의 창립 회원으로, 또 식물을 마취할 수 있다는 걸 알아낸 실험들로 유명했다. 아니, 어떤 관점을 지녔는가에 따라 악명 높았다고 할 수도 있겠다. 식물이 의식을 잃게 할 수 있다면, 그건 식물이 의식 있는 존재라는 것일까? 발루슈카는 낭연히 그렇다고 말한다. "나는 의식이 최초의 세포에서부터 시작되는 아주 기본적인 현상이라고 생각해요." 게다가 의식이란 다름 아닌 상황에 대처하고 자신을 보살피는 능력이 아닌가? "당신에게 의식이 없다면 당신은 자기가 처한 환경을 의식하지도 못하고 행동할 수도 없죠. 아무것도 못 하는 상태일 거예요. 만약 누군가 당신을 보살펴준다면 생존할 수 있겠지만 혼자서는 생존하지 못하죠." 마취된 식물은 의식이 없는데, 이러한 상태의 차이가 모든 요점을 말해준다는 것이다.

게다가 누가 알겠는가? 발루슈카는 자기 옆의 허공을 가리키며 말했다. "당신은 친구의 의식조차 확신할 수 없어요. 의식을 증명할 방법이 없으니까요. 그저 짐작만 할 뿐이잖아요. 간접적으로나마 증명할 유일한 방법이 마취죠. 다른 사람이 의식이 있는지 확신할 수 있는 다른 방법은 없어요." 나는 그냥 확인해 보려고 내 친구들을 마취하는 상상을 해봤다.

우리의 대화는 작물 식물들로 넘어갔다. 이때 발루슈카는 그가 "경이롭다"라고 표현한 옥수수 연구에 푹 빠져 있었다. 옥수수가 적어도 뿌리로는 볼 수 있을지 모른다고 그는 말했다. 하지만 더 심도 있는 얘기로 들어가기 전에, 그는 내게 바빌로프에 관해 들어보았느냐고 물었다. 나는 처음 듣는 사람이었다.

1900년대 초, 소련의 농학자 니콜라이 이바노비치 바빌로프Nikolai Ivanovich Vavilov는 기이한 현상을 발견했다.[5] 옥수수밭에 자라는 잡초들이 때때로 옥수수와 같은 모습을 띠기 시작하는 현상이었다. 바빌로프는 원래의 호밀이, 그 무렵 러시아의 주요 작물이던 통통한 알곡인 호밀과 전혀 다르게 생겼다는 걸 알게 되었다. 원래 호밀은 비실비실하고 먹을 수 없는 잡초였다. 바빌로프는 호밀이 엄청난 모방의 묘기를 부렸다는 사실을 깨달았다.

초기에 손으로 잡초를 제거하며 밀 농사를 짓던 농부들은 밀이 건강하게 자라도록 잡초인 호밀을 뽑아서 버렸다. 그러자 몇몇 호밀들이 살아남기 위해 밀과 더 비슷한 형태를 취했다. 그래도 농부들은 성가신 호밀을 발견하면 여전히 뽑아버렸다. 이 선택압selection pressure에 호밀은 농부의 매서운 눈까지 속일 수 있는 외형으로 진화했다. 이 경우 흉내를 가장 잘 낸 호밀들만 살아남았다. 마침내 호밀은 모방을 너무 잘한 덕에 결국 작물의 반열에 올라섰다.

'바빌로프 의태Vavilovian mimicry'는 현재 농업 분야에서는 누구나 아는 기본적 사실이다.* 귀리 역시 같은 과정의 산물로, 밀을 흉내 내다가 작물이 될 기회를 얻었다. 논에는 모종 단계에서는 벼와 구별되지 않는 피라는 잡초가 자란다. 최근 유전자 분석을 통해 이 잡초가 약 1,000년 전, 그러니까 동양에서 벼농사가 한창이던 시기에 벼와 비슷한 구조로 바뀌기 시작했다는 사실이 밝혀졌다.[6] 렌틸콩 재배지 어디서나 볼 수 있는 잡초인 살갈퀴는 기가 막힌 솜씨로 예전에는 구형이었던 자기의 씨앗을 렌틸콩과 똑같이 납작한 원반 형태로 바꾸었다. 이 경우 살갈퀴는 농부의 눈을 속이는 것이 아니라, 기계적인 탈곡 과정에서 절대 제거되지 않도록 변신한 것이다. 탈곡 후 겨와 알곡을 분리하는 키질 기계는 살갈퀴와 렌틸콩의 차이를 구별하지 못한다. 잡초 유전체학자 스콧 맥엘로이Scott McElroy는 현대의 제초제 내성 식물들은 사실 생화학적 수준에서 바빌로프 의태를 행하고 있는 것일 뿐이라고 주장한다.[7] 제초제에 내성을 갖도록 면밀하게 유전자 조작된 작물 식물들을 모방하고 있다는 말이다.

앙상한 야생 품종을 길들여 통통하고 유용한 식량 기계로 바꾸는 작업인 작물학은 인간의 의지와 창의력의 증거로 여겨진다. 그러나 발루슈카는 작물학이 진정한 '길들임'이라는 데 이의를 제기한다.

• 바빌로프에게는 성공이 너무 늦게 당도했다. 그는 스탈린이 임명한 농업부 장관의 사이비 과학적 견해에 반대했다는 이유로 강제노동수용소로 보내졌고, 그곳에서 쉰여섯의 나이로 굶어 죽었다.

"한쪽이 다른 쪽에게 더 많은 영향력을 행사할 때라야 길들임이라고 할 수 있죠. 하지만 여기서는 그렇다는 증거가 없어요. 공진화가 더 걸맞은 단어일 거예요. 우리는 그 식물들을 변화시키고 있지만, 그 식물들도 우리를 변화시키고 있으니까요."

분명 식물은 복잡한 조종에 능하다. 발루슈카는 우리가 과일이나 채소를 먹을 때마다 무심코 천연 식물 화학물질들을 수천 가지나 먹고 있다는 사실을 장난스럽게 귀띔하듯 짚어주었다. "그 물질들이 우리 뇌에 무슨 일을 벌이고 있는지 우리는 몰라요"라고 그는 말했다. "우리가 뭔가 맛있고 좋은 걸 먹을 때, 이 토마토 혹은 사과에 자기가 최고의 식품이라는 믿음을 우리에게 심어주는 뭔가가 있을지 우리로서는 끝내 알 수 없는 일이죠."

나는 소설《세미오시스》에 나오는 말하는 덩굴식물을 다시 생각한다. 우리는 어느 정도까지 식물을 위해 일하도록 조종당하고 있는 것일지 궁금하다. 식물은 다른 식물과 동물에게 미묘하게든 명백하게든 영향을 줄 수 있는 대단히 복잡한 화학물질을 제 몸에서 합성해 내는 천재적 능력이 있다는 걸 이제 우리도 조금은 안다. 우리가 식물이 지배하는 행성에서 단순히 식물을 먹는 생물로 존재하면서 매일 같이 들이마시거나 섭취하는 화합물들은 추정컨대 수천 가지는 될 것이다. 우리는 일부 식물들이 환각성을 지니고 있으며 어떤 식물은 중독성이 있다는 것을 알고 있고, 정원 가꾸기에 우울증을 완화하는 효과가 있다는 것도 알고 있다. 사과나 옥수수에 들어 있을 화합물들은 어떨까? 이제 던져야 할 질문은 식물들이 달리 또 어떤 방식으로 우리에게 영향을 미치고 있을까 하는 것이다. 경작지 가득한 작물을 정성스레 돌보고 있는 한 무리의 인간은 분명 식물의 필요에 성실히 봉사하는 식물 공생체 군집처럼 보일 수 있다. 바빌로프 의태에 대해서도 생각해 본다. 우리는 귀리를 길들이지 않았다. 귀리가 우리를 길들인 것이다. 배추나 호박이나 블루베리밭을 볼 때면 나는 궁금해진다. 이 식물들이 공생체를 징집한 걸까? 그 공생체가 우리인 거고?

물론 식물과 우리 양쪽 다 이 특정한 형태의 강제에서 혜택을 본다. 어쩌면 그것이 이 모든 다층적인 얽힘에 관해 생각하는 방식인지도 모른다. 이 얽힘은 적대로 볼 수도 있고, 공생과 상리공생의 기회일 수도 있다.

"나는 식물이 일차적인 유기체이고 우리는 부차적인 유기체라고 생각합니다. 우리는 전적으로 식물에 의존하고 있어요. 식물이 없다면 우리는 살아남을 수 없을 겁니다." 발루슈카가 말했다. "그 반대 상황은 식물에게 그만큼 극단적이지 않을 거예요."

발루슈카는 바로 이런 지적 배경에서 식물의 시각 문제에 도달했다. 솔직히 그가 이야기하는 방식은 내가 만나본 대부분의 연구 과학자들이 쓰는 냉철하고 데이터를 바탕으로 한 언어와는 꽤 달랐다. 오히려 그는 철학자처럼 말했다. 하지만 나는 그의 말에 흥미가 동했다. 자신이 살던 시대의 주류에서 한참 벗어난 가설을 제기한 탓에 스캔들을 일으켰지만 결국에는 그 가설이 옳다고 밝혀진 과학자들의 긴 역사를 생각해 본다. 어쩌면 발루슈카도 그런 이들 중 한 사람인지도 모른다. 아닐 수도 있지만.

우리는 마침내 시각에 관한 그의 생각으로 돌아왔다. 발루슈카는 이 주제를 옥수수 뿌리를 연구하며 처음 접했다. 하지만 시각이 뿌리에서 멈출 것 같지는 않다고 그는 말한다. 그는 일부 식물 잎의 표피(식물의 '피부'라고 할 수 있는)도 일종의 시각을 보여줄 수 있다고 생각한다. 그리고 빛과 어둠을 구별하는 것을 넘어서 훨씬 더 복잡한 시각도 있을 거라고.

전에 나는 《식물과학 동향》의 어느 호에서 발루슈카와 만쿠소가 쓴 서한을 읽다가 의자에서 미끄러질 뻔했다. 그 글의 제목은 이랬다. "식물 고유의 홑눈을 통한 식물의 시각?"[8] 저 천진한 체하는 물음표도 그 말에 내포된 의미를 누그러뜨리지는 못했다. **홑눈**이란 곤충의 단순한 눈을 뜻하는 과학 용어이며, 발루슈카와 만쿠소는 식물도 혹시 그런 눈이 있는 건 아닐지 묻고 있었다. 그 글에는 그로부터 2년 전 히아놀리가 발견한, 다른 식물들의 잎의 형태와 느낌을 색깔과 잎맥 패턴, 질감까지 다 모방할 수 있는 보킬라 이야기도 담겨 있었다.

최근 연구에 따르면 식물의 초기 조상인 태곳적의 어느 남세균에게는 카메라와 비슷한 구조의 가장 작고 가장 오래된 눈이 있었(고 아직도 있)다고 한다. 발루슈카와 만쿠소는 대담하게도, 식물은 그 태고의 유기체와 초기 조류의 결합으로부터 진화했으니 그 유용한 진화적 특징을 버리지 않고 보유하고 있을지도 모른다는 의견을 제시했다. 서한에서 그들은 잎 표면에 가장 가까이 있는 세포들에는 광합성을 가능하게 하는 세포 소기관인 엽록체가 없는 경향이 있다고 지적했다. 논리적으로는 잎의 가장 표면 부분이야말로 광합성을 하기에 제일 좋은 자리일 텐데도 말이다. "이 현상은 합리화하기가 쉽지 않다"라고 그들은 썼다. 혹시 이는 그 세포들이 홑눈처럼 사용되기 때문일까? 다시 말해서 그 세포들은 일종의 아주 단순한 눈인 걸까?

식물학자들이 이런 가능성을 숙고한 것이 이때가 처음은 아니었다. 하지만 이전에 마지막으로 그 가능성을 제기했던 가설은 곧바로 망각되어 100년 동안이나 묻혀 있었다. 20세기 초에 오스트리아의 고트리프 하벌란트Gottlieb Haberlandt라는 쉰한 살의 식물학자이자 여러 식물생리학 책을 쓴 뛰어난 저술가는, 식물이 아주 초보적인 방식으로라도 볼 수 있을지 궁금해졌다. 그는 1905년에《잎의 빛 감각기관Die Lichtsinnesorgane der Laubblätter》이라는 책에 이 이론을 발표했다.[9]

찰스 다윈의 아들이자 본인도 과학자였던 프랜시스 다윈은 하벌란트의 책에 찬사를 보내며 길게 인용했으며[10], 독일어 사용자가 아닌 내가 하벌란트의 아이디어를 이해하게 된 것은 바로 프랜시스 다윈을 통해서였다.

프랜시스는 "만약 빛 감각기관이 존재한다면 그것은 잎몸에서 찾아야 한다"라고 하벌란트의 논문을 풀어서 설명했다. "나아가 우리는 그런 기관이 표면에 있을 거라고 예상한다." 하벌란트는 돔 형태의 단순한 눈 혹은 홑눈을 가정했는데, 이는 한 세기도 더 지나 말루슈카와 만쿠소가 제안한 것과도 비슷하다. 하지만 그의 생각은 당시 주류 식물학에 진입하지 못했다.

2016년에 한 연구팀은 남세균에서 카메라와 유사한 눈 같은 구조물을 발견했다는 획기적인 논문을 발표했다. 그들은 그 세포들이 "구 형태의 마이크로렌즈처럼" 작동하여 "세포가 광원을 보고 광원을 향해 이동할" 수 있게 한다고 썼다.[11]

남세균에게 보는 능력이 있다는 사실을 알고 나면 남세균으로부터 진화한 식물계도 사실은 그 능력을 전혀 버리지 않았을 거라는 가능성이 열린다. 빛과 어둠으로 이루어진 세계, 모든 잠재적 친구들과 적들이 시각적 신호를 활용해 사냥하고 먹고 숨는 세계에서, 한 유기체가 일단 한 번 안점眼點을 갖추게 되었다면 진화의 논리상 그것을 계속 보유했다고 보는 것이 타당하다. 결국 인간과 다른 모든 현생 생물의 눈은 남세균의 것과 상당히 유사한 태곳적 안점에서 진화했을 가능성이 크다.

물론 진화가 항상 선형적인 이야기만 들려주는 것은 아니다. 전체 생물계에서는 한 번 나타났다가 어느새 폐기되어 수백만 년 동안 사라졌다가는 다시 불쑥 나타나 진화를 이어가는 형질들이 아주 많다. 하지만 과학자들이 식물의 잎에서 아직 홑눈을 발견하지 못하기는 했지만 그렇다고 그것이 거기 존재하지 않는다는 의미는 아니다. 발루슈카와 만쿠소가 말한 것처럼 아직 그걸 제대로 찾아보려 한 사람이 아무도 없었을 뿐이다.

근본적으로 시각이란 빛과 어둠을 지각하는 것이다. 우리와 기타 동물들에게 사물이 보이는 것은 그 사물이 우리에게 빛을 반사해 보낼 때다. 색 역시 빛이 교묘하게 만들어내는 기본적인 효과다. 색은 한 대상이 빛의 특정 파장만 흡수하고 다른 파장은 반사할 때, 이 반사된 파장이 우리 눈에 들어와 발현되면서 우리에게 보이는 색깔로 결정된다. 예를 들어 초록 잎이 초록색으로 보이는 이유는 잎이 빨간 파장과 파란 파장은 흡수하고 초록 파장만 우리 눈에 돌려보내기 때문이다. 식물의 엽록소는 빨간 파장의 빛을 먹고서 자기가 흡수한 이산화탄소와 물을 달달한 식량으로 바꾼다. 이것이 광합성이다. 빛에는 색깔의 스펙트럼이 있는데, 그중 어떤 색은 우리에게 보이고 어떤 색은 우리의 시각 스펙트럼을 벗어나 있다. 빛의 파장을 분리하는 프리즘이 벽에 무지개를 드리우는 모습을 상상해 보자. 빛이 식물의 초록 살을 통과할 때면 식물은 광합성을 위해 그 스펙트럼 중 빨간빛 일부를 흡수한다. 따라서 식물을 통과하여 반대편에 도달한 나머지 빛은 빨간빛의 함량이 줄어든 상태다. 즉 식물을 통과한 빛은 색의 구성 비율이 달라져 있다는 뜻이고, 구체적으로 말하면 가시광선 스펙트럼의 가장 끝부분에 위치한 적색광의 한 형태인 초적광에 대한 적색광의 비율이 낮아졌다는 말이다. 2020년에 연구자들은 기생식물들이 이 빛의 변화율을 읽어 근처에 누구 혹은 무엇이 있는지 알아낼 수 있다는 사실을 발견했다.[12] 실험실 환경에서 새삼 덩굴 어린 순은 이웃 식물들의 크기, 형태, 거리를 감지하는 것으로 보였고, 그 정보를 활용해 어느 식물 쪽으로 다가가 기생할지를 결정했다. 이는 충분히 이해가 된다. 새삼은 광합성을 하지 않으니 말이다. 어린 순 단계의 새삼은 자체에 비축된 에너지가 바닥나기 전에 좋은 숙주의 위치를 찾아야 하니 시간이 매우 촉박하다. 그리고 기생성 덩굴이 일단 한 숙주 식물을 감고 올라가는 데 모든 걸 걸고 난 뒤에는 그들의 운명 역시 영원히 거기에 얽혀버린다. 적합한 숙주를 신속히 찾는 것이 새삼의 절대 과제인 것이다. 아무 방향으로나 덮어놓고 자라다 보면 처참한 결과로 이어질 확률이 높다.

   연구자들을 놀라게 한 것은 적색광의 비율에 대한 새삼의 평가가 매우 세밀한 수준으로 보인다는 점이었다. 실험실에서 그들은 특정하게 배치한 초적색광의 LED 조명과 실제 식물을 가지고 실험 환경을 설정했다. 한 환경에는 풀 형태의 식물을 통과한 후의 빛과 유사하도록 LED를 배치하고, 다른 환경에는 가지가 있는 식물을 통과한 빛과 유사하도록 배치했을 때, 새삼 순은 '가지가 있는' 쪽 방향을 택했다(새삼은 풀에 올라타서는 자랄 수 없다). 또 이 새삼들은 같은 크기의 식물 둘이 있을 때, 거리 차이가 겨우 4센티미터밖에 안 되더라도 더 가까운 식물 쪽으로 자라기를 선택했다. 이러니 이 기생 식물이 이렇게 기본적인 방식으로는 제 숙주를 볼 수 있다고, 아니면 적어도 숙주의 크기와 형태는 볼 수 있다고 말해도 과장은 아닐 것이다.

그런데 식물에게는 적색광에 대한 수용체만 있는 것은 아니다. 지금까지 식물학자들은 식물에서 14가지 광수용체를 찾아냈으며, 이 수용체들은 각자 매우 중요한 정보를 제공한다.[13] 어떤 수용체는 식물의 순이 빛 쪽으로 자라게 하고, 또 다른 수용체는 손상을 입히는 자외선을 피하도록 돕는다. 하지만 식물의 광수용체 중 다수는 아직도 설명되지 않고 남아 있다. 2014년에 아르헨티나의 식물학자들은 그 광수용체 중 몇몇이 애기장대가 자기 동족을 알아보는 능력에 관여한다는 논문을 발표했다. 그들은 이 가냘픈 식물이 자기 옆에 있는 식물체가 동족인지 아닌지를 그 식물을 통과한 빛의 질을 근거로 판단한다는 것을 알아냈다.[14] 애기장대는 광수용체들을 활용해 이웃 식물의 형태를, 연구자들의 추정에 따르면 그럼으로써 특정한 방식으로 유전적 친연성을 감지하고 있었다. 애기장대는 이 판단에 따라 가족에게 그림자를 드리우지 않을 방향으로 성장 방향을 조정했다. 그렇다고 꼭 애기장대만 특별히 이런 일을 한다는 뜻은 아니다. 애기장대는 식물학자들이 흔히 어떤 실험을 처음 시도해 보는 모델 식물일 뿐이다. 다양한 연구실과 연구 목적, 다양한 연구 시나리오에서 애기장대가 유독 자주 등장하는 이유다.

2010년대 중반 즈음 되자 식물이 볼 수 있다는 개념이 식물 신경생물학자들 사이에서 떠오르며 주목을 받기 시작했다. 식물이 시야 속 미묘한 차이들을 어떻게 감지하는지, 그리고 보통 뇌에서 이루어지는 것과 같은 중앙 집중적 처리 과정 없이도 어떻게 전반적 이미지를 하나의 반응으로 통합하는지 그 메커니즘은 여전히 수수께끼였다. 그러다 칠레의 우림에서 히아놀리가 발견한 기막힌 현상이 그 풍경 전체를 다시 한번 바꿔놓았다.

학생들과 함께한 연구 여행에서 쉴 새 없이 자료를 수집하던 히아놀리는 잠시 쉬기 위해 산책을 하던 도중에 뭔가 이상한 낌새를 알아챘다. 잎이 무성한 어느 관목이 땅바닥에서 나온 두 개의 가지로부터 자라고 있었는데, 그중 한 줄기는 다른 줄기에 비해 훨씬 가늘었다. 그는 더 자세히 들여다보았다. 좀 더 가는 가지는 관목 자체와 전혀 다른 종이었다. 그것은 우림의 이 지역에서 흔한 덩굴식물인 보킬라 트리폴리올라타였다. 그런데 어처구니없게도 보킬라의 잎이 그 관목의 잎과 정확히 똑같이 생긴 것이 아닌가. 보킬라는 이 우림 어디에나 있어서 히아놀리가 수도 없이 보았던 식물이었다. 하지만 그도 전에는 이런 특징을 눈치챈 적이 한 번도 없었다.

얼마 지나지 않아 그는 보킬라의 품속에 또 다른 작은 나무가 자리 잡은 광경을 발견했는데, 이번에도 보킬라는 그 나무의 잎과 똑같은 잎을 내고 있었다. 잠시 후 그는 자기가 보고 있는 광경의 막대한 의미를 깨달았다. 그는 이것이 무언가 엄청난 일임을 알았다. "말로 표현하기가 어렵네요. 그건 어떤 감정이었어요. 이것이 하나의 발견이라는 걸 깨달았죠." 히아놀리의 말이다. "과학을 좋아하는 아이의 꿈이 뭐겠습니까? 무언가를 발견하는 것 아니겠어요? 공룡 뼈든 뭐든요. 그런데 이건 그런 것과 가까운 일이었어요. 그 아이의 꿈과 가까운 것 말이에요. 하지만 그 꿈이 정말로 실현되려면 나는 그 메커니즘이 밝혀지는 걸 꼭 봐야 해요."

일단 그가 무엇을 찾아야 할지 알게 되자 어디서나 보킬라가 보였고, 보킬라는 어디서나 다른 형태를 띠고 있었다. 너무나 놀라웠다. "그즈음 나는 의태에 관한 기본적인 사실들과 각 종이 쓸 수 있는 수법을 다 알고 있었어요." 어느 경우든 그 속임수는 모두 여러 세대에 걸친 느린 변화의 산물이었다. "그래서 나는 바로 그 순간에 이것이 매우 이례적인 현상이라는 걸 알았어요. 이건 한 세대 안에서 일어난 반응이었거든요. 여러 세대에 걸쳐 이어진 지속적인 효과의 결과가 아니라 가소적인 반응이었어요."

보킬라 종 자체를 연구한 사람은 아무도 없었다. 보킬라는 칠레에서만 자랐고 그때까지는 딱히 주목할 만한 식물로 보이지도 않았다. 그는 나머지 팀원들이 기다리고 있던 오두막으로 돌아가 페르난도 카라스코우라Fernando Carrasco-Urra라는 학부생에게 말했다. "키에레스 세르 포모소? 자네 유명해지고 싶나? 내가 자네 논문 주제를 찾았네."

이 여행에서 돌아온 뒤 히아놀리와 페르난도는 보킬라에 관한 놀라운 발견을 발표했다.[15] 한 종의 덩굴식물이 다른 나무를 타고 올라가, 그때까지 관찰된 바에 따르면 네 종의 다른 나무에서 그 잎들의 모양과 색깔, 질감과 잎맥 패턴까지 흉내 낼 수 있다는 내용이었다. 히아놀리와 페르난도가 관찰한 바에 따르면 때로 모방할 상대의 잎이 유난히 복잡할 때, 이를테면 가장자리가 톱니 모양일 때 보킬라는 마치 미켈란젤로를 흉내 내는 아마추어 조각가처럼 나름 "최선을 다해" 반쯤 톱니 모양을 완성해 한쪽으로 기울어진 모양의 잎을 만들어냈다. 이 속임수는 초식동물들이 보킬라를 먹을 가능성을 줄인다는 목적에 부합하는 것 같았다. 어떤 나무의 훨씬 풍성한 잎들 속에 섞여 들어감으로써 각각의 보킬라 잎들은 갉아 먹힐 가능성을 줄였다. 그러나 메커니즘은, 그러니까 보킬라가 어떻게 이런 묘기를 부리는지는 여전히 완전한 수수께끼였다. 그야말로 역동적인 카멜레온이라 할 수 있는 보킬라는 둘 이상의 다른 식물을 흉내 낼 수 있다고 밝혀진 최초의 종이었다.

보킬라 외에 이와 유사한 일을 할 수 있다고 알려진 유일한 다른 식물이 딱 하나 있다. 때로 우리가 낭만적 사랑의 상징으로 삼는 겨우살이라는 기생식물이다. 모든 기생식물이 그렇듯이 겨우살이도 살아가는 데 필요한 양분을 스스로 만드는 내신 주로 유칼립투스나 아카시아인 숙주 식물에 뿌리를 내리고 그들의 양분을 빨아먹는다. 퍽이나 낭만적이다.

그런데 일부 겨우살이들은 이런 기생 생활에서 한 걸음 더 나아가 숙주 식물과 똑같은 모습으로 변신한다. 숙주의 노고를 유용할 뿐 아니라 정체성까지 도용하는 것이다. 호주의 유칼립투스 나무에서 자라는 겨우살이 사진을 보면 두 식물을 구별하기가 거의 불가능하다. 이 경우 겨우살이는 유칼립투스 잎과 똑같이 빳빳하고 둥근 은빛의 납작한 원반처럼 생긴 잎을 만든다. 커닝햄목마황Australian river she-oak 옆에 있는 목마황겨우살이she-oak mistletoe의 사진을 보면, 둘 다 앵무새의 어린 깃털처럼 아래로 축 늘어진 긴 침엽을 갖고 있다.[16] 이는 철저한 모방이다.

그런데 겨우살이의 경우 한 종의 겨우살이는 한 종의 숙주하고만 짝을 이뤄 모방한다. 예컨대 호주의 목마황겨우살이는 커닝햄목마황의 모양으로만 변신한다는 말이다. 숙주 식물의 순환계에 완전히 연결되어 있다는 점도 겨우살이에게는 이점으로 작용한다. 자신이 기생하는 식물의 살 속에 제 몸을 꽂고 있으므로 분명 숙주의 형태로 변신하도록 도와줄 결정적인 유전 정보에도 접근할 수 있을 것이다. 겨우살이와 숙주의 관계는 기나긴 진화의 역사에 걸쳐 진화해 온 매우 밀접하고도 특수한 관계다.*

이렇듯 겨우살이의 모방도 대단하기는 하지만 히아놀리가 본 것에는 댈 바가 아니었다. 보킬라는 전혀 다른 일을 하고 있었다. 주변 환

---

* 이외에도 믿기지 않을 만큼 구체적인 식물 의태의 예를 보여주는 긴밀한 진화적 관계는 또 있다. 잉글랜드 남서부에서 자라는 폐장초는 잎에 기이하게도 새똥처럼 보이는 하얀 얼룩무늬를 만든다. 이 무늬는 식물을 보호할 수 있다. 동물들은 질병 매개물이 묻어 있는 것처럼 보이는 잎은 잘 먹지 않을 가능성이 크기 말이다. 중남미에서 자라는 시계꽃passionflower의 몇몇 종은 작고 노란 공들로 장식한 것처럼 보이는 잎을 내는데, 이 둥근 구들은 나비의 알과 상당히 닮았다. 나비들은 자기 알들이 부화했을 때 경쟁이 심한 환경에 처하는 상황을 피하기 위해 이미 다른 알들이 있는 잎에는 자기 알을 잘 낳지 않는다. 나비가 그 시계꽃 잎을 보고 자기 알을 낳기에 부적합하다고 생각하고 그냥 날아가 버렸다면, 시계꽃은 굶주린 수십 마리 애벌레의 첫 식사가 되는 시련을 모면한 셈이다. 다음을 참고하라. Edward E. Farmer, *Leaf Defence* (Oxford: Oxford University Press, 2014)와 Lawrence E. Gilbert, 'The Coevolution of a Butterfly and a Vine', *Scientific American* 247, no. 2 (1982): 110–21.

경에서 어떤 종류의 식물을 만나든 보킬라는 모든 식물에 적응할 수 있는 게 명백해 보이고, 이 적응에는 심지어 물리적 접촉조차 필요하지 않은 것 같다. 보킬라는 이웃 식물을 실시간으로 감지하고 그 식물에 맞추어 자기 몸을 변형했다. 때로는 다른 여러 나무의 잎을 동시에, 심지어 그중 어떤 잎에도 닿지 않은 채로 모방하여 변신하기도 한다. 말할 필요도 없이 보킬라의 이런 변신은 식물 시각 가설을 더욱 인정하고 싶게 만든다.

당시 히아놀리는 보킬라가 어떤 식으론가 공기 중의 신호를 바탕으로 하거나, 아니면 모종의 수평 유전자 이동을 통해 잎의 형태에 대한 정보를 얻는 게 아닐까 추정했다. 그 식물들의 뿌리가 서로 연결된 것은 아니었으므로 뿌리를 통한 의사소통 가능성은 없었다. 하지만 몇 년 뒤 발루슈카와 만쿠소가 히아놀리의 연구를 살펴보았을 때, 그들에게는 보킬라가 시각으로 정보를 수집하고 있는 게 분명해 보였다.

히아놀리 본인은 발루슈카와 만쿠소의 주장에 이의를 제기했다. 그는 반박문에서 수평 유전자 이동 아니면 공기로 운반되는 화학 신호를 통한 의사소통이 원인일 가능성이 너 크다고 썼다. 하지만 둘 다 딱히 말이 되지는 않았다. 적어도 첫눈에 보기에는 그랬다. 히아놀리의 연구가 보여준바, 숙주 나무에 잎이 전혀 없을 때는 보킬라 덩굴이 자신의 평소 모습대로 타원형의 잎 모양을 채택했다. 게다가 보킬라는 항상 자기 몸에 가장 가까이 있는 잎의 모양을 흉내 냈다. 그 잎이 실제로 자기가 타고 오른 나무의 잎인지 아닌지는 상관없었다. 예를 들어 다른 나무의 길게 늘어진 가지의 잎이 보킬라에게 더 가까이 있다면 보킬라는 타고 오른 나무의 잎이 아닌 그 나뭇잎을 흉내 냈다.

"우리에게는 시각이 이 복잡한 현상에 대한 더 간명한 설명으로 보인다." 발루슈카와 만쿠소가 저널 〈셀 프레스Cell Press〉에 실은 글에서 한 말이다.

후에 내가 발루슈카를 만났을 때 그는 내게 유타주에 사는 제이컵 화이트라는 식물 마니아 이야기를 들려주었다. 화이트는 유전자 이동이나 화학적 의사소통의 가능성을 완전히 배제하기 위해 보킬라 덩굴을 플라스틱 인조 나무에서 키우기 시작했고 이를 발루슈카에게도 알렸다. "그 사람은 보킬라가 인조 나무도 흉내 내고 있는 사진을 내게 보내주고 있어요." 발루슈카는 이렇게 말했지만, 그게 어떤 증거로 여겨지려면 자기가 그 실험을 몇 차례 반복해야 할 거라고 했다.

발루슈카를 만나고 돌아가는 길에 나는 현재 우리가 시각을 정의하는 방식이 식물에서 시각이 하는 역할을 우리가 제대로 보지 못하게 가로막고 있는 건 아닐까 하는 생각이 들었다. 적어도 대부분의 잎 식물들은 최소한의 정의에 따른 시각은 이미 보여주고 있다. 식물은 굴광성이다. 그러니까 햇빛을 향해 방향을 잡는다는 말이다. 그리고 만약 식물의 시각이 그보다 더 발전된 것으로 밝혀진다면, 그 사실은 식물과 우리의 관계를 어떻게 바꿔놓을까? 색맹이지만 피부로 '볼' 수 있고, 바닷속 돌무더기나 산호초의 색깔과 질감을 순간적으로 흉내 내 배경에 숨어버림으로써 포식자의 눈앞에서 모습을 감춰버릴 수 있는 갑오징어가 생각났다. 그날 텅 빈 공원을 걷고 있을 때 누군가가 나를 지켜보고 있는 건 아닐까 하는 생각이 들었다.

긴 비행이 끝나고 산티아고에 내린 나는 이 여행의 최종 목적지로

가기 위해 다시 비행기에 올랐다. 내가 마침내 푸에르토몬트에 도착한 것은 칠레 여름의 마지막 끝자락인 습하고 쌀쌀한 4월 어느 날이었다. 도착하자마자 히아놀리와 그의 팀원들인 히셀라 스토츠Gisela Stotz, 크리스티안 살가도루아르테Cristian Salgado-Luarte, 빅토르 에스코베도Víctor Escobedo가 나를 맞이해주었다. 살가운 사람들이었고 서로 다시 뭉치게 되어 행복해 보였다. 그들이 마지막으로 현장 탐사를 한 후로 꽤 시간이 지난 터였다. 15년 가까이 히아놀리의 지도 아래서 함께 일해 온 팀원들은 각자 식물 가소성의 서로 다른 양상들을 연구하고 있었다. 식물 가소성이란 각 식물이 새로운 환경을 만났을 때 사전에 프로그래밍되어 있는 반응을 넘어서 자신의 몸과 행동의 특정 양상들을 변화시킬 수 있는 능력이다. 이번에 그들이 여기에 온 것은 이 우림에서 유난히 무성히 잘 자라는 휘드랑게아 세라티폴리아 *Hydrangea serratifolia*라는 덩굴식물이 자기가 자랄 장소에 관해 판단을 잘 내릴 수 있는지 알아보기 위해서였다. 그렇지만 그들은 내가 보킬라도 아주 많이 보게 될 거라고 장담했다.

우리는 그들이 렌트해 온 차에 올랐다. 히아놀리가 차를 몰아 거기서 남쪽으로 감자밭과 목초지를 지나 두 시간을 더 달렸고, 그러는 내내 우리는 영화 〈베로니카의 이중생활The Double Life of Véronique〉의 오페라 같은 사운드트랙을 들었다. 폴란드의 크쥐시토프 키에슬로프스키는 히아놀리가 제일 좋아하는 영화감독이다.

우리는 호수 주변에 소박한 통나무집들이 모여 있는 곳에 도착했다. 숙소 주인은 장작 난로에 불을 피우기 시작했고 나중에는 엄청난 양의 감자와 고기 위주의 풍성한 식사를 가지고 다시 왔다. 그리고 팀원들은 다량의 포도주를 곁들여 음식을 먹으면서 반려동물, 자녀, 배우자 등에 관해 그간 밀린 이야기를 나누었다. 그날 밤 나는 깊이 잤다. 이튿날 깨어보니 잿빛의 안개 낀 아침이 기다리고 있었다. 우리는 점심 도시락을 챙겨 차를 타고 푸예우에 국립공원으로 갔다. 그리고 잠시 산길을 걷다가 거기서 벗어나 숲속으로 들어갔다. 이런 일을 할 기회는 흔치 않다. 어느 숲이든 숲에 간 관광객이 표시된 경로를 벗어나는 일은 당연히 허락되지도 권장되지도 않는다. 하지만 이 숲에 온 햇수를 다 더하면 한 사람의 생애를 채울 만한 세월이 되는 이들과 함께하니 그 일이 희귀한 영광으로 느껴졌고, 별 문제는 없을 것 같았다. 그래도 나는 휘슬을 가져갔다. 과학자들과 함께 숲에 갔던 이전 몇 번의 경험으로 숲에서 경로를 벗어나 길을 잃기가 얼마나 쉬운지 배웠기 때문이다. 지금 이 숲에서도 내 앞에 가는 저 사람들이 어느 모퉁이를 돌아갈 때 그 순간을 놓친다면 갑자기 완전히 혼자 남게 될 수도 있었다. 우림은 감각을 무력화한다. 아주 가까이 있을 때가 아니라면 소리쳐 부르는 것도 소용이 없다. 당신의 목소리는 빗소리와 새 소리에 흡수되고, 시야는 빽빽하게 겹쳐 있는 녹색 식물들에 완전히 가려지기 때문이다.

나는 물을 마시며 쉬고 있던 팀원들을 따라잡았다. 에스코베도가 네모난 초콜릿 몇 개를 뚝뚝 끊어 사람들에게 나눠주었다. 숲 바닥은 갈색 구슬 같은 것들로 뒤덮여 있었다. 살가도루아르테가 몇 개를 집어 엄지로 하나를 쪼개더니 그 안에 든 하얀 과육을 입안에 던져넣었다. 그에게 하나를 건네받은 스토츠는 내게 어떻게 하는 건지 시범을 보여주더니 그게 아베야노스 칠레노스 *avellanos chilenos*, 즉 칠레 개암이라고 했다. 그러나 이것은 개암과는 전혀 관련이 없는 게부이나나무gevuina tree의 열매다. 이 숲에서 걸릴 수 있는 유일하게 심각한 질병은 설치류 소변을 통해 전염되는 한타바이러스다. 그렇다 보니 숲 바닥에서 주운 뭔가를 먹는다는 게 좀 꺼름칙했지만, 그들이 열매를 어찌나 맛있게 먹는지 참기가 어려웠다. 뭐 어때, 싶었다. 나는 열매를 하나 깨트렸다. 그 안에 든 완벽하게 하얀 견과는 개암보다 더 부드럽고 달콤했으며, 깨물 때 드는 아삭한 느낌은 주변 모든 식물의 축축한 느낌과 대조되어 더욱 상쾌했다.

우리는 수시로 나타나는 키 큰 대나무 덤불 사이를 뚫고 걸어가야 했는데, 대나무들이 어찌나 촘촘하고 곧바르던지 내가 꼭 칫솔모 사이로 걸어가는 작은 진드기가 된 기분이었다. 나는 미국의 대나무들이 대개 그렇듯이 이 대나무도 침입종일 거라고 생각했고 처음에는 거의 주의를 기울이지 않았다. 하지만 에스코베도 말이 이 나무는 이 숲에 자생하는 킬라quila라고 했다. 여기엔 자생종이 아닌 생물은 하나도 없다고 그는 말했다. 아직 이곳에 뿌리를 내린 침입종은 하나도 없다니, 현대에는 아주 드문 희귀하고 소중한 일이다. 에스코베도는 어린 킬라 순의 끝부분, 그러니까 아직 목질화하지 않은 가장 부드러운 부분을 뽑는 시범을 보여주었다. 그것은 마디 부분에서 뽁 하는 소리를 내며 빠져나왔고, 에스코베도는 그 부드러운 끝부분을 자기 입에 넣으며 내게도 먹어보라는 신호를 보냈다. 나도 순을 하나 뽑았다. 기분 좋게 달콤하면서도 청량한 초록빛 맛이 났고, 어린 시절 인동덩굴꽃의 끝부분을 맛보던 일이 떠올랐다. 이후 그날 내내 킬라 덤불이나 게부이나나무 밑을 지날 때면 나는 이 풍부한 야생 식량에 홀딱 반해 순을 따거나 열매를 줍지 않고는 못 배겼다.

나중에 나는 에스코베도가 어떤 작은 나무에서 가장자리가 톱니처럼 생긴 암녹색 잎 하나를 따서 일그러뜨리더니 한동안 그걸 들고 다니며 향기를 맡는 것을 보았다. 나중에 그 나무가 또 나타나자 나도 따라 해봤는데, 강렬한 사향 같으면서도 동시에 가볍고도 청량한 향이 났다. 이탈리아의 아마로* 같기도 했고, 민트잎과 오렌지 껍질을 불 위에서 덥힌 다음 차갑고 깨끗한 땅바닥에 비볐을 때 날 법한 냄새 같기도 했다. 에스코베도는 그 나무가 테파tepa라면서 그걸로 향수를 만들고 싶다고 말했다. "아무렴, 저 친구 6년 전에도 그렇게 말했는데 당연히 아직 아무것도 안 했어요." 살가도루아르테가 놀리듯 말했다. 이 사람들은 종일 이렇게 농담을 주고받았고, 수년간 실험실과 오두막에서 수많은 시간을 함께 보낸 사람들 사이에서만 가능한 방식으로 서로를 놀려댔다. 나중에 히아놀리는 이렇게 설명했다. "우리는 자칭 '카라바나 데 프라카소'예요. 재앙의 카라반이라는 뜻이죠."

우리는 커다란 나무 앞에서 멈췄다. 그들의 연구 프로젝트에 적합해 보이는 나무여서 여기서 작업을 시작했다. 그들이 연구 중인 식물은 유난히 무성한 덩굴식물인 카넬리야canelilla, 학명으로는 휘드랑게아 세라티폴리아Hydrangea serratifolia다. 카넬리야의 분홍색 기는줄기는 아래를 내려다보면 숲 바닥 어디에나 표면을 1센티미터쯤 파고 들어가 누비고 있었고, 이끼 뭉치를 헤치고 바닥에 떨어진 가지들을 넘

• 이탈리아에서 식후주로 즐겨 마시는 허브 리큐르._옮긴이

어 서로 교차하면서 거의 모든 방향을 향해 뻗어가고 있었다. 이 지렁이 같은 기는줄기는 카넬리야의 어린 부분이다. 카넬리야 성체는 두껍고 양털처럼 울룩불룩하며 껍질이 딱딱한 덩굴로 주변 나무들을 둘둘 감고 있는데, 마치 자기들만의 생태계를 확보한 것처럼 보였다. 이끼와 지의류는 카넬리야 덩굴을 옷처럼 뒤덮고 있다.

이 연구팀이 시도하는 것은 말하자면 혼돈에서 질서를 찾아내는 일이다. 그들은 이 어린 덩굴들이 숲 바닥을 가로지르며 나아가는 데는 사실 어떤 의도가 있다는 것, 그러니까 나무들의 그림자를 감지해 나무의 크기를 판단함으로써 타고 오르기에 적합한 나무를 찾는 중이라는 것을 증명하고자 했다. 바닥을 스멀스멀 기어가던 어린 덩굴이 마침내 어떤 나무에 당도하면 덩굴 색은 분홍에서 초록으로 바뀌고 그늘을 찾던 전략도 햇빛을 찾는 전략으로 바뀐다. 덩굴은 햇빛의 안내를 따라 나무를 타고 몇십 미터를 올라가고 그러다 마침내 나무 꼭대기 위로 올라가 폭발하듯이 하얀 꽃들의 왕관을 피워낸다. 그런 다음 숲 바닥으로 씨앗들을 빗방울처럼 떨어뜨리며 이 주기를 처음부터 다시 시작한다. 만약 충분히 큰 그늘을 느리우시 않는 나무라면, 수백 년 동안 자라면서 거의 그 고목과 같은 크기로까지 몸집을 불릴 수 있는 이 덩굴식물을 지탱할 만큼 큰 나무가 아닐 수도 있다. 히아놀리 연구팀은 카넬리야가 이런 점을 다 고려한다고 생각했다. 결국 적합한 나무를 찾는 데 모든 게 걸려 있으니 말이다.

그들은 숙주가 되기에 적합한 큰 나무를 중심으로 바닥 반경 2미터 안에 있는 어린 카넬리야 덩굴마다 그 옆에 작은 깃발을 꽂기 시작했다. 각 덩굴과 그 나무의 각도를 측정하려는 것이었다. 만약 덩굴들이 그 나무를 향해 가는 중이라면 적중한 것이고 아니라면 잘못 짚은 것이다. 그 덩굴들 가운데 절반 이상이 적중한다면 이는 그들의 가설이 맞았다는 의미일 수 있다. 즉 그 덩굴들은 적극적으로 나무들을 찾고 있다는 말이 된다.

작업을 잠시 멈추고 쉬고 있을 때, 살가도루아르테가 루마 아피쿨라타Luma apiculata라는 작은 관목을 가리켰다. 그는 관목을 찰싹찰싹 치더니 그 잎들 속으로 자기 얼굴을 들이밀었고, 그래서 나도 그대로 따라 해봤다. 메이어 레몬의 향과 상쾌하고 깨끗한 비누 향이 났다. 세탁세제가 지향하는 깨끗하고 맛깔스러운 향의 실제 버전이라고나 할까. "이게 우리가 무척 닮은 다른 종이 아니라 진짜 루마라는 걸 확인하는 방법이에요." 살가도루아르테가 이렇게 말하더니 이번에는 옆에 있는 거의 똑같은 식물을 찰싹찰싹 쳤다. 이 나무에서는 그냥 초록 풀 같은 냄새만 났다. 이 향기들이 식물의 입장에서는 스트레스 신호라는 생각이 들어 마음속으로 우리의 작은 폭력 행위에 대해 사과를 전했다.

잠시 후 우리는 어느 빈터로 들어섰는데, 이때 나는 마침내 그토록 고대했던 진짜 보킬라를 처음으로 만났다. 내 머리보다 더 높이 솟은 온대 잡목림의 초록빛 물결이 그 땅의 가장자리를 에워싸고 있었다. 나는 이 빈터의 가장자리로 다가가, 바닥과 몇몇 개별 식물들을 구분할 수 있도록 내 눈을 적응시키며 아래를 내려다보았다. 보킬라 트리폴리올라타의 섬세한 덩굴손이 눈에 들어왔다. 덩굴은 나무 둥치들 아래에서 숲 바닥을 따라 기어가고 있었는데, 잎들은 내가 사진에서 수 차례 보았던, 세 잎이 모여 난 단순한 보킬라 잎 그 자체였다. 마침내 실물로 보니 기쁘기 그지없었다. 나는 내 키보다 한참 큰 다른 식물들이 복잡하게 얽혀 있는 위로 감고 올라가는 보킬라의 줄기 몇 가닥을 눈으로 따라갔다. 다른 식물들을 타고 오르는 보킬라의 잎들은 몇 번이나 내 시야에서 벗어났다. 그 잎들은 자기가 타고 오르는 식물의 잎들 사이로 조심스럽게 비집고 들어갔고, 내가 여기저기서 잎들을 당겨 보고 들어 보며 보킬라의 잎을 찾다 보면 아니나 다를까 다른 형태를 띤 그 잎들이 눈에 들어왔다. 보킬라는 어디에나 있었고, 어디서나 무엇이든 자기가 이웃으로 삼은 식물의 모습을 흉내 내고 있었다. 식물이 다른 식물의 거의 정확한 복제물로 변신하는 모습을 목격하고도 덤덤할 수 있을까? 나는 지난 2년 중 절반 이상을 연구자들과 이 식물에 관해 이야기를 나누어 왔지만, 내 눈으로 직접 그 모습을 보니 이런 일이 가능하다는 사실 자체에 경외감이 가득 차올랐다.

덤불을 따라 이동하면서 나는 보킬라가 항상 아무 식물이나 다 흉내 내는 건 아니라는 걸 알게 되었다. 그냥 자기 모습을 그대로 유지하는 때도 있었다. 하지만 히아놀리는 보킬라가 다른 종들을 모방하고 있는 장면을 계속 찾아내 나에게 가리켜 보였다. 그럴 때마다 내 눈이 보킬라와 보킬라를 에워싸고 있는 식물을 구분하기까지는 약간의 시간이 필요했다. 복제는 그럴듯했지만 완벽하지는 않았다. 줄기 색이 다른 경우도 있었고 잎을 두껍게 만들었지만 원본으로 착각할 만큼 충분히 두껍지 않은 경우도 있었다. 한 식물에서는 보킬라 잎이 갑자기 거의 내 손 길이만큼 길어지며 거대한 손가락 모양으로 변했고 어두운 녹색과 광택을 띠었다. 옆 빈터로 가지를 뻗고 있던 작은 상록수인 칠레불꽃나무notro를 흉내 내는 중이었다. 그런데 거기서 1.5미터도 안 떨어진 거리에서 보킬라 잎은 다시 작고 가냘파졌는데 가느다란 손가락 모양이 아니라 동전처럼 조그마한 동그라미 모양이었고 옆에 있는 보킬라 잎에 비하면 크기가 15분의 1 정도였다. 그리고 광택이 나는 어두운 녹색 대신 주위에 있는 다른 식물처럼 무광에 시원해 보이는 민트 계열 녹색 색조를 띠고 있었다. 초록들이 빽빽하게 얽혀 있는 이 덤불에서 보킬라 덩굴이 어디에 있는지 찾아내기란 쉽지 않았는데, 히아놀리는 자기는 그 두 가지 잎이 한 식물의 다른 부분에서 자라고 있다고 해도 놀라지 않을 거라고 했다. 두 가지 변형된 잎들 사이에서는 밝은 초록색에 또렷한 타원형을 띤 전형적인 보킬라 잎들이 줄기를 타고 폭포처럼 늘어져 자라고 있었다.

우리는 좀 더 걸어갔다. 나는 어느 식물의 잎이 노랗게 변한 부분에서는 그 식물을 흉내 내는 보킬라 잎도 노랗게 변해 있는 걸 보았다. 히아놀리는 짙은 녹색에 두껍고 광택이 나며, 엄지손톱만 한 것부터 새끼손톱만 한 것까지 작은 잎들이 빼곡한 덤불을 가리켰다. 그는 이 덤불이 라피탐누스 스피노수스Raphithamnus spinosus라고 했다. 보킬라의 덩굴손이 그 줄기를 둘둘 감고 있었다. 보킬라의 잎은 아래 둥치에서는 전형적인 보킬라 잎 모양이었지만, 라피탐누스의 잎들이 무성한 부분으로 타고 올라가기 시작하면서는 잎 크기가 극적으로 작아지고 짙은 색과 광택을 띠었다. 더 오래된 가지들에서 라피탐누스의 잎들과 가장 가까이 있는 보킬라 잎들은 크기와 색깔, 형태 모든 면을 완벽하게 모방했다. 하지만 히아놀리가 가장 흥분하면서 내게 보여주고 싶어 했던 것은 보킬라가 각 잎의 끄트머리에 날카로운 가시를 만들었다는 점이었다. 나는 히아놀리가 내게 잎의 아래쪽에 손가락을 대보라고 하기 전까지는 라피탐누스의 잎끝이 뾰족하다는 것도 알아차리지 못했다. 뾰족한 끝부분은 마치 발톱처럼 잎 아래쪽으로 살짝 말려 들어가 있었다. 보킬라는 라피탐누스를 흉내 내면서 이 가시까지 충실하게 모방하고 심지어 아래로 마는 것까지 비슷하게 해냈다. 나는 보킬라 잎 몇 장의 아래를 손가락으로 훑으며 날카로운 돌기를 느껴보았다.

히아놀리에게 이는 특기할 점이었다. 한 식물의 잎끝이 뾰족한가 아닌가는 흔히 종을 구별하는 기준이 되는 특징이라고 했다. 이 점은 식물의 정체성에 핵심적인 것으로 여겨지며 그 식물을 특유하게 만드는 불변의 성질이다. 그런 가시를 만들어본 과거가 없는 식물이 이렇게 불쑥 가시를 만들어내는 것은 전례가 없는 일이다. 마치 사람에게 코뿔소 뿔이 돋아나는 것과도 같다. 일어나지 않는 일인 것이다.

또한 히아놀리는 이 뾰족한 잎끝을 시각 가설에 대한 강력한 반박 증거로 여겼다. 라피탐누스 잎을 위에서 내려다보면 결코 그 가시를 볼 수 없다는 것이다. 그 가시는 아래쪽에서만 보이는데, 정말로 보킬라가 시각을 모방의 지침으로 삼는다면 라피탐누스 위에서 자라는 보킬라가 그 가시의 존재를 어떻게 안단 말인가? 처음에는 나도 그의 말에 동의했다. 그게 합리적인 판단 같았다. 나는 보킬라잎이 라피탐누스잎 위에 자리 잡고도 여전히 가시를 낸 것을 내 눈으로 직접 확인했다. 어쩌면 이 점이 발루슈카의 주장에 뚫린 구멍이 아닐까? 그러다가 나는 눈과 유사한 기관들로 뒤덮인 식물을 상상해 보았다.

이는 식물 시각 진영이 제시한 가설 중 하나다. 만약 그 '눈'이 어디에든 있는 것이고, 그 눈들로 수집한 정보가 통합된다면, 보킬라의 어느 부분인가는 가시를 알아보기에 적합한 위치에 있을 거라고 나는 생각한다.

그런데 보킬라는 자기 숙주 속으로 사라진다. 제 모습이 보이지 않게 하려고 대단한 노력을 기울인다. 왜 찾기 어려워지려는 걸까? 이유는 명백해 보인다. 동물들이 당신을 먹고 싶어 하는 세상에서는 똑같이 생긴 다른 간식들의 바다 속에 섞여 들어간다면 먹이가 될 가능성이 더 줄어든다. 하지만 이 설명은 이러한 배열의 또 다른 이점을 놓치는 것인지도 모른다. 보킬라는 다른 식물들을 모방함으로써 생명을 위한 다양한 진화적 전략들을 시도해 보고 있는 셈이다. 그 숲에 사는 각각의 식물은 같은 환경에 여러 다양한 디자인으로 대응해 왔다. 각 식물은 수백만 년에 걸쳐 정교하게 다듬어온 성공 전략의 물리적 초상이다. 다른 식물들의 몸에 표현된 진화의 천재성에 접근할 수 있다는 것은 대단한 진화적 이점이다. 보킬라는 다른 식물들을, 모든 특허를 (적어도 보킬라 자신은) 자유롭게 꺼내 쓸 수 있는 살아 있는 특허 데이터베이스처럼 활용한다.

이런 유형의 종간 모방은 다른 종들끼리는 근본적으로 서로 다르다는 믿음을 의심하게 한다. 물론 어떤 면에서는 다르다. 하지만 한 종이 약간의 개조만으로도 기능 측면에서 볼 때 다른 종이 될 수 있다면? 그러면 범주들은 무너지기 시작한다. 종들 사이의 경계선들이 지닌 절대성은 줄어든다. 분류학은 범주들을 발견하기보다 발명하는 것으로 보이게 될지도 모른다. 종들의 경계선 위를 스르륵 넘나들 수 있는 생물은 고정된 형태라는 개념, 미리 정해진 불변의 정체성이라는 개념에 의문을 제기한다.

어느 폭포 앞에서 멈춰 또 한 번의 초콜릿 휴식 시간을 가진 뒤, 연구팀은 구불구불한 길을 올라가기 시작했다. 나는 우리 왼쪽으로 튀어나온 바위에서 자라는 작은 식물들에 끌려 뒤로 처졌다. 자홍색과 보라색의 종 모양 꽃들을 피운 퓨샤fuchsia*가 그 바위에서 자라고 있었다. 고사리도 몇 종 있었다. 내가 가장 좋아하는 식물멍은 고사리를 쳐다보는 것이다. 어떤 고사리는 잎이 너무 얇고 투명해서 세포 하나 정도 두께밖에 안 되는 것 같았다. 또 다른 고사리들은 내가 태평양 연안 북서부 우림에서 보았던 튼튼한 사슴고사리와 비슷해 보였다. 그러다가 섬세한 아디안텀 고사리들이 눈에 들어왔다. 반짝이는 검은 줄기에 작은 은행잎 같은 모양으로 눈에 띄는 연두색 잎들이 줄줄이 달려 있었다. 나는 자세히 보려고 더 가까이 몸을 기울였다가 뭔가 살짝 이상해 보이는 잎을 발견했다. 평범해 보였지만 줄기가 아디안텀 특유의 검은색이 아니라 초록색이었다. 보킬라였다. 나는 히아놀리를 불렀다. 그도 흥분했다. "보킬라가 고사리를 흉내 내는 건 우리도 처음 봐요." 그가 활짝 웃으며 말했다. 잠시 나는 그가 기자인 나에게 얘깃거리를 던져주는 거라고, 괜히 나를 좀 띄워주려고 그러는 거라고 생각했다. "아니에요. 진심이에요. 이건 당신 거예요. 논문에 발견자로 당신 이름을 올릴 거예요." 정말 기뻤다. 그리고 내가 첫 보킬

---

* 우리나라에서는 흔히 후크시아 혹은 푸크시아라고 불린다. _옮긴이

라 탐방에서 이렇게 쉽게 새로운 발견에 한몫할 수 있었다는 사실은 이 놀라운 덩굴식물에 관해 아직 발견할 거리가 아주 많이 남아 있다는 점을 시사했다. 그날 밤 내 오두막에서 자려고 불을 껐을 때 각자 다른 형태를 한 보킬라의 환영들이 내 앞을 떠다녔다.

이튿날 다시 국립공원 안으로 들어간 우리는 숲 가장자리에 있는 어느 지점에 멈춰 섰다. 땅을 부분부분 나누어서 일부는 식물을 다 베어냈고 그 사이사이 섬들처럼 자리한 일부는 식물이 자라도록 남겨둔 곳이었다. 식물이 자라고 있는 섬들에서는 보킬라가 여러 식물을 굽이굽이 타고 올라 능숙하게 그 식물들을 모방하며 무성히 자라고 있었다. 겨우 몇 미터 떨어진 더 빽빽한 숲 지역보다 여기서 더 왕성하게 자라는 것 같았다. 무성한 숲에서도 어디에나 보킬라가 보이기는 했지만 거기서는 여기보다 덜 눈길을 끌고 덜 풍성해 보였다. 그리고 더 중요한 점은 거기서는 여기서만큼 이웃 식물들을 열심히 흉내 내지 않는 것처럼 보인다는 것이었다.

연구팀은 숲속에서 둥글게 원을 지어 서서 그 이유가 무엇일지 토론했다. 빈터에 빛이 풍부하다는 점이 보킬라가 보는 데 도움이 되는 걸까요? 히셀라 스토츠가 농담처럼 말했다. 그녀는 손가락으로 따옴표 표시를 만들며 "시각" 말이에요, 했다. 그런데 히셀라의 말에는 일리가 있었다. 숲속과 달리 여기서는 햇빛이 넉넉히 쏟아져 내리므로 보킬라는 잎의 모양과 색깔과 잎맥 패턴을 바꾸는, 식물 입장에서 비용이 많이 드는 일을 하는 데 필요한 에너지와 자원을 더 많이 얻을 수 있다. 이는 히셀라의 전문 분야다. 이 연구팀은, 특히 히셀라는 식물의 가소성, 그러니까 식물이 더 넓은 범위의 다양한 형태를 발현할 수 있는 능력을 연구한다. 자원을 더 쉽게 얻을 수 있는 식물은 할 수 있는 행동을 가능한 한 많이 시도하므로 가소성이 더 높다고 알려져 있다. 햇빛이나 영양분을 더 많이 얻을 수 있는 식물은 어찌 보면 더 완전한 형태의 자신을 구현한다고 할 수 있다. 한편 크리스티안 살가도루아르테는 음지에서 자라는 식물들이 더 좋은 시절이 오기를 기다리며 몸을 웅크리고 자신을 다잡는 현상을 연구한다. 그는 특히 이 숲에 사는 몇몇 종들이 햇빛을 받으면 잎을 엄청나게 크게 확대해 가능한 한 많은 빛을 마실 수 있도록 표면 면적을 넓히는 일에 관심이 많다. 어쨌든 이런 우림에서는 우듬지 지붕이 언제 다시 닫힐지 모르는 일이다. 그런데 바로 그 같은 종들이 그늘 속에서 자랄 때는 잎을 작고 튼튼하게 만들어 에너지 소비를 최소화하면서 더 살기 좋은 시기가 올 때까지 그저 견디며 버틴다. 만약 이 식물이 충분히 오래 버틸 수 있다면, 어쩌면 거대한 고목 한 그루가 마침내 쓰러지면서 숲의 지붕에 구멍을 내줄 것이고, 그러면 이 식물도 너무 늦기 전에 다시금 햇빛에 흠뻑 몸을 담글 수 있을 것이다. 식물이 마음껏 풍성히 자라는 일은 확실히 자원 가용성에 달려 있다. 에너지가 있어야 그런 호사도 누릴 수 있다. 이런 면에서 보킬라의 변신술이야말로 가장 큰 호사가 아닐까?

잠시 후 나는 히아놀리에게 식물 시각 때문이 아니라면 보킬라에게 무슨 일이 일어나는 거라고 생각하는지 물었다. 히아놀리는 생각을 할 때 눈을 감는다. "물론 어떤 설명을 하든 기괴하고 묘하고 이상하게 들릴 겁니다." 그가 방어막을 둘러치듯 말했다. "하지만 나는 여전히 미생물과 연관되었을 거라는 게 가장 그럴듯한 설명이라고 생각해요." 히아놀리는 미생물이 (아마도 박테리아가) 숙주 식물에서 보킬라로 옮겨가서 잎 형태를 통제하는 유전자를 납치해 형태 발현의 방향을 바꾸는 거라고 생각했다. 보킬라가 자체의 형태를 바꾸는 것이 아니라, 병이 몸에 작용하듯이 보킬라 외부에서 온 무언가가 보킬라에게 영향을 미치는 것, 그러니까 일종의 전염일 가능성이 더 크다는 것이 그의 생각이었다. 그렇다면 식물에 영향을 미치는 게 무엇이겠는가? 온갖 종류의 미생물들이다. 하지만 만약 이게 감염이 맞는다면, 근본적인 수준에서 상당히 침습적인 생물학적 재배열을 할 수 있는 유형의 감염이어야만 한다. 잎의 모양, 색, 크기, 질감은 모두 식물의 유전자에 새겨진 발달 프로그램의 결과물이다. 히아놀리는 무언가가 유전자 발현을 바꾸고 있는 게 분명하다고 생각했다. 게다가 지금까지 식물의 유전자 발현을 바꿀 능력이 있다고 알려진 것은 미생물이 유일하다.

1990년대에 '소형RNA' 또는 '마이크로RNA'라 불리는 유전물질 단위가 발견되었다. 마이크로RNA의 기원은 박테리아나 바이러스 같은 미생물이며, 현재까지 인체에서 발견된 마이크로RNA는 2,600가지에 이른다.[17] 이 외래 유전물질들은 우리 유전체에서 3분의 1에 달하는 유전자를 조절한다고 알려져 있다.[18] 좀 더 최근에 연구자들은 마이크로RNA가 식물의 삶에서도 특정한 역할을 한다는 사실을 밝혀냈다. 기생식물과 숙주 식물 사이에서 마이크로RNA의 교환이 자주 일어나며, 식물들 사이에서 신호를 주고받는 분자로도 작용할 수 있다. 또한 지금은 한 식물의 마이크로RNA가 근처에 있는 다른 식물의 유전자 발현에도 간섭할 수 있다는 사실이 알려져 있다.[19]

히아놀리는 이게 바로 보킬라에게 일어나는 현상일 수 있다고 생각한다. 미생물로부터 온 유전물질이 한 식물의 유전체 중에서 잎의 형태를 담당하는 유전자들을 통제하고 있을 수 있고, 보킬라는 근처에 있다가 그냥 그 간섭에 걸려든 것일 수 있다. 말하자면 외래 미생물 유전물질의 소나기를 맞는다고나 할까.

"나는 미생물이 싫어요. 미생물은 다루기도, 측정하기도, 통제하기도, 피하기도 너무 어렵죠. 나는 육안으로 볼 수 있는 것들이 훨씬 편해요. 하지만 몇몇 시스템과 관련되어 나온 증거의 무게에 설득됐죠." 유난히 복잡하게 얽혀 있는 덩굴들 사이를 걸으며 히아놀리가 말했다. 만약 그의 가설이 맞는다면, 모든 식물의 전반적인 외양을 미생물이 통제하며, 그 미생물의 영향력 범위는 미생물이 깃들어 있는 식물 자체를 넘어 일종의 구름처럼 주변까지 확산한다는 말이 된다. 이런 시각에서 본다면 보킬라만의 독특함은 다른 종들의 미생물 구름에 반응한다는 점뿐일 것이다. 히아놀리의 가설이 입증된다면 모든 단계에서 식물 전반에 관한 현재 과학의 믿음들을 수정하게 될 것이나. 그것은 처음부터 끝까지 식물학의 지반을 뒤흔드는 주장이다. 하지만 생각해 보면 발루슈카의 식물 시각 가설 역시 그렇다. 어떤 면에서 히아놀리의 가설도 순전히 터무니없는 이야기는 아닌 것이, 현재 과학자들이 밝혀내고 있는 세계에 대한 미생물의 영향력에 또 하나를 추가한 것일 뿐이기 때문이다.

우리는 분홍색과 주황색의 점균류로 뒤덮인 통나무에 걸터앉았다. 히아놀리는 최근 흰개미들의 내장 속에서 나무 속 화학물질을 소화할 수 있게 해주는 미생물이 발견되었다는 이야기를 들려주었다.[20]

그러니까 흰개미의 가장 큰 특징인 나무를 먹는 행동은 흰개미 내부에 사는 완전히 다른 유기체 때문에 가능하다는 뜻이다. 그리고 흰개미 장내에 사는 미생물들이 제 기능을 할 수 있는 것은 또 그들 안에 사는 한층 더 작은 미생물들 덕분이다. 이렇게 동물 속에 동물이 존재하는 일은 흰개미 자체의 진화보다 더 오래되었다. 아마도 흰개미 조상의 일부가 죽은 식물을 먹음으로써 그 식물 안에 서식하던 미생물들을 획득하게 되었을 것이다. 그때부터 이 두 종은 오늘날 현존하는 각자의 버전으로 함께 진화해 왔다. 호주의 흰개미 종 내장에는 원생동물 한 종이 있고, 이 원생동물은 다시 네 유형의 박테리아를 품고 있는 것으로 밝혀졌다. 수많은 겹겹의 생물 개체들이 흰개미 한 종을 존재하게 하는 것이다. "그들은 모두 독립적이에요. 서로 다른 과에 속한 생물들이고요. 정말 엄청나지 않아요?" 이런 뜻밖의 놀라운 발견들은 거듭거듭 같은 방향을 가리켰다. 흰개미는 결코 그냥 흰개미이기만 한 것이 아니라고. 분명 다른 모든 생물도 마찬가지일 것이다. "이 생물이 해낸 일이라고, 혹은 이 생물의 행위가 가져온 결과라고 생각했던 것이, 적어도 그중 절반은 어떤 박테리아가 한 일인 모양입니다."

이 연쇄적 구성이 히아놀리의 관심을 자극했다. 흰개미는 여러 부류의 생물들이 협력한 결과로 존재하는 복합적인 유기체다. 인간 역시 복합적인 유기체라는 점을 그는 내게 상기시켰다. 우리의 마이크로바이옴*이 우리 건강의 여러 측면을, 어쩌면 우리의 심리까지도 관

• 미생물군유전체 _옮긴이

장하는 것으로 보인다. "마이크로바이옴은 소화, 알레르기, 심지어 심리적 장애와도 연관되어 있어요"라고 히아놀리는 말했다.

이번 현장 탐사 여행 일 년 전, 보킬라 표본을 채취하러 이 숲에 왔던 히아놀리와 동료들은 보킬라의 모방이 너무나 무작위적으로 분포해 있다는 느낌을 받았다. "보킬라에게서 항상 모방을 볼 수 있는 건 아니에요." 히아놀리가 보기에 모방은 70퍼센트 정도만 일어나는 것 같았다. "자극의 강도와 규모는 제각각 다릅니다. 이게 바로 내가 그런 생각을 하게 된 이유에요. 이 현상의 심하게 들쭉날쭉한 패턴 뒤에는 유기체가 있을 수 있겠구나 싶었죠." 표본을 연구실로 가져가 분쇄했을 때 그들은 그 가설의 증거가 될 수도 있는 최초의 희미한 빛을 발견했다. 보킬라가 모방한 관목과 가장 가까이 있던 보킬라 잎의 세균 군집은 그 관목 자체의 세균 군집과 상당히 유사했다. 같은 보킬라 개체에서도 그 관목과 멀리 있어 모방하지 않은 잎들의 세균 군집은 전혀 달랐다.[21] "한 개체에 속해 있고 거리도 겨우 30센티미터밖에 안 떨어져 있는데도 두 부류 잎의 세균 군집은 확연히 달랐어요." 히아놀리가 말했다. "믿기지 않을 만큼 굉장한 일이죠. 그 굉장한 일을 하는 게 나는 미생물이라고 생각해요." 이것으로 그의 가설이 명쾌하게 증명된 것은 결코 아니다. 정말로 어떤 일이 벌어지고 있는지 알아내려면 더 많은 연구가 필요하다. "하지만 미생물이 연관되어 있다는 것은 아주 강력하게 말해주죠." 히아놀리의 말이다.

이를 재확인하려면 히아놀리는 실험실에서 식물을 길러야 하는데, 지금까지는 거의 불가능한 일이었다. 십수 번 시도했지만, 보킬라는 항상 잘 자라지 못하고 금세 죽어버렸다. 게다가 씨앗을 얻는 일 역시 거의 불가능하다. 히아놀리는 씨앗이 맺힌 보킬라를 딱 한 번 보았다. "이 얘기를 하면 어떤 과학자들은 내가 씨앗을 숨기려 한다고 생각해요." 히아놀리와 동료들은 두 문제를 다 피해가기 위해 보킬라를 조직배양으로 기르는 방법을 막 알아낸 참이었고, 곧 실험실에서 실험을 시작하기를 바라고 있었다. 그는 진짜 보킬라인지 실험으로 확인해 보지도 않고서 보킬라를 보았다고 큰소리치는 유럽의 과학자들이 짜증스러웠다. 과학은 그렇게 하는 게 아니라고 그는 말했다. 먼저 결과로 보여줘야 하는 거라고.

우리 주변 수백만 개의 잎들 위로 빗물이 후두둑 떨어졌다. 나머지 팀원들은 몇 미터 떨어진 나무 주위에 무릎을 꿇고 앉아 덩굴의 각도를 측정하고 있었다. 히아놀리는 내게 철학자이자 생물학자인 루퍼트 셸드레이크Rupert Sheldrake의 '형태발생장morphogenetic field' 개념을 들어본 적 있느냐고 물었다.[22] 처음 듣는 말이었다. 그는 셸드레이크가 모든 유기체를 에워싼, 마치 정보 클라우드 같은 가설상의 생물학적 장을 상상했다고 설명했다. "일종의 영향력의 장 같은 겁니다." 중력장이나 자기장처럼 보이지 않지만 막강한 장. 셸드레이크는 형태발생장을 한 유기체의 물리적 형태의 발달을 이끄는 것으로 개념화했다. 나는 우리 주변 식물들을 에워싸고 있는 정보의 구름을, 생물학적 사용설명서를 품은 깃털구름을 상상했다. 셸드레이크의 주장에는 히아놀리가 '신비적'이라고 표현한 것들도 포함된다. 이를테면 셸드레이크는 형태발생장이 텔레파시의 기반이 될 수도 있다고 믿었다. 히아놀리는 재빨리 자기는 그런 것에는 전혀 관심이 없다고 덧붙였다. 하지만 생물학적 영향력의 장이라는 개념은? 그건 미생물이 식물에게 미치는 잠재적 영향에 관해 생각해 볼 도구로서 자기도 동의할 수 있다고 했다. "그런 게 정말 존재하는지는 나도 모르겠어요. 하지만 그 개념, 그 이미지는 마음에 들어요."

인간은 언제나 미생물 구름에 에워싸여 있다는 사실을 처음 배웠던 때가 기억난다. 뉴욕 로어맨해튼의 회사 건물 5층의 내 책상에 다섯 시간째 앉아 있었을 때, 데이터 과학자 제임스 메도우James Meadow가 그날 내 칸막이 업무 공간 안에 내가 뿌린 미생물이 수백만 마리는 될 거라고 내게 말했다. "〈피너츠〉에서 먼지구름을 몰고 다니는 그 애 알죠? 픽펜인가? 알고 보니 우리는 다 그런 모습이었던 거예요."[23] 전화기 너머에서 메도우가 말했다. 당시 그는 샌프란시스코에서 사무실과 병원 같은 장소의 실내 마이크로바이옴 건강을 모니터링하는 회사에서 일하고 있었고, 막 논문 한 편을 발표한 참이었다. "우리는 움직이고 돌아다니는 동안 몸에서 시간당 백만 개의 생물학적 입자들을 뿜어내요. 나는 턱수염이 있는데요, 턱수염을 긁으면 공기 중에 작은 뭉개구름을 뿜어내는 셈예요. 하지만 우리가 항상 퍼뜨리는 이런 입자들의 구름은 눈에는 거의 보이지 않아요." 나는 내 키보드를 내려다보며 미생물들이, 나의 미생물들이 마치 보트에서 하선하는 승객마냥 내 손가락 끝에서 행진해 나가는 모습을 상상해 보려 애썼다. 이어서 메도우는 나의 미생물들이 아마 내 옆 동료 자리까지 넘어가 둥둥 떠돌고 있을 거라고 말했다. 나는 수화기를 잠시 내려놓고 회색 칸막이 너머 나와 겨우 1미터 떨어진 곳에서 태평스레 키보드를 두드리고 있는 옆자리 동료를 넘겨다보았다. 그는 아무 문제 없어 보였다. 그런데 나는 그리로 둥둥 떠가고 있다는 거지?

최근 마이크로바이옴 연구가 쏟아져 나오고 과학자들이 모든 종류의 건강 문제를 우리 내장과 피부에 사는 생명체들과 연관 지으면서 우리가 세상과 상호작용하는 방식에 대한 이해에 혁명이 일어났다. 우리의 미생물들은 우리의 면역계, 체취, 모기를 끌어들이는 일에 영향을 미친다. 새로 나온 연구 결과들은 미생물이 자폐와 우울증, 불안증에서, 어쩌면 우리가 어떤 사람에게 매력을 느끼는가 하는 문제에서도 어떤 역할을 할 수 있다고 말한다.

바꿔 말하면, 우리의 미생물들은 우리가 생각하고 느끼는 방식에도 관여할지 모른다는 것이다. 우리 자신의 세포보다 우리에게 깃들어 사는 미생물 세입자들의 수가 아마 더 많을 것이다.[24] 자세히 살펴보면 우리의 개인성, 우리를 우리 자신으로 만드는 바로 그 속성은 자율적 독재보다는 내재된 민주주의와 좀 더 비슷할지도 모른다.

그런데 마이크로바이옴은 글자 그대로 우리 주변 공기 속으로도 퍼져나가 일종의 미생물 구름을 이룬다. 열은 위로 올라간다. 메도우는 나의 체온이 내 생물학적 입자들을 끊임없이 나의 내부에서 외부로 쏘아 보낸다고 설명했다. 역시나 내 마이크로바이옴의 일부로 포함되는 나의 숨 역시 따뜻하므로 같은 일을 한다. 내가 선택하여 세상에 내놓은 단어 하나하나에는 내가 선택하지 않은 세균 무리가 함께 따라간다. 내 구름의 크기는 부분적으로는 지금 이순간 내 몸이 얼마나 따뜻하거나 차가운지와 관련이 있을 거라고 그는 말했다. (나는 몸이 따뜻한 편이라고 생각한다. 아마 내 구름은 크기가 클 것이다.)

나머지는 "공기의 점도"에 달려 있는데, 이 말을 생각해 보면 우리가 지금 다루는 대상의 규모를 알 수 있다. "우리가 공기를 느낄 수 있는 때는 공기가 우리에게 와서 세게 부딪힐 때뿐이죠." 메도우가 설명했다. 하지만 미생물처럼 작디작은 존재에게는 공기가 물처럼 작용한다. 공기의 아주 작은 움직임도 미생물 하나를 방안에서 계속 둥둥 떠 있게 할 수 있다. "아주 작은 박테리아는 공기에 한 번 들어 올려지면 몇 시간 동안이라도 계속 떠 있을 수 있어요."

"정신은 극도로 얇게 압축된 물질이다. 오, 얼마나 얇은지!" 언젠가 랠프 월도 에머슨Ralph Waldo Emerson이 쓴 말이다. 나는 태평한 옆자리 동료를 다시 쳐다본다. 나는 말 그대로 사방천지에 존재했다.

우리의 건강과 미생물이 얽힌 관계에 관해 더 알아갈수록 미생물은 우리가 우리 자신이라고 생각하는 것과 점점 더 떼려야 뗄 수 없는 존재로 보이기 시작한다. 우리는 우리의 마이크로바이옴이 아니지만, 그들이 없으면 우리 자신이 아닌 것도 분명하다. 하지만 우리의 삶이 고정적이지 않듯이 우리의 마이크로바이옴도 고정적이지 않다. 우리가 다른 도시에 가거나, 샤워하거나, 항생제를 먹거나, 새로운 연인을 만날 때 마이크로바이옴에는 변동이 생긴다. 가변적인 미생물 정체성은 우리의 변덕스러운 자아와도 잘 맞는다. 지문만큼 고정적이지 않고 무엇이라고 쉽게 지목하기도 어렵지만, 우리의 격동하는 생물학적 상황의 현실은 더욱 충실하게 반영할 것이다. 우리는 언제나 우리 자신이지만, 그 '우리 자신'이란 것이 우리 내부와 주변에서 물결치고 있는 생물학적 무리와 도저히 분리할 수 없는, 늘 변동하는 합성물이라면?

나는 자아를 녹여 없애는 것이 목표인 불교의 명상도 생각해 보았다. 물론 자아를 없애려면 그 전에 자아가 무엇인지 알아야 한다. 불교 명상의 하나인 위파사나 명상에서는 '자아'를 미세하게 흔들리고 있는 아주 작은 단위들의 집합이라고 묘사한다. 어떤 사람들은 그걸 원자라 부른다. 하지만 그 뿌리를 들여다보면, 우리는 우리 자신이 아니라는 생각, 한 사람의 형상으로 함께 웅웅거리고 있는 개별 티끌들의 총합일 뿐이라는 생각이 자리하고 있다. 이렇게 이해하는 순간 자아는 녹아내린다. 내 생각에 이는 미생물과 미생물 구름의 함의를 표현할 강력한 이미지이기도 하다.

보킬라에 대한 히아놀리의 가설은 보킬라가 천재 식물이라는 내 생각을 흩트려 놓았다. 오히려 이건 천재 박테리아의 이야기일까? 아니면 보킬라까지 포함한 천재적 유기체들의 조합인 걸까? 어쨌든 이 식물은 모방함으로써 더 잘 사는 것 같다. 다가온 동물들에게 먹힐 가능성이 줄어들었으니 말이다. 그런데 다시 생각해 보면, 먹히지 않는 일은 보킬라의 박테리아에게도 유리한 일이라는 생각이 든다. 그렇다면 이 모방은 정말 누구를 위한 걸까? 그건 박테리아의 생존을 위한 독창적인 기교로 볼 수도 있다. 순전히 관점에 달린 문제다. 아니면 여기서는 한 가지 관점을 선택하는 것이 오류인지도 모른다. 식물과 그 식물의 미생물은 불가분의 관계일 것이다. 밀접하게 융합된 협력관계, 하나의 복합 유기체다. 또 하나의 유명한 협력관계가 생각났다. 광합성하는 박테리아가 조류 세포 안에 살게 되면서 초창기 식물의 조상이 된 일 말이다.

1990년대에 선구적인 진화생물학자 린 마굴리스Lynn Margulis는 '통생명체holobiont'라는 개념을 대중화했고, 이를 서로 협력하는 다수의 유기체로 이루어진 복합 유기체라고 정의했다.[25] 통생명체는 마이크로바이옴뿐 아니라, 마이크로바이옴이 그 위에서 또 안에서 살고 있는 더 큰 존재인 마크로바이옴macrobiome도 포함한다. 모든 동식물의 진핵세포, 즉 핵이 있는 세포에는 동물과 식물 모두에게 필수적인 미토콘드리아가 있고, 모든 식물의 진핵세포에는 식물에게 필수적인 엽록체가 있다. 마굴리스는 세포소기관인 미토콘드리아와 엽록체는 서로 다른 능력을 지닌 미생물들이 팀을 이뤄 협력하다가 결국 단일한 존재로 융합했을 때 처음으로 생겨났다는 가설을 세웠다. 과학이 모든 진화적 변화의 근원이라고 여기는 아주 느리고 무작위적인 변이보다는 서로 다른 유기체 사이 이런 식의 공생이 우리 진화의 역사에서 더 중요한 역할을 했을 거라고 마굴리스는 믿었다. 공생 기원설에 관한 마굴리스의 논문은 15곳의 학술저널에서 퇴짜를 맞은 뒤 1967년에 마침내 〈이론생물학저널Journal of Theoretical Biology〉에 실렸다.[26] 그로부터 10년 뒤, 현대식 유전자 분석법이 등장해 연구자들이 모든 미토콘드리아와 엽록체가 정말로 여러 유기체의 DNA를 품고 있음을 처음으로 확인할 수 있게 된 뒤에야 마굴리스의 가설이 옳았다는 것이 증명되었다.[27] 세포 수준에서 우리 모두는 통생명체다.•

• 아이러니하게도 유전적 공생이 발견되기 거의 한 세기 전에 다윈 본인도 이 사실을 파악했던 것으로 보인다. "우리는 한 유기체의 경이로운 복잡성을 차마 다 헤아릴 수 없다. 하지만 여기 제시된 가설에 따르면 그 복잡성은 훨씬 더 심화된다. 각각의 생명체는 하나의 소우주, 그러니까 우리로서는 상상도 할 수 없을 만큼 작고 하늘의 별만큼이나 많은, 자가증식하는 유기체들의 한 무리인 작은 우주로 보아야 한다." 다윈, 《길든 동물과 식물의 변이The Variation of Animals and Plants under Domestication》, 1868년.

그런데 마굴리스의 통생명체 개념은 우리 세포의 구조를 훨씬 넘어선 범위에서도 참으로 밝혀졌다.* 최근 동물이 자라는 속도, 행동 방식 등 동물의 결정적인 특징들도 미생물이 보내는 신호의 결과로 밝혀졌다.28 미생물이 이미 수십억 년 동안 지배해 온 세계에서 동물이 진화했다는 점을 고려하면 이는 충분히 납득이 가는 얘기다. 저명한 공생 연구자인 마거릿 맥폴나이Margaret McFall-Ngai는 실제로, 오래전부터 자체의 '기억'을 지니고 있다고 알려져 있던 인간의 면역계가 일종의 통생명체 – 관리 시스템일 수도 있다고 믿는다. 2007년에 맥폴나이는 "척추동물에게 기억 기반의 면역계가 발달한 것은 유익한 미생물들의 복잡한 군집을 인지하고 관리할 필요에 따른 진화의 결과일지 모른다"라고 썼다.29

우리 더 커다란 생물들은 다음 세대를 만듦으로써, 다시 말해 아기를 가짐으로써만 우리의 유전물질을 교환할 수 있다. 하지만 박테리아에게는 그런 제약이 없다. 그들은 이웃 박테리아와 실시간으로 유전자를 교환할 수 있는데, 심지어 서로 종이 달라도 아무 문제 없다. 이런 식으로 박테리아는 이웃의 새로운 특징들을 채택하여 자기가

• 마굴리스는 박테리아의 우선성을 믿었던 것으로 유명하다. 박테리아는 더 큰 생명체들이 등장하기 훨씬 전부터 지구에 존재했고, 초기 지구의 화학에 완벽하게 적응했으며 여러 면에서 필요에 맞춰 지구의 화학을 조절하며 굉장한 성공을 거두고 있었다. 마굴리스는 우리의 몸이 초기 지구의 환경을 보존하고 있다고 썼다. 우리 내부의 화학물질들, 특히 우리 내부의 액체 성분들은 박테리아가 처음에 진화했던 아늑한 원시 세계의 복제물로 볼 수 있다. 어떤 면에서 우리는 박테리아들에게 완벽하게 들어맞도록 디자인된 박테리아 용기인 셈이다. 1997년에 마굴리스와 그의 아들 도리언 세이건은 함께 쓴 책에서 이렇게 썼다. "우리는 오늘날의 미생물들과 공존하는 동시에, 우리의 세포 속에서 공생하는 다른 미생물의 잔재들도 품고 있다. 이렇게 그 소우주는 우리 안에서 계속 살아가고 우리는 그 안에서 살아간다."

할 수 있는 일의 범위를 넓혀간다. 마굴리스는 만약 더 큰 생물들에게 박테리아의 유전적 특성을 적용한다면, 우리는 사람이 박쥐의 유전자를 취해 날개를 만들 수 있고 버섯이 근처 식물의 유전자를 취해 초록색으로 변하여 광합성을 시작하는 공상과학 소설 같은 세계에 살게 될 거라고 썼다. 이 이야기는 내가 히아놀리의 가설이 어떻게 작동할 수 있는지 더 명료히 이해할 수 있게 해준다. 박테리아가 외부에서 침입해 보킬라 자체에 깊이 새겨진 형태에 대한 감각을 조종한다고 상상하기보다, 어쩌면 보킬라 안에 살면서 보킬라의 형태 발달을 결정하는 박테리아들이 단순히 다른 식물들 안에서 같은 일을 하는 박테리아들에게서 새어 나온 유전적 신호를 포착한 것일 수도 있다고 보는 것이다. 마굴리스와 세이건은 이렇게 썼다. "사람을 포함한 진핵생물들은 특정한 유전적 틀 안에 굳어져 있는 고체와 비슷하지만, 자유롭게 이동하는 유전자를 상호교환할 수 있는 박테리아는 액체나 기체와 더 비슷하다."[30] 세계가 박테리아의 관점에서 보이기 시작한다. 정체성과 형태가 변화무쌍한 소우주의 바다로. 그 표면 아래서 우리의 박테리아 자아들은 형태를 만들고 변화하고 있다. 우리는 모두 끊임없이 변화하고 있다. 그 누구의 존재든 그 존재가 시작되고 끝나는 곳이 어디인지 누가 단언할 수 있을까?

다함께 숲에서 빠져나가는 동안 히아놀리는 내게 또 하나의 신기한 식물 의태 사례를 들려준다. 칠레는 보킬라와 같은 으름덩굴과 Lardizabalaceae에 속하는 또 하나의 식물의 원산지다. 라르디자발라속 *Lardizabala*의 유일한 종인 이 덩굴식물은 칠레의 아열대 지역과 페루 일부에서만 자라는 극히 희귀한 식물이다. 히아놀리는 친구의 친구에게서 그의 삼촌이 라르디자발라가 자라는 시골 마을에 산다는 말을 들었다. 그 마을에서는 전통적으로 그 식물의 짙은 보라색 열매를 약재로 쓴다고 했다. 히아놀리는 자기는 아직 그 마을에 가보지 않았지만, 뭔가가 전래 지식의 일부가 되는 것은 오랜 세월의 경험과 관찰에 기반한 것이라고 말했다. 그 마을에 전해 오는 이야기에 따르면 다른 나무를 타고 오른 라르디자발라의 열매는 그 나무의 열매와 비슷한 약성을 띤다고 한다. "그러니까 만약 라르디자발라가 타고 올라간 나무가 소화에 효과가 있거나 심장이나 혈압과 관련되거나 기타 약효가 있다면, 라르디자발라 열매에도 그런 효과가 있다는 거예요." 이는 전혀 다른 종류의 모방도 일어나고 있다는 얘기다. "그 열매가 다른 나무의 속성을 물려받는 모방인 거죠. 그렇다면 정말 굉장한 일이잖아요." 히아놀리가 말했다.

현장에서 보낸 마지막 날 아침, 우리는 숲의 다른 곳으로 차를 몰고 갔다. 연구팀은 금세 휘드랑게아 세라티폴리아 프로젝트에 적합한 나무를 발견하고 그 주위에 작은 깃발들을 꽂기 시작했다. 그때까지 그들의 예상은 빗나간 경우보다 적중한 경우가 더 많았다. 아직 초기 데이터지만 유망해 보였다. 어디나 자라는 흔한 식물 또 한 종이 인간이 수동적 존재라 무시하고 쓰레기 취급했던 식물 더미에서 구출된 것이다.

나는 그들이 측정하는 동안 주변을 돌아다녔다. 주변이 탁 트인 곳 바닥에서 기는미나리아재비*Ranunculus repens*가 모여 자라는 것이 보였는데, 바로 옆에 보킬라가 하나 있었다. 이 미나리아재비는 이 지역에 들어온 지 10년도 채 안 되었다는데 지금은 아주 무성히 자라는 잡초가 되었다. 옆에 있는 보킬라는 크기와 전체적인 실루엣까지 기는미나리아재비의 완벽한 복제물로 변신해 있었다. 보킬라의 함께 모여 나는 세 잎은 미나리아재비의 세 잎과 똑같은 각도로 배치되어 있었다. 미나리아재비 잎의 뾰족뾰족하게 갈라진 가장자리 패턴은 보킬라가 흉내 내기에는 너무 어려운 도전 같았지만 그래도 흉내 내려 애쓰고 있는 건 분명했다. 보킬라 잎의 가장자리는 두루뭉술하나마 올록볼록한 모양을 띠고 있었다.

하지만 이런 실수조차 진기한 일이었다. 보킬라가 미나리아재비마저 흉내 내려 시도한다는 걸 히아놀리가 발견하자 그때까지 난무하던, 보킬라의 변신술은 오랜 진화적 공존의 결과일 거라던 사람들의 추측은 보기 좋게 무너져버렸다. "그 풀은 보킬라의 진화 역사에는 전혀 함께하지 않았거든요"라고 그가 나중에 설명해 주었다. 10년만에 진화적 관계가 형성되지는 않는다. 그것은 예행 연습 한번 한 적 없는 즉흥적인 대처였다.

식물의 즉흥성이란 너무 놀라워 받아들이기 쉽지 않은 개념이다. 즉흥성이란 주변에 대한 감각을 예리하게 곤두세우고 있는 주체의 존재를 상정한다. 그리고 즉흥성의 증거는 계속 조금씩 쌓여갔다. 우리의 탐사 여행 바로 한 주 전에 히아놀리는 런던의 자기 집에서 보킬라를 기르고 있다는 사람에게서 이메일을 받았다. 그는 히아놀리에게 보킬라가 자기 집에서 기르는 잎이 작은 지표 식물을 흉내 내고 있는 사진을 보내주었다. 그 식물은 뉴질랜드 원산인 트리안creeping wire vine이었다. 그는 내게도 그 사진을 보여주었다. 의심의 여지가 없었다. 보킬라는 완전히 낯선 땅의 이 식물을, 그것도 아주 훌륭히 흉내 내고 있었다. 물론 이 뉴질랜드산 식물은 상당히 단순한 동그란 잎을 갖고 있어서, 내가 목격한 보킬라가 흉내 낸 다른 형태들에 비하면 그리 어려운 도전은 아니었다. 그러나 더 흥미로운 건 트리안이 칠레의 우림과는 너무도 머나먼 오세아니아에서 유래한 식물이라는 점이다. 보킬라는 오직 칠레에서만 자생하는데, 그 지역과는 결코 아무 관련도 없는 식물들까지 모방할 수 있다는 게 아닌가. 그렇다면 모방 현상은 보킬라 종 자체의 고유한 특성이며, 보킬라가 어디에 가든 일어나는 현상인 것이다. 이 정도면 즉흥성의 끝판왕 아닌가.

물론 시각 역시 이러한 즉흥적 모방에 대한 그럴듯한 설명이다. 동물 세계에게서는 떨어져 있는 무언가에게 빠르게 반응하는 것은 대개 볼 수 있는 능력에 기인한다. 그 생각에는 이해하기 쉽고 대중적인 호소력이 있다. 오두막으로 돌아가는 차 안에서 히아놀리는 예전 제자에게서 이메일을 받았다. 보킬라를 중심으로 식물의 시각을 연구하는 '메가프로젝트'를 꾸리고 있는 러시아의 한 연구팀에게서 연락을 받았다는 소식이었다. 본에서는 발루슈카와 동료들이 자신들의 시각 가설을 검증하기 위해 온실에서 보킬라를 기르기 시작했다. 만약 발루슈카 팀이 통제된 환경에서 키우는 보킬라가 플라스틱 식물 모형을 흉내 내는 것을 성공적으로 확인하게 된다면, 분명 그들의 시각 가설이 맞을 가능성이 더 커질 것이다. 플라스틱 모형에서 미생물의 정보가 이동할 가능성은 전혀 없으니까.

그러나 지금은 여전히 수수께끼가 풀리지 않았다. 어느 쪽으로 결론이 나든 그 결론은 식물에 대한 완전히 새로운 개념을 불러올 것이다. 식물이 이런 종류의 모방을 할 수 있는 가능성이 조금이라도 존재한다면 식물들 안에서, 혹은 식물들 사이에서 우리가 품고 있던 개념에서 벗어난 어떤 일인가가 벌어지고 있는 게 분명하다. 현재 그 미지의 무언가는 방 한가운데 보이지 않는 물건처럼 놓여 있다. 모두가 거기 있다는 걸 알지만 적어도 아직은 아무도 보지 못하는 물건처럼. 그게 무엇이든 그것은 우리가 식물에 관해 알고 있다고 생각하는 것을 근본적인 방식에서 바꿔놓을 것이다. 히아놀리는 이렇게 말한다. "보킬라의 비밀을 푼다면 곧바로 식물 전반의 비밀도 풀게 될 겁니다. 두 비밀은 나란히 함께 가죠. 보킬라를 이해하는 일에는 식물을 이해하는 일이 내포되어 있을 거예요. 내 느낌으로는 그렇습니다."

발루슈카의 가설은 보다 명료하게 식물지능에 대한 비전이고, 처음에 나는 그 가설에 끌렸다. 나는 식물이 볼 수 있다는 걸 믿고 싶고, 어쩌면 식물은 실제로 볼 수 있을지 모른다. 완전히 얼토당토않은 생각으로는 보이지 않는다. 어쨌든 식물에게는 수많은 광수용체가 있지 않은가. 하지만 히아놀리의 가설은 박테리아의 유기적 조직과 영향력의 비전으로, 더 커다란 상호연결성을 암시하는데, 나는 이 관점에도 끌린다. 이 관점에서는 식물이 본질적으로 복합적 존재라는 점, 식물 자신이 담겨 있고 또한 식물 안에 담겨 있는 소우주와 분리할 수 없는 통생명체라는 식물의 위상이 중심을 차지한다.

어느 쪽이든 식물을 깔끔한 경계선으로 나뉘는 개별적 실체로 보는 관념은 슬슬 뒤로 물러날 때인 것 같다. 한 식물이 어디서 시작하고 어디서 끝나는지는 명확히 알 수 없다. 어쩌면 그건 유용한 질문이 아닌지도 모른다. 식물과 그 협력자들이 상호작용하는, 그럼으로써 궁극적으로는 그 식물 자체를 구성하는 수많은 방식을 무시한다면, 우리는 현실의 매우 작은 부분만을 보게 된다. 식물은 기냐 아니냐 하는 식으로 분류되지 않는, 서로 깊이 침투하는 생명체들로 이루어진 복합적 존재다. 아마도 이는 우리와도 상당히 비슷한 점일 것이다. 마굴리스와 세이건은 이렇게 썼다. "완전히 자족적인 '개인'이라는 것은 더 유연한 묘사로 대체되어야 할 하나의 신화다. 우리 각자는 일종의 느슨한 위원회 같은 존재다."[31]

9장
식물의 사회적 삶

"개념들을 단순화할 수 있으면 좋겠죠.
하지만, 알다시피 자연은 단순하지 않거든요."

 옛날 옛적, 몇몇 곤충들이 매우 특별한 방식을 취하며 사회적 존재로 진화했다. 모든 개체가 자기가 속한 더 큰 집단의 안녕에 전적으로 헌신하도록 진화한 것이다. 그들의 정체성은 집단을 유지하는 일에 모조리 녹아들었다. 이들은 군체colony의 구성원들이다. 군체에 속한 모든 개체에게는 각자의 역할이 있고, 그 역할을 완수하기 위해 일부는 생물학적 성공의 가장 일반적인 지표가 되는 활동까지 포기한다. 다시 말해 번식을 전혀 하지 않는 것이다. 대신 이 곤충들은 평생 먹이를 구해서 보금자리 동료들에게 가져다주는 일을 하고, 이 동료들은 보금자리에서 새끼를 낳는 역할을 담당한다. 이들이 사는 방식은 적자생존이라는 개념을 뒤엎어버린다. 이런 군체에서는 집단의 이익을 위해 자신의 이익을 희생한다. 자신이 번식하는가 마는가는 상관이 없고, 중요한 건 군체의 번식이다.

 1960년대에 한 곤충학자는 이런 삶의 방식을 '진사회성eusocial' 행동이라고 명명하고, 벌집에 살면서 여러 세대가 협력하여 자손을 돌보며, 각자 명확한 역할이 있고 그중 일부만이 번식을 담당하는

9장 식물의 사회적 삶

벌들에게 이 단어를 처음으로 적용했다.[1] 진사회성이란 글자 그대로 '진실로 사회적'이라는 뜻이다.[2] 진사회성은 대단히 복잡한 사회적 삶의 방식이며, 관계성과 협력에 관한 명확한 규칙들로 가득하다. 그 이후로 이 성질은 벌뿐만이 아니라 다른 많은 곤충에게도 적용되는 것으로 밝혀졌다. 흰개미도 진사회성이며 개미와 암브로시아나무좀ambrosia beetle, 그리고 적어도 한 유형의 진딧물도 진사회성이다. 산호초에 서식하는 새우 한 종류도 진사회성으로 보이는데, 이로써 진사회성 개념은 갑각류의 세계까지 확장되었다. 그리고 벌거숭이뻐드렁니쥐는 포유류면서도 진사회성 동물로 알려져 틀을 깨는 스타의 영예를 안았다.

곤충에 갑각류와 포유류까지…. 진사회성 행동은 각자 따로 여러 차례 진화한 것이 틀림없다.[3] 이는 분명 성공적인 진화전략이었을 것이다. 그렇지 않았다면 생명의 나무의 서로 다른 여러 가지에서 각자 자생적으로 다시 나타나고 또 오래 이어지지는 않았을 테니 말이다. 그간 내가 배운 점이 하나 있다. 생물의 세계에서 효과가 좋은 뭔가가 있다면 대체로 이 전략은 생명의 스펙트럼 전반에 걸쳐 거듭 다시 사용된다는 것이다. 좋은 아이디어는 거듭해서 떠오르는 경향이 있다. 이렇게 한 가지 특징이 각자 따로 수 차례 진화했다는 것을 알고 나니, 이제는 식물계에도 이에 상응하는 현상이 존재하지 않을까 궁금해졌고, 알고 싶어졌다. 아주 최근까지도 진사회성은 식물에서는 발견된 적이 없었지만, 어쩌면 우리가 제대로 들여다보지 않았던 건지도 몰랐다.

여기서 박쥐란staghorn fern*이 등장한다. 뉴질랜드 웰링턴빅토리아대학교의 생물학자 케빈 번스Kevin Burns는 2021년에 호주 로드하우 섬에 있는 열대 건조림을 걷고 있었다. 그곳의 나무들은 대부분 발육 상태가 좋지 않았다. 보통은 나무의 아주 높은 줄기에 착생하여 자라는 박쥐란이 여기서는 보기 편하게도 눈높이에서 자랐다. 이렇게 무성하게 모여 있는 박쥐란을 보고 있던 그에게 어떤 생각 하나가 떠올랐다. 만약 이 박쥐란들이 사실은 군체라면? 박쥐란은 여러 개체가 둥그런 벌집 모양의 덩어리를 이루어 자라는 독특한 특징이 있다. 어떤 개체는 스펀지 같은 다공질의 원반 모양으로 착생한 나무에 바로 붙어 있고, 어떤 개체는 초록색의 길고 유연한 사슴뿔 모양 잎을 뻗고 있다. 이 긴 잎들은 왁스층으로 덮여 있어 빗물을 곧바로 아래쪽으로 내려보내기에 아주 적합하며, 그 아래쪽에 있는 원반형 잎들은 덕분에 수분을 쉽게 흡수할 수 있다. 번스는 만약 어떤 잎들이 벌집에서 번식을 못 하는 일꾼 벌과 같은 처지라면, 그래서 번식을 담당한 친척들을 먹여 살리는 데 자기 삶을 바치고 있는 거라면 어떨까 하고 생각했다. 실제로 그는 원반형 잎들은 결코 번식하지 않으며, 일부 긴 잎들만 번식한다는 사실을 알게 됐다. 나머지 잎들은 전체 군체의 뿌리로 물이 흘러가게 하는 일만 하며 살았다. 식물도 진사회성을 띨 수 있을까?[4]

    나는 복잡한 사회성이란 그 자체로 일종의 지능, 일종의 집단 지성이라고 믿는다. 사회성은 각 개체의 성향들을 넘어서서 한 집단으로

• 우리나라에서 박쥐란이라 불리는 이 식물은 사슴뿔고사리staghorn fern라는 영어 이름처럼 난초가 아니라 고사리목의 양치식물이다. _옮긴이

서 좋은 선택을 내리는 일을 지향한다. 지능이란 정의상 자신의 주변 환경으로부터 배움을 얻고 자기 삶을 가장 잘 지탱하기 위한 선택들을 내리는 능력인데, 이런 능력은 일정한 맥락 안에서 만들어지게 마련이다. 어떤 필요로부터 자연 선택을 거쳐 생겨나는 것이다. 박쥐란의 경우 그 필요, 그러니까 흙이 없는 나무줄기의 수직 표면이라는 혹독한 환경에서 물을 보유하는 일은 협동을 요구한다. 관계적 소양과 전체의 번성을 위해 기꺼이 자신을 억누를 줄 아는 태도도 필요하다. 말할 것도 없이 이는 공동체 개념의 토대다. 여기서는 협력이 최상위 우선 과제다.

집단 지능은 몇몇 가장 복잡한 동물 사회의 근간이기도 하다. 집단으로 진화해 온 모든 동물은 그 집단 안에서 살아가기 위해 특정한 행동을 발달시켰다. 물고기, 개미, 벌, 원숭이, 사람. 우리는 모두 서로 다른 방식으로 각자의 행동을 조율한다. 우리는 이를 사회적인 행동이라고 말한다. 개체들 사이의 이 조율이 우리의 신경계까지 확장된다면 어떨까? 사회적 지능은 동물학 연구 분야에서도 새로운 주제에 속하지만, 그 초기 결과 중 하나는 사람들이 의사소통이나 학습, 협동 과제 같은 다양한 사회적 상호작용을 하는 동안 그 사람들의 뇌 내 전기 활동이 동조화될 수 있다는 것이다.[5] 그들의 뇌파, 즉 신경 활동의 최고점과 최저점 사이를 오가는 진동이 서로 비슷하게 맞춰지는 것으로 보인다. 뇌파 동기화는 박쥐와 영장류에서도 발견되었는데,[6] 이는 다른 동물들에게도 이런 일이 일어날 수 있음을 의미한다. 분명 이는 유용한 현상이다. 연구 결과에 따르면 한 무리의 사람들은 뇌파가 동조화되었을 때 더 나은 수행 결과를 보였고,[7] 항공기 조종사들의 뇌는 협력이 결정적으로 중요한 때인 이륙 시와 착륙 시에 동조화되는 경향이 있으며,[8] 인지적으로 동조화된 사람들끼리 서로에 대한 협동 정신과 친밀감을 더 많이 느끼는 것으로 나타났다.[9] 뇌 동조도가 높은 커플들은 관계의 만족도도 더 높았고,[10] 함께 자식을 둔 사람들의 뇌는 함께 있을 때 서로 동조되는 것으로 보인다.[11] 우리의 뇌는 고도로 사회적인 맥락에서 진화했으며, 우리는 이제야 그 사회성이 얼마나 깊이 자리할 수 있는지를 눈으로 확인하고 있다. 아마도 이러한 사회적, 집단적 지능은 그 자체로 주목할 가치가 있을 것이고, 사회적 지능을 빼놓는다면 우리의 실존 이야기에서도 큰 부분을 놓치게 될지 모른다.

식물 역시 집단으로 진화했다. 들판, 숲, 군체, 군집을 생각해 보라. 식물은 항상 이웃끼리의 상호작용이 일상적 삶의 일부인 복잡한 사회적 관계에 속해 있었다. 이러한 주고받음을 식물이 얼마나 잘 해내는가가 많은 경우 그들의 삶의 결과를 결정한다. 생존과 번식은 언제나 사회적 문제였다. 식물들도 그 자체로 논쟁의 여지 없는 사회적 존재들이다. 식물 역시 각자 다양한 온갖 사회적 기질을 갖고 있다. 어떤 식물은 박쥐란처럼 대단히 협동적인 집단에서 살아가며, 이 경우 집단의 성공이 개체의 성공보다 우선시된다. 또 어떤 식물들은 더 한적한 삶을 선호하는 것 같다. 그리고 적극적으로 갈등을 회피하는 것 같은 식물들도 있는데, 이들은 눈에 띄는 나눔의 능력을 보인다. 많은 식물이 낯선 존재들은 즉시 적으로 대하지만, 가족의 유대에는 큰 무게를 둔다. 자원의 변동이 큰 세상에서는 자기가 믿을 존재가 누구인지 아는 것이 제일 중요하며, 믿음직한 건 대개 가족이다.

분명 이는 같은 부류 사이에서 잘 살아가는 문제로, 사회적 존재인 우리에게는 모두 익숙한 개념이다. 물론 식물은 이런 일도 자기들만의 식물적인 방식으로 처리한다. 시선을 조금만 조정하여 식물의 관점에 맞추면 우리 눈에도 식물의 풍부한 사회적 삶이 보이기 시작한다. 식물학자들도 이제야 막 그러기 시작했다. 사회적 가능성의 세계가 천천히 모습을 드러내고 있다.

미시간 호숫가를 에워싼 사구들은 놀라움 그 자체다. 이 모래산들은 대양의 파도를 한순간 정지시켜 둔 것처럼 솟았다 내려왔다 하면서 드넓게 이어진다. 거기서 몇십 킬로미터 내륙으로 들어가면, 중서부의 농경지가 나온다. 그런데 거대 호수의 한쪽 연안에 자리한 이곳에서 수전 더들리Susan Dudley는 식물들이 누가 자기 자식인지 정확히 안다는 사실을 발견했다.[12]

캐나다 맥마스터대학교의 식물진화생태학자인 더들리는 2006년 여름에 자신의 연구 대상을 관찰하던 중에 간간이 먹파리에 물렸다. 서양갯냉이American searocket는 해변에서 비교적 낮게 자라는 덤불인데, 지독히 혹독한 조건에서 근근이 살아내야 하는 환경이라고 판단하면 아주 인상적인 행태를 보인다. 갯가의 덤불이 크고 웅장하게 자란다는 건 엄두도 낼 수 없는 일이다. 모래언덕에서 사는 삶은 만만하지 않다. 바람은 항상 불어대고, 물은 귀하며, 동물들은 굶주려 있다. 모래언덕에서 사는 모든 식물은 거기서 살기 위해 엄청난 노력을 기울이고 있으며 거기 존재한다는 것만으로도 대단하다.

식물이 '자신'과 '자신이 아닌 존재'를 구별할 수 있다는 증거가 쌓이기 시작한 것은 1990년대 말과 2000년대 초였다. 식물들은 근처에 있는 가지나 뿌리가 자기 것인지 다른 식물의 것인지 구분했다. 그로부터 오래지 않아 더들리는 식물의 개체 구분이 그보다 더욱 발전된 것이 아닐까 하는 궁금증이 생겼다. 식물이 자신을 인지한다면, 유전적 친족도 인지할 수 있지 않을까? 더들리는 식물이 단순히 이웃에 다른 식물들이 존재한다는 사실뿐 아니라 그 이상도 아는지를 알고 싶었다. 동물학자들은 친척을 인지하는 것이 진화적 관점에서 엄청나게 유리한 일임을 알고 있다. 많은 동물이 그런 인지 능력을 보여주었다. 더들리는 생각했다. 식물을 시험해 보면 되잖아?

학부생 시절 더들리는 살아 있는 동물을 칼로 자르는 끔찍한 일을 자기가 별로 안 좋아한다는 걸 깨달았다. 무척추동물의 생채해부는 생물학과에서 으레 하는 일이었다. 그래서 시카고대학교 대학원에 들어갈 때 더들리는 식물학으로 전공을 바꿨다. 그는 이렇게 말했다. "식물을 써는 건 아무도 신경 쓰지 않잖아요. 사람들은 그걸 저녁 준비라고 부르죠."

더들리는 처음에 대학원 지도교수의 프로젝트에 참여하여, 식물이 이웃들에 반응하여 자기 키를 바꾸는 방식을 시험했다. "식물은 빛의 색깔로 서로를 봐요." 더들리가 말했다. 빛은 식물을 통과할 때 색을 바꾸고, 서로 다른 식물을 통과한 빛은 각자 다른 방식으로 변화한다. 이는 인간의 눈으로 알아보기에는 너무 미세한 변화이지만 식물이 알아보기에는 충분히 뚜렷하고 특징적이다. 식물은 자기한테 와 닿는 빛의 질을 감지하고서 그 빛이 자기한테 닿기 전에 다른 식물을 통과했는지도 알아차리는데, 이는 곧 주변에 자기보다 키가 더 큰 이웃이 있다는 신호다. 식물은 이에 맞추어 자기의 줄기를 특정한 길이까지 키운다. 주변에 이웃이 많을 때는 더 크게 키우고 이웃이 없을 때는 짧은 길이에서 멈춘다. 적응 측면에서 완전히 타당한 일이다. 무리 속에서 파묻힐 위험이 있다면 키를 더 키워 햇빛을 받을 부분을 확보해야 한다.

이 행동에 대한 공식 용어는 '피토크롬 매개 줄기 연장phytocrome mediated stem extension'이다. 더들리가 이 현상을 관찰하고 있던 무렵, 다른 곳의 연구자들은 식물이 땅속에서도 비슷한 인지 능력을 보인다는 것을 밝혀내고 있었다. 식물은 어떤 게 자기 뿌리이고 어떤 게 남의 뿌리인지 알고, 그에 따라 뿌리 성장을 조절한다. 자신과는 경쟁하지 않는 게 타당하다. 이웃이 있을 때 식물이 행동하는 공식이 밝혀지고 있었다. "지상에 이웃이 있다는 걸 알면 키를 더 키워요. 지하에 이웃이 있다는 걸 알면 뿌리를 더 내리고요." 더들리의 말이다.

이런 공식을 염두에 둔 채 더들리는 인디애나주 호숫가 모래언덕의 서양갯냉이 연구를 시작했다. 이곳은 알도 레오폴드Aldo Leopold가 자연 문학의 고전 《모래군의 열두 달Sand County Almanac》을 쓴 곳, 바로 그 모래 카운티에서 얼마 떨어지지 않은 곳이다. 아름다운 곳이었지만 성가신 파리 문제가 있었고, 모래 자체도 만만찮은 상대였다. 물가의 현장 연구는 힘겹다. "물가에서는 장비에 모래가 들어가니 일하는 게 즐겁지 않은 건 놀라운 일도 아니에요."

하지만 더들리에게는 아이디어가 하나 있었다. 갯냉이는 식물이 주변에 있는 가족들에게 남달리 행동하는지 알아보기에 완벽한 종일 것 같았다. 갯냉이가 씨앗을 퍼뜨리는 방식에는 두 가지가 있다. 일부는 바람에 실리거나 물에 떠서 멀리 퍼져나가고, 일부는 모체에 달라붙어 있다가 모체의 수명이 끝나서 마침내 분해될 때 흙속으로 들어간다. "모체가 죽고 나면 작은 싹들이 잔뜩 올라와요." 어린 갯냉이들이 한데 모여 자라는 모습은 쉽게 찾을 수 있었다.

더들리의 예상이 맞았다. 갯냉이는 남남 사이인 식물들에 둘러싸여 있을 때는 뿌리를 왕성하게 내리고 공격적으로 모래땅 속으로 확장해 나가면서 근처의 영양분을 독점하려 했다. 그러나 가족 옆에서 자랄 때는 예의 바르게 뿌리 성장을 제한하여 형제자매가 자기 곁에서 살아갈 공간을 남겨두었다.

더들리는 무언가가 식물에 어떻게 이롭게 작용하는가 하는 평소의 질문을 잠시 접어두기로 한 자신의 선택 덕분에 이 발견이 가능했다고 생각한다. 그 대신 식물이 실제로 어떤 일을 하는지를 그저 관찰했다. "나의 혁신은 식물이 어떻게 행동하느냐는 질문을 던진 거예요." 식물의 행동을 관찰하는 것은 식물에게 유리한 것을 관찰하는 것과는 다르다. 어차피 어떤 것이 식물에 유익한 것인지 우리로서는 도통 알기 어려운 때가 있다. 인간이 항상 추론으로 답을 알아낼 만큼 식물에 관해 충분히 아는 것도 아니다. 하지만 식물들 앞에서 실제로 일어나는 일을 지켜보면서 알아차릴 수는 있다.

식물이 가족과 남들을 구분하여 배려한다는 사실은 고사하고, 식물이 가족을 알아본다는 사실이 밝혀진 것도 이때가 처음이었다. 더들리는 잠깐 어안이 벙벙했다. "우리는 자기가 예측했던 걸 실제로 보게 될 때도 항상 놀라요. 자연은 너무 복잡하니까요." 놀라움은 금세 염려로 바뀌었다. "뿌듯했지만 동시에 좀 무섭기도 했어요. 뻔히 논쟁을 불러올 결과잖아요." 과학계는 논쟁적인 결과를 가장 엄밀히 검증한다. 그리고 다른 학자들은 결과가 주류로 받아들여지기 전까지는 선뜻 나서서 동의하기를 꺼린다. 힘을 실어줄 동지들이 없으니 뭘 하려 해도 어려움이 많다. 더들리는 2007년에 결과를 발표했지만, 자기 말을 믿어줄 사람이 나타나려면 한참 시간이 걸리리라는 걸 알았다.

그 무렵 더들리의 학생 한 명은 로드아일랜드 자생종으로 정원에서 흔히 키우는 꽃인 서양봉선화 군락을 연구하고 있었다. 이 식물도 가족을 알아보고 남들보다 더 잘 배려하는 것 같았다. 이런 특혜적 대접은 지상의 행동에서 나타났다. 남들과 자랄 때 봉선화는 햇빛을 받는 공간을 최대한 많이 차지하려고 공격적으로 잎을 내고 왕성하게 잎을 펼친다. 그런데 가족 옆에 심어둔 봉선화는 형제자매에게 그늘을 드리우지 않으려고 얌전하게 잎을 배치한다.[13] 자기 가족을 알아볼 수 있는 것은 진화적으로 큰 의미가 있다. 무엇보다 중요한 점은 근친 번식을 피하는 데 도움이 된다는 것이다. 하지만 거기서 더 나아가 이는 자연 선택의 일부가 된다. 다윈의 '적자생존' 개념에는 가장 적합한 개체의 생존뿐 아니라 가장 적합한 유전자의 생존도 포함된다. 개체들이 가까운 친지를 희생시키며 살아남는다면, 그들 유전자의 성공은 그만큼 위태로워진다. 이는 1960년대부터 동물행동학에서 '해밀턴 법칙'이라고 알려진 것으로, 자신의 안녕에 가해지는 피해가 자신과 유전자를 공유하는 가족이 받는 혜택보다 훨씬 크지만 않다면 최대한 가족의 이익을 우선시하여 행동한다는 법칙이다.[14] 다윈주의 관점에서 볼 때, 자신이 구하고자 하는 가까운 가족의 개체 수가 자신의 목숨에 가해지는 위험을 훨씬 압도한다면 그러한 위험은 충분히 감수할 가치가 있다. 이는 또한 가족을 돕고자 하는 의지가 관계의 거리에 따라 달라진다는 뜻이기도 하다. 영국의 생물학자 존 버든 샌더슨 홀데인J. B. S. Haldane이 했다고 전해지는 말도 같은 의미를 담고 있다. "나는 형제 두 명 또는 사촌 여덟 명을 위해서라면 내 목숨을 내려놓겠다."[15]

해밀턴 법칙은 가족에게 협조하고 이타적으로 행동할 수 있는 그 생물의 능력에도 달려 있다. 그러자면 그 생물은 누가 자기 가족인지 알아야만 한다. 우리는 이미 범고래가 복잡한 가족의 무리를 이뤄 살아가며 그 안에서 수시로 먹이를 나누고 자기 가족만의 방언으로 서로 의사소통한다는 것을 알고 있다.[16] 암 개코원숭이들은 평생 자기 엄마, 자매, 이모들과 몇 미터 반경 안에서 어울려 살아가며, 서로 털을 다듬어주고 나란히 누워 낮잠을 잔다.[17] 심지어 해면동물 안에 깃들어 사는 새우들도 해면 보금자리를 지키기 위해 가족들과 협력한다고 알려져 있다.[18] 그러나 더들리의 연구가 그랬듯이 그 법칙을 식물에까지 확대 적용하는 것은 완전히 근본적인 변화였다. 더들리의 결과를 본 다른 연구자들은 그의 연구 설계가 허술했다고 비난하는 글을 발표했다. 거의 언제나 그렇듯 과학계에서 근본적으로 새로운 생각들은 과도한 의심의 눈초리를 받는다. 과학의 보수주의는 잘못된 생각을 걸러내는 안전장치이기도 하지만 새로운 돌파구에 어깃장을 놓는 트집이기도 하다. 그런 트집을 당하는 과학자에게는 꽤 고통스러운 일이 될 수도 있다. 더들리는 논쟁적인 연구 결과를 발표하는 것이 "불편하고 때로는 속상한 일"이라고 말했지만, 그래도 그런 상황을 충분히 납득했다. 본인도 처음에 뿌리가 자기와 비자기를 구분할 줄 안다는 말을 들었을 때 비슷하게 반응했기 때문이다. 하지만 결국에는 더들리도 생각을 바꾸고 받아들이게 되었다. 더들리는 자기의 연구 설계가 탄탄하다는 걸 알았다. 그리고 자기가 눈으로 확인한 사실도 분명했다. 더들리는 비판자들이 생각을 바꿀 때까지 기다리기만 하면 될 거라고 마음을 먹었다.

10년이 채 지나지 않아서 더들리의 작업을 뒷받침하는 증거들이 흘러나오기 나오기 시작했다. 2017년에 아르헨티나의 한 연구자는 해바라기 재배자들이 친족 관계인 해바라기들을 나란히 빽빽하게 줄지어 심어 기르면 해바라기유 생산량이 47퍼센트까지 증가한다는 사실을 알아냈다.[19] 그 농부들은 해바라기 농사에서 전례가 없을 정도로 해바라기꽃들을 촘촘하게 심었다. 그러나 가까이 자라는 해바라기들끼리는 항상 땅속에서 서로를 공격한다고 여겨졌던 것과 달리 이 해바라기들은 그러기는커녕 지상에서 가족이자 이웃인 해바라기들에게 그늘을 드리우지 않으려고 각도가 서로 엇갈리도록 줄기를 구부리며 자랐다. 서로 영양분을 빼앗아간다는 신호도 없었다. 강제로 줄기를 똑바로 세우지 않고 이상한 각도로 자라는 대로 그냥 두면 각각의 해바라기꽃들은 빛을 더 많이 받았고, 그에 따라 해바라기유 생산량도 치솟았다.

더들리의 첫 논문이 나온 이후로 릭 카번 같은 사람들이 자신의 연구 대상 식물에서 친족인지 현상을 발견했다. 카번은 캘리포니아의 세이지브러시들이 곤충의 공격에 맞서 자신을 지키는 일에서 친족 인지가 뚜렷한 역할을 한다는 것, 특히 친족 관계가 가까운 개체들끼리 제일 먼저 서로 경고를 보낸다는 것을 알게 되었다.[20] 애기장대도 형제자매끼리 그늘을 드리우지 않으려고 잎을 재배열했다.[21] 부에노스아이레스의 연구자들은 잎 하나의 움직임을 추적하여, 형제자매의 잎이 자기 잎에 가려지는 것을 감지하면 이틀 안에 위치를 바꾸는 것을 관찰했다.

식물이 자기 친족의 존재를 알아차린다는 것은 분명하다. 하지만 어떻게 그러는지, 어떤 감각 채널을 통해서 그러는지는 여전히 알아내는 중이며, 그 수단이 다양해 보인다는 점도 아직 답을 찾지 못한 이유 중 하나다. 어떤 식물들은 땅밑 뿌리에서 분비된 화학물질을 통해 형제자매를 감지한다. 애기장대의 경우, 반사된 빛의 질을 감지함으로써 자기 밑에 자기 형제자매가 있다는 걸 알아차린다. 햇빛은 애기장대 자신의 잎을 통과하고 이어서 그 밑에 있는 형제의 잎을 때린 뒤 다시 반사되어 자신의 잎 아랫면을 되비춘다. 어떤 식인지는 몰라도 그 반사된 빛에는 애기장대의 광수용체가 다른 식물의 유전적 연관성을 해석하는 데 필요한 모든 정보가 담겨 있는 것 같다.

식물학자들이 어느 종을 대상으로 골라 시험하든 모두가 모종의 형식으로 친족을 인지하고 그에 맞춰 행동을 바꾸는 것처럼 보였다. "우리는 각각의 예들을 하나씩 쌓으며 문헌적 근거를 구축하고 있어요." 더들리의 말이다. 그는 연구자들이 모든 식물에서 친족인지를 발견할 거라고 기대하지는 않는다. 하지만 지금까지 시험한 식물 중 상당히 많은 수에서 그 현상이 발견되었다.

친족인지 현상은 식물에게 사회적 삶이 존재한다는 것을 의미한다. 자기가 누구와 함께 있는지를 인지하고 있고, 그 앎에 맞춰 그들에게 어떻게 행동할지를 결정한다. 또한 식물의 사회적 역동에는 친족인지를 훨씬 넘어서는 것들이 포함된다. 예를 들어 최근에는 식충식물들이 무리 지어 사냥하도록 진화했다는 사실이 밝혀졌다.²² 협력하여 곤충을 잡으면 이 식물들은 더 큰 먹이를 끌어들일 수 있다.

2017년에 중국농업대학교의 공수화Chui-Hua Kong 연구팀은 식물이 친족 관계의 가까운 정도에 따라 친족을 대하는 특혜적 대우에 차등을 둔다는 것을 보임으로써 '형제 둘 혹은 사촌 여덟' 가설을 증명했다. 연구팀은 양쯔강 남안의 논에서 가져온 흙에다 십여 가지 다른 계통의 벼를 길렀다.²³ 그 계통들은 서로 가까운 관계인 두 가지 재배종, 다시 말해 한 가지 종을 선택적으로 달리 교배한 품종들이었다. 구체적으로는 절반은 동계교배 인디카벼*이고 절반은 잡종 인디카벼였다. 각 계통은 여섯 부모를 가지고 다섯 가지 방식으로 교배한 조합의 자손들이다. 바꿔 말하면, 인디카 동계교배 계통들은 자기들끼리 한쪽 부모를 공유하는 반쪽 형제자매들이며, 인디카 잡종 계통들 역시 그렇다. 그러니까 모두가 서로 친족 관계이지만 가까움의 정도에는 차이가 있다는 뜻이다. 연구팀은 다양한 재배 환경에 이 벼들을 심고서, 즉 여러 계통을 다양한 조합으로 배치해 심고서 이 벼들이 어찌는지 지켜보았다. 문화가 한 집단 내의 존재들이 상호작용하는 특유의 방식을 뜻하는 거라면, 이 연구의 재배 환경들은 확실히 식물의 다양한 문화라 할 수 있을 터였다.

각 문화, 즉 각 재배 환경에 따라 행동이 조금씩 다른 것 같기는 했

• 찰기가 없고 긴 장립종 쌀로, 한국에서는 보통 안남미라 불린다._옮긴이

지만, 가장 가까운 관계인 품종들끼리는 땅속에서 서로 경쟁하지 않으려고 하는 것은 분명했다. 연구자들은 그 품종들의 뿌리 길이에서 구별할 만한 차이를 발견하지 못했다. 그러나 관계가 더 먼 계통들을 함께 재배하여 실험하자 땅속의 관계에 적대가 스며드는 것이 목격되었다. 측정 결과, 이웃들 간의 친족 관계가 멀어짐에 따라 뿌리 길이는 "일관되게 길어졌다". 친족인지가 일어나고 있는 게 확실했다. 연구팀이 플라스틱 필름으로 뿌리 사이의 화학 신호 흐름을 차단하자 모든 친족인지가 멈췄다. 이는 이 상호작용이 화학적 성질을 띤다는 것을 확인해 주었다. 식물 뿌리는 화학물질을 분비하고 이는 흙 속으로 스며들어 멀리 떨어진 다른 식물들에게 자신의 정체를 알린다.

이어서 연구팀은 또 다른 벼 재배종을 도입했다. 바로 자포니카벼•의 동계교배종이다. 이미 연구하고 있던 계통들과 비교하면 자포니카는 매우 먼 관계였다. 차이는 즉각 뚜렷이 나타났다. 관계가 먼 재배종의 등장은 벼들의 사유재산 감각에 불을 붙인 것 같았다. 여러 인디카벼 계통들에게서 곁뿌리■ 형성이 급격히 증가했다. 이 벼들은 새 이웃이 있는 방향으로 노골적으로 뿌리를 길게 뻗쳤다.

자포니카벼도 그와 유사하게 이웃들에게서 낯선 느낌을 감지하고 똑같이 응수했다. 그 결과 뿌리는 아주 많이 늘어나고 곡물은 다소 줄었다. 그러니까 관계가 먼 재배종과 함께 심은 벼들은 땅속에서 공격적으로 뿌리를 뻗느라 너무 바빠서 지상의 몸을 만드는 데는 에너지

• 우리가 먹는 찰기 있는 단립종 쌀이다. _옮긴이

■ 원뿌리 옆으로 가지를 쳐서 갈라져 나온 작은 뿌리로, 토양에서 물과 무기양분을 흡수하도록 돕고 식물을 지지해 준다. _옮긴이

를 덜 쓴 것이다. 친척들끼리 같이 심었을 때 해바라기의 수확량이 증가한 것처럼, 벼들도 가까운 관계끼리 함께 재배하자 더 많은 에너지를 쌀을 만드는 일에 집중했다. 연구팀은 최종적으로 가까운 관계의 재배종들을 섞어서 심을 때 쌀 수확량이 증가한다는 사실을 확인했다. 똑같은 식물을 단일재배하는 것보다는 반쪽 형제자매들을 다양하게 섞어서 재배하는 것이 더 효과가 좋은 것 같았는데, 그 이유가 뭔지는 분명하지 않다. 그러나 관계가 먼 벼들을 섞어서 재배할 때는 확실히 수확량이 감소했다.

동물계의 짝짓기 행위는 복잡한 안무의 춤처럼 또 하나의 정교한 사회적 선택이며 이는 종종 가족의 의무와도 연관되어 있다. 식물계에서도 그럴지 모른다. 스페인 레이후안카를로스대학교의 연구자 루벤 토리세스Rubén Torices는 식물의 생식 전략을 연구한다. 그는 이런 종류의 상호작용이 명확히 사회적 행동의 영역에 들어간다고 생각한다. "한 이웃 무리에 속한 식물들의 삶이란 사회적인 일입니다. 여기엔 사회학 이론을 적용해야 해요." 이런 견해 때문에 토리세스와 식물과학계의 동료들 사이에 문제가, 그것도 사회적인 문제가 생겼다. 식물에 사회학 이론을 적용하는 일은 "금기 같은 거죠".

하지만 어쨌든 그는 그렇게 했다. 2018년에 토리세스의 연구팀은 꽃들이 자기 친족들과 함께 자라고 있을 때 수분 매개자들을 불러들이기 위한 광고에 더 많이 투자한다는 사실을 알아냈다.[24] 이는 생식 전략과 가족 간 유대가 완벽하게 만나는 지점이었다. 수분 매개자들은 커다랗게 전시된 꽃들에 더 끌리는 경향이 있는데, 이를 '자석 효과'라고 한다. 유난히 다채로운 색상의 꽃들이 다발을 이룬 모습은 꽃꿀 찾기에 나선 곤충에게는 거대한 광고판과 같다. 그러나 식물이 이에 필요한 염료와 꽃잎 재료를 만들려면 에너지가 아주 많이 들어가고, 그러면 이후 생애주기에서 씨앗을 만드는 등의 다른 일에 쓸 에너지가 줄어든다. 생식 과정에서 하나를 얻으면 하나를 잃게 되는 것이다. 더 크고 화사한 꽃을 피우면 수분 매개자를 더 많이 끌어들일 수 있지만, 수정된 씨방에서 최종적으로 맺힐 자손의 수를 제한할 수도 있다. 토리세스 연구팀은 모리칸디아 모리칸디오이데스*Moricandia moricandioides*•라는 무리 지어 자라는 스페인 식물의 유전적 친족들을 모아 심었다. 이 식물들은 팀을 이루어 자주색 꽃들을 큰 덩어리로 화려하게 전시하는 데 함께 투자한다. 그런데 토리세스가 친족 관계가 아닌 모리칸디아들을 한 화분에 함께 심자 꽃이 피는 수가 확연히 줄었다. 다양한 친연성 범위의 유묘 770촉을 여러 비율로 섞어 시험한 결과, 친척들이 가장 많이 모여 자란 화분에서 한결같이 꽃들이 가장 화려하게 피어났다. 이 결과가 중요한 이유는 우선 꽃의 전시 양상과 사회적 맥락이 연결되어 있음을 밝혔기 때문이다. 게다가 이 결과는, 모리칸디아가 가족으로 이루어진 무리 속에 있을 때만 집단으로 수분 매개자를 끌어들이기 위해 자신의 잠재적 생식 기회 일부를 기꺼이 포기하리라는 가능성에 힘을 실어주기 때문이다. 집단이 가족으로 이루어지지 않은 경우, 모리칸디아들은 위험을 최소화하기 위

• 십자화과(또는 배추과, 겨자과)에 속하는 식물. 십자화과는 명칭처럼 네 장의 꽃잎이 십자 모양으로 피고 그 예로 유채꽃, 무꽃, 냉이꽃 등이 있다. 모리칸디아 모리칸디오이데스는 보라색 양배추violet cabbage라는 영어 이름처럼 보라색 십자화가 핀다. _옮긴이

해 이기심 쪽을, 다시 말해 씨앗을 더 많이 만드는 쪽을 선택한다. 이렇게 단언할 수 있을 만큼 모리칸디아의 저울질이 실제로도 큰 의미를 지니는지 확인하려면 더 많은 연구가 필요하기는 하지만, 만약 실제로 그렇게 확인될 경우, 이는 가족 이타주의의 한 형태를 보여주는 증거가 될 수 있다고 토리세스는 말한다.

토리세스가 이 분야의 "우리 선구자"라고 부른 수전 더들리 역시 동물계에서는 이미 잘 알려진 현상인 이타성에 관심이 많다. 한 종이 친족을 우선적으로 챙긴다고 알려져 있다고 해서 그 종에 속한 모든 개체가 그러리라는 것은 아니다. 어떤 개체들은 다른 개체들에 비해 이타성이 더 강할 수도 있다. 2017년에 더들리는 작물 육종가들이 커다란 맹점을 지닌 채 일을 해왔을 수 있다는 의견을 제시했다.[25] 육종가들이 이타적인 식물들을 선택에서 배제함으로써 스스로 피해를 초래했을 가능성이 있다는 것이다. 이타적 식물이 없는 들판은 전쟁이 벌어지고 있는 들판이다. 전시의 모든 집단이 그렇듯 전쟁 중인 식물들은 에너지를 아껴 쓸 것이고, 열매를 만드는 것 같은 호사는 확실히 접어두려 할 것이다.

작물의 경우 대개 재배종, 즉 특정 형질을 염두에 두고 육종한 단일 종의 변종들을 재배한다. 한 가지 재배종의 식물들은 유전적으로 똑같지는 않아도 유사한 편이다. 그런데 개체들의 이타적 성향은 바로 이런 무리에서 가장 뚜렷이 드러난다. 재배종 개발을 위해 작물을 육종할 때 농부들은 들판에서 가장 '활기차게' 보이는 개체를 고른다. 그러나 이런 개체는 사실 경쟁에 가장 힘을 쏟은 개체들이다. 이타적 성향이 더 큰 개체들은 이웃의 햇빛 공간으로 공격적으로 뻗어가지 않으려고 하므로 눈에 띄지 않는 외형일 가능성이 더 크다. 그러니까 작물 육종의 역사는 실제로 이타주의를 줄이는 데 한몫함으로써 스스로 해를 초래한 것 같다는 게 더들리가 쓴 글의 요지다.

농부가 육종 초기 단계에 이타적인 식물을 선택한다면, 작물은 공간 경쟁에 자원을 덜 쓰는 대신 작물의 가치를 결정하는 열매 만들기, 즉 번식에 더 많은 에너지를 투입하는 방향으로 나아갈 것이다. 반대로 공격적인 식물은 그 공격성이 잡초를 비롯해 친족 관계가 아닌 식물들을 향할 때는 유용하다. 이웃은 돕고 침입자는 물리치는 데 능한 식물을 선택한다면 결국 대단히 회복 탄력성이 강한 품종을 얻게 될 것이다. 이처럼 개별 식물들의 사회적 특성(성격이라고 말해도 될까?)에 주의를 기울이는 일은 우리의 식량 생산 방식에도 실질적으로 유익할 수 있다.

씨앗 하나가 땅 위를 굴러다니다 비옥한 지점에 정착한다. 흙이 촉촉하고 따뜻하며 상태가 좋다. 그러니 당연히 이 씨앗이 여기 처음 정착한 건 아니다. 씨앗은 이미 자기가 어디에 있고 근처에 누가 있는지 말해주는 화학적 신호를 감지하는 섬세한 감각을 갖추고 있다. 그래야만 한다. 식물에게 공간 인지는 무엇보다 중요하니까. 씨앗은 흙 속 수분에 녹아 있는 화학물질들의 표본을 검사하여 새로운 이웃들의 맛을 감지한다. 그중 일부는 자기 형제자매들이라는 걸 씨앗은 알아차린다. 같은 엄마 식물에서 떨어진 씨앗들이라는 것을 말이다. 다른 식물들은 전혀 다른 종이다. 아직 한낱 배아에 불과한 이 식물도 벌써부터 여러 판단을 내려야 한다.

씨앗이 발아할 시기를 결정하는 건 한 생애를 건 도박이다. 많은 경우 알맞은 조건을 찾아 몇 달 혹은 몇 년을 기다려야 할 수도 있다. 그 조건이란 수분과 온도 같은 것뿐만이 아니다. 이웃 역시 씨앗이 생존하여 성체 식물로 자랄 가능성에 영향을 미칠 수 있는 변수들이다. 씨앗은 이를 분명히 아는 것 같다.

2017년에 일본의 식물 생태학자인 야마오 아키라Akira Yamawo는 질경이Asiatic plantains를 대상으로 이 능력을 시험했다.[26] 질경이는 키가 10센티미터 안팎으로 땅 가까이 낮게 자라며, 산토끼 귀 모양을 한 종이처럼 얇은 잎이 사방으로 퍼져 나는 잡초 같은 식물이다(요리용 바나나라 불리는 과일 플랜틴과는 무관하다). 야마오는 처음에 질경이 씨앗을 형제자매 씨앗들과 함께 심었는데, 이 무리에서는 싹을 틔울 시기 선택에서 특별한 차이가 보이지 않았다. 다음에는 전혀 다른 종인 토끼풀 씨앗들 옆에 심었는데, 여전히 유의미한 변화는 눈에 띄지 않았다. 하지만 세 번째에는 형제자매 씨앗들과 토끼풀 씨앗들 모두와 함께 심었더니 눈에 띄는 변화가 나타났다. 친족 질경이 씨앗들은 서로 발아 시기를 맞추고 속도를 높여 자기들끼리만 심었을 때보다 더 빨리 싹을 틔웠다. 만약 질경이 씨앗 중 하나가 혼자서 먼저 싹을 틔워 자라고 있다면 나머지 질경이 씨앗들도 성장 속도를 높여 그 질경이의 성장을 따라잡았다. 다시 말해서 전혀 관계없는 종이 주위에 나타나자, 동기 사이인 씨앗들은 성장을 서두르고 함께 싹을 내기 위해 발아 시기를 맞춘 것이다. 이는 확연한 경쟁적 우위를 제공했다. 무리가 함께 먼저 싹을 틔우면 토끼풀의 개체 수에 밀려 자라지 못할 위험이 사라지기 때문이다.

이는 내 정신을 새로운 방향으로 이끌어갔다. 발아 시기를 맞추는 동기화 현상은 형제자매 사이인 씨앗들이 이웃한 형제자매의 발달 단계를 감지할 수 있고 그에 맞춰 자기 발달 속도를 조절할 수 있음을 의미했다. 야마오는 이를 "배아의 의사소통"이라고 불렀다. 이는 또한 떨어진 곳에 있는 이웃들의 시간을 파악하는 일에 완전히 성장한 식물의 뿌리와 싹, 줄기 등 모든 부분이 필요한 건 아니라는 뜻이기도 하다. 그 메커니즘은 배아 속에 이미 다 들어 있고, 씨앗은 복잡한 친족 감지에 필요한 모든 것을 갖추고 있다.

야마오의 실험을 따라 우리는 근권根圈, rhizosphere이라고 알려진 생태 영역으로 들어왔다. 이 영역은 흙의 세상이자, 지표면 아래 식물의 뿌리 속, 뿌리 주변, 뿌리 사이에 살아가는 다양한 유기체들의 세계다. 우리는 토양 및 그 속에서 맥동하는 생명의 공동체에 관해 아직 모르는 것이 많다. 흙 한 티스푼에는 10억 마리의 미생물이 존재한다. 균류는 머리카락처럼 가는 섬유의 네트워크를 땅속 공간 거의 전체에 걸쳐 뻗고 있다. 그리고 먹이를 찾아 구불구불 뻗어가고 깊이 파고 들어가는 식물의 뿌리는 그늘 모두와 상호작용하고, 서로끼리도 상호작용한다.

식물 생애의 절반이 근권에서 이루어진다는 사실을 잊지 않으려면 이제 뿌리에 관해 진지하게 생각해 봐야 한다. 뿌리는 수천 개의 입으로 이루어진 덩어리로 볼 수 있으며, 이 입들은 각자 독립적으로 영양분을 찾아 뻗어가지만 동시에 서로 긴밀한 협력 속에 움직인다. 식물의 뿌리 시스템은 극도로 복잡한데, 두꺼운 원뿌리부터 눈에 안 보일 정도로 작은 뿌리털까지 온갖 크기의 뿌리들은 많은 경우 그 식물의 지상부가 사용하는 공간보다 훨씬 넓은 흙 속 공간을 차지한다. 예를 들어, 한 과학자가 겨울 호밀 한 포기의 뿌리 수를 세어보았더니 1,381만 5,672개의 개별 뿌리가 있고, 이 뿌리들은 그 호밀에서 나온 순들이 차지하는 지표 공간의 약 130배에 달하는 공간에 뻗어 있었다.[27] 우리가 땅 위에서 보는 식물의 모습은 그 식물 이야기의 절반에도 못 미치는 경우가 많다.

이 뿌리들의 생애에는 미생물 및 균류와의 관계가 가득하고, 우리는 그 관계의 형태와 결과들을 이제야 겨우 이해하기 시작한 참이다. 균사들은 야생에서 자라는 거의 모든 식물의 뿌리에 얽혀 있고, 어쩌면 식물이 땅속에서 서로 의사소통하는 방식에서 결정적인 역할을 하고 있을 것이다. 우리 뇌와 척수에서 중요한 일을 하는 신경전달물질들인 글루타메이트와 글라이신이라는 아미노산들이 식물의 신호 전달 체계에서도 중요하다는 사실이 최근에 밝혀졌는데, 이 아미노산들은 실제로 뿌리와 균사가 만나는 지점에서 식물과 균류 사이를 오고 간다.[28]

루퍼트 셸드레이크의 아들인 균류학자 멀린 셸드레이크Merlin Sheldrake는 《작은 것들이 만든 거대한 세계》에서 식물과 균류의 이러한 관계가 식물의 정체성을 이루는 핵심 양상들을 어떻게 결정할 수 있는지 묘사한다.[29]

어떤 실험에서 연구자들은, 보통 염분을 좋아하는 해안가 풀의 뿌리 안에서 사는 균류 한 종을 가져다가 바닷물을 견디지 못하며 건조한 땅에서 자라는 풀에 이식했다. 소금기를 견디는 능력은 이 균류 종의 전형적인 특징으로 여겨졌다. 그런데 해당 균류를 이식하자 건조한 땅에 살던 풀도 갑자기 바닷물 속에서도 잘 살게 되었다.[30] 토마토의 단맛,[31] 바질의 향기로움,[32] 민트의 에센셜 오일 성분도 모두 그 식물들이 어떤 종의 균류와 함께 자라는가에 달려 있는 것으로 밝혀졌다. 에키나시아의 약 성분,[33] 파출리의 향 성분,[34] 아티초크의 항산화 성분[35]의 농도는 모두 특정 균류 공생체가 존재할 때 높아지는 것으로 나타났다. 이런 예는 끝이 없다. 식물이 끝나고 균류가 시작되는 지점이 어딘지도 분별하기가 어려워졌다. 사실상 균류가 없이도 식물이 여전히 그 식물일지 묻는 것도 전혀 지나친 일이 아닌 것 같다.

일부 증거들에 따르면, 애초에 정해진 형태도 없는 녹색 조류 덩어리로서 진화의 현장에 등장했던 식물이 처음으로 길고 가는 형태를 띠게 된 것은 바로 유익한 균류를 품기 위해서였던 것으로 보인다. 셸드레이크는 "우리가 '식물'이라고 부르는 것은 실상 조류를 경작하도록 진화한 균류와 균류를 경작하도록 진화한 조류다"라고 주장한다. 식물에서 최초로 뿌리가 나왔을 때, 그때까지 식물은 이미 500만 년 동안이나 균류와 관계를 맺고 살아온 터였다. 일부 학자들의 설명에 따르면, 뿌리는 식물과 균류의 관계를 엮어내기 위해 만들어진 것이니 글자 그대로 균류의 영향력에서 나온 산물이다.[30]

더구나 이 얽힌 관계는 식물과 균류 양쪽에게 고루 이롭다. 어두운 지하에 살아가는 균류는 광합성을 할 수 없다. 그래서 온종일 햇빛과 공기로 탄소가 풍부한 당분과 지방을 만들어내는 식물 동업자들에게서 생명 유지에 필요한 탄소를 공급받는다. 그 대가로 균류는 바위와 돌, 기타 분해되는 물질들에서 직접 채굴한 인, 구리, 아연 등의 토양 광물을 이를 필요로 하지만 항상 스스로 구하지는 못하는 식물에게 공급한다.

이는 공생적 관계지만, 그렇다고 그 관계에 얽힌 모두가 균등한 혜택을 받는다는 의미는 아니다. 각자 자기만의 특유한 방식을 지닌 여러 유형의 균류와 여러 유형의 식물이 한 시스템 안에서 서로 얽히고설켜 있을 수 있다. 때에 따라 인이 부족할 때는 균류가 더 적은 양의 인만 주고는 그 요금으로 식물에게 더 많은 탄소를 '부과하고', 인이 풍부할 때는 그 반대로 한다는 것이 밝혀졌다.• 과학자들은 아직 균류가 어떻게 이런 거래를 처리하는지 알지 못하고, 하물며 방대한 균사체 네트워크 전반에서 각각의 거래를 어떻게 조절하는지는 더더욱 오리무중이다.■

하지만 식물에게는 균류와의 연합 관계에서 최선의 결과를 뽑아내는 자기들만의 전략이 있다. 연구자들은 식물이 인을 가장 많이 공급해주는 균류 균주들을 향해 우선적으로 탄소를 보낼 수 있다는 걸 알아냈다.[37] 이는 식물과 균류의 거래에서 어느 한쪽이 전적으로 유리한 경우는 없음을 시사한다. 뭔가 얻기 위해 손해를 감수하거나 타협하는 일이 수두룩하며, 식물계와 균계의 기나긴 진화적

• 암스테르담 자유대학교의 토비 키르스Toby Kiers 교수와 동료들은, 다수의 식물들과 연결되어 거대한 균사체 네트워크를 펼치고 있는 균류는 인이 풍부한 지점으로부터 더 비싼 값을 받을 수 있는 부족한 지점으로 인을 옮겨가서 "싸게 사서 비싸게 파는" 전략을 쓸 줄 안다는 사실을 알아냈다. 다음을 보라. Matthew D. Whiteside et al., 'Mycorrhizal Fungi Respond to Resource Inequality by Moving Phosphorus from Rich to Poor Patches across Networks', Current Biology 29, no. 12 (June 2019): R570-72.

■ 식물과 균류 사이 교환에서 이러한 '시장 역학'이 작동한다는 견해에 대해서는 논란이 많다. 상호교환이 항상 이루어지는 것도 아닌 듯하다. 균류와 식물 사이 실제로 이루어지는 관계가 워낙 복잡해서 일반화하기가 쉽지 않다. 어떤 식물 종들은 받은 만큼 돌려주는 일이 전혀 없이, 균류에게서 받기만 하고 탄소는 전혀 제공하지 않는 것으로 보인다. 다음을 보라. F. Walder and M. van der Heijden, 'Regulation of Resource Exchange in the Arbuscular Mycorrhizal Symbiosis', Nature Plants 1, no. 11 (November 2015): 15159.

관계는 이렇게 계속 이어진다.

균류와 식물의 관계에 관해서는 아직 알아내야 할 것이 많다. 그런데 서로 다른 식물들의 뿌리가 근권에서 서로 만날 때는 어떤 사회적 역학이 발생할까? 한 뿌리 혹은 몇몇 뿌리가 땅속에서 영양분이 있는 부분을 발견하면 몇 시간 또는 며칠 안에 다른 뿌리들도 거기에 합세하려고 그리로 방향을 돌린다. 이어서 그 부분에서 영양분이 고갈되면 그리로 뻗어갔던 뿌리들은 가지치기하듯이 성장을 멈출 수 있고, 또 새로운 필요가 생겨남에 따라 새로운 뿌리들을 낼 수 있다. 각 뿌리는 독립적이면서도 전체에 조화롭게 통합되어 있다. 뿌리의 이러한 무리 짓는 능력 때문에 과학자들은 식물의 뿌리들을 개미 군체나 벌집, 물고기 떼 같은 동물 군체에 비유하기도 하는데, 이는 모두 개체들이 모여 형성한 자기조직화 네트워크다.[38] 개미들은 각자 존재하며 자기 먹이를 찾아다니지만, 동시에 더 큰 개미 공동체에 항상 이바지하며 산다. 개미 한 마리가 유난히 좋은 먹이가 있는 곳을 발견하면 다른 개미들도 가던 방향을 돌려 그곳에 합류한다. 군체는 항상 가변적인 상태를 유지하고 있다가 환경에 새로운 조건이 생겨나면 거기에 적응해 행동을 바꾼다. 이러한 '무리 지능'을 위해서는 수많은 개체를 아우르는 조정이 필요하다. 개체들 각자가 자기 뇌를 갖고 있지만, 네트워크가 워낙 긴밀히 짜인 덕에 일종의 집합적 유기체처럼, 그러니까 수많은 인식이 모여 하나를 이룬 존재처럼 행동하는 것이다. 뿌리도 여러 면에서 이와 똑같이 묘사할 수 있다. 각 뿌리의 끝은 정보수집기이자 감지기로 작동하여 근권에서 오는 정보를 통합하여 전체 뿌리 시스템으로 전달함으로써 뿌리 네트워크의 구조 및 형태의 변화를 이끈다.³⁹ 마치 찌르레기 떼나 작은 물고기 떼에서 중얼거림들이 전달되며 전체의 움직임을 유연하게 바꾸는 것처럼.

앨버타대학교의 제임스 케이힐James Cahill은 뿌리가 능동적으로 먹이 채집에 나선다는 개념에 관한 연구로 가장 잘 알려져 있다.⁴⁰ 채집에 나선다는 말은 그가 매우 의도적으로 선택한 단어로, 의도성과 목표 지향적 행동을 내포한다. 사실은 행동 역시 그가 가능한 경우에는 언제나 더 즐겨 쓰는 단어다.⁴¹ 이제 일자리나 명성이 위태로워질 걱정 없이 그 단어를 편하게 쓸 수 있을 만큼 "충분히 나이를 먹었다"면서. "동물행동학자들은 정말 좋은 이론을 갖고 있어요." 그리고 식물학자들도 이제 그들을 본받아서 식물들이 살아가는 방식에 관한 의문을 푸는 데 도움을 받아야 한다고 그는 말한다. 어쨌든 동물에게서 전형적으로 보이는 행동 원칙의 상당수가 식물에서도 보이기 때문이다. 예를 들어 2019년에 케이힐은 야마오 아키라와 함께 잎맥을 손상시켜 식물에게 스트레스를 주면 그 식물이 먹이 채집에서 잘못된 결정을 내린다는 결과를 얻고 논문을 발표했다.⁴² 영양분이 많은 부분으로 뿌리를 더 많이 뻗는 게 아니라, 영양분이 많은 곳과 적은 곳에 똑같은 정도로 뿌리를 내는 것이다. 그것은 비효율적이고 식물답지 않은 결정이다. 어느 정도 시간이 지나자 아마도 치유가 좀 되었는지 식물은 다시 정신을 차리고 자기에게 유리한 뿌리 배치 결정을 내렸다.* "꼭 사람의 심리학과 비슷하죠." 케이힐의 말이다. 사람들도

---

* 이 연구는 스트레스가 식물 개체 전체에 미치는 위험이라는 것, 그리고 상처의 신호가 식물체 전체로 전해진다는 것도 보여주었다. 식물의 지상부에서 일어난 일은 땅속에서 이롭게 행동하는 능력에도 영향을 미친다.

어떤 식으로든, 예컨대 배가 고프거나 피곤할 때처럼 스트레스를 받을 때는 더 나쁜 결정을 내린다는 증거가 널려 있다.[43]

이쯤에서 케이힐이 동물행동학자와 결혼했다는 사실도 얘기하는 게 좋겠다. 콜린 캐서디 세인트 클레어Colleen Cassady St. Clair는 퓨마와 코요테, 곰을 연구하는 생물학 교수다. 두 사람은 몇 편의 논문을 함께 집필하기도 했으니, 그들의 저녁 식탁에서 아이디어의 타가수분이 이루어지고 있으리라 쉽게 상상할 수 있다. "나는 이제 우리가 식물과 사람, 다른 동물들의 진화적 동기가 서로 다르다는 생각을 그만 버려야 한다고 생각해요. 모두 진화적 동기는 다 같거든요." 케이힐이 말했다. "그렇다고 내가 식물과 사람을 유사하게 본다는 말은 아니지만, 어쨌든 식물도 그냥 우리와 똑같은 결과물일 뿐이에요. 자연 선택은 당신이 어느 분류군에 속하든 개의치 않거든요."

케이힐은 식물의 행동과 군집 생태학의 접점을 연구한다. 어디에 어느 식물이 있으며, 거기에 그들의 수가 얼마나 많은지, 또 그 이유는 무엇인지 등. 그러니까 케이힐은 식물이 서로에게 어떻게 행동하면서 사회적 문화를 형성하고 군집의 구성에 영향을 주는지를 살펴보는 것이다. 뿌리가 먹이 채집에 나서는 일은 그들의 사회적 환경과 매우 밀접한 관계가 있다. 흙 속의 뿌리들은 서로 다가가기도 하고 물러나기도 하며 서로 피하기도 하고 접촉하기도 한다. 이런 현상을 해바라기만큼 뚜렷하게 보여주는 예도 없을 것이다. 우리는 앞에서 이미 해바라기가 지상에서의 공간 인식에 아주 능숙해 동기들에게 그늘을 드리우지 않으려고 자기 줄기의 각도를 조절한다는 걸 배웠다. 그런데 해바라기의 땅속 움직임은 그보다 더 정교하다. 2019년에 케이힐은 메건 류보티나Megan Ljubotina라는 연구자와 함께 해바라기가 자신들의 사회적 환경을 파악하여 자기 뿌리를 어디로 낼지 결정한다는 것을 알아냈다.⁴⁴ 해바라기에게는 원뿌리가 하나 있고 여기서 여러 곁뿌리가 가지를 뻗어나간다. 케이힐과 류보티나가 외따로 키운 해바라기는 흙 속에서 영양분이 많은 곳으로 재빨리 뿌리의 위치를 잡아서 대부분의 뿌리가 그 위치에 자리 잡았다. 그러나 그들이 해바라기를 더 심자 사회적 에티켓의 구조가 명료하게 드러났다. 해바라기 한 그루와 이웃 해바라기 사이 정확히 한가운데에 영양가가 풍부한 흙이 자리한 경우, 해바라기는 경쟁을 피하려고 다른 곳으로 뿌리를 냈고, 많은 경우 땅속 더 깊은 곳으로 뿌리를 내렸다. 그러나 만약 영양가 높은 땅이 조금이라도 자기와 더 가까이 있으면 해바라기는 주저하지 않고 그곳으로 아주 많은 뿌리를 냈다.

영양가 풍부한 공간을 함께 쓰는 일도 있기는 하다. 특히 주위에 해바라기들이 먹이를 찾아 뻗어갈 만한 다른 곳이 있을 때는 그랬다. 하지만 같은 땅을 공유할 때도 예의는 꼭 지킨다. 두 해바라기가 영양가 있는 한군데 땅을 공유하고 있지만, 쉽게 가 닿을 수 있는 거리에 또 다른 유망한 곳이 있는 상황이라면, 두 해바라기 모두 공유지에 자기 뿌리를 내리지만 그 안에서도 각자 자기 영역 안에만 머문다. 어느 쪽도 그 땅을 독점하려 하지 않는다. 영양가 높은 땅에 혼자 자라는 해바라기는 뿌리를 길게 냈지만, 땅을 공유하는 해바라기들은 짧은 뿌리를 냈다. 해바라기들은 기술적으로 그렇게 할 수 있을 때조차 탐욕적이라고 할 만한 행동은 전혀 보이지 않았다. 해바라기들에게는 경쟁보다 공존이 더 강력한 충동인 것 같았다.

이렇게 해바라기들은 사회적 환경에 대한 대단히 높은 수준의 감수성을 지닌 것으로 보였다. 자원이 풍부한 상황에서는 동료 해바라기들과 경쟁하는 일을 피하려고 무리한 일까지 감행하기도 했다. 하지만 자원이 부족할 때는 이야기가 달라졌다. 해바라기는 타감작용을 하는 것으로 알려졌는데, 이는 자원이 부족할 때 다른 식물의 발아를 막는 화학물질을 흙 속에 분비한다는 뜻이다. 이런 점에서 해바라기는 종종 정원에 침입하는 잡초를 막아내는 좋은 파수꾼이기도 하다. 그런데 해바라기가 어떻게 흙 속에서 자기와 다른 해바라기들 사이의 아주 미세한 거리 차이를 감지할 수 있고, 또 삼각측량이라도 하듯이 영양분이 있는 위치까지 함께 고려해 판단을 내리는지는 케이힐도 알지 못한다. "그 공간적인 부분이 도저히 풀리지 않아요. 해바라기들이 어떻게 그러는지 도통 모르겠습니다."

케이힐이 수십 년간 연구했던 캐나다의 목초지에는 그가 보기에 함께 자라는 걸 좋아하는 종들이 있다. 그 식물들은 여러 종으로 된 "동네neighborhoods"를 형성한다. 케이힐이 내게 해준 얘기에 따르면 여기서 동네는 식물학의 기술적 용어다. 이 관계는 단순히 참는 것으로 보이지 않으며, 그 식물들은 오히려 적극적으로 서로를 찾아낸다. 케이힐은 그 식물들이 공존하는 것이라고 말한다. 공존이란 강력한 개념이다. 생명의 모든 변화는 경쟁이 추동한다는 다윈주의적 도식에는 공존의 자리가 없다. "생태학자들은 동네 이웃들끼리 분명 적대적일 거라고 단정했어요." 케이힐이 말했다. 하지만 그는 데이터에서 그런 적대성을 전혀 볼 수 없었다.

지난 20년 동안 케이힐은 계속 구성원이 바뀌는 제자들과 함께 캐나다 앨버타주 동부 시골에 있는 200헥타르의 목초지에서 열일곱 가지 변수들을 바꿔가며 실험했다. 방수포를 쳐서 다양한 그늘 조건을 흉내 냈고, 비료를 더하거나 뺐으며, 물을 지나치게 주거나 부족하게 주기도 했고, 특정 종들을 빼고 새로운 종들을 더하기도 했다.

변수들에 어떤 변화가 생기든 그 변화는 항상 동네의 구성도 바꿔 놓는 것으로 보인다. 전에는 소수자에 속했던 종이 지배적인 종으로 바뀌기도 하고, 지배적이던 종이 갑자기 희귀해지기도 했다. 하나의 종이 아주 오래 우세를 떨치는 일은 없었고, 이웃들을 압도하거나 제거해 버릴 정도로 오랫동안 우세를 유지하는 일은 결코 없었다. 이 때문에 케이힐은 단순히 다른 종들과의 경쟁에서 이긴 특정 종들이 땅을 차지한다는 일반적인 생각과는 상당히 다른 결론에 도달했다. "한 시스템 안에서 자연적 변화가 생기면 그 변화는 생물 다양성을 유지하고 지배를 막는 결과를 낳습니다." 케이힐이 말했다. "자연의 시스템들은 정말로 복잡하죠." 그러나 1960년대에 생물군집을 연구하는 이론 생태학이 태동한 이래로, 생태학자들은 식물이 취할 만한 두세 가지 생활방식만을 변수로 한 단순한 모델을 사용해 생태계에서 일어날 일을 예측했다. 케이힐은 시스템을 극도로 단순화한 그런 모델은 실제 세계에서는 거의 쓸모가 없다고 판단한다. 실제로 작동하는 수많은 변수를 전혀 담아내지 못한 모델이기 때문이다. "세 가지 삶의 방식만 존재한다는 증거는 전혀 찾아볼 수 없어요. 엄청나게 많은 방식이 존재하죠."

이 장기 실험이 준 가르침 가운데 가장 통념을 깨는 것은, 사실 경쟁이란 그리 중요하지 않다는 점이다. 경쟁은 분명 변화의 한 동력이기는 하지만, 수많은 동력 중 하나일 뿐이다. 식물의 문화도 인간의 문화처럼 다양한 요소로 이루어져 있다. 여기서 먹이와 물, 빛 같은 자원은 나름의 역할을 하지만, 이기심을 자극할 정도로는 아니다. 케이힐이 목초지 실험장에 일으킨 모든 변화는 이어서 목초지의 군집에 변화를 초래했다. 그가 한 종을 목초지에서 빼내도, 남은 종들이 무조건 땅이나 햇빛을 독차지하려고 더 넓게 뻗어가지 않았다. 만약 식물들이 정말로 항상 경쟁하는 상태라면 경쟁자가 갑자기 사라졌을 때 남은 식물들은 새롭게 생긴 빈 공간으로 서둘러 가서 자기가 차지해 버릴 거라고 예상된다. 하지만 식물들은 그러지 않는다.

동네의 구성은 저절로 조정되었는데, 이 재조정은 때로는 너무도 예측하지 못한 방식으로 일어났고, 생태학적 예측 모델과는 전혀 맞지 않았다. "이걸 설명하는 데 경쟁은 전혀 필요 없어요. 거기 경쟁이 존재하지 않는다는 말은 아니지만, 경쟁에 관해서는 한마디도 하지 않고도 모든 패턴을 설명할 수 있죠." 우리는 군집 생태학에서 경쟁에 왜 그렇게 큰 중요성을 두는 것일까? 케이힐은 이렇게 말했다. "50년 전 사람들이 그렇게 말했다고 해서 무조건 그 말이 진실인 건 아니에요."

이는 진화의 역사를 바라보는 매우 다른 방식이다. 이와 같은 방식은 전통적 의미의 적자생존이 아니다. 아니, 적자생존이기는 하지만 여기서 말하는 '가장 적합한' 것이 우리가 생각하는 의미와는 다르다고 해야 할까. 이웃들을 다 파괴해 버리는 자가 '가장 적합한' 누군가는 아니다. 한동안은 그런 파괴가 생존처럼 보일 수도 있지만 그러다 뭔가 변화가 찾아온다. 어떤 면에서 이 변화는 우리의 관점을 바꿀 기회다. 변화는 개별 식물 종 차원에서 몰락과 풍요의 복잡한 드라마를 펼쳐내지만, 최종적으로 살아남는 것은 생물군계, 즉 전체 생물군집이며 그저 그 구성만 시시때때로 달라질 뿐이다. 이는 내게 다윈주의 진화를 추동하는 "유연한 변이"를 떠올리게 했다. 다윈은 종들이 진화하는 방식을 설명하면서 무작위성의 여지를 명확히 남겨두었다. 한 종이 다양한 무작위적 변이를 거치다가 이윽고 그중 어떤 변이가 그 종의 개체들에게 유리하게 작용한다. 그러면 아무렇게나 발생했던 해당 변이가 계속 유지되면서 그 생물들의 일부가 된다. 이것이 진화이며, 이는 끊임없이 일어나는 과정이다. 종들의 계통에서는 무작위적 돌연변이들이 시도된 다음 폐기되거나 유지되는 일이 항상 일어나고 있다. 경쟁은 때로 새로운 형질에 유지할 가치를 부여하는 요인이기는 하지만, 핵심은 아니다. 그렇지만 변화는 상수이며, 무작위적이고, 억누를 수 없으며, 게다가 종들의 진화를 추동하는 지배적인 힘이다.

어느 종에게든 어느 벌판에든 변화는 끝이 없다. 어쩌면 종들의 끝모를 특이함과 그들의 환경에 존재하는 무한한 변수들의 상시적 변동이 만나 이루어내는 복잡성이야말로 가장 중요한 요점일지 모른다. 완전히 예측할 수 있는 것은 아주 드문 듯하다. 친족인지라는 것조차 알다가도 모를 것 같다. 물론 식물이 자기 친족을 자주 돕는 것은 분명하다. 그러나 또 전혀 돕지 않을 때도 있다. 케이힐도 학생들의 실험을 지도하다가 친족 효과가 전혀 나타나지 않는 경우, 혹은 어떤 식물이 자기와 무관한 식물보다 친족에게 더 적대적으로 구는 경우도 본 적 있다. 규칙처럼 보이는 것이 하나 나타나면 곧바로 이어서 그것을 기정사실로 확정하기 어렵게 만드는 모습이 나타난다. 자연의 시스템들은 정말로 복잡한데, 우리의 이론들은 그렇지 않다. 그리고 바로 그것이 문제다. 복잡성 자체가 그 답일지도 모른다.

나는 케이힐에게 그 점을 이해해 보려고 노력할 때마다 도저히 이해가 안 돼 기가 꺾이는 느낌을 받는다고 털어놓았다. 변화 자체가 생태계 변화의 추동력이라고? 출발점으로 다시 돌아가는, 동어반복적이고 깔끔하지 못한 개념이다. 구체적으로 상상하기가 쉽지 않다. "머리로 그걸 이해하는 건 쉽지 않지요." 케이힐이 말했다. "하지만 동시에 나는 우리가 생태학에서 과도하게 단순한 모델에 의존하는 바람에 문제를 자초했다고 생각해요. 식물뿐만이 아니라 군집 생태학 전반에 그렇죠. 그 모델은 1950~1960년대에 생태학이 출범하면서 새로운 학문적 사고의 틀을 형성하기 위한 것으로는 훌륭했지요. 그렇지만 사람들은 아직까지 그 모델을 쓰면서 그걸로 현실에서 일어나는 일을 대표할 수 있다고 생각하고 있어요." 식물은 항상 전쟁을 치르고 있지도 않으며, 곤경에 대해 항상 같은 방식으로 대응하지도 않는다.

식물학계는 식물이 정말이지 얼마나 복잡한 존재들인지를 점점 더 많이 보여주고 있다. 식물의 놀라운 적응 메커니즘, 환경에 정밀하게 반응하는 능력, 자발적인 의사결정 역량까지 이 모두는 식물을 단순하고 예측 가능한 유기체로 보던 옛 관점을 버려야 한다는 것을 말해준다. 그에 따라 식물을 생태계의 단순하고 예측 가능한 구성원으로 보는 관점 역시 버려야 한다. "나는 복잡성이 중요하다고 생각해요." 케이힐이 말한다. "아직은 복잡성이 군집 생태학의 원리로 자리 잡지 않았지만, 십 년 혹은 몇십 년 뒤에는 그렇게 될 거예요. 그건 이해하기가 쉽지 않아요. 개념들을 단순화할 수 있으면 좋겠죠. 하지만, 알다시피 자연은 단순하지 않거든요."

10장
대물림

우리는 아직 여기에 그리 오래 머물지 않았다.
변화는 일어나게 마련이고, 식물은 늘 변동한다.

브라질 바이아주 동부 대서양 연안의 숲, 어느 아마추어 식물학자의 에너지 독립형 주택 옆의 이끼로 덮인 모래질 땅에는 키가 2~3센티미터쯤 되고 불그스레한 줄기 끝에 작은 다트 모양의 꽃이 피는 식물이 자란다. 꽃은 흰색인데 잉크를 찍은 만년필처럼 끄트머리만 분홍으로 물들어 있다. 이 식물은 우기에만 전체 모습을 드러내는데, 3월부터 줄곧 습한 상태가 몇 주 이어지고 나면 돋아나서 11월에 우기가 끝날 즈음 수명을 다하고 사라진다. 한 달이 지나면 작은 다트 모양 꽃이 피어나 수분을 하고는 이제 제 역할을 다했으니 사라진다. 꽃이 사라진 자리에 다음 세대의 씨앗들을 품고 있는 삭과 열매가 맺힌다. 일반적인 진행이다. 그러다가 뭔가 보기 드문 일이 일어난다. 끝에 열매를 매단 줄기가 땅을 향해 구부러지기 시작한다. 땅에 경의를 표하며 길고 가느다란 목을 조아리는genuflect 것처럼. 열매와 땅이 접촉한다. 줄기는 계속 구부러진다. 삭과가 부드러운 이끼 속에 폭 파묻힐 때까지 계속 밀어 넣는다. 이 식물, 스피겔리아 게누플렉사Spigelia genuflexa는 제 씨앗을 몸소 땅에 심는다.[1]

10장 대물림

2009년, 잡역부이자 식물 수집가인 조제 카를루스 멘지스 산투스 José Carlos Mendes Santos, 일명 로루가 "인간이 흔히 하는 활동"을 하려고 덤불 뒤에 쪼그리고 앉아 있다가 이 새로운 식물 종을 발견했다.[2] 이때 로루는 앞에서 말한 에너지 독립형 주택 근처에 있었는데, 이 집은 로루가 종종 일을 도와주던 아마추어 식물학자 알렉스 포포브킨Alex Popovkin의 집이다. 두 사람은 근처에서 몇 개체를 더 찾아냈고, 두 계절에 걸쳐 이 식물이 살아가는 모습을 지켜보았다. 미국의 연구자들에게 이 식물이 새로운 종임을 확인받은 뒤 그들은 동료 심사 저널에 자신들의 발견을 함께 발표했다. 그들은 이 식물이 매년 3월에 똑같은 자리에서, 정확히 자기 부모가 심은 그 자리에서 돋아난다고 썼다. 새들은 둥지에, 작은 포유류는 굴을 파서 새끼들의 보금자리를 마련하지만, 스피겔리아 게누플렉사는 여러 달에 걸친 건기를 버텨내기에 가장 안전하고 적합한 장소인 이끼 방석에 제 새끼를 심는다.

식물학자들은 이미 오래전부터 식물 부모들이 자기 자식의 삶이 조금이라도 더 순조롭게 시작될 수 있도록 있는 힘껏 노력한다는 사실을 알고 있었다. 이 브라질 식물의 경우에는 자식이 발아할 장소를 정확히 정해둠으로써 자식의 성공을 더욱 확실히 보장한다. 그리고 거칠고 변화무쌍한 풍경에서 발아하기 가장 좋은 장소는 이미 비옥함이 증명된 곳, 바로 부모가 먼저 자랐던 곳이다. '행동'이라는 단어 자체를 포함하여 식물 행동을 표현하는 일상적 단어를 입에 올리는 걸 가장 꺼리는 식물학자들조차 이 브라질 식물은 정말로 '엄마의 보살핌'을 보여준다고 말한다. 내게는 이 말이 약간 웃긴 시적 허용 같다. 당신이 작은 섬이나 은행나무 숲에 살고 있지 않다면, 당신이 만나는 식물 대부분은 양성식물일 것이다. 그러니까 당신이 보는 식물 대부분은 암수 양성을 다 가지고 있으며 난자와 정자를 둘 다 만들 수 있다는 뜻이다. 실제로 브라질의 이 식물은 '자가 수정'을 할 수 있다. 많은 식물이 그렇듯이 때로는 자신의 꽃가루와 밑씨를 결합하여 혼자 자손을 만들기도 한다. 만약 당신이 식물의 성적 유동성의 미묘함을 그리 섬세하게 고려하지 않는 사람이라면 '부모의 보살핌'이라는 표현이 더 적절하게 여겨질 수도 있을 것이다. 물론 실제로 식물이 자가 수정한 밑씨를 보살피고 있을 때는 그 식물이 품은 생애에서 모성적 단계를 분주히 지나고 있는 거라고 말할 수 있다. 나는 양성을 지닌 식물을 어슐러 K. 르 귄의 소설 《어둠의 왼손》에 나오는 중성적인 존재들, 그러니까 아버지로서 자식을 만들 수도 있고 어머니로서 자식을 만들 수도 있으며, 따라서 경우에 따라 어머니이기도 하고 아버지이기도 한 존재들처럼 상상하는 게 좋다. 그들은 지구에서 온, 둘 중 한 역할만 할 수 있는 인간 방문객을 아주 가엽게 여긴다.

식물계에는 (널리 쓰이는 표현을 써서 말하자면) 엄마의 보살핌이 흔하고 일반적이지만, 스피겔리아처럼 자기 열매를 심으려고 줄기를 구부리는 것은 상당히 희귀한 일이다. 그런데 사실은 우리가 아는 땅콩도 이렇게 한다. 그 밖에도 식물이 자식을 보살피는 데는 아주 다양한 방식이 있다. 작은 포유류는 제 몸으로 새끼들을 덮어 감싸고 도마뱀과 뱀 부모는 햇빛 아래서 제 몸을 데운 다음 알 위에 몸을 올려 체온을 전달하지만, 식물도 발달 중인 배아를 위해 온도를 세심히 조절한다. 공원이나 잔디밭, 보도블록 틈새 등 어디서나 아주 흔히 보이는 잡초인 창질경이 narrowleaf plantain 는 노출된 키 큰 꽃이삭에서 씨앗들을 키운다. 기온이 높을 때 질경이는 이삭의 색을 밝게 하고 공기가 차가워지면 색을 어둡게 만든다. 이는 발달 중인 씨앗들에게 이상적인 온도를 유지하기 위해 햇빛을 반사하거나 흡수하기 위함이다.[3] 많은 식물이 과피와 종피, 즉 열매 껍질과 씨앗 껍질의 두께를 조절함으로써 새싹이 발아해 땅 위로 나올 시기를 정한다(두 조직 다 사실은 모체의 조직이다). 만약 부모 식물이 건조한 환경에서 살고 있다면, 씨앗의 다공성 표면으로 더 많은 물이 통과해 안에 있는 배아가 수분을 잘 공급받도록 표면적이 더 넓은 씨앗을 만들 것이다.[4] 콜로라도의 고산지대 산등성이에서 자라는 몇몇 식물도 브라질의 이끼밭에서 사는 그 꽃처럼 자기 줄기 아랫부분에 곧바로 씨앗을 넣어두는 것으로 알려져 있다.[5] 이렇게 하면 아기 식물이 자기 부모의 그늘 아래서 삶을 시작할 수 있다. 그렇지 않고 햇빛을 받아 바래고 시들시들한 고산 풍경 속에서 삶을 시작한다면 어린 식물은 며칠 안 가 가다랑어포처럼 바싹 말라버릴 것이다. 부모 식물이 죽어 분해되면 거기서 나온 수분도 자식에게 들어가 영양을 공급한다.

그러나 식물 부모가 자식의 성공을 준비하는 데는 또 다른 방식도 있다. 바로 자기가 한 경험의 지혜를 전수하는 것이다. 새로운 연구가 오래된 관념 하나를 되살려내고 있다. 그것은 식물이 살아가는 환경과 식물 자체는 서로 떼려야 뗄 수 없는 관계라는 생각이다. 환경은 새로 자랄 식물이 어떤 종류의 식물이 될지를 결정한다. 도전적인 상황에서도 생존하고 번성할 부류인지 그렇지 않은 부류인지. 환경은 식물의 신체 구조를 바꾸고, 어쩌면 발달의 방향을 잡아줄 수도 있다. 그리고 이런 변화는 그 식물의 자손들에게도 대물림될 수 있어서, 그 자손들의 몸은 처음부터 다르게 발달하고, 부모가 경험했던 혹독한 환경에 더 잘 대처할 수 있게 된다.

그러니까 부모 식물은 거친 세상에서 살아남은 생존 기술을 자식에게 물려줄 수 있다는 말이다. 어떤 경우에는 완전히 새로운 신체 부위와 갑옷을 만들어내는 일이 될 수도 있다. 예를 들어 노란 물꽈리아재비는 포식자들에게 노출되면, 잎에 가느다란 방어용 가시가 돋아난 자식들을 만든다.[6] 파괴적인 애벌레들의 대대적 공격을 뚫고 살아남은 서양무아재비는 잎에 유난히 억센 털이 무성한 아기 서양무아재비를 만드는데, 이에 더해 이 아기들은 적의 위협을 더 잘 막아내도록 방어용 화학물질까지 미리 장전하고 있다.[7] 이 식물 어린이들은 자기 부모가 직면했던 똑같은 난관을 만날 때 그 상황을 헤쳐나갈 준비가 훨씬 더 잘 된 상태일 것이다.

이런 변화들은 극적일 수 있지만, 과학은 이것이 유전자에 미리 새겨진 변화의 범위에 들어간다고 가정할 것이다. 유전자는 진화의 산물이라고 말이다. 그러나 그러기에는 모든 일이 너무 짧은 시간 동안에 일어난다. 어떤 식물도 한 세대 만에 진화하지는 않는다. 유선사가 이 이야기를 전부 다 설명해 주는 것 같지는 않다. 어쩌면 절반도 설명하지 못하는지도 모른다.

앞에서 우리는 식물의 기억에 관해 배웠다. 식물이 자신의 과거 경험을 기억해 내서 현명한 선택을 내리고 자기가 나아가던 궤도를 수정한다는 사실 말이다. 그러나 세대를 넘어서 이어지는 기억, 그러니까 대물림되는 종류의 기억은 어떨까? 현재 연구자들은 그런 기억을 들여다보고 있는데 이 세대를 넘는 효과는 식물 유전학 혹은 '이

보디보evo-devo', 즉 진화발생생물학 분야 전체를 바꿔놓을 기세다. 이에 반응하여 '에코디보eco-devo' 즉 생태발생학이 환경의 대대적인 영향력을 연구하는 새로운 학문 분야로 등장했다. 현재로서는 유전자가 생명의 부호를 대신하는 역할을 맡고 있다. 물론 유전자는 식물 삶의 많은 부분에서 중요하다. 그러나 연구가 진행될수록 유전자는 유기체가 읽고서 실행하는 부호라기보다는 유연한 레퍼토리에 더 가까워 보인다. 줄거리에 생기는 수많은 미묘한 변화에 따라 다양한 결말로 이어지는 《나만의 모험을 선택하세요Choose Your Own Adventure》 소설 시리즈처럼 말이다.

만약 유전자로는 어떤 식물이 무엇이 될지에 관한 이야기 전부를 알 수 없다면, 새로운 생명의 이론이 그 빈틈을 채워줄 필요가 있다. 식물은 환경이 요구하는 것으로 변신할 수 있을 만큼 폭넓은 유연성을 지니고 있다. 식물이 경험하는 환경(과 그 부모들이 경험한 환경)의 모든 측면은 그 식물의 존재를 형성하는 데 우리 생각보다 훨씬 큰 역할을 할 수 있다. 달리 표현하자면, 식물은 자신의 미래를 형성하고 있다고 할 수 있다. 식물은 변화하는 환경에 더 적합하도록 자기 몸을 적응시키고 있다. 환경이 식물에 작용하고, 이에 반응해 식물은 자신에게 작용을 가해 새로운 종류의 식물로 자신을 빚어 간다.* 코네티

---

* 이는 동물에서도 관찰된다. 갈색 개구리 올챙이가 포식자인 도롱뇽이 있는 환경에서 자랄 때는 도롱뇽이 못 먹을 만큼 커다란 몸집으로 자란다. 물가에 사는 붉은가슴도요는 포식자가 나타나면 더 빨리 도망가도록 며칠 만에 가슴비행근을 더 크게 발달시킬 수 있다. 이 예는 소니아 설턴이 2013년 베를린 고등연구소에서 했던 "자연과 본성: 유전자와 환경의 상호작용적 관점"이라는 강연의 내용에서 가져온 것이다. https://vimeo.com/67641223.

컷주 웨슬리언대학교의 식물진화생태학자인 소니아 설턴Sonia Sultan에 따르면 이는 식물에게 주도성이 있음을 의미한다. 또한 식물은 환경에 적응한 형질을 자손에게 전달함으로써 자기 종이 나아갈 방향까지 정하고 있다. 식물은 우리가 생각하는 것보다 제 앞길을 훨씬 잘 통제하고 있는지도 모른다.

한여름에 웨슬리언대학교에 있는 설턴의 사무실로 방문했을 때 우리는 그의 어린 시절에 관한 이야기를 나누게 되었다. 설턴은 매사추세츠주에서 뉴욕 출신인 부모 밑에서 자랐다. 아버지는 영문과 교수였고 어머니는 심리학자였다. 부모에게 들은 바로 설턴이 처음으로 말한 단어는 '꽃'이었다고 한다. 그가 꼭 이름이 필요하다고 생각한 최초의 사물이 꽃이었던 셈이다. 유년기 초기에는 대학의 온실에서 줄줄이 늘어선 식물들 사이를 돌아다니고 기후가 통제된 구역에서 놀며 시간을 보냈다. 식물 친구들에게 친밀감이 생긴 건 그 온실에서였다. 설턴은 식물들이 각자의 작은 화분이라는 한계 안에서도 해야 할 일을 묵묵히, 그것도 아주 잘 해내는 상당한 능력자들이라고 여기게 되었다. 식물은 모든 일이 잘 처리되고 있다는 느낌을 주었다. 그 느낌은 아직도 전혀 달라지지 않았다. "나는 식물 주변에 있는 게 좋아요. 식물에겐 특유의 차분함과 유능함이 있거든요."

심리학자인 그의 어머니는 딸이 왜 사람이 아닌 식물을 연구하려고 선택했는지 이해하지 못했다. "어머니는 그 선택을 개인적인 비난처럼 받아들였어요." 하지만 설턴의 식물 연구 접근법을 보면, 그는 사람까지 포함하여 모든 생명의 궤도에 관한 과학의 사고방식을 바꾸고 있다고 할 수 있다.* 설턴이 얻은 결론들은 히아신스뿐 아니라 호모 사피엔스에게도 그대로 적용할 수 있을 것이다. 그는 경력 내내 써온 과학 논문들을 통해, 우리의 환경은 우리와 우리 아이들이 어떤 존재가 되어가는지와 불가분의 관계라고 계속 말해왔다. 그리고 바로 이 사실은 식물이, 그리고 다른 모든 생명체가 자신의 발달에 대한 주도성을 지니고 있음을 증명하는지도 모른다고 말한다. 식물은 자신이 처한 조건들을 고려하고, 그런 다음 그 조건에 맞춰 자신의 구조와 기능을 형성한다. 물론 심층적인 생물학적 수준에서 말이다. 식물이 의지력을 발동하여 잎에 새로운 가시를 돋운다고 말하는 사람은 아무도 없다.

이런 입장을 취하다 보니 설턴은 늘 오해받게 되는 상황을 경계한다. 처음에는 나와 이야기를 나누려고도 하지 않았다. 내가 이 책에서 '식물지능'을 연구하는 사람들과 자신을 한 묶음으로 다룰 거라면 아예 이 책에 자기 이야기를 싣지 않기를 바랐다. 저널리즘은 지금까지 이런 종류의 식물학적 개념들을 두고 섬세한 뉘앙스를 제대로 포착하지 못하거나, 인간적 관점의 비유를 넘어서서 사고하는 일을 제대로 못 해온 전력이 있다. 그리고 이는 설턴에게는 학문적인 생사가 걸린 문제다. 내가 지금까지 이야기를 나눈 많은 식물 연구자들이 그랬듯이 설턴도 지난 20년 동안 국립과학재단에 연구보조금을 신청할 시도조차 하지 않았다. 어차피 안 될 걸 알았기 때문이다. 그런데도 여전히 학술지의 동료 검토자들과 하는 씨름은 피할 수 없다. 설턴

---

* 이 유형의 연구에서 식물은 복제하기가 더 쉽다는 점에서 좀 더 유용한 대상일 뿐이다.

은 자기가 속한 분야의 갈등이 "격렬해지고 있다"라고 말했고, 자신이 포위 당한 상태라고 느꼈다. 나는 설턴에게 내가 뉘앙스에 관심이 많은 사람이라고 말했다. 그가 식물에 뇌가 있다거나 식물이 우리처럼 사고할 능력을 지녔다고 말한 것이 아님을 잘 알고 있으며, 주도성이란 그런 것과는 다르며, 모든 생명체에 더욱 기본적인 어떤 것이라고. 그리고 나에게는 그 자체로 충분히 매력적이라고.

검은 머리를 짧게 자른 설턴의 눈동자는 투명한 광석처럼 푸른 빛을 띠고 있었다. 그는 말을 하다가도 가장 적절한 단어를 고르려고 말을 멈춘다. 조용하고 진지하지만, 은근히 웃기는 구석도 있다. 그는 인류의 주된 문제는 우리가 보노보보다는 침팬지와 더 유사하다는 점인 것 같다고 말했다.* 생물학과 건물 설턴의 사무실 문에는 능청스러운 실험실 농담들과 잡다한 글귀나 장식물이 가득 붙어 있었는데, 그중 일부는 그의 제자들이 만든 게 분명해 보였다. 시들어 보이는 어린 식물의 사진에는 '어둠 속으로 미끄러져 들어가다'라는 말풍선이 달려 있다. 설턴이 온실에서 하는 연구의 상당수는 음지에서 자란 식물이 음지에서 더 잘 자랄 채비를 갖춘 자손들을 만드는 과정에 관한 것이다. 식물 수천 개체가 설턴이 지켜보는 가운데 어두운 환경에서 살아갔다. 또 닐 게이먼과 테리 프래쳇의 소설 《멋진 징조들》에서 어떤 남자가 자기 집 화초들에게 더 잘 자라라며 말로 혼내는 대목을 출력한 종이도 붙어 있었다. 거기에는 '새로운 설턴식 온실 프로토콜'이라는 제목을 붙여놓았다. 나는 설턴의 사무실에서 뉴욕의 식당

• 보노보의 사회는 모계 사회다.

10장 대물림   373

이나 길거리 커피 카트에서 쓰는, 그리스풍 무늬로 장식되고 "찾아주셔서 감사합니다"라는 문구가 새겨진 파란 종이컵을 본떠 만든 도자기 머그잔도 발견했다. 설턴은 뉴욕 사람처럼 보인다는 말을 곧잘 듣는다고 했다. 함께 살면 자기도 모르게 부모의 특징적인 면을 닮게 될 수밖에 없다는 생각이 들었다.

고등학생 시절 설턴은 삼림학 수업을 들었고, 이를 계기로 식물을 각자 고유한 이름과 기벽들을 지닌 개별 종들로 인식하게 됐다. 그는 고등학교를 조기 졸업하고 하버드대학교의 아놀드 수목원에 인턴으로 들어갔다. 그리고 자신이 식물을 좋아하는 사람들 틈에 있는 걸 좋아한다는 사실을 알게 되었다. 그들은 자신이 아주 어렸을 때 깨우쳤던, 식물의 유능함이 주는 위안에 관해 아주 잘 알고 있는 매우 드문 사람들이었다. 프린스턴대학교 학부생 시절에는 과학사와 과학철학을 공부했다. 이를 통해 과학은 객관적인 무엇이 아니라는, 과학의 패러다임들은 형성되었다가 무너지며 각자의 맹점과 편향을 지니고 있다는 인식이 더욱 굳건해졌다. "과학은 사실들의 객관적인 축적이 아니에요. 과학자들이 사용하는 사고방식들은 과학자들이 발명하는 거죠."

더 선호되는 새 패러다임에 옛 패러다임이 밀려날 때면 모두가 새 패러다임이 진실임을 줄곧 알고 있었다는 듯 행동한다. 이런 변화들이 거의 모든 학문에 커다란 파급 효과를 일으킨다고 설턴은 말했다. 이는 거의 내가 도착하자마자 그가 한 말이었다. 지구 및 다른 행성들이 태양 주위를 돈다는 코페르니쿠스의 발견은 결국 윌리엄 하비가 순환계를 발견하는 데 영감을 주었다. "하비는 심장을 신체의 중심에 있는 태양으로 보았어요." 그 관점이 없었다면 어떻게 되었을까? 우리는 앞 세대들에게서 지식을 물려받는다. 잘못된 전제 위에 세워진 과학은 여러 부정확한 가정들로 이어질 수 있다. 그런데 과학적 발견은 그 자체 위에 발견을 쌓아간다. 토대에 아주 미세한 금이 있다면, 그 균열은 그 위에 세워진 모든 것으로 퍼져나간다. 그러면 그 구조물은 유지될 수 없다.

설턴은 유전학 혁명의 등장을 하나의 토대이자 그 토대에 생긴 불길한 금으로 여긴다. 유전체 서열 분석의 발견에 뭔가 틀린 구석이 있다는 말은 아니다. 그것은 과학의 괄목할 만한 도약이었고, 여러 놀라운 발견들을 이뤄내면서 생명의 작동 방식에 관한 인류의 지식을 확장해 주었다. 설턴이 우려하는 점은 과학이 아직 답을 찾지 못한 아주 많은 질문을 다루는 방식에도 유전학이 옴짝달싹 못 할 만큼 강한 악력을 행사하고 있는 현실이다. 그리고 실질적으로는 모든 과학 자금 지원에도.

같은 식물이라도 서로 다른 환경에서는 아주 다르게 발달한다는 것은 식물을 연구하는 사람이라면 아무도 부인할 수 없는 관찰 결과다. "그게 20세기의 과학자들을 번민에 빠트렸죠." 설턴이 말했다. 그 사실에 너무 주의를 기울이면 무수한 실험의 결과를 망칠 게 분명했다. 그래서 그들은 모든 변이를 특정 개체의 기벽으로, 그저 데이터 속 하나의 특이값으로만 치부했다. 그런데 그러기에는 특이값들이 너무 많았다. 그렇지만 식물을 관장하는 것이 유전자만이 아니라는 생각은, 20세기 중반 유전학적 발견이 이룬 빛나는 성과를 퇴색시키게 될 터였다. 바로 과학자들이 생명의 토대를 발견했다는 대단한 성과 말이다. 서구 과학이 쏠려 있는 양자택일 사고방식은 새로운 유전학 패러다임은 철저히 흡수하고, 나머지 모호한 것들에는 전혀 여지를 남기지 않았다. 그리하여 그 나머지는 대부분 무시되었다.

유전자는 살아 있는 모든 존재를 만드는 퍼즐 조각들이고, 만약 우리가 그 모든 조각을 다 찾아낼 수만 있다면 생물에 관한 모든 것을 알게 되리라 과학계는 생각했다. 그러면 모든 생물을 완전히 예측할 수 있게 될 터였다. 이런 믿음은 물론 식물을 훨씬 넘어선 곳까지 확장되었다. 인간 유전학은 거의 신만큼 전지전능한 지위를 차지했다. 지능을 담고 있는 유전자, 동성애 성향을 담고 있는 유전자, 질병과 심리적 상태를 담고 있는 유전자가 모두 발견될 날만을 기다리고 있었다. 예를 들어, 조현병 유전자를 찾는 경주는 유전체학의 초기 몇십 년 동안 수백만 달러의 자금과 다수 전문가들의 전체 경력을 빨아들였다. 조현병은 유전되는 것처럼 보였지만 항상 유전되는 것은 아니었고, 전통적인 멘델식 유전학이 제시한 방식을 따르지도 않았다. 조현병 유전자는 끝내 발견되지 않았지만 그 유전자를 찾으려는 노력은 오늘날에도 터벅터벅 이어지고 있다.●

"DNA 염기서열은 (…) 특정 생물과 그 생물의 고유한 형질들을 만들어내는 데 필요한 정확한 설명서를 명확히 제시한다." 미국 정부가 운영하는 인간유전체에 관한 웹사이트에 실린 글귀다.[8] 설턴은 이

● 물론 단 하나의 유전자가 아니라 "여러 유전 표지자 모음"을 말한다. 그리고 연구자들은 각 개인에게 조현병이 발병할 위험을 높이는 것으로 보이는 유전 표지자들을 발견하기는 했지만, 아직은 어떤 유전적 대답도 누가 그 병에 걸릴지 확실히 밝히지는 못했다. 조현병의 수수께끼에 관한 더 자세한 내용은 로버트 콜커의 훌륭한 책 《히든밸리로드》에서 볼 수 있다.

문장이 문제를 잘 요약해 보여준다고 생각한다. 유전자는 정확한 설명서가 아니다. 그보다는 즉흥극의 무대 신호와 더 비슷하다. 생명의 과정에서는 다른 일도 아주 많이 일어날 수 있다.

아이러니는 바로 이거다. 멘델 유전학이 결코 보편적이지는 않다는 사실이다. 멘델 유전학은 유전자가 조합되고 세대에서 세대로 전달되는 방식 중 '작은 부분집합' 하나다. "큰 A와 작은 a, 큰 키 유전자와 작은 키 유전자. 사실 대부분의 유전자는 이런 식으로 작동하지 않습니다."[9] 언젠가 설턴은 이렇게 설명했다. 실제로 유전자를 통한 대물림은 사람 키의 유전율 가운데 36퍼센트 정도만 설명하는 것으로 알려졌다. 키는 부모의 신체적 특징과 가장 자주 연관되는 것으로 보이는 형질 중 하나인데도 말이다.[10] 과학자들은 이 어리둥절한 현상을 "누락된 유전율" 문제라고 부른다. 그 빈 부분을 채우는 게 뭔지는 아직 아무도 모른다. "나 같은 사람들이 멘델 유전학을 유전학의 모델로 가르치는 일을 언제쯤 그만두게 될까요?" 설턴이 말했다.

이 모든 게 내게는 데카르트를, 그리고 동물은 우리가 그 모든 부분을 알게 되기만 하면 분해했다가 다시 조립할 수 있는 *기계*라고 보았던 그의 생각을 떠올리게 했다. 유전자 개념 역시 기계의 작은 부품들처럼 다뤄지고 있는 느낌이다. 유전부호대로 단백질과 수용체를 만들어내고 그렇게 해서 특정한 결과를 내는 일로. 이는 생명에 대한 기계론적 시각이다.

설턴은 바로 이런 과학적 환경에서 성장했다. 흥미진진했다. 제대로 된 질문을 던지기만 하면 누구나 유전체 안에서 금방이라도 새로운 발견을 할 것만 같았다. 유전학은 오랫동안 찾지 못했던 생명의 열

쉬였고, 이제 누구나 공부를 마치고 졸업만 하면 그 열쇠를 가능한 한 많은 자물쇠에 넣어보기 시작할 거라고 기대했다. 1980년대에 신참 집단생물학자로 하버드 대학원에 들어갔을 때 설턴은 양지 환경에서 자라는 식물에는 양지식물 유전자가 있고 음지에서 자라는 식물에는 음지식물 유전자가 있음을 증명하는 일에 착수했다. 다시 말해서 그 식물들이 양지와 음지에 자라는 것은 유전적으로 미리 정해진 일임을 보여주려 한 것이다. 그때까지 설턴이 배운 모든 것이 세상을 그런 식으로 보도록 만들었다. 그러나 매일 아침 생물학 실험실로 걸어가면서 설턴은 캠퍼스 여기저기 가꿔진 화단의 식물들도 관찰했다. 이 식물들은 자신의 연구와 상충하는 것처럼 보였다. 실제 세계에서는 같은 종의 식물도 햇빛 아래 자라는지 그늘에서 자라는지에 따라 모습이 상당히 달랐다. 잎의 모양과 크기, 작거나 큰 키, 전반적인 외양은 모두 유전적으로 결정된다고 여겨졌다. 하지만 같은 종에서 나타나는 이런 다양한 모습들이 어떻게 한 식물의 유전부호에 다 들어 있을 수 있을까? 유전자는 씨앗이 떨어진 장소를 어찌할 수 없고, 진화는 그렇게 빨리 일어나지 않는다. 환경 자체의 뭔가가 이 식물들의 형태 자체를 바꾸고 있는 것 같았다.

    설턴은 의아했다. 만약 그게 사실이라면 발달은 생각했던 것보다 훨씬 더 복잡하고 더 흥미로운 일일 터였다. 불변의 원칙이라고 배웠던 것은 알고 보니 아직 답이 나오지 않은 질문이었다. 지난 25년 동안 설턴은 바로 그 질문들을 연구했다. 한 실험에서 설턴은 빛이 적은 곳에서 자라면 식물의 몸집이 두 배나 세 배까지 커질 수 있다는 걸 발견했다. 떨어지는 광자를 잡기 위한 표면적을 더 늘리는 것이다.[11]

한편 물이 너무 많은 곳에서 자라는 식물은 과습으로 죽는 일을 피하려고 변신을 꾀한다. 땅 표면에 머리카락처럼 가는 독특한 뿌리를 내는데, 이는 흙이 물에 흠뻑 젖어 산소가 차단되었을 때 산소를 구하기 위한 방편이다. 나는 금붕어가 생각났다. 아이들이 축제에 가서 사 오는 그런 종류의 금붕어. 이 금붕어들은 용존산소가 부족한 물속에서 며칠을 지내면 아가미를 완전히 변형시켜 호흡 표면적을 늘릴 수 있다고 한다.[12] 아가미가 더 커지면 산소를 흡수할 가능성도 더 커진다. 설턴은 식물계의 금붕어를 찾아낸 셈이었다.

그런데 식물에게 물을 주지 않으면 전체적으로 자라는 조직이 줄어든다. 이는 상당히 논리적이다. 사람도 충분히 먹지 않으면 체질량이 감소한다. 만약 물 부족이 너무 심하면 성장이 중지될 것이다. 그런데 물이 부족한 식물은 운명을 개선하고픈 바람으로 자기가 쓸 수 있는 얼마 안 되는 체질량을 뿌리 표면적을 최대한 늘리는 데 사용한다. 물을 찾기 위해 제한된 조직을 지하부로 더 많이 내려보내 뿌리를 내며, 또한 적은 물이나마 가능한 한 여러 곳으로 뻗어 물을 찾기 위해 아주 길고도 가는 뿌리를 낸다.

앞에서 살펴보았듯이 뿌리는 먹이를 찾아다니는 기관이다. 설턴은 초기에 한 실험에서 땅의 여러 다른 지점으로 옮겨가며 물을 주었고, 그러고는 냄새 흔적을 따라다니는 강아지처럼 식물의 뿌리가 물이 옮겨가는 대로 따라가며 자라는 것을 지켜보았다. 그러나 좀 더 최근 연구에서는, 물 부족으로 스트레스를 받은 식물들과 충분한 물을 받아먹고 자란 식물들이 서로 다른 종류의 자손을 만드는지 살펴보았다. 설턴은 건조한 땅에서 자란 다음 번식한 식물의 아기 식물은 역시나 건조한 흙에서 자라게 될 경우 금세 물 부족을 잘 견디는 몸으로 발달한다는 것을 알게 되었다. 이 2세대 어린 식물들은 망설이지 않고, 곧바로 뿌리를 깊고 길게 내렸다.[13] 그다음 세대도 마찬가지였다.

설턴은 자기 사무실 바로 옆 빈 강의실에서 칠판에 그래프 하나를 그려서 보여주었다. 2000년에 발표된 흡연과 유전자와 브로콜리와 폐암에 관한 연구논문에 나오는 그래프였다.[14] '폐암 유전자'가 있는 사람들은 그렇지 않은 사람들에 비해 폐암 발병 확률이 훨씬 높으며, 특히 담배를 피우는 사람일 경우 더욱 그렇다. 유전자 돌연변이 때문에 이 사람들에게는 대부분의 사람들에게 있는, 담배 연기처럼 암을 유발하는 위험한 화학물질을 청소해 주는 효소가 없다. 그러니까 이 유전자는 위로 가파르게 올라가는 추세선을 그렸다. '폐암 유전자'가 있는 사람들은 담배를 많이 피울수록 폐암에 걸릴 확률이 더 높아졌다. 그런 다음 설턴은 두 번째 추세선을 그리고 거기에 '브로콜리'라고 적었다. 폐암 유전자가 있으면서 브로콜리를 비롯한 십자화과 채소를 상당히 많이 먹은 사람들은 그 먹은 양에 비례해 폐암 발병 위험이 낮아진 것으로 보였다. 섭취량이 충분히 많은 경우 브로콜리는 유전자 돌연변이의 영향을 거의 지워버렸다. (또 다른 연구 결과를 보면, 브로콜리는 유전자 이상이 없는 사람들에게서도 흡연으로 인한 발암물질을 제거하는 데 도움을 주는 것으로 나타났다.)[15] 이는 아마도 브로콜리 같은 십자화과 채소들이 우리 몸속에서 분해되었을 때 발암물질을 해독하는 효소로 변하기 때문일 것이다. 다시 말해 이 채소들은 '폐암 유전자가 있는' 사람들이 유전적 이유로 할 수 없는 일을 대신하는 무언가를 만드는 것이다. 여기서는 유전자가 이야기의 전부가 아닌 것이다. 한 사람이 경험하는 환경, 이 경우에는 그 사람이 먹는 것 역시 이야기에서 중요한 한 자리를 차지한다. 그 자리는 어쩌면 유전자의 자리보다 더 클지도 모른다.

"그런데 왜 모든 의학 연구자들이 이 문제를 더 파고들지 않는지 궁금하지 않아요?" 설턴이 말했다. 그러기보다 그들은 끝없이 유전적 원인을 찾고 있다는 것이다. 물론 그 문제를 파고드는 이들도 있다. 설턴이 그래야 한다고 생각하는 만큼 그 수가 많지 않을 뿐.

설턴은 칠판의 브로콜리 그래프 옆에 식물의 잎 크기를 나타내는 그래프를 그렸다. 식물이 햇빛을 적게 받을수록 더 많은 빛을 붙잡으려 애쓰느라 잎의 크기를 더 키운다는 것을 보여주는 그래프였다. 이 역시 마찬가지라고 설턴은 말했다. 환경은 사람이든 식물이든 한 생명을 극적으로 변화시킨다. "생물학은 생명의 학문이에요."

이는 식물이 경험하는 모든 것이 그 식물의 결과를 바꿔놓는다는 뜻이다. 중립적인 환경 같은 것은 없다. 어떤 식물이든 그 식물에 '전형적'이라 여겨지는 형태조차 그 식물이 처한 환경의 영향이 새겨진 결과일 수 있다. 물론 이런 점은 실험실 연구를 곤란하게 만든다.* 설턴은 자신과 함께 연구하던 중 어느 시점에 학생들의 얼굴에 여지없이 반짝 커지는 깨달음의 눈빛을 사랑한다고 말했다. 잠깐만요, 하고

• 생물학자들이 처음에 발달을 연구하기 시작했을 때, 그들은 환경이라는 맥락 속에서 해당 유기체를 연구하는 것이 그 유기체의 발달을 연구하는 유일한 방법이라는 것을 당연시했다. 과학자들이 유기체들을 그들의 자연적 환경에서 가져와 실험실이라는 인공적이고 '중립적'인 맥락에서 연구하기 시작한 것은 20세기 중반부터였다.

학생들은 말한다. 이건 대조군 환경이 없다는 뜻이잖아요?˙

환경은 유기체들을 통과해 흐르며 가장 깊은 수준에서 그들을 변화시키는 것으로 보인다. 2015년에 출간한 책에서 설턴은 이런 점 때문에 환경과 유기체를 완전히 독립적인 실체로 보기가 어렵다고 썼다. "하지만 더 자세히 들여다보면 환경은 유기체 안으로 확장해 들어가고 유기체는 환경 안으로 확장해 들어가므로 둘 사이의 경계가 흐릿해진다."¹⁶ 영향은 양방향으로 흐른다고 그는 썼다. 유기체는 환경을 형성하고 환경은 유기체를 형성한다는 것이다. 유기체들과 나머지 세상을 분리하는 막이 있다고 가정할 때, 이 막은 그냥 빗물이 새는 정도가 아니라 흠뻑 젖도록 빗물을 고스란히 통과시킨다.

진초록색 푸른민달팽이*Elysia chlorotica*를 생각해 보자.¹⁷ 처음 푸른민달팽이에 관한 글을 읽었을 때, 나는 요즘 뭐 하고 지내느냐고 묻는 모든 사람에게 계속 그 얘기를 늘어놓았다. 식물과 동물의 경계를 완전히 허물어버린 듯한 이 희한한 생물이 당시 나를 사로잡고 있었고, 그 때문에 나는 다른 생각은 할 수가 없었다.

미국 대서양 연안의 해수와 담수가 섞인 소금기 많은 수역에서 살아가는 푸른민달팽이는 생애 초기에는 빨간 점이 난 갈색 몸으로 지

˙ 설턴은 이를 염두에 두고 실험용 온실을 최대한 야외와 가깝게 만들려고 노력한다. 여름에만, 진짜 여름 햇빛을 받으면서, 조금이라도 더 '자연과 같은' 질감의 배합토를 사용하여 실험한다. "뿌리가 자연스레 자라고 싶은 대로 자라는 모습을 보고 싶기 때문"이다. 그의 온실은 완전히 인공적인 실험실과 실제 세계 사이의 중간지대 같다. "아마도 실험 온실에서 토분을 사용하는 사람은 내가 유일할지 몰라요." 설턴의 말이다. "낭만적인 이유 때문이 아니라 토분은 숨을 쉬기 때문이에요. 그러니까 플라스틱보다는 더 자연스럽죠."

낸다. 이 시기에 푸른민달팽이의 목표는 딱 하나, 머리카락처럼 생긴 바우케리아 리토레아Vaucheria litorea라는 녹색 조류의 가닥들을 찾는 일이다. 일단 바우케리아를 찾으면 이 조류의 벽을 뚫고 마치 빨대로 빨아들이듯 바우케리아의 세포들을 후루룩 먹어치우는데, 이 일이 끝나면 바우케리아는 텅 빈 투명한 튜브 상태가 된다. 바우케리아의 세포는 그 안에 엽록소로 채워진 엽록체들이 있어서 선명한 초록색을 띤다. 광합성을 담당하는 그 엽록체다. 현미경으로 이 과정을 들여다보면 기괴하게도 민달팽이가 버블티를 마시고 있는 것처럼 보인다. 밝은 초록색 알맹이가 한 번에 한 알씩 민달팽이의 입안으로 들어간다. 푸른민달팽이는 그 세포들을 소화하지만 엽록체는 고스란히 남겨서 가지처럼 뻗어 있는 장 전체로 퍼뜨린다. 이제 푸른민달팽이도 갈색에서 밝은 초록색으로 변했다. 조류 버블티를 몇 잔 먹고 나면 푸른민달팽이는 다시는 먹이를 먹을 필요가 없다. 이제 푸른민달팽이는 광합성을 시작한다. 푸른민달팽이는 자기에게 필요한 에너지를 모두 태양에서 얻는다. 어떻게 한 것인지, 식물과 똑같이 엽록체를 사용해 빛을 먹는 유전적 능력을 획득했기 때문이다. 어떻게 이런 일이 가능한 것인지는 아직 밝혀지지 않았다. 이제 진초록색이 된 푸른민달팽이는 놀랍게도 달팽이 특유의 머리만 빼면 모양도 꼭 나뭇잎처럼 보인다. 몸은 넓고 납작한 하트 모양인데 꼬리는 나뭇잎 끝처럼 뾰족하다. 소화관들은 몸 표면에 마치 잎맥처럼 뻗어 있다. 몸의 위치를 잡을 때도 꼭 나뭇잎처럼, 떨어지는 햇빛을 최대한 많이 받을 수 있는 각도로 기울인다.[18]

　푸른민달팽이는 동물과 식물의 경계선을 흐릿하게 만든다. 그러나 또한 유기체와 환경 사이의 경계선이 얼마나 쉽게 넘어갈 수 있는 것인지 보여주는 충격적인 예이기도 하다. 푸른민달팽이의 변신의 핵심은 환경과의 상호작용을 통해 획득한 것이다. 바우케리아 조류는 푸른민달팽이가 속한 환경의 일부이며, 푸른민달팽이는 글자 그대로 조류를 제 몸속에 집어넣음으로써 변신한다. 이보다 더 잘 침투하는 존재는 있을 수 없다. 물론 이는 극단적인 예지만, 유사한 예는 우리 인간의 몸에도 항상 일어나고 있는 일이다. 우리는 끊임없이 우리의 환경을 섭취하고, 그 환경은 끊임없이 우리를 변모시킨다. 환경 없이 우리는 우리일 수 없다.

우리는 이런 식으로 식물과 더 가까워졌다. 우리에게 일어난 결과들은 우리의 환경과 너무나 밀접히 얽혀 있다. 우리가 먹는 것, 호흡하는 공기, 그리고 우리가 노출된 다양한 물질은 모두 우리의 삶과 몸의 방향을 바꿀 힘을 지니고 있다. 우리는 발달의 대본이 우리가 물려받은 유전자에 다 적혀 있다고 생각한다. 하지만 우리를 구성하는 선천적 요소들에는 우리 부모의 환경에서 온, 그리고 많은 경우 우리 가계의 그보다 더 먼 과거에서 온 환경의 메시지도 포함된다고 설턴은 말한다.

나는 모든 생물학이 사실은 생태학임을 이해하기 시작했다. 생태학자들이 연구하는 생태계의 역학은 개별 식물들 자체에도 쉽게 적용된다. 생태계에서 먹이와 물 같은 자원은 수시로 변동하고, 이 변동에 따라 서로 다른 개체들이 서로 다른 시기에 다른 군집 안에 자리 잡게 된다. 군집의 특성은 변화하는 환경에 따라 달라진다. 그러나 개별 식물에 초점을 맞춰도 마찬가지임을 알 수 있다. 환경은 개체에도 영향을 미친다. 한 개체의 다양한 특성들도 환경의 변화에 따라 끊임없이 유동하고 있을 수 있다. 이는 환경에 모종의 변화가 생길 때마다 그 생태계에 속한 다양한 구성원들에게 변동이 생기는 것과 아주 유사하다.

이탈리아 철학자 에마누엘레 코차는 식물이 완전히 '푹 잠긴 상태immersion'로 존재한다고 썼다.[19] 코차의 설명에 따르면 푹 잠기는 것은 '상호침투'하는 행위이며, 이는 전면적이고 상호적인 융합을 의미한다. 이 단어는 그때까지 내가 배운 모든 것을 표현할 완벽한 단어처럼 보였고, 이후 식물의 발달에 관해 점점 더 배워가면서 종종 그 단어를 생각했다. 식물에서는 "작용을 가하는 일과 작용을 받는 일이 형식적으로 구별되지 않는다"라고 코차는 썼다. "만약 환경이 살아 있는 존재의 껍질 바깥에서 시작되지 않는다면, 그 이유는 그 세계가 이미 그 존재 안에 들어 있기 때문이다." 식물에게 있어 존재한다는 것은 상호관계 안에서 세계를 구축하는 것을 의미한다. 세계는 그들 안에 있다. 다른 방식은 존재하지 않는다.

식물은 이런 종류의 잠김을 보여주는 구체적인 본보기다. 부분적으로는, 식물이 환경의 변화에 적응하겠다고 자리를 떨치고 일어나 다른 데로 가버릴 수가 없기 때문이다. 식물은 달아나지 못한다. 그래서 식물의 상호침투성은 극단적이고 과도하다. 우리는 위협으로부터 달아날 수 있고, 더 적합한 환경으로 우리의 몸을 물리적으로 이동시킬 수 있다. 하지만 우리 역시 그 방식은 더 미묘할지 몰라도 역시나 환경에 전적으로 잠겨 있다. 식물의 몸이 우리에게 가장 뚜렷이 보여주는 진실은, 우리 가운데 우리의 환경, 그리고 우리 부모의 환경이

미치는 영향에서 정말로 달아날 수 있는 존재는 아무도 없다는 것이다. 그 영향은 이미 우리 안에 있다. 별안간 나는 출렁이며 서로 관통하는 요소들의 세계, 우리 몸이 그 모든 요소를 향해 열려 있는 세계가 눈앞에 보이는 것만 같았다. 그 세계 안에서 살고 있는 것만으로도 우리는 아주 많은 것에 노출되고, 그 모든 것이 누적되어 우리를 우리로 만든다. 모든 것이 서로 연결되어 있다는 개념이 강렬한 종소리처럼 내게 다가왔다. 모든 것은 글자 그대로 서로 연결되어 있다. 그 증거가 우리다.

나는 환경 기자로 일하면서 그 분명한 예들을 보았다. 몇 년 전 나는 정유소들과 석탄 화력발전소들, 쓰레기 소각시설들로 둘러싸인 마을에 사는 사람들을 인터뷰하러 디트로이트에 다녀온 적이 있다.[20] 그곳의 천식과 기타 호흡기 질환의 발병률은 충격적으로 높았다. 이는 충분히 이해할 수 있다. 명백히 그곳 공기는 숨쉬기에 안전하지 않았으니까. 곧 나는 대체로 이 지역에서는 아기들이 선천적으로 천식을 갖고 태어나며, 때로 의사들이 신생아 부모들에게 퇴원 시 의료용 분무기를 주기도 한다는 얘기를 들었다. 그리고 임신부가 호흡한 대기오염물질 입자가 혈류로 들어가 혈액 세포 속으로 들어가고, 이 세포들이 발달 중인 태아에게도 흘러 들어가 폐의 발달을 늦추고 문제를 일으킬 수 있다는 사실도 알게 되었다. 아기들이 이미 오염된 상태로 태어나는 것이다. 그런데 이보다 더 충격적인 사실도 알게 되었다. 의사이자 스탠퍼드대학교의 연구자로 대기오염 노출이 세대를 넘어 퍼져가는 방식을 연구한 캐리 나도Kari Nadeau와 통화하던 중이었다. 그는 내게 태반을 통과하는 바로 그 오염물질 분자들은 임신한 적 없는 사람들도 변화시킬 수 있다고 말했다. 그 분자들은 혈액으로 들어가 난소와 고환으로 흘러들면서 유전자 발현을 바꿀 수 있다. 만약 난소와 고환에 변화가 생겼다면, 거기서 만들어지는 난자와 정자로 만들어질 자손들도 그 변화를 지니게 된다. 실제로 나도 교수는 자기 환자들, 디젤 배기가스와 농약의 치명적 조합으로 캘리포니아주에서 가장 오염이 심한 도시인 센트럴밸리의 프레스노에 살던 이들의 유전자가 천식과 알레르기 발병 확률을 높이는 방향으로 근본적으로 변화되었을 거라고 추론할 수 있었다. 그리고 그 유전자 변화는 그들의 아이들에게도 전해질 수 있고, 그 아이들의 아이들에게도 전해질 수 있다. 심지어 이 이후 세대들은 다른 곳으로 이사해 더는 오염에 노출되지 않는다고 해도 말이다.

이는 인간 후성유전의 매우 암울한 예다. 우리가 처한 특정 환경이 우리 유전자의 작동 방식을 변화시킬 수 있고, 그 변화들이 우리의 자손들, 그 자손들의 자손들에게까지 계속 대물림될 수 있다는 사실. 그러나 우리 삶을 이루는 근본적인 요소들에 대해 아직 우리가 이해하지 못한 공백들을 메우는 데 도움이 될 다른 예들도 많을 것이다. 이를테면 왜 아이들의 키는 부모와 비슷한 정도까지 자라는지에 대한 '유전 공백'을 언젠가는 메꾸게 될 날이 올 것이다. 한편 가계 내에서 유전되는 성향이 강력해 보이는 여러 질병도 누락된 유전율 문제에 속한다.[21] 예컨대 2형 당뇨병(유전자로 인한 발병은 6퍼센트에 지나지 않는다), 조기발병 심장마비(3퍼센트 미만), 루푸스(15퍼센트), 크론병(20퍼센트)이 그렇다. 어쩌면 이는 그들의 환경과 그 부모들의 환경, 그리고 더 위 세대의 환경과 관련된 문제인지도 모른다.

나는 또 온갖 종들을 모방하는 보킬라 덩굴의 능력을 미생물 감염으로 설명하는 에르네스토 히아놀리의 가설도 생각했다. 히아놀리는 보킬라의 미생물 세계에 일어난 어떤 변화가 보킬라의 형태 변화를 초래했다고 생각하는데, 형태란 우리가 한 종의 근본적인 속성, 그 종의 본질이라고 생각하는 것이다. 어쩌면 우리의 '본질'이란 우리가 생각하는 것보다 더 유연할지도 모른다. 어쩌면 그것은 우리의 환경과 분리된 것이 아니라 연속적으로 이어진 것일 수도 있다. 맞는 것으로 밝혀지든 그렇지 않든, 히아놀리의 가설은 아직은 비교적 새로운 발견이지만 그의 가설보다는 훨씬 확고히 입증된 사실에 그저 올라탄 것일 뿐인지도 모른다. 그것은 바로 식물이든 어류든 사람이든, 모든 생물에게는 무수한 미생물들이 속속들이 침투해 있다는 사실이다. 그 각각의 미생물들도 환경 변화의 영향을 받는다. 미생물들도 그들 나름의 공동체이고, 그들이 깃들어 사는 몸은 하나의 생태계가 아닐까? 그렇다면 우리가 더 큰 규모로 올라가 완전한 한 식물 개체 혹은 한 사람을 상상할 때도, 이 개체들의 근본적인 구조도 사실상 자기네 세상의 변화에 자기들 나름으로 반응하는 생물들의 공동체로 이루어진 구조라는 사실을 늘 염두에 두는 것이 현명할 것이다. 그렇다면 미생물부터 우리까지 생명의 모든 단계에서 모든 존재가 생태계다. 우리는 하나의 단위이기보다는 하나의 시스템에 더 가깝다. 모든 생물학은 생태학이다.

식물은 우리가 우리의 환경과 이어져 있으며, 환경의 모든 변동에 영향을 받고 또 그 영향을 우리의 계보에 퍼뜨리는 존재라는 걸 상기시킨다. 우리의 환경이 우리와 우리 후손의 삶의 형태를 만든다. 우리는 육체라는 형태로 후손들에게 환경을 물려주는 것이다. 우리가 지구를 물려주는 거라고 할 수도 있다.

물론 살아 있는 생물의 가소성에는 한계가 있다. 모든 변화를 다 극복할 수 있는 것은 아니다. 예를 들어 산불을 보자. 아직 불에 적응하도록 진화하지 않은 식물이 산불이 났다고 해서 갑자기 대책을 세워 불에 견디는 내화성을 갖게 되지는 않는다. 그리고 가소성은 종에 따라 편차가 아주 크며, 진화한 장소에 따라서도 다를 수 있다. 하와이의 '천진한' 토착 식물들처럼 포식자가 없는 장소에서 진화한 결과 변화에 적응할 능력이 거의 없는 식물도 있는데, 이런 식물들은 침입종에게 쉽게 당한다. 이들에게는 가소성이 별로 없다.

그러나 어떤 식물들은 환상적일 정도로 가소적이다. 그들의 가소성은 한계를 모르는 것처럼 보인다. 새로운 환경을 만나면 그들은 더욱 대담하게 새로운 형태를 이뤄간다. 바로 침입종이 그렇다. 이들은 패배라고는 모르는 식물 세계 주도성의 스타들이다.

이 식물들은 엄청난 가소성을 지녔을 뿐 아니라, 가소성을 지손에게 물려주는 일에서도 엄청나게 탁월하다. "나는 생물학적 관점에서 그들의 능력을 존경해요"라고 설턴은 말했다.

생물학에서는 자연 선택이 일반적으로 고도로 특수화된 종들을 만들어낸다고 가정한다. 그래서 자기들이 하는 일, 이를테면 특정한 서식지에서 자라는 일에는 아주 능하지만, 다른 모든 일에서는 상당히 서투르다는 것이다. 또 어떤 종들은 더 여러 장소에서 생존할 수 있는 제너럴리스트일 수 있지만, 이들은 어느 하나를 특별히 잘하지는 못한다고 본다. 말하자면 생존은 하지만 그리 번성하지는 못한다는 것이다. "팔방미인이 어떤 한 가지의 대가가 될 리는 없다는 것이죠." 설턴의 말이다. 삶에서는 얻는 게 있으면 잃는 것도 있는 법이다. 적어도 그것이 일반적인 통념이다. 그러나 어떤 침입종들은 이런 생각에 코웃음을 친다. "그 종들은 모든 것에 능해요." 팔방미인이면서 전방위적인 대가다. "있을 수 없다고 여겨지는 일이죠."

설턴은 여뀌, 폴뤼고눔 세스피토숨Polygonum cespitosum*을 연구한다. 믿길지 모르지만(내가 안 믿겨서 하는 말이다) 영어 일반명은 스마트위드smartweed, 그러니까 따가운 잡초다. 설턴은 내게 실제로 여뀌가 만드는 산이 눈에 들어가면 아주 따갑기 때문에 붙은 이름이라고 설명해 주었다. 그래도 내게는 여전히 별난 이름 같다.

여뀌는 원래 아시아에서 들어왔는데 이후 북미 북동부 지역에서 맹렬한 기세로 퍼져나간 침입종이 되었다. 여뀌는 전형적인 잡초로 보인다. 화려하지도 않고 딱히 독특해 보이는 점도 없다. 설턴은 여뀌가 철저히 평범한 잡초라는 점이 좋다고 한다. 게다가 복제하기도 쉽다. 유전 이외의 요소들이 변화할 때 어떤 일이 일어나는지 알아내고자 한다면, 유전적으로 동일한 식물을 아주 많이 만들 수 있는 것이 상당히 유리하다.

• Smartweed는 여뀌속Persicaria에 속하는 여러 종을 가리키는 느슨한 일반명이며, 폴뤼고눔 세스피토숨이라는 학명은 현재 페르시카리아 세스피토사Persicaria cespitosa로 분류가 바뀌었다. 세스피토사란 빽빽하게 모여 자라는 풀이나 잔디 뗏장을 뜻하는데, 이 종을 가리키는 한국 식물명은 없는 것 같다. 본문에서는 속명인 '여뀌'로 표기했다. 사진을 봐도 우리나라에서 흔히 자라는 여뀌와 거의 비슷해 보인다. _옮긴이

설턴의 연구실 웹사이트에는 연구팀이 식물 "괴물들"을 연구한다고 나와 있다.[22] 나는 여뀌가 스스로 괴물 같은 존재가 되었다는 걸 알게 되었다. 설턴은 "그건 존경을 표하는 단어예요"라고 말했다. 여뀌는 새로운 환경에 맞추어 아주 빠른 속도로 진화했다. 새 고향이 된 북미에서 여뀌는 온갖 종류의 서식지를 정착지로 삼아 버렸다. 생애 주기를 재빨리 돌리기 시작했고, 그 주기 동안 번식에 엄청난 성공을 거뒀다. 이 일을 가장 잘하는 개체들이 의심의 여지 없이 종의 미래가 될 것이고, 그럼으로써 점점 더 빠르고 성공적으로 번식하는 세대들을 만들어낼 것이다. 그 결과는? 여뀌는 점점 더 급속히 침범하는 침입종으로 진화하고 있다.

새로운 장소에 들어온 식물 100종 중 겨우 한 종 정도만 침입종이 된다. 침입종이란 대체로 외래종 가운데 급속히 확산하여 생태적이거나 경제적인 해를 잠재적으로 초래할 수 있는 종으로 정의된다. 새로운 장소로 유입되는 식물과 동물은 언제든 있기 마련이다. 대부분은 짧게 버티다가 사라진다. 이런 종들의 경우 새로운 장소에 특정 수분 매개자나 특정한 온도 범위 같은, 자신들에게 정말로 필요한 뭔가가 없었기 때문이다. 그 식물들은 그냥 뿌리를 내리지 못한다. 하지만 외래종 가운데 일부는 계속 남는다. 새로운 장소의 온도 범위가 자신이 진화한 고향의 온도 범위와 유사할 수도 있다. 어쩌면 수분하는 데도 특정한 유형의 생물이 필요하지 않을 수도 있다. 그들은 버텨낸다.

새로운 터전에서 계속 버티는 종들 가운데 일부 소수는 실제로 토착종보다 더 잘 살아간다. 그들은 개체 수로 예전 주민들을 밀어내고 자신들의 영역을 확장한다. 식물이 그 장소에 도착한 때와 갑자기 엄청나게 번성하는 때 사이에는 일반적으로 50년에서 100년 정도의 아주 긴 지체가 있다. 갑자기 어디서나 그 식물이 사람들 눈에 들어온다. 예를 들어 여뀌는 2000년대 초에 침입종으로 선포되었다. 처음 들어온 시기는 1900년대 초였을 것이다. 이런 지체는 왜 생기는 걸까? 설턴에게 이 지체는 식물이 도착할 때부터 필요한 능력을 다 갖추고 있지는 않았음을 뜻한다. 여뀌는 나타나자마자 당장에 새 땅을 장악하지는 않았다. 그 세월 동안 무슨 일이 있었던 걸까? 아마 급속도로 진화하고 있었을 것이다. 일단 환경에 부딪혀 보면서 그에 걸맞게 제 몸을 변화시키는 이례적으로 가소성이 뛰어난 개체들, 그리고 그 과정에 배운 결정적으로 중요한 적응 기술을 자손에게 물려주는 일에도 유난히 능한 개체들 덕에 그렇게 신속한 진화가 가능했을 것이다. 이는 침입종 생물학을 바라보는 또 다른 관점이다. 종 전체가 꼭 침입성이 강할 필요는 없다. 하지만 일부 개체들에게는 새로운 터전에 알맞게 제 몸을 미세하게 수정할 수 있을 딱 그만큼의 유연성이 있었고, 그들은 그 유연성을 자손에게도 잘 물려줄 수 있었으며, 그 덕에 그 종 전체는 새로운 조건을 유리하게 이용하기에 완벽한 식물로 변신할 수 있었다. 생물학적으로 새로운 장소에 대해 배우려면 시간이 필요하다.

　물론 여뀌의 모든 개체가 이 공연의 주인공은 아니다. 면밀한 온실 연구를 통해 설턴은 예상대로 여뀌 개체들이 환경에 일어난 변화에 각자 조금씩 다르게 반응한다는 사실을 알게 됐다. 그렇지만 그중 일부는 적응의 신동, 가소성의 엘리트 선수들이었다. 이 개체들은 습한 환경을 더 좋아했지만, 건조한 환경에서는 잎을 키우던 데서 능숙하게 노선을 바꿔 수분을 조금이라도 더 찾을 수 있도록 더 길고 가는 뿌리를 뻗었다. 그늘 없는 양지를 좋아하지만, 그늘에 있어도 잎 크기를 더 키우며 그럭저럭 잘 지냈다. 무엇보다 특기할 점은 이런 적응을 자식에게도 물려준다는 것이다. 적응력 뛰어난 개체들이 가뭄이 닥친 듯 건조한 땅에서 자랐다면, 그 자손은 똑같이 건조한 땅이라는 환경에 직면했을 때 제 부모보다 더 빨리 적응에 나서고, 당장 대책을 실행해 길고 가는 뿌리를 내리기 시작한다. 해야 할 일이 뭔지를 이미 아는 것이다. 이와 유사하게 셜턴은, 이웃과 빛을 두고 경쟁해야 하는 조건에서 자랐던 여뀌의 자식으로 태어난 여뀌는 일찌감치 더 큰 잎을 냄으로써 햇빛 받을 공간 경쟁에서 이웃을 능가할 준비를 갖춘다는 것도 알아냈다.[23] 게다가 그늘에서 자란 다음 번식한 여뀌의 자식은 곧장 그늘에서 자라기에 아주 적합한 몸을 만들기 시작해서, 빛을 더 많이 받을 수 있도록 부모 여뀌보다 키와 잎이 더 큰 여뀌로 자란다. 게다가 이 자식 여뀌들은 꽃도 더 빨리 피우는데, 이는 번식 적합성도 더 뛰어나다는 뜻이다. 나아가, 그늘에서 자란 여뀌의 자식들은 양지에서 자란 여뀌의 사식과 이웃하여 그늘에서 자라게 했을 때 공간 경쟁에서 손쉽게 이웃을 압도해 버린다. 이 어린 여뀌들은 앞 세대로부터 자원을 상속받은 셈이다. 유용한 기술을 물려받았기 때문이다. 부모가 겪었던 것과 같은 고난이 닥쳐왔을 때 이들은 다른 또래들보다 더 우위를 점한다.[24]

이 개체들은 자기네 종의 미래다. 그들은 더 잘 생존하고 더 잘 번식할 것이다. 그들의 자손 역시 더 잘 생존할 텐데, 힘겨운 시절에는 더욱 번성하게 해주는 초능력과도 같은 가소성을 물려받을 테니 그들보다 더 잘 생존할 가능성도 크다. 침입종은 더 공격적이고 무자비하게 경쟁한다고 욕을 먹는 경우가 많다. 생각해 보면 이는 식물에게 적용하기에는 이상하게 도덕적인 관념들이다. 우리는 대체로 침입종에 대해 외국 혐오증을 노골적으로 드러내는 이민 배척적 언어를 사용한다. 그 식물들을 '외국 것'이라 부르고, 마치 땅에 생긴 질병이라도 되는 양 부자연스러운 능력을 지녔으며 공격적인 천성을 타고난 존재처럼 묘사하는 수사를 쓴다. 하지만 그 식물들은 그저 상황에 더 슬기롭게 대처하고 가소성이 더 뛰어나며, 변화에 대처하는 지혜를 후손에게 더 잘 전달하는 것일 뿐이라면? 물론 그 식물들은 우리가 익숙해진 풍경에 혼란을 일으키고, 우리가 사랑하는 종들을 밀어내고 그 자리를 차지한다. 우리가 지금까지 지구에서 보낸 짧은 진화의 역사 동안 사랑하게 된 종들을 말이다. 하지만 우리는 우리의 계보에서 가장 어린 형제들이다. 우리는 아직 여기에 그리 오래 머물지 않았다. 변화는 일어나게 마련이고, 식물 군집은 늘 변동한다. 물론 여기에는 반전이 있다. 이 시대의 독특한 점은 전 세계에 걸쳐 식물들을 이동시키는 것이 바로 우리라는 점이다. 이 침입종들 대부분이 새로운 장소에 나타나고 새로운 각본과 장소에 적응하는 상황을 초래해 온(여전히 초래하고 있는!) 장본인은 바로 우리다. 말 그대로 우리가 그들을 가져다 놓은 것이다. 이런 사실을 생각하면 식물이 성공적으로 자란다고 식물을 비난하는 것은 한층 더 기괴하게 보인다.

예를 들어 호장근Japanese knotweed을 보자. 지구상에서 이보다 더 성공적인, 혹은 이보다 더 미움받는 식물은 없을 것이다. 호장근은 설턴이 연구하는 여뀌와 가까운 친척이다.* 호장근은 1860년대에 식물 수집가들이 자기 정원에 매력적이고 이국적인 종들을 추가하고 싶은 마음에 처음 북미에 들여온 식물이다.25 유럽에는 이미 그보다 몇 해 전에 들어가 있었다. 호장근은 하얗고 예쁜 꽃, 무성한 잎이 정원의 빈 공간을 잘 채워주는 특성 때문에 인기를 얻었다. 말도 안 되게 빠르고 빽빽하게 자랐으므로 울타리로 심으면 길가에 자리한 주택들의 사생활 보호용으로도 완벽했다. 미국에서는 아직도 자기 정원에 일부러 호장근을 심는 사람들도 있는 것 같다. 분명 앞으로 자기들에게 어떤 일이 닥칠지 전혀 모르는 사람들일 것이다. 일단 호장근을 만나고 나면, 식물은 제 의지대로 변신할 수 있는 존재라는 사실을 속이 새까맣게 탈 정도로 뚜렷이 깨닫게 된다. 호장근의 주도성은 거의 피부로 느껴질 정도다. 인간이 통제할 수 있다는 환상은 발도 붙일 수 없다. 내가 호장근을 처음 만난 건 늦은 4월의 어느 날이었다.

억수 같은 비가 퍼붓고 난 뒤 포치로 나갔다가 붉은색과 초록색이 섞인 통통한 새순들이 마당 가장자리 목재 울타리에 바짝 붙어서 땅을 뚫고 올라오는 것을 발견했다. 우리는 막 친구의 집을 진차한 참이었고, 나는 식물이 왕성히 자랄 시기에 뒷마당을 갖게 된 터라 기대감에 잔뜩 부풀어 있었다. 뉴욕에서는 상상도 못 할 호사였다. 집안 창틀 위에는 얕은 마분지 상자 안에서 막 싹이 터 자라기 시작한 고추와 래디시, 겨자를 놓아두었고, 아직 쌀쌀한 날씨가 뒷마당 화단에 이 모종들을 옮겨 심을 만큼 따뜻해질 날만을 기다리고 있었다. 우리는 뚜

• 둘 다 마디풀과에 속한다. _옮긴이

껑에 작은 구멍을 뚫은 플라스틱 물병을 눌러 짜가며 한 번에 한 방울씩 물을 주었다. 채소 모종들은 온몸으로 연약함을 뿜어냈다. 그런데 바깥에서는 불그스름한 새순들이 정반대의 기운을 뿜어내고 있었다. 그 순들은 강건하고 위풍당당했으며, 추위나 세찬 빗발에도, 그리고 무엇보다 바로 자신의 침입을 막기 위해 목재칩 아래 깔아둔 무거운 검정 방수포 따위에도 전혀 기세가 꺾이지 않았다. 호장근이 방수포에게 '너쯤이야' 하고 말하는 장면이 절로 상상이 됐다.

나는 그 순들을 잡고 뽑기 시작했다. 속이 텅 빈 줄기의 아랫부분이 부러지며 상쾌한 '뚝' 소리가 났다. 나는 호장근 순이 식용이며 일 년 중 이 시기에는 특히 영양가가 높다는 사실을 읽어서 알고 있었다. 대황rhubarb과 수영sorrel을 섞은 듯한 맛이라고 했다. 하지만 옆집 마당에 한가득 쌓인 건축 폐기물 더미를 보면서—그 집 마당에는 이미 내 키보다 더 큰 호장근 순들이 사이사이 뚫고 올라와 있었다—뭔지 모를 화학물질이 너무 많을 테니 그걸 먹는 건 너무 위험한 모험이라고 판단했다.

이틀 뒤 다시 나와 보니 새로운 순들이 이미 몇 센티미터나 자라 있었다. 48시간 전에 내가 저희 형제를 뽑아버린 자리 바로 옆이었다. 내가 뽑아버린 그 날에는 흔적도 없던 순들이었다. 창틀 채소들은 내가 쏟는 정성에 비하면 말도 안 되게 느린 속도로 비실비실 자라고 있는데, 호장근은 전동 펌프로 공기를 주입할 때 고무 풀장이 솟아오르는 속도로 키를 키우고 있었다.

자료를 찾아 읽어보니 호장근은 땅속에서 근경(뿌리줄기)을 끊임없이 뻗으며 성장한다고 했다. 일단 땅에 뿌리를 내리면 땅 밑에서 근경을 뻗어 복잡한 네트워크를 만든다. 이는 기는줄기와 순들로 이루어진 지하철도 시스템, 명확한 중앙 통제 센터가 존재하지 않는 연속적인 네트워크다. 이 광대한 근경 네트워크를 파내서 제거한다는 것은 거의 불가능한 일인데, 그렇게 하지 않는 이상 호장근에게서는 결코 벗어날 수 없다. 다 파냈다고 생각해도 손톱만 한 근경 조각 하나만 남아 있어도 전체 식물이 다시 생겨날 수 있다. 그리고 어디선가 축구장 절반만 한 넓이의 땅이 호장근에 뒤덮여 있었는데, 이 호장근이 단 한 개체였다는 것, 거대한 근경 괴물 하나였던 것으로 밝혀졌다. 내가 뽑아내는 것은 전혀 소용없는 짓이었다. 나는 담 너머를 바라봤다. 우리 마당에 솟은 순들은 거기 있는 식물이 보낸 정찰병 같은 것이었다. 그쪽의 부스러진 포장재 밑과 이쪽의 검은 방수포 밑으로 근경을 뻗었을 것이고 방수포에서 조그만 틈새 혹은 솔기 혹은 찢어진 부분을 찾은 건지 아니면 스스로 뚫고 올라온 건지는 나도 모른다.

5월이 되자 호장근은 상자형 화단까지 뚫고 들어왔고 1.5미터 높이 울타리의 절반까지 키가 자랐다. 바로 그 울타리 너머, 건축 중인 건물의 버려진 마당은 이미 호장근에 완전히 장악됐다. 6월에 옆집 마당은 호장근 숲이 되었고, 빽빽한 덤불은 내 키만큼 자라 그 집과 우리 집 사이 울타리 위로 바람에 하늘하늘 춤추고 있었다. 마당에 앉아 있으면 정글 한가운데 벌목지에 앉아 있는 느낌이 들었다. 호장근이 아름답다는 건 인정할 수밖에 없었다. 밝은 초록색의 둥그런 잎은 내 손바닥만큼 넓었다. 굵고 즙이 많으며 빨간 점들이 난 줄기는 완벽한 건강의 신호 같았다. 그달에 동네를 산책하며 다니는 동안, 나는 건물들 사이 공터였던 공간들이 철사 그물 울타리들을 넘나들며 호장근들이 건설한 유토피아로 바뀌는 과정을 지켜보았다. 나는 희미한 공포감을 느끼며 내가 보고 있는 건 상황의 절반일 뿐이라는 생각을 했다. 눈에 보이지 않는 땅속에서 이 식물은 어떤 구조물을 엮어내고 있을까? 그 근경들은 자기네 아늑한 땅에 더는 자리가 남지 않으면 양쪽에 늘어선 낮은 주택들의 기반으로 뚫고 들어가기 시작할 텐데, 그 단계는 또 얼마나 순식간에 찾아올까?

호장근은 말할 필요도 없이 토대의 갈라진 틈들을 찾아내고 이용하며 포장을 뚫어버리며, 균열들 사이를 뚫고 들어가 필요한 만큼 그 균열들을 더 넓힌다. 틈새가 없다면 말 그대로 몸소 틈새를 만들어낸다. 그런데 하필 그 틈새는 우리가 난공불락이기를 바랐던 바로 그 틈새, 우리가 우리를 위해 지은 틈새다.

콘크리트에 균열을 내는 초록 덩굴 한 가닥만으로도, 식물은 고착성이고 움직일 수 없으며 쉽게 짓이겨 버릴 수 있는 존재라는 우리의 생각은 박살 나기 시작한다. 눈도 입도 없는 말랑말랑한 것들이 우리의 단단한 경계선들에, 우리와 흙 사이에 자리한 유일한 것에 꾸준히 압력을 가하고, 결국 그 말랑말랑한 것이 이 싸움에서 이긴다? 이는 인간이 가장 우월한 창의력을 지니고 있다는 맹신에 근거한 질서 감각을 뒤흔든다. 상황을 좌지우지하는 게 우리가 아닐 수도 있다는 생각이 퍼뜩 뇌리를 스친다. 힘은 관점의 문제다.

호장근 덩굴이 벽을 뚫고 실내까지 들어온 모습을 목격하기는 했지만, 이 식물이 주택에 정확히 어느 정도까지 손상을 입힐 수 있는지에 대한 논의는 아직도 진행 중이다. 영국에서는 이미 주택이나 토지에 호장근이 보이기만 해도 그 부동산으로는 담보 대출이 불가능하다. 모든 매매 증서에 호장근의 존재를 알리는 것이 의무이며, 은행은 부지 자체 또는 반경 3미터 이내에 호장근이 자라고 있는 부동산에 대해서는, 소유주가 호장근에 대한 처리 계획을 제시하지 않을 경우 담보 대출을 해주지 않는다.[26] 호장근 근경 네트워크를 완전히 박멸하려면 얼마나 많은 땅을 파헤쳐야 할지 생각해 보면 호장근 처리 계획이란 대부분의 사람들에게 금전적으로 불가능한 일이다.

미국 국립공원관리청의 공원 관리인들은 호장근이 한 계절 만에 3미터나 자라는 모습을 불안하게 지켜보았다.[27] 사슴 같은 초식동물들은 아주 많은 토착종 식물들이 아직 어릴 때 뜯어 먹거나 밟아서 그중 많은 수를 죽이지만, 호장근은 너무 빨리 자라는 바람에 미처 그럴 틈도 없다. 메인주의 아카디아 국립공원에서는 자원봉사자들이 숲 곳곳으로 흩어져 호장근의 줄기를 자른 다음 둥치에 제초제를 바른다. 호장근이 제초제를 빨아들인 다음 근경으로 퍼뜨려 저절로 죽기를 바라고 하는 일이다.

호장근은 현재 전 세계에서 가장 무시무시한 침입종 중 하나이고, 식물의 관점에서 보면 가장 성공적인 종 중 하나다. 남극을 제외한 모든 대륙에서 번성하는 것으로 여겨진다. 〈뉴욕타임스〉의 보도에 따르면 뉴욕시에서는 현재 호장근이 브롱크스강과 허드슨강 강가를 따라 몇 킬로미터씩 이어지며 자라고 있고, 뉴욕시의 다섯 개 독립구 모두에서 자라고 있다고 한다.[28] 호장근은 너무도 확실히, 영원히 사라지지 않을 기세다. 호장근의 어마어마한 가소성, 새로 나오는 모든 순을 통해 뿜어내는 그 주도성 덕에 호장근의 미래는 확실히 보장된다. 호장근을 이리로 데려온 건 우리다. 호장근은 그저 우리가 심어둔 곳에서 식물로서 할 일을 아주 잘 해내고 있을 뿐이다.

설턴의 연구가 세상에서 유용성을 증명할 몇 가지 방법이 있다. 종들이 어떻게 침입종이 되는지를 이해하면, 우리는 종들의 가소적 잠재력을 분석함으로써 어떤 종들이 창궐하게 될지 더 빠르게 예측할 수 있을 것이다. 이에 더해 우리는 우리가 지구를 변화시키는 속도가 많은 식물이 진화로 따라잡을 수 있는 속도보다 훨씬 빠르다는 것도 알고 있다. 하지만 만약 우리가 특정 식물들을 다른 식물들보다 더 가소적으로 만드는 것이 무엇인지 더 잘 이해할 수 있다면, 우리는 잠재적으로 생물들이 기후 변화를 뚫고, 그리고 설턴의 말마따나 "우리가 그들에게 집어던지는 온갖 똥덩어리"를 뚫고 생존하도록 도울 수 있을지도 모른다. 이미 우리는 이런 여러 변화가 어떻게 일어날지 알고 있다. 더 덥고 더 건조해질 곳, 혹은 더 덥고 더 습해질 곳이 어딘지. 어쩌면 미래에 우리는 특정 종 중에서 어떤 결과에 가장 잘 적응할 가소적 유전형이 무엇인지 식별할 수 있고, 그러면 그 유전형을 지닌 개체들을 심어서 취약한 상태의 개체군에 힘을 실어줄 수도 있을 것이다.

식물에게 주도성이 있다는 개념은 현재 문헌에서 점점 모습을 드러내고 있고, 설턴이 그 키를 잡고 이끌고 있다(사이먼 길로이와 토니 트레와바스 역시 그 조타실에 함께 자리하고 있다).[29] **주도성**은 감정이 실린 단어다. 설턴은 그 단어를 사용함으로써 도박을 하고 있다. 그 단어는 즉각 마음의 존재를, 의도와 욕망의 존재를 떠올리게 한다. 하지만 설턴은 그 부분은 그냥 넘어갈 필요가 있다고 말한다.

"그건 의도적인 것도 아니고, 대부분의 사람이 의미하는 바처럼 지능적인 것도 아니에요. 하지만 그게 주도성인 것은 분명해요." 이렇게 말하는 설턴은 식물을 작은 인간처럼 묘사하는 사람들과는 명백히 최대한 거리를 두려고 애쓴다. 주도성이란 한 생물이 자신이 처한 조건들을 판단하고 그 조건들에 맞춰 자신을 변화시키는 능력을 말한다. 그렇다. 우리도 항상 이런 일을 하고 있다. 식물도 마찬가지다.

우리가 미리 프로그램된 유전자에 의해서만 통제된다는 기계론적 시각은, 단순한 요소들로 환원할 수 없는 복잡함과 미묘함이 흘러넘치는 존재라는 우리 자신에 대한 직관적인 이해를 충족시키지 못한다. 우리 역시 식물처럼 피부 바깥으로부터 오는 정보를 취하며, 피부는 우리가 살고 있는 세상과 우리를 간신히 분리하는 막이다. 모든 유기체의 표면 아래에는 생동하는 기운이 있고, 우리는 이를 어떻게 해야 완전히 분석하거나 복제할 수 있는지 아직 알지 못한다. 복잡성은 서서히 줄어드는 게 아니라 오히려 더 증가하고 있다. 그리고 그래도 괜찮다. 그것이 아마도 더 진실한 방향일 것이다. 늘어나는 복잡성은 우리에게 모든 생명에 관한 새로운 깨달음을 안겨줄지도 모른다.

대화는 근처에 있는 설턴의 집 정원 이야기로 이어졌다. 설턴은 미늘과 허브들과 몇 가지 채소를 키우지만, 재배가 그다지 성공적이지는 않다. 설턴이 도저히 제초제를 사용하거나 잡초를 뽑을 마음을 내지 못해서다. "우리 집 뒷마당에는 잡초가 가득해요. 뭐든 잘 자라는 것은 거기 있을 권리가 있다는 느낌이 들거든요." 설턴이 말했다. "그들은 자라고 싶어해요. 그게 그들이 하는 일이잖아요. 내가 뭐라고 끊임없이 그들을 짓밟고 후려치고 뽑아내겠어요? 그냥 그들에게도 공간을 좀 내주자는 마음이랄까요." 그래선지 설턴의 정원에는 요즘 코네티컷에서는 흔히 볼 수 없는 몇몇 야생화들이 자라고 있다고 한다. "땅을 갈아엎은 다음 거기서 뭐가 올라오는지 지켜보면, 예전에 흔히 보던 식물들을 볼 수 있어요."

나는 정원의 잡초 중에 침입종도 있느냐고 물었다. 설턴은 잠시 가만히 미소만 짓다가 말했다. "여뀌들이 모여 자라는 부분이 있긴 해요. 아마도 내가 거기다 데려다 놓았을 거예요. 내 옷에 붙어서 따라왔겠죠. 그러니까 여뀌들을 거기서 없애는 건 정말 부당한 일이라는 느낌이 들어요. 하지만 한없이 퍼져나가게 두지는 않아요. 솔직히 내가 인위적으로 균형을 잡아주고 있죠. 그런 게 인간의 방식이잖아요? 그 무엇도 가만히 내버려 두지 못하는 것이요."

11장
식물의 미래

하나의 식물은 경이로움이다.
식물의 공동체는 생명 그 자체이자,
들끓는 현재 속에 얽혀들어 있는 진화의 과거와 미래이며,
우리 역시 거기 얽혀들어 있다. 식물은 우리에게
우리가 살아가고 있는 시스템을 들여다볼 기회를 주고 있다.

그 나무가 무엇을 한 건지,
언어를 써서 말하는 데는 한계가 있다네.
–로버트 해스, 〈나무를 묘사하는 일의 문제The Problem of Describing Trees〉, 2015

진화생물학자의 관점에서는 식물과 박테리아의 민감하고 체화된 행위도 우리가 가장 우러러보는 정신적 속성들을 낳는 지각 및 행위와 연속선 상에 존재한다고 보는 것이 합리적인 가정이다. '정신'이란 세포들 사이 상호작용의 결과일지 모른다. 정신과 육체, 지각과 살아감은 이미 최초의 박테리아들도 똑같이 했던 자기 참조적이고 자기 성찰적인 과정이다.
 –린 마굴리스와 도리언 세이건, 《생명이란 무엇인가?》, 1995

토니 트레와바스는 자기 경력의 거의 끝에 도달했고, 그가 내다보기에 미래는 밝지 않았다. 나는 에든버러 외곽에 있는 1800년대식 농가 주택으로 그를 찾아갔다. 그 누구보다 식물의 본성에 관해 오래 숙고해 온 과학자, 그래서 어쩌면 우리가 식물을 어떻게 생각해야 하는지에 대한 아직 풀리지 않은 나의 의문에 답을 줄 수 있을 과학자의 말을 들어보고 싶었기 때문이다. 늦은 9월이었다. 에든버러시에서 타고 온 택시는 메마르고 황량한 언덕들을 끼고 달렸다. 이따금 보이는 희미한 녹색의 풀밭들은 방금 이발한 것처럼 바싹 깎여 있었다. 그 풍경에 비하면 트레와바스의 집 진입로는 오아시스였다. 벌써 가을의 쌀쌀한 날씨가 찾아왔는데도 아직 꽃을 피우고 있는 무성한 덤불은 지붕이 낮은 돌집의 슬레이트 지붕 가까운 높이까지 자라 있었다. 적어도 창 하나는 이 덤불에 가려서 전혀 밖을 내다볼 수 없는 상태였다.

이 무렵까지 나는 여러 연구자를 만났는데, 그들은 식물의 특정한 부분이나 식물이 할 수 있는 아주 구체적인 일들을 연구하는 사람들이었다. 그들의 연구는 매우 중요하기는 하지만 식물의 삶을 들여다보기에는 너무 작은 구멍이었다. 내가 읽은 모든 자료를 보고 판단하자면 트레와바스는 더 넓은 관점을 좋아하는 사람이었다. 그는 전체적인 존재, 부분의 합보다 더 큰 존재로서 식물을 생각하면서 보내는 시간이 더 많았다. 어쩌면 그는 이미 우리의 마음속에서 식물이 차지할 자리가 어디인지, 우리가 이 세계에서 살아가는 방식에 식물이 어떤 변화를 일으킬지 이미 답을 찾았을지도 모른다는 생각이 들었다. 여든셋인* 트레와바스는 그 세월 가운데 64년을 식물생물학자로 일해왔으니, 현존하는 학자 가운데 분명 가장 오래 활동한 축에 속할 것이다. 그는 20년 전에 은퇴했지만 여전히 책과 논문을 쏟아내고 있다. 식물 호르몬과 신호에 관한 중요한 발견들에 기여했으며, 지금은 식물지능이라는 개념을 엄밀한 과학적 방법으로 연구해야 한다고 가

• 1939년생으로 2025년 현재는 86세. _옮긴이

장 앞장서서 주장하는 학자 중 한 사람이다.

그러나 그와 이야기를 나누기 시작했을 때 나는 그가 철저한 염세주의자가 되었다는 인상을 받았다. 트레와바스는 성인인 자기 아들에게도 자기 세대와 이전 세대가 아들 세대에게 남겨준 세상에 대해 사과했다고 한다. 인류는 한 진화 프로젝트로서 스스로 실패했음을 증명했고, 전반적인 파괴의 길을 택했다. 그는 자신의 책과 논문에서 식물이 지능을 지닌 존재라고 거듭 써왔다. 그러나 지금까지 우리 인간은 그 사실을 알아차리기에는 너무 굼떴다. 이제는 앎을 통해 인간의 문화에 어떤 변화라도 일으키기에는 너무 늦었는지도 모른다.

9월의 음울한 날에 그의 거실에서 이런 이야기를 들으니 더는 그와 대화를 이어가고 싶지 않다는 마음이 들었다. 나는 그 무엇에든 너무 늦었다는 말은 믿고 싶지 않았다. 무엇보다 세상이 식물의 경이로움에 눈뜨기에 늦었다는 말은 믿기 싫었다. 나는 이제 막 그 눈을 떴고, 이 세상의 큰 흐름에서 보면 그 눈을 뜨는 데는 그리 오래 걸리지도 않았다. 하지만 나는 그 집에 이제 막 도착한 참이었고, 그래서 아직은 떠나지 않았다. 나는 남아서 그의 아내 발레리가 쿠키와 달콤한 군것질거리들과 함께 쟁반에 받혀 가져다준 커피를 마셨다. 트레와바스와 발레리는 둘 다 푸른 빛깔의 옷을 입고 있다. 부부는 트레와바스가 아주 사랑해서 해마다 진입로 가장자리에 심는 파란 양귀비 이야기를 했다. 나는 도저히 상상도 못 할 만큼 파란 꽃이라고 발레리가 말한다. "하늘의 한 조각 같달까요." 나는 트레와바스가 완전한 염세주의자는 아니란 사실을 알아차리기 시작했다. 적어도 모든 분류군에 대해서 그런 건 아니었다. 식물과 식물의 아름다움은 아직 그에게서 어마어마한 열정을 불러일으킬 수 있었다. 자이언트 세쿼이아를 보았던 캘리포니아 여행 이야기에서는 거의 경건함이 느껴졌다. "경외감, 경이로움, 믿을 수 없을 만큼의 존경심. 그냥 그 앞에 서면, 도저히 그걸 다 흡수할 수가 없어서 그저 바라볼 수밖에 없어요. 다른 많은 것들처럼, 그런 거물을 손으로 만질 수 있다는 건 너무도 특별한 일이죠."

트레와바스가 식물학자가 된 이유는 생화학 연구를 위해 쥐들을 죽이는 일을 견딜 수 없었기 때문이다. 그가 과학자 경력을 시작하던 무렵에는 과학자들이 자신의 실험동물들을 직접, 그것도 주로 쇠 자로 때려서 죽여야 했다. 발레리와 트레와바스가 만난 계기이기도 했다. 발레리는 그의 제자였는데, 발레리의 표본이 발레리의 손을 물고 난 뒤, 그가 대신 죽여주겠다고 한 것이다. "빛나는 갑옷을 입은 나의 기사님이었죠." 발레리가 말한다. 하지만 트레와바스는 언제나 그 일을 싫어했다. "어떤 사람들은 개의치 않는데, 나는 그 사람들을 이해할 수가 없어요. 이게 내가 식물을 연구한 이유예요." 트레와바스가 말한다. 나는 여태까지 만난 식물학자들에게서 각자의 버전으로 거듭 이 이야기를 들었다. 그들이 식물을 연구한 건, 대부분 자기가 연구하는 대상을 죽여야만 한다는 동물 연구의 어두운 허점을 견딜 수 없어서라고.

물론 지금 그는 또 다른 뭔가를 짊어지고 있다. 그건 바로 식물에 대한 존경심이다. 그는 지금까지 수십 년간, 보수적인 동료들에게서 수없이 비판받으면서도 식물의 지능을 주장하는 글을 발표해 왔다. 그러나 식물을 괴로울 정도로 미세한 수준에서 조사하며 (식물 호르몬은 믿기지 않을 만큼 복잡하다) 몇십 년을 보낸 뒤, 트레와바스는 식물의 한 가지 생리학적 측면에 아무리 면밀한 주의를 기울여봐도 식물이 무엇인가에 관한 온전한 이야기는 알아낼 수 없다고 확신하게 되었다. 1970년대에 그는 루트비히 폰 베르탈란피Ludwig von Bertalanffy가 쓴《일반 체계 이론General System Theory》이라는 얇은 책을 우연히 발견했다. 생물학이란 사실 모든 것이 상호연결된 시스템들 혹은 네트워크들의 집합체라는 개념을 개략적으로 설명한 책이었다. 그는 아직도 자기 책상에서 가장 가까운 책장에 꽂혀 있는 낡은 그 책을 내게 보여주었다. 때는 네트워크 이론의 여명기였다. 폰 베르탈란피는 많은 부분이 상호작용하여 하나의 전체를 이뤄내는 연결들에서 유기체와 개체군의 속성들이 생겨난다고 썼다. 트레와바스는 식물도 그런 창발적인 시스템이라고 판단했다. 식물들은 네트워크다. 생물학자들이 식물의 개별 부분들 각각에 대한 기계론적 발견에 초점을 맞추고 있던 당시에 그것은 이단적인 생각이었다. 식물을 전체적인 유기체로 생각하다 보니 그는 식물이 아마도 지능을 지녔을 거라고, 또한 지능은 모든 생물의 속성일 것이라고 판단하게 되었다.• 결국 뇌

• 트레와바스는 이렇게 말했다. "모든 존재가 다 지능이 있어요. 사람들이 자기 눈에는 지능이 안 보인다고 말할 때 그들이 말하는 건 학문적인 지성이에요. 학교에서 들었던 IQ나 인간의 지성 같은 말을 떠올리고는, 내가 말하는 지능이 그런 거라고 생각한다니까. 그들은 아주 오래 그래 왔어요. 그건 학문적 성취지 생존에 관한 것이 아니야. 내가 말하는 건 학문적 지능이 아니에요. 생물학적 지능이지. 내가 아무리 여러 번 말해도 도저히 이해가 안 되는 모양이야. 참 답답한 노릇이지. 왜냐면 그건 식물에게만 특유한 것이 아니거든. 지구상의 모든 유기체는 지능적으로 행동한다고. 얼룩말이 사자에게서 달아나는 것, 그건 지능적인 행동일까? 물론이지. 그게 생존이니까! 그리고 사람들은 그건 어렵지 않게 인정해. 그런데 곤충이 나뭇잎을 깨물 때 식물이 그 곤충을 쫓으려고 천연 살충제를 만들면, 그건 지능이 아닌가? 전혀 다르지 않은 일이라고. 위협으로부터 달아나는 건 아니지만 생존의 방법을 찾아내는 것이니까. 사람들은 그 둘을 연결 짓지 않아요."

는 네트워크를 구축하는 방법 중 하나일 뿐이다.

나는 그에게 아까 했던 주장, 그러니까 인류의 경로를 바꾸기에는 너무 늦었다는, 그러려면 사람들이 식물을 바라보는 방식을 근본적으로 바꿔야 하므로 거의 불가능한 일이라는 주장에 관해 질문했다. 그런데 그게 가능한 일이라면요? 나는 묻지 않을 수 없었다. 그렇다면 무엇이 달라질까요? "만약 우리가 식물에 대한 사람들의 관점을 바꿀 수 있다면 무슨 일이 일어날지는 나도 몰라요." 그가 생각에 잠긴 표정으로 말했다. 그 오랜 세월 그런 주장을 해왔으면서, 그 변화에 따라올 윤리적 함의를 생각해 본 적이 없다니 놀라웠다. 그게 염세주의의 본성이란 생각이 들었다. 희망의 상상조차 미리 차단해 버리는 것.

"음, 나는 적어도 우림을 난도질하는 일은 멈출 거라고 기대해요. 그건 정말 근시안적인 짓이거든요." 발레리가 말했다.

"맞아. 지구의 허파라고 부르면서 말이지." 트레와바스가 괴로워하는 목소리로 말했다. "사람들이 왜 그러는지 모르겠어요. 그건 존중에 관한 문제인데. 우리가 식물을 더 존중한다면…" 토니는 말꼬리를 흐렸다. "우리는 실제로 우리가 살고 있는 시스템을 잘 느끼지 못하는 것 같아요." 그가 마침내 말했다.

나는 우리가 그걸 조금은 느낄 수 있다고 생각한다. 말로 표현하지는 않을지라도 말이다. 갑판을 만들려고 400살 나무를 베는 일에, 심지어 화장지를 만들려고 30년 된 소나무를 베는 일에도 신성모독적인 뭔가가 있다는 느낌처럼 단순한 것일 수도 있다. 그만한 세월을 살기 위해, 봄마다 수천 개의 잎을 만들고, 겨울을 날 당분을 저장하고, 빛과 물로 만든 목질을 층층이 쌓아가기 위해 나무는 무엇을 감당해야 했을까? 나무로, 혹은 어떤 식물로든 존재하는 일의 드라마를 과소평가하기는 어렵다. 모든 식물은 상상도 못 할 정도의 행운과 창의력이 이뤄낸 위업이다. 일단 그 사실을 알게 되면 다시는 그 앎을 지울 수 없다. 당신의 마음속에 새로운 도덕의 주머니가 생긴다.

대화는 일부 과학자들이 식물의 지능이라는 개념을 그토록 강력히 거부하는 이유로 넘어갔다. 너무나 어리석은 일이라고 토니는 말한다. "실상 과학자들은 식물에 관해 그 무엇이든 독단적인 선언을 할 만큼 식물을 충분히 알지 못해요." 우리는 식물이 항상 광합성을 한다고 생각하지만, 이내 버섯처럼 행동하며 광합성은 전혀 하지 않는 기생식물을 발견하게 된다는 것이다. 가장 기본적인 단언들조차 순식간에 무너질 수 있다. 예단할 수 있는 것은 없다. 예외가 있다면 진화가 우리가 내놓은 예단들을 비웃을 방법을 찾아내리라는 것 정도가 아닐까.

그래도 여전히, 트레와바스가 식물지능이라는 주제에 관해 그렇게 많이 알고 많은 글을 발표했다는 사실에도 불구하고, 더 넓은 사회가 정말로 식물지능을 그대로 받아들이게 된다면 어떤 일이 일어날지 그리 깊게 생각해 보지 않았다는 사실은 내게는 아주 뜻밖이었다. 이쩌면 식물과학자들은 식물 윤리에 관한 질문을 하기에 적합한 사람들이 아닐지 모른다는 생각이 들었다. 그들에게 묻기에는 철학과 과학이 서로 분리된 채 지낸 세월이 너무 길었다.

따지고 보면 결국, 식물이 지능이 있는 존재인가 아닌가는 사회적인 질문이지 과학적인 질문이 아니다. 과학은 계속해서 식물들이 우리가 상상해 온 이상의 일을 한다는 사실을 밝혀갈 것이다. 그렇다면 나머지 우리는 그 데이터를 들여다보고 우리 스스로 결론을 내리게 될 것이다.

우리는 이 새로운 지식을 어떻게 해석할까? 그 앎을 지구의 생명에 관한 우리의 믿음들 속에 어떻게 맞춰 넣게 될까? 그게 바로 흥미진진한 부분이다. 어쩌면 우리는 식물의 본성에 관한 이 새로운 정보들에 비춰볼 때, 식물이 어떤 존재인가에 관한 우리의 오래된 믿음을 고집스레 고수하는 것이 말이 안 되는 일이라고 판단하게 될지도 모른다. 어쩌면 식물을 있는 그대로 활발히 살아 움직이는 존재들로 보게 되지 않을까.

그런데 그렇게 된 뒤에는 어떤 일이 일어날까? 이 모든 것 아래에 더 깊은 질문, 가장 중요한 질문이 있다. 바로 이 새로운 앎을 얻은 우리는 무엇을 할 것인가다. 갈 수 있는 방향은 두 가지다. 아무것도 하지 않고 예전처럼 계속 살거나, 식물과 우리의 관계를 바꾸거나. 식물이 우리 관심의 문을 열고 들어오는 건 어떤 시점일까? 우리가 윤리적 고려의 영역에 식물을 들이는 것은 언제일까? 식물에게 언어가 있을 때일까? 가족 구조를 갖추고 있을 때? 동맹들과 적들을 만들고, 좋아하는 대상에 차등을 두고, 앞일을 계획할 때? 식물이 기억할 수 있다는 사실이 밝혀질 때? 실제로 식물은 위의 모든 특징을 지닌 것으로 보인다. 이제는 우리가 그 현실을 받아들일지 말지 선택할 때다. 식물을 윤리적 고려 대상에 넣을지 말지를.

몇 년 동안 식물과학자들을 찾아가 만나고 식물학에 관한 글을 읽으며 지낸 뒤, 나의 가장 감미로운 생각들은 모두 초록빛이 되었다. 식물은 속속들이 내 안에 들어왔다. 하지만 현실은, 말할 것도 없이 식물이 이전에도 쭉 나를 지배하고 있었다는 것이다. 결국 나를 만든 건 식물이다. 내 몸의 모든 근육 다발들은 식물이 수분과 공기로 자아낸 당분으로 만들어졌다. 가느다란 뿌리 속을 흐르는 물처럼 내 정맥 속을 돌아다니는 혈액 세포들이 새빨간 색을 유지하는 건 식물이 만들어준 산소 덕분이다. 내 폐의 가지 같은 구조에도 산소가 채워진다. 내가 들이마시는 모든 숨은 식물이 먼저 내쉰 숨이다. 이런 물질적 의미에서, 내 육체적 존재에 식물이 한 기여의 관점에서 볼 때, 식물은 가족 못지않게 나의 친척 같은 존재들이다.

지금 나는 보도블록에 생긴 금을 뚫고 나오는 덩굴을 발견하면 속으로 그 재치에 칭찬을 보낸다. 식물이 그런 일을 하는 데 필요한 게 뭔지 이제 나도 어느 정도 안다는 느낌이 든다. 발아라는 작은 기적, 목을 쭉 늘이듯 길이를 키우는 일, 바로 지금 땅속 세계에서 수백, 어쩌면 수천의 섬세한 뿌리털을 하나하나 뻗어 먹을 것을 찾는 일. 나는 모든 성장점에서, 무엇이든 식물에게 필요한 부분이 될 준비를 하고 있는 줄기세포들을 생각한다. 그 존재 전체가 수백 개의 가지, 수천 개의 뿌리로 퍼져 있는 민감한 의사결정 네트워크다. 항상 움직이는 식물의 몸은 물처럼 자기 환경 속을 흐르며 그 속 모든 것의 형태와 냄새와 질감을 파악하여 모든 미묘한 변화에 실시간으로 내응한다.

나의 조용한 인정, 이는 작은 제스처일 뿐이지만, 나는 그것을 내 삶의 무언가가 변했다는 신호로 본다. 나는 식물을 움직이는 존재들로 보게 되었다. 내 머릿속 생동하는 존재들의 무리 안에 그들을 들여놓았다.

식물의 우위성을 보여주는 구체적 증거를 찾기란 실질적인 의미에서 어렵지 않다. 더 어려운 일은 그걸 느끼는 것이다. 식물을 움직이고 살아 있는 세계에 대한 우리의 비전에 포함하고, 식물을 그들 자체

11장 식물의 미래 413

의 방식으로 생동하는 개체들로 보는 일에는 정신적 노력이 필요하다. 우리가 그걸 느낄 수는 있지만, 우리 중 다수에게는 그 느낌을 사실로 바꾸기 위한 바라봄의 방식도 단어들도 주어진 적이 없다.

철학의 한 줄기는 식물 및 다른 유기체들을 의식이 있는 존재로 여겨야 하며, 우리가 그러지 못하는 것은 의도적으로 상상력을 닫아버리는 것이라고 주장한다. 그들은 모든 유기체가 우리 사회 안에서 각자 자기 자리를 차지한다면 어떨지 궁금해한다. 철학자 브뤼노 라투르Bruno Latour는 이렇게 썼다. "동물, 식물, 단백질을 새롭게 출현할 집합체에 들여놓으려면 우선 이 통합에 필요한 사회적 특성을 그들에게 부여해야 한다."1 그러나 '사회적 특성'이란 걸 굳이 부여할 필요는 없을 것 같다. 식물은 자기 친족을 인지하며, 협력하기도 싸우기도 하며, 자기들끼리의 관계 및 자기들 삶의 환경에 존재하는 다른 존재들과 자신들의 관계를 중재하기도 한다. 어쩌면 그건 단순한 철학 행위만은 아닐 수도 있다. 어쩌면 사회적 특성은 이미 거기 존재하는지도 모른다. 지금 나에게는 그렇게 여겨진다.

이런 정신적 울타리 너머에 존재할 수 있는 영역을 상상한 사람들은 또 있다. 어슐러 K. 르 귄이 1974년에 발표한 《아카시아 씨앗의 저자The Author of the Acacia Seeds》라는 단편소설 속 세계는 2200년, 어쩌면 2300년이다. 이때는 인류의 지식에 거대한 도약이 일어난 뒤다. 모든 유형의 동물에게 언어가 있을 뿐 아니라 문학, 즉 예술도 존재한다는 사실이 밝혀진 것이다. 그리하여 동물의 언어와 문학을 번역하기 위해 야생언어학이라는 새로운 언어학 분야도 생겨났다. 야생언어학자들은 꼼꼼한 연구를 통해 지렁이들이 땅속에 판 굴에 새겨진

전설, 족제비어로 쓰인 살인 미스터리, 그리고 고래 떼가 물속 안무를 통해 창작한 '집단적 움직임 텍스트'를 해독해냈다. 또 씨앗 배열 방식에 기반한 개미 언어 같은 방언들도 곧바로 인간의 텍스트로 번역할 수 있게 됐다. 뜻을 말로 옮기기 어려운 아델리펭귄의 언어에는 발레 군무가 가장 적합한 번역 양식으로 여겨진다. 이제 인류는 물고기 문학 작품도 수천 가지나 알고 있고, 개구리는 특히 에로틱한 작품 창작을 좋아하는 것으로 알려졌다. 물론 이 언어들은 항상 존재했지만, 드디어 결정적인 변화가 일어났기에 가능해진 일이다. 그 변화란 바로 인간이 그들의 언어를 알아보는 방법을 배운 것이다.

그러나 야생언어학회 회장은 자신들이 간과하고 있는 거대한 또 하나의 대상에 사람들의 주의를 환기하고자 한다. 왜 식물의 언어를 번역하려 시도하는 야생언어학자는 아무도 없는가? 세쿼이아나 주키니 호박은 무슨 말을 하고 있을까? 세상에 대한 식물의 지향성은 동물과는 전혀 다를 수 있으니 새로운 도구들이 필요할 터였다. "하지만 우리는 절망해서는 안 됩니다"라고 학회장은 학회지에 실은 논설에 썼다. "20세기 중반이라는 늦은 시기까지도 대부분의 과학자와 다수의 예술가가 돌고래의 언어는 인간의 뇌로는 이해할 수 없을 거라고, 혹은 이해할 가치가 없을 거라고 믿었다는 사실을 기억하세요." 학회장은 자신들이 과거 사람들을 비웃듯이 미래의 언어학자들도 "파이크스 피크의 북쪽 등성이에 갓 해독된 지의류의 서정시를 읽으러 가려고 배낭을 메면서" 가지의 언어에 아무 관심도 없는 현재의 자신들을 비웃는 상황을 상상한다.

나에게는 르 귄의 이 소설이 나오고 채 10년도 안 지났을 때, 데이비드 로즈가 워싱턴에서 적오리나무와 시트카버드나무의 화학적 대화를 발견하고 이를 발표했다는 사실이 흥미로웠다.* 지금 우리는 식물이 화학물질로 말한다는 것을 알고 있다. 식물이 뿜어내는 휘발성 화학물질의 표본을 조사하면 식물의 건강 상태, 그들이 위험에 대해 실시간으로 내린 위험 평가, 심지어 꽃꿀의 질까지도 해석할 수 있다. 식물은 서로 의사소통하고, 상황에 따라 필요할 때는 다른 종의 식물들과도 의사소통한다. 우리는 어느 시점이 되어야 식물의 의사소통에 언어의 자격을 인정하기로 마음먹을까? 만약 우리가 그렇게 인정하기로 한다면, 그 변화는 우리의 정신에 어떤 영향을 줄까?

우리는 아직 하나도 이해하지 못하지만, 어쩌면 식물은 움직임으로, 전기로, 심지어 몸속 수액의 흐름(이는 분명히 귀에 들리는 소리를 낸다)으로도 말을 하고 있을지 모른다. 나는 포도와 밀에 마이크를 갖다 댔던 릴라흐 하다니를 생각한다. 우리는 동물들이 피부의 패턴 변화로, 몸을 비틀고 털을 흔드는 동작으로, 몸짓으로 의사소통할 수 있음을 알고 있다. 인간의 표현 방식에만 집착하는 데서 방향을 틀기만 하면, 우리 앞에 즉시 다른 존재들의 세상이 열린다. 우리는 한 해 한 해 갈수록 점점 더 많이 배우고 있다. 식물에게는 이미 언어가 존재할

• 르 귄이 이 소설을 쓰고 반세기가 지난 지금, 과학자들이 고래의 언어를 거의 번역하기 직전 단계에 이른 것으로 널리 알려져 있다. 르 귄의 작품을 비롯한 과학소설들은 언제나 타자성을 탐구하고, 권력의 위계를 뒤집고, 우리가 안다고 생각하는 것에 의문을 제기하는 도구였다. 식물은 궁극적 타자다. 바로 그렇기에 식물은 SF에서 오랫동안 특별한 위치를 차지해왔다. 더 자세한 내용은 다음 책에서 볼 수 있다. 《과학소설 속의 식물: 상상의 식생Plants in Science Fiction: Speculative Vegetation》, 캐서린 E. 비숍, 데이비드 히긴스, 예뤼 메에테 엮음.

수도 있다. 아직 우리가 그 언어를 듣는 법을 모를 뿐인지도 모른다.

과학은 끝내 식물에 지능이 있다는 결론에는 완전히 도달하지 않을 수도 있다. 적어도 지능이라는 단어가 우리의 귀에 가장 쉽게 떠오르는 의미에서는 말이다. 현재 우리가 알고 있는 사실들을 고려할 때, 그런 단어의 집착이 더는 의미가 없어지는 시점이 언제일지 나는 궁금해지기 시작했다. 지능이란 많은 함의가 실려 있는 단어이며, 아마도 학문적 성취와 지나치게 끈끈히 연결되는 것 같다. 그것은 수천 년에 걸쳐 동료 인류에 대한 무기로 이용되고, 사람들을 가치와 권력의 위계로 나누는 데 사용되어 왔다. 나는 생명의 또 다른 범주에까지 그런 틀을 적용하고 싶지는 않다. 그렇지만 원래의 정의상 이 단어는 여전히 우리가 말하는 주의와 경계, 세상에 깨어 있음, 자발성, 반응성, 의사결정이라는 의미의 씨앗을 품고 있다. 지능의 어원인 라틴어 인테를레게레는 '분별하다', '여럿 중에 선택하다'라는 뜻이다.

그러니까 과학이 지능이라는 단어를 식물에 대해 사용하려 하거나 혹은 사용하지 않으려 하는 이유는 바로 저 사회적 함의들 때문일지 모른다. 인간이 자신들의 인간적 속성들로 그 단어를 오염시켜 놓았기 때문이다. 하지만 단어들은 단지 상징일 뿐이다. 단어들은 표현할 언어가 존재하지 않았던 대상에 대한 어떤 느낌을 중심으로 그 둘레에 외곽선을 그린다. 이런 의미에서 '지능이 있다'라는 말은 우리가 지닌 단어들 가운데, 우리가 목격하고 있는 식물들이 하는 일을 묘사하기에 가장 간결하고 가까운 단어이고, 외곽선일 수 있다. 그럴 마음만 있다면 우리는 이 단어를 슬쩍 밀어서 더 보편적인 의미의 자리로, 원래 라틴어의 의미로 다시 돌려놓을 수도 있다. 그러나 만약 그 단어를 사용하지 않는 것이 사회적인 결정이라면, 그러니까 주로 소심한 과학자들이 어떤 해도 끼치지 않기를 바라는 마음에서 내린 결정이라면, 그 반대 역시 사회적 결정일 수 있다. 우리는 일단 먼저 위험을 감수하고, 나중에 사람들이 이해하게 되기를 바랄 수도 있다. 그 의미가 지나치게 인간적인 범주들 때문에 혼탁해지지 않도록, 최선을 다해 그 의미를 명료히 설명하려 노력해 볼 수 있다. 식물지능에다 너무 인간적인 느낌을 덧붙이는 것은 결국 상상력의 실패다. 식물은 왕성하게, 당황스러울 정도로, 지능적으로 그들 자신이다.

어떤 단어를 사용해야 하는가 하는 이 질문은 너무 자주 제기되어서 이제 나는 거의 물릴 지경이다.* 이 논쟁의 중심에는 의인화의 문

---

* 의식도 이와 관련된 또 하나의 문제다. 의식은 실험실에서 관찰하거나 묘사할 수 없다. 이는 모두 우리가 사용하기로 선택한 정의들에 달려 있다. 언어로 된 온갖 정의들은 모두 존경스러운 시도들이기는 하지만, 우리 자신의 속성들인 기민함과 주관성을 갖춘 존재로서 존재한다는 것이 의미하는 바를 오롯이 다 담아낼 수 있는 언어적 정의는 없다. 만약 의식이 자기에 대한 인식이라면, 그런 의식은 식물에도 있다. 그리고 개별 세포들에도 있다. 만약 의식이 쓰러져 의식을 잃을 수도 있는 능력이라면, 식물에게도 그런 의식은 있어 보인다. 어떤 형태의 의식도 없는 지능이 존재할까? 내 직관은 그렇지 않다고 답한다. 어쩌면 우리는 의식을 부분들과 정도들로 나눌 수도 있을 것이다. 어떤 존재는 의식이 더 많거나 더 적다는 식으로 말이다. 의식의 스펙트럼으로. 그러나 이렇게 되면 의식이라는 단어는 미흡해지고 다른 단어들이 필요해진다. 결국 단어들로는 생물의 창의력을 포착하지 못한다.
우리는 의식에 대한 이해의 역사에서 아주 이상한 시기에 와 있다. 챗봇들도 꽤 인간처럼 말하기 시작했다. 우리는 지능이 있는 기계들을 만들고 마치 그 기계들에 의식이 있는 것처럼 상호작용한다. 무생물 프로그램들의 의식에 관한 질문이 뉴스를 도배하고 있다. 만약 우리가 인공지능에 어떤 형식이든 의식이 있다고 판단한다면, 그 판단은 무생물을 생물로 만들게 된다. 그런 판단은 코딩으로 정신을 만들어낼 수 있음을 함의한다. 이는 신비로움을 완전히 걷어낸다. 그런 관점은 미리 정해져 있고, 의지도 없는 정신의 세계를 암시하며, 우리가 내면에서 느끼는 주관성은 전혀 설명하지 못한다(주관성이 측정하거나 설명할 수 있는 것인가 하는 문제와는 별개로).

제, 즉 인간적 용어를 식물에 적용한다는 문제가 있다. 생태학자 칼 사피나Carl Safina 같은 사람들은 그 단어가 비인간 존재들이 경험하고 있는 것에 관해 우리가 할 수 있는 "최선의 추측"이라고 주장한다. 그것은 우리의 감각을 다른 관점들 안으로 들어가 보도록 이끈다. 비인간 생물들에 대한 이해로 가는 일종의 다리인 셈이다. 나무 안쪽의 속살을 묘사하려고 심재라는 단어를 만들었던 그리스 철학자 테오프라스토스는 이렇게 단순명료하게 주장했다. "미지의 것을 알아내고자 할 때는 더 잘 알고 있는 것을 활용해야 한다."

다른 방법을 찾으려 하면 금세 우스꽝스러운 상황이 펼쳐진다. 인류학자 너태샤 마이어스는 2015년의 한 논문에서, 식물학자들이 식물의 삶을 묘사할 때 의인화된 언어 사용을 철저히 회피하기 위해 우스꽝스러운 표현들에 의지한다고 지적했다. 그들은 식물이 밤새 전분을 "저장하고" "당분을 이동시킨다"라는 말 대신, "전분 분해 시간대가 변경되었다"라고 말했다. 식물은 "반응하지" 않고 "영향을 받는다". 문법적 눈총을 받는 수동태 문장들이 식물학 논문에는 수두룩하다. 그 문장들은 정말 끔찍하게 들린다. 이런 과정들을 주도성으로 돌리지 않고 표현하기란 실제로 무척 어렵고 어색하고 부정확하다.• 마

• 나도 이런 점을 눈치챘다. 찾아 읽는 논문마다 식물이 하는 일에 관해 이야기할 때 수동태를 사용했다. 하지만 실험실이나 현장으로 찾아가서 만난 과학자들은 식물에 관해 의인화한 표현을 과감히 썼다. 자기들끼리는 어떤 식물이 "그걸 싫어한다"라거나 특정한 처리가 "그들을 행복하게 한다"라고 말했다. 나는 이 과학자들이 식물을 작은 사람들처럼 생각하고서 그런 말을 하는 게 아니라는 걸 알았다. 그들은 그 누구보다 식물이 전적으로 자신만의 방식으로 존재한다는 걸 가장 속속들이 아는 사람들이다. 그저 그들은 이미 마음속에서 그 불일치에 대한 타협을 보았고, 이다른 존재 범주에 걸맞도록 언어를 확장하여 사용하고 있을 뿐이었다.

이어스가 한 연구자에게 식물의 구조가 인간의 신경계와 유사하다고 볼 수 있는지 묻자 연구자는 아니라고 대답했다. 그 연구자는 인간의 언어를 식물에 적용하려는 시도는 "우리를 궁극의 존재로 상정함"으로써 "식물의 가치를 떨어뜨리는" 일이라고 생각했다. 오히려 식물은 여러 범주에서 인간보다 훨씬 앞서 있다고 했다. 예컨대 식물이 카페인 같은 복잡한 화학물질을 만들 수 있다는 사실을 생각해 보라. 그 연구자는 "이런 건 우리가 갖지 못한 능력이에요"라고 말했다. 식물을 인간에 비유하는 것은 그러한 능력들을 지워 버린다.

그렇다면 식물을 인간화하는 대신 그냥 우리의 언어를 식물화할 수는 없을지 궁금해졌다. 그 특성들을 식물기억, 식물언어, 식물감정이라고 부르면 안 될까? 각 단어에 담긴 식물 고유의 본질은 그 단어들 뒤에 영혼처럼 머물러 있을 것이다. 만약 식물이 그들만의 식물다운 방식으로 지능을 지니고 있다면, 어쩌면 우리는 그걸 식물지능이라 부르는 게 맞지 않을까? 그 말은 혀끝에서 아주 자연스럽게 굴러 나온다.

우리의 윤리적 상상력 속에 식물을 들이는 일은 사회적 선택이어야만 한다. 내가 이 점을 가장 뼈저리게 느끼는 때는, 살아 있는 개에게 마취도 하지 않고 수술을 시연하던 일이 일반적 관행이었던 아주 최근의 역사를 생각할 때다. 의사들과 과학자들이 그런 일을 정당화했던 근거는 동물은 고통을 느낄 수 없다는 그들의 믿음이었다. 지금 우리에게는 철저히 어리석고 참혹할 정도로 잔인하게 들리는 일이지만, 당시의 과학은 우리와 생각이 달랐다. 결국 생체해부 관행을 몰아낸 것은 외과의사들이 마음을 바꾸었기 때문이 아니라, 초기 동물 보

호 협회들의 주도에 따라 사회적 흐름이 그 관행에 반대하는 쪽으로 바뀌었기 때문이다.•

어떤 사람들은 동물권도 제대로 보장되지 않은 상황에서 식물에 대한 윤리적 고려로 도약하는 것은 터무니없이 주의를 분산하는 일이라고 생각한다. 동물학을 연구하는 친구들과 동료들에게 식물에 대한 윤리적 관심도 필요하다고 말했다가 개인적으로 비난을 받은 적이 있는 제프리 T. 닐런은 이것이 혹시 "자신들이 선택한 집단이 역사적 방치라는 추위에서 벗어나 헛간 안에 들어오게 되자 곧바로 윤리적 고려의 헛간 문을 닫아버리려 하는, 아주 오래된 관행의 한 유형이 아닐까" 궁금해한다.[2] 이는 거듭 반복되는 이야기다. 그러나 도덕적 관심은 유한한 자원이 아니다.

우리의 존중과 관심을 받을 가치가 있는 것과 없는 것 사이에 선을 긋는 이런 일은 부조리한 일처럼 느껴질 수 있다. 지금 그것이 내 안에 엄청난 인지 부조화를 일으키고 있다. 그러니까 만약 식물이 우리 사회에서 한 자리를 차지한다면 어떻게 될지가 나는 궁금하다. 식물을 포함하는 윤리학이란 어떤 것일까?

이 문제에 대한 숙고는 법조계에서부터 시작해 볼 수 있겠다. 시에

• 대부분 여성으로 이루어진 단체들이 최초의 동물보호협회를 설립하여 동물의 권리를 옹호했다. 이 여성들은 생체해부를 사회적으로 용납할 수 없는 일로 만들 만큼 충분히 많은 사람의 가슴과 머리에 호소력을 발휘했다. 이후 그들 중 다수가 여성참정권 운동가들이 되어 여성의 투표권을 주장했다. 여성 투표권도 당시에는 말도 안 되는 제도로 여겨지던 개념이었지만, 결국 그들이 강력히 밀어붙여 사회적으로 용납되는 일의 기준을 바꿔놓았다. 실제로 생체해부의 종말과 여성 투표권의 시작은 서로 연결되어 있다. 권리의 원이 점점 넓어지고 있는데, 그 원을 더 넓히지 않을 이유가 없었다.

라 클럽*은 1969년에 세쿼이아 국립공원과 인접한 아고산 빙하계곡 지역에 스키 리조트를 건설하려 계획 중이던 월트 디즈니사를 저지하기 위해 소송을 제기했다. 이 건설에는 최초의 디즈니랜드 건설에 들어간 비용의 두 배가 들어갈 예정이었고, 하루 1만 4,000명의 방문객을 계곡으로 데려올 32킬로미터의 고속도로도 건설해야 할 터였다. 소송은 연방대법원까지 갔는데, 1972년에 법원은 시에라 클럽에 소송 자격이 없다며 소송을 기각했다.[3] 디즈니 리조트가 시에라 클럽에 입히는 직접적 피해가 전혀 없다는 것이 이유였다. 그러나 윌리엄 O. 더글러스 대법관은 기억할 만한 반대의견서에서 식물 및 생태계의 다양한 존재들은 자신을 보호하기 위한 소송을 할 수 있어야 한다고 썼다.

> 무생물도 때로는 소송의 당사자가 됩니다. 선박에는 법적 인격이 있는데, 이는 해양 업무를 위해 유용한 법적 허구입니다. (…) 그러니 현대의 삶과 기술이 가하는 파괴적 압력을 받는 계곡과 고산 초원, 강, 호수, 강어귀, 강가, 산맥, 작은 숲, 습지, 그리고 심지어 공기에 대해서도 법적 인격을 인정해야 합니다. (…) 그러므로 생명이 없는 대상들의 목소리도 억눌러서는 안 됩니다.

같은 해에 〈나무도 법적 자격을 가져야 하는가?〉라는 에세이에서

• 시에라 클럽Sierra Club은 존 뮤어가 1892년 미국에서 설립한 환경 보호 단체로 자연보존과 공공정책 개선을 목표로 활동한다. 뮤어는 자연주의자, 동식물학자, 환경철학자이자 작가였으며 미국 국립공원의 아버지라 불린다. _옮긴이

법학자 크리스토퍼 스톤Christopher Stone은 현재로서는 "생각도 할 수 없는 일"로 보일지 모를 식물의 법적 권리라는 개념에 관해 깊은 생각을 풀어놓았다.⁴ 그는 인간은 항상 새로운 집단에 대해 법적 권리를 확장해 왔다고 썼다. 흔히 이런 확장은, 오랜 기간 바로 그 집단들을 배제하는 것이 그냥 "자연스러운" 일이라 주장하며 그들을 권리에서 배제해 온 뒤에 이루어진다. 미국에서 흑인, 중국인, 유대인, 여성 등의 법적 권리가 인정되던 시점들은 다수가 그 권리를 "생각도 할 수 없는 일"로 여기던 때였다. 기업, 신탁, 국가, 심지어 선박(선박은 법정에서 아직도 여성으로 지칭된다) 등 비인간 실체 중에서도 일부는 앞의 몇몇 사람 집단보다 훨씬 더 오래전부터 법적 지위를 지니고 있었다. 그렇지만 법정에서 기업이 법적 권리를 부여받을 때 그걸 지켜봤던 법조인들도 "생각도 할 수 없는 일"이라고 주장했다. 그리고 스톤은 만약 기업이 권리를 부여받을 수 있다면, 나무도 그래야 한다고 주장했다. 생각할 수 없다는 것은 핑계가 될 수 없다고.

"나는 우리가 숲과 대양, 강 그리고 이른바 환경의 '자연 대상'이라 불리는 것들, 아니 사실상 자연환경 전체에 법적 권리를 부여해야 한다고 아주 진지하게 제안하는 바"라고 스톤은 썼다. 법률이 흔히 기반으로 삼는 우리의 사회적 "사실들"은 역사의 여러 시점에 따라 변해 왔다는 것이다. 이어서 스톤은 우리가 우리 자신과 세계에 대한 집단적 "신화"를 창조한다고 말했다. 그 신화는 현재의 규범을 반영한 것이며 법률에 고이 모셔져 있다고. 그런데 우리는 이 규범들이 인위적 산물임을 곧잘 잊어버린다고. "우리는 권리 없는 '것들'의 권리 없음이 현 상황을 지탱하기 위한 법적 관례가 아니라 자연의 섭리라고 가정하는 경향이 있다." 우리의 "지구물리학, 생물학, 우주학에 대한" 지식이 커짐에 따라 우리의 집단적 "신화"와 우리의 법률도 그에 맞춰 확장되어야 한다는 것이다. 현 상황은 그 자체로 뒤처진 것이다. 이제 새로운 뭔가를 맞이할 때다. 20년 전만 하더라도 생각도 할 수 없다고 여겨졌던, 식물에 관한 아주 많은 사실이 밝혀진 최근 식물학의 진전에 관해 스톤이 어떻게 생각할지 궁금하다. 그러면 식물이 법적 인격을 지닐 가치가 있다는 데 더욱더 열렬히 동의할 거라고 확신한다. 사실은 한참 늦은 일이다.

나는 바로 이런 점을 염두에 둔 채로 야생쌀wild rice 대 미네소타주의 소송을 멀리서 지켜보았다.[5] 2021년의 이 소송은 오지브웨 화이트 어스 밴드White Earth Band of Ojibwe의 변호사가 제기한 것으로, 그는 미네소타 북부 습지 기슭에서 자라며, 이 서식지를 관통해 건설될 예정인 파이프라인에 위협받던 야생쌀을 대리했다. 주 정부가 화이트 어스 네이션•과 상의도 없이 캐나다의 엔드브리지사에게 파이프라인 건설을 허가해 준 터였다. 화이트 어스 네이션은 그 지역에서 야생쌀을 수확할 권리를 조약에 의해 보장받고 있었다. 야생쌀은 오지브웨 사람들의 삶에서 중추적인 역할을 하며, 해마다 9월이면 수확자들이 얕은 물에서 카누를 타고 야생쌀을 수확한다.

야생쌀이 자라려면 아주 깨끗한 물이 풍부해야 한다. 그 파이프라인은 캐나다에서 오는 오일 샌드 원유를 야생쌀 서식지를 직통으로 통과해 실어나르게 될 터였고, 따라서 유출의 위험도 있었다. 그래

• 미네소타주 북부에 위치한 오지브웨 선주민의 자치 공동체._옮긴이

서 오지브웨 화이트 어스 밴드는 "존재하고 번성하고 번식하고 진화할 타고난 권리를" 인정하며 야생쌀에 법적 지위를 부여했다.[6] 진화할 권리라니! 나는 법적 소송에서 생물학적으로 그렇게 과감한 단어는 들어본 적이 없었다. 식물이 법인으로서 맞이하는 역사적인 순간처럼 보였다. 그러나 이 소송은 2022년에 오지브웨 부족 자체 법정에서 판례가 없다는 이유로 기각되었다.

식물의 법인 지위는 조만간 인정될 수도 있겠지만 아직은 인정되지 않았다.• 하지만 식물이 인격체라는 개념 자체는 인류 문화만큼이나 오래된 것이다. 우리가 앞에서 살펴보았듯이, 지구 방방곡곡 토착민들의 철학에서는 흔히 식물을 친척이나 조상으로, 아니면 어떤 식으로든 자체의 권리를 지닌 인격체로서 이해한다. 식물이 사람이라는 말이 아니라, 사람들도 인격체의 한 부류일 뿐이며, 동물들 역시 그 한 부류라는 것이다. 인격체란 그에게 주도성과 의욕, 그리고 자신을 위해 존재할 권리가 있음을 의미한다. 동물 인격체(혹은 식물 인격체)를 해하는 일이 자신의 생존 능력에 결정적으로 중요할 수는 있지만, 그걸 아무렇지 않게 여겨서는 안 된다. 물론 우리는 먹이야만 한다. 옷도 만들고 집도 지어야 한다. 그러려면 식물 인격체와 동물 인격체를 죽여야 한다. 그것이 생명의 현실이다. 하지만 그런 사실도 무차별적 살생과 생각 없는 파괴에 변명의 여지를 주지는 않는다.

선주민들의 철학과 우주관에서는 식물이 말 그대로 우리의 친척과

• 에콰도르 사라야쿠의 선주민인 키추아족은 현재 국제연합에 아마존 열대우림에 있는 자신들의 삼림 영토를 보편적 권리를 지닌 의식 있는 존재로 인정해 줄 것을 요구하고 있다.

조상인 경우가 많다. 오늘날 멕시코에 사는 마야인들은 최초의 사람이 옥수수로 만들어졌다고 믿는다. 거의 모든 선주민들의 우주관에서 식물과 사람은 같은 거대한 생태적 조상에서 유래했다. 물론 현재는 이 생각이 진화적으로도 사실임을 알고 있다. 아주 오래전 일이기는 하지만 우리가 식물과 같은 조상을 공유한다는 것은 확실하다. 우리가 그 사실을 자신의 삶에서 덜 동떨어진 일, 더 현재적인 일로 느낀다면 어떨까? 그것은 모든 사람을 모종의 관계로, 확장된 동족 관계로 연결한다. 식물이 인격체라면 식물은 자율성을 누릴 권리가 있다. 우리와 한 식물이 만나는 건 두 존재의 만남이다. 데보라 버드 로즈Deborah Bird Rose는 이를 "상호주관적 만남"이라고 부른다.[7] 식물을 이렇게 생각하면, 우리 사이 공간에 심오한 도덕적 힘이 들어와 거미줄처럼 모든 것에 달라붙는다. 우리는 그 힘을 무시할 수 없고 거기서 벗어날 수 없다. 그걸 존중이라고 부를 수도 있을 것이다.

존중에는 어떤 보살핌의 책임, 좋은 관계를 유지해야 할 책임이 따른다. 식물의 인격성은 우리가 스스로 배워야만 하는 것일 수도 있고, 어쩌면 처음에는 잘 알아보기 어려울 수도 있다. 그러나 일단 깨닫고 나면 그 새로운 인식의 보살핌 부분은 아주 자연스럽게 따라온다. 당신은 식물의 자율성을 존중하는 것이 '좋은 일'이어서가 아니라 그럴 수밖에 없는 일이기 때문에 존중하고 있는 자신을 발견하게 될지도 모른다. 그것을 존중하지 않는 것은 당신 자신의 도덕적 인격성을 위배하는 일이 될 것이므로. 그것은 식물 무시에서 식물 존중으로 넘어가게 해주는 다리다. 그 둘 사이에는 사람이 그 주제에 대해 갖는 마음의 지향성만큼의 거리가 있다.

물론 우리가 지금까지 아주 먼 거리를 와서 당도한 이곳은, 이미 오래전에 많은 사람들이 와 있던 곳과 거의 같은 곳이다. 그렇지만 식물학의 새로운 발견들이 우리가 비인간 세계와 그 세계 속 우리의 자리를 바라보는 방식을 고칠 기회를 열어주고 있다. 식물을 뭐라고 불러야 할지를 두고 과학자들이 이렇게 노심초사하는 것은 대중의 상상력에 대한 믿음이 없어서가 아닌가 하는 생각이 들었다. 대중이 그걸 너무 과도하게 해석하고, 메시지를 너무 단순하게 흡수하여 식물을 만화 캐릭터들처럼 혹은 작지만 전지전능한 반신半神적 존재로 보기 시작할 거라는 염려. 불합리한 두려움은 아니다. 나도 이해한다. 때로는 가장 단순한 메시지만 전달될 때도 있다는 걸. 하지만 저널리스트로서 나는 메시지가 제대로 이해되지 않을 거라는 두려움 때문에 뉘앙스와 복잡성을 제거하는 일의 위험성을 아주 잘 알고 있다.

대중에 대한 이런 불신은 언제나 대중적 담론의 수준을 떨어뜨리는 결과로 귀결된다. 대중에 대한 불신은 자기실현적 예언이다. 복잡성을 제거하면, 복잡성을 받아들일 수 있는 역량이 한층 더 줄어든다. 나는 사람들이 복잡한 진실을 저리할 수 있다는 신뢰를 품어도 된다고 생각한다. 식물은 전능하고 신비로운 초월적 존재가 아니다. 또한 그냥 우리와 비슷한 존재인 것도 아니다. 하지만 둘 다 전혀 아닌 것도 아니다. 두 이미지 모두 현실적 요소들을 품고 있지만, 오류 또한 품고 있다. 쉽지 않은 문제다. 우리는 모호함을 반기고 쉬운 비유가 없다는 데서 기쁨을 느낄 줄 알아야 한다. 어쨌든 자연계에서 복잡성이란 예외가 아닌 원칙이지 않은가. 이를 철저히 사유하기 위해서는, 단선적 서사와 기지의 실체들에 얽매이는 현대 사회에서는 좀처럼 용인되지 않는, 중간성in-betweenness을 위한 정신적 공간에 들어서야 한다.

요루바족 시인이자 철학자인 바요 아코몰라페Báyò Akómoláfé는 바로 이 중간성에 관한 글을 쓰며 모든 존재가 사실은 합성된 유기체들이라는 점을 성찰했다.[8] 자연의 상태는 손쉬운 범주화를 거부하는 상호관통과 섞임의 상태다. 이 상태는 세계의 물질적 현실에서도 그 현실에 대한 우리의 이해에서도 가운데 지대를 점유하고 있다. "내가 말하는 가운데middle란 두 극단 사이의 중간이 아니다. 그것은 분리라는 개념 자체를 비웃는 스며듦과 넘나듦이다." 아코몰라페는 우리의 집단적 생물학적 현실을 "찬란한 사이성betweenness"의 상태로 그린다. 그것은 "모든 것을 무너뜨리고, 모든 경계를 침식하며, 경계선이 표시된 영역으로 스며들고, 확신에 찬 모든 선을 지워버린다." 이 말은 트레와바스가 에든버러 교외의 거실에서 내게 했던 말을 떠올려 주었다. 과학자들은 식물에 관해 무엇이든 독단적인 말을 할 만큼 식물에 관해 충분히 알지 못한다는 말. 과학자들은 식물에 관해 어마어마하게 많은 것을 알고 있다. 그렇지만 그들은 아직 식물이 무엇인지는 전혀 모르고 있는지도 모른다.

아코몰라페가 묘사한 찬란한 사이성은 내가 식물에 관해, 그리고 우리에 관해 이해하게 된 모든 것에 적용된다. 식물에 대한 우리의 생각은 우리 마음속에서 자잘한 구멍이 뚫려 모든 것이 스며들고 넘나드는 반짝거리는 장소에 존재해야 한다. 그곳은 접근하기 어려운 장소다. 어쩌면 당신은 어린아이 시절 이후로 그 장소를 사용해 보지 않았을지도 모른다. 그 가운데 장소에 존재하는 건 어려운 일이니까. 하지만 불가능한 일은 아니다. 나는 그 문 너머로 발을 들였다. 다른 사람들도 그럴 수 있다고 믿는다.

어떤 이들은 이를 철학이나 믿음의 문제라고 여기고, 그건 언제나 과학과는 별개의 문제였다고 말할지도 모른다. 하지만 이는 과학이 자신으로부터 더 멀리 끌려가는 일이 아니다. 오히려 과학과 윤리적 의미 사이의 공간이 함께 꿰매어지며 그물망을 이루는 것이다. 가느다란 덩굴손들이 모여 섬세한 다리를 짓고 있다.

이 일의 기적적인 점은 세계 전체가 달라질 수 있다는 것이다. 식물을 권리를 지닐 가치가 있는 존재로 보는 것은 식물과 함께하는 일의 전혀 다른 영역을 열어줄 것이다. 그것은 우리의 도덕 체계, 법률 체계, 그리고 우리가 지구에서 살아가는 방식에 혁명을 일으킬 것이다.

스코틀랜드에 다녀온 지 얼마 후, 나는 푸에르토리코의 어느 동굴 깊숙한 곳에 들어가 있었다. 이 섬의 내륙은 울창한 정글로 뒤덮인 산악지대인데, 숲이 어찌나 빽빽한지 바닥에는 나뭇잎들을 통과한 녹색 빛만 도달할 정도다. 이 정글에는 잎 뒷면의 기공을 닮은 입들이 아주 많은데, 어디를 봐야 하는지 아는 사람이라면 쉽게 찾을 수 있다. 바위들로 된 이 입은 어둠을 향해 열려 있다. 이는 섬 아래 지하에 자리한, 강들과 방들이 혈관처럼 뻗어 있는 거대한 동굴 시스템으로 들어가는 입구다.

다행히 이곳 친구들은 어디를 봐야 하는지 알았다. 라몬과 오마르는 자기들이 찾던 바로 그 입을 찾아냈고, 우리는 대낮의 온기를 뒤로한 채 그 차가운 칠흑 속으로 내려가기 시작했다. 우리는 고대 타이노

인들이 종유석에 새겨놓은 암각화들, 동그란 얼굴들과 도마뱀과 나선형들 앞을 지나갔다. 여기까지는 녹색 빛의 마지막 조각이 뚫고 들어왔지만 어느 순간 갑자기 완전히 캄캄해졌다. 헤드램프를 켰다. 우리가 더 깊이 들어가는데도 우리 머리 위의 뿌리들은 계속 우리를 따라왔다. 동굴 속 방처럼 넓고 둥그런 공간에서 보니 지표면에서 자라고 있는 나무들로부터 내 팔뚝만큼 굵은 뿌리들이 우리 머리 위 몇 피트에 달하는 단단한 바위를 뚫고 이 검은 성당 안으로 내려와 있었고, 거기서 허공을 약 1미터 정도 더 더듬으며 목표물을 향해 나아갔다. 바로 우리 발 옆으로 졸졸 흐르는 지하의 강이었다. 물을 마시기 위해 들이는 이 어마어마한 노력. 너무 지나친 게 아닌가 싶었다. 하지만 이 엄청난 침투에는 내 인간의 눈으로는 그냥 이해가 불가능한 어떤 논리가 있을 거라 믿었다.

우리는 그 강을 따라 더 멀리 내려갔다. 때로는 바닥에 배를 깔고 우리 골반 크기 정도밖에 안 되는 바위 틈새를 미끄러져 통과하기도 했다. 우리가 지하를 걸은 지 서너 시간쯤 되었을 것이다. 하지만 완전한 어둠이라는 박탈은 기이한 방식으로 시간을 확장했다. 나는 거기 영원히 있었던 것만 같았고, 어쩌면 다시는 햇빛을 보지 못할 것 같은 느낌도 들었다. 이곳은 인간의 영역이 아니었다. 물론 나도 수천 년 사이에 이따금 사람들이 이곳에 손님으로 찾아왔다는 것은 알았고, 그중 현대의 역사는 동굴 벽에 낙서들과 1914, 1939, 1974 같은 연도로 새겨져 있었다. 벽에는 괴상한 곤충들도 달라붙어 있었는데 그중에는 커다란 검은 집게발이 달린 곤충도 있었다. 라몬은 그 곤충이 등에 있는 작은 주머니들 속에 알을 넣어 다닌다고 말했다. 알이 부화하면 부모의 등을 뚫고 나오며 갈기갈기 찢어놓는다고 한다. 한 번은 내 헤드램프 불빛에 전갈 한 마리가 포착되었다. 나는 전갈 생각은 하지 말자고 마음먹었다.

우리는 다음 방으로 기어서 들어간 다음 몸을 일으켜 세웠다. 곧장 내 스니커즈가 물컹한 바닥 위에서 푹 꺼졌다. 공기에서는 곰팡내와 희미한 단내가 났다. 뭔가가 꺽꺽거렸다. 나는 위를 올려다보았다. 큰박쥐fruit bat 수백 마리가 천장의 움푹한 자리에 거꾸로 매달린 채, 흥분한 고슴도치의 가시들처럼 서로 빽빽이 몸을 붙인 채 발작적으로 떨어댔다. 하지만 동그랗고 보송보송하고 아주 귀여웠다. 한 마리가 날개를 쫙 펼쳤다가 다시 접었다. 피부가 어찌나 얇은지 내 헤드램프 불빛이 그대로 통과했다. 이윽고 나는 발밑 물컹함의 정체를 파악했다. 우리는 굳은 박쥐 똥더미 위에 서 있었던 것이다.

나는 바닥을 덮은 박쥐 배설물 더미를 둘러보았다. 그 동굴 방의 중심부, 박쥐들이 가장 많이 매달려 있는 자리 바로 밑에서 그 배설물 덮개를 뚫고 흰 젓가락 같은 것이 수백 개가 자라고 있었다. 색은 새하얗고 키는 30센티미터 정도 되는 가느다란 줄기 꼭대기에는 하얀 잎이 하나 혹은 두 개가 달려 있었는데, 꼭 장난감 돛단배에 달린 깃발 같았다.

나는 이게 박쥐들의 소행임을 깨달았다. 과일을 먹는 이 박쥐들은 밤새 저 위 숲에서 과일을 포식하고는 동굴로 돌아와 변과 함께 씨앗을, 아마도 수천 개씩 배설했을 것이다. 큰박쥐는 이 생태계에서 씨앗을 퍼뜨리는 가장 중요한 존재들이다. 하지만 식물들이 의도한 대로 일이 진행되려면 박쥐들이 씨앗을 지상에 떨어뜨려야 한다. 이 아래에 떨어졌다면 그 식물은 이미 망한 운명이다. 여기엔 빛이 전혀 없고, 그러니 광합성은 불가능하다. 생명을 주는 초록의 가능성은 전무하다. 있는 건 지구상에서 가장 강력한 비료, 바로 높이 쌓인 박쥐 배설물의 엄청난 비옥함뿐이다.

이곳은 필연적인 헛됨이 으스스하게 감도는 유령의 숲이었다. 씨앗에 담겨 있던 연료는 바닥날 것이고, 그 식물들은 곧 죽을 것이다. 어차피 그럴 것을 왜 힘들여 솟아오르는 걸까? 나는 의아했다. 식물이 보여주는 엄청난 지혜의 예들을 배우고 난 터라, 이 장면은 더더욱 식물의 어리석음을 보여주는 예 같았다.

그렇지만 한편으로는 그 마음도 알 것 같았다. 나는 다시 바라보았다. 그 식물들은 자기가 할 수 있는 최대한의 노력을 다한 것이 분명했다. 빛 한 점이라도 찾기 위해 유한한 에너지를 모조리 쏟아부어, 구조적으로 버틸 수 있는 한계까지 가늘고 길게 키를 키웠다. 잎은 한 장 아니면 두 장만 냈다. 언젠가는 약간의 광자라도 거기 와 닿을지 모른다는 희망의 깃발이었다. 그들의 전략은 상당히 합리적이었다. 여기 모인 이 씨앗들이 모두 같은 식물 종의 것인지 아닌지 나로서는 알 수 없었다. 또한 큰박쥐들은 아주 다양한 종류의 열매를 먹으니 한 종일 리는 없을 것 같았다. 그런데도 이 하얗고 어린 식물들은 죄다 똑같아 보였다. 모두가 같은 형태로 수렴한 것은 어쩌면 그것이 생존에 가장 적합한 형태이기 때문일 것이다. 그들은 자기가 처한 상황에 최선을 다해 적응했고, 가진 모든 것을 쏟아부어 최대한 현명한 형태를 갖추었다.

그래도 여전히 충분하지는 않았지만, 이는 요점이 아니다. 어쩌면 모든 종류의 지능은 성공으로 측정되는 것이 아니라 접근방식으로 측정되는 게 아닐까. 우리 중 누구라도 이런 상황에 맞닥뜨린 식물이라면 이와 똑같이 하지 않을까? 그들은 살아가기 힘든 곳에서 자기가 아는 최선의 방법으로 살아남으려 애쓰고 있었다. 나는 감동하고 말았다. 이는 생존이 불가능한 조건에 직면해서도 생명을 향해 목을 길게 뻗는 노력이었다.

우리의 인간적인 면모는 냉엄하고 복잡한 세계에서 이룬 성취뿐 아니라 우리의 한계, 연약함, 결점에서도 드러난다. 그런 것 때문에 우리의 인간다움이 줄어드는 건 아니다. 내가 파악하고자 애쓰고 있는 '식물지능'의 이 모호한 특성, 식물이 명백히 지닌 이 생동성과 존재성 역시 어쩌면 식물의 시도와 시험과 실패와도 그만큼 깊은 관계가 있을지 모른다. 결국 우리가 어떤 존재인지는 우리가 세운 목표의 결과뿐 아니라 그 목표에 도달하기 위해 우리가 택하는 길에서도 드러난다. 성공보다는 시도들이 우리 내면에 관해 더 많은 걸 말해준다.

다시 말하지만 미리 정해진 결론은 없다. 내가 뭐라도 배운 게 있다면, 그것은 우리가 생명의 창의성이라는 유산을 물려받았다는 것이다. 사무실에서 냉담하게 뉴스를 작성하던 시절처럼 멸망으로 향해 가는 행진을 지켜보는 대신, 지금 나는 무한한 변화의 바다를 바라보고 있다. 기회가 주어지면 생명은 길을 찾아낸다.

그런데 그 기회를 주거나 빼앗는 것이 우리일 때는 어떤 일이 일어날까? 지금 전 세계 식물 군집들의 안녕은 그들에 대한 인간의 태도에 달려 있다. 이제 우리는 식물들을 개별적 인격체들로 볼 수 있게 되었고, 식물의 관점에서 그들을 보는 법을 배웠다. 어쩌면 지금 우리는 그 특별한 존중을 더 큰 전체 속에 다시 되돌려 놓을 수도 있을 것이다. 생물학적으로 식물의 가치는 서로 밀접한 관계로 엮인 공동체의 구성원으로서 식물이 하는 기능에, 다시 말해 우리 모두 각자 한 부분을 이루는 이 세계를 지탱하는 종들 사이의 풍부한 상호작용에 있다.

하나의 식물은 경이로움이다. 식물의 공동체는 생명 그 자체다. 그것은 들끓는 현재 속에 얽혀들어 있는 진화의 과거와 미래이며, 우리 역시 거기 얽혀들어 있다. 이는 정신을 확장한다. 식물은 우리에게 우리가 살아가고 있는 시스템을 들여다볼 기회를 주고 있다.

감사의 말

2018년 겨울 어느 오후, 내 가장 오래된 친구 세라 그로스와 함께 아일랜드 서해안의 어느 펍 안 속닥한 구석 자리에 앉아 있었습니다. 오후 네 시 반인데 밖은 벌써 어두웠지요. 내가 무언가 새로운 일의 언저리에 있다는 느낌이 들던 무렵이었어요. 나는 세라에게 내가 책을 쓰고 싶어 하는 것 같다고 말했습니다. 식물에 관한 어떤 책을요. 내가 그 말을 소리 내어 말한 건 그때가 처음이었어요. 세라는 그 생각을 지금 바로 이 펍에서 글로 적어놓으라고 말했어요. 왜냐면 넌 정말로 그 책을 쓸 거니까, 라고 세라는 말했죠. 세라, 늘 나보다 먼저 나를 알아준 것 정말 고마워.

이후 몇 년에 걸쳐 아주 많은 사람이 제 인생에 들어와 이 책의 꼴을 갖춰주었습니다. 책 한 권을 쓰는 일을 한 사람이 혼자서 애쓰는 일이라고 하는 것은 순수하게 기계적인 의미에서만 맞는 말입니다. 수십 명의 과학자가 내게 자신들의 시간을 내어주었는데, 몇 사람은 수년에 걸쳐 그래 주었고, 또 몇 사람은 나를 자기 연구실과 연구 현장으로도 친절히 불러주었습니다. 이렇게 교류하는 내내 나는 한 사람의 과학자가 알고 있는 모든 것은 연구실에서 보낸 무수한 시간과학계의 치열함 속에서 보낸 수십 년 세월의 결과물이라는 사실을 늘 의식하며 겸허해짐을 느꼈습니다. 그리고 이 책에 등장한 과학자들은 모두 식물을 위해 그 일을 한 사람들입니다. 상상해 보세요. 나에게 관대하게 시간과 지식을 나눠준 모든 과학자들께 더없이 깊은 감사를 드립니다. 릭 카번과 리즈 반 볼켄버그, 에르네스토 히아놀리, 제임스 케이힐께는 특별히 감사를 표하고 싶습니다. 여러분과 오랜 기간 주고받은 전화와 메일은 진실로 저에게 헤아릴 수 없이 큰 가치를 지닙니다.

이 책을 선택하고 이끌어준 나의 에이전트 애덤 이글린께도 감사합니다. 첫 책을 쓰는 저자로서 저는 이 정도로 전문적인 뒷받침을, 그것도 당신이 해준 것처럼 그렇게 품위 있는 조력을 받는 것이 가능하리라고는 상상도 하지 못했어요. 당신은 작가들의 영웅이에요. 나뿐 아니라 당신이 담당한 작가들은 모두 엄청난 행운아들이에요. 또한 한결같이 흔들림 없이 지지해 준 체이니 에이전시의 모든 분, 특히 너무나 훌륭한 엘리스 체이니에게도 감사드립니다.

하퍼 북스의 담당 편집자 세라 하우건에게도 너무나 깊이 감사합니다. 당신의 질문과 비평은 말로 표현할 수 없을 정도로 이 책을 향상시켜 주었고, 당신이 전해준 격려의 말들은 원고를 쓰는 내내 나를 떠받쳐주었습니다. 내 얘기를 진심으로 이해해 준 것도 고마워요. 그리고 이 프로젝트에 가장 먼저 믿음을 가져준 게일 윈스턴에게도 감사합니다. 책을 쓰는 일에 관해 당신이 나눠준 지혜와 깊은 이해 덕에 나는 가장 뛰어난 사람의 조력을 받고 있다고 확신할 수 있었어요. 처음으로 나 자신을 저자로 느끼게 해준 것도 감사해요. 그리고 이렇게 완벽하게 낯선 느낌의 표지를 디자인해 준 밀란 보직, 엄청난 홍보 실력을 발휘한 마야 배런, 그리고 처음 연을 맺은 날부터 놀랍도록 훌륭한 능력을 보여준, 모두가 챔피언 같은 하퍼 북스의 모든 팀원들께도 감사드립니다. 그리고 훌륭하게 사실 확인을 맡아준 에밀리 크리거에게도 감사합니다. 또 한 명의 식물 덕후에게 팩트체크를 받을 수 있었던 건 큰 행운이었어요.

영광스럽도록 멋진 여러 장소에서 글을 쓸 공간을 제공해 준 아티스트 레지던시들에도 언제까지나 감사할 겁니다. 그렇게 썼던 글의 일부가 바로 이 책이 되었습니다. 각 레지던시는 나에게 풍경과 나 자신에게 더 깊이 귀 기울이도록, 그리고 떠오르는 생각들을 진지하게 받아들이도록 가르쳐주었습니다. 캘리포니아 포인트 레예스의 메이사 레퓨지와 워싱턴 베인브리지섬의 블뢰델 리저브, 뉴욕주 웨스트 쇼캔의 스트레인지 파운데이션, 버몬트주 도싯의 마블 하우스 프로젝트, 뉴욕주 이스트 햄프턴의 폴리 트리 수목원, 버지니아주 오크 스프링 가든 파운데이션, 그리고 하와이 빅 아일랜드의 하와이 화산 국립공원에서 한 달을 머물게 해준 국립공원예술새단, 모든 곳에 감사드립니다. 특히 거기서 만난 국립공원관리청의 식물학자들과 생태학자들에게 감사합니다. 여러분께 정말 많이 배웠어요. 또 카우아이섬의 국립열대식물원에도 감사드립니다. 그곳의 환경 저널리즘 펠로십을 통해 스티브 펄먼을 처음 소개받았고, 그 만남으로 저는 또 완전히 새로운 길로 가게 되었지요. 링컨과 코디, 로라, 그리고 농부 빌 힐, 여러분의 농장에서 지낸 몇 달은 제 인생에서 가장 행복한 시간으로 꼽힙니다.

루시 매키언, 줄리아 심슨, 나자 스피글맨, 카리나 델 바예 쇼스키. 나에게 여러분은 각자 창의력과 우정으로 찬란히 빛나는 존재들이고, 나는 그 수혜자인 행운아입니다. 당신들의 꼼꼼한 독해, 작가다운 지도, 예리한 비평, 그리고 여러분과 함께하며 배운 모든 것에 감사합니다.

나의 친구들인 릴리 콘수엘로 사포타 타주리, 자퍼 콜브, 라이언 모리츠, 나이킬 소나드, 알시아 설리콜, 수잰 피에르, 조이 멘델슨, 로즈 에블레스, 올리비아 거버, 애너벨 머로니, 조셉 처그, 올라야 바를 비롯하여 새로운 친구들과 오래된 친구들에게 감사합니다. 당신들은 이 프로젝트 오래전부터 그리고 프로젝트를 진행하는 기간 내내 대화를 통해 나의 사유를 풍요롭게 만들어주었어요. 나는 여러분 모두와 함께 보낸 시간의 산물입니다.

나의 가장 큰 지지자인 나의 어머니 D, 감사드려요. 엄마는 세상이 내어주는 모든 것에서 마법을 찾아내는 법을 알고 계시죠. 나의 열린 마음과 호기심은 모두 어머니에게서 온 거예요. 나의 아버지 레이프, 내가 아주 어렸을 때부터 물리학과 생물학이 경이로울 수 있음을 가르쳐주신 것 감사드려요. 세상의 작동 방식에 대해 아버지가 느끼던 경이감은 나에게 선명한 인상을 남겼습니다. 그리고 내 동생 미콜로, 너의 온화함과 솔직함, 창의성은 내 영감의 원천이야. 사랑해.

초등학교 시절 나에게 시와 끈기에 관해, 생각을 행동으로 옮기는 방법에 관해 가르쳐주신 말린 드그란데 선생님, 감사합니다. 언젠가 선생님은 제게 예술가가 될 거라고 하셨죠. 이 책도 선생님이 말씀하신 예술에 들어간다면 좋겠습니다.

이 책은 앤 휴먼펠드와 제프 슐랭거 두 분께 헌정합니다.* 한평생 이 세상의 아름다움에 대한 경건한 음미를 통해 세상을 사랑하는 가장 좋은 방법을 알려주신 두 분께 감사드려요. 만물에 대한 두 분의 관점은 제 관점을 형성하는 데 깊은 영향을 주었습니다.

무엇보다 세라 색스에게 감사합니다. 모든 저자는 책 출간 프로젝트라는 거친 감정의 지형학을 경험합니다. 그중에서 세라의 치유적 낙관과 완벽한 보살핌에 의지할 수 있었던 나만큼 운이 좋은 사람은 없었다고 굳게 믿고 있습니다. 세라는 이 프로젝트를 처음부터 끝까지 함께하며 특유의 호기심과 지성으로 프로젝트를 더욱 비옥하게 만들어주었어요. 자연에 대한 우리의 공통된 관심은 늘 새로운 기쁨이었고, 끊임없이 솟아 우물을 채우는 샘물이었습니다. 이 책에 담긴 아이디어 가운데는 세라와 나눈 대화에서 처음으로 떠오른 것이 아주 많습니다. 세라가 추천한 책들을 읽으며 내 뇌는 확장되었고, 그 내용들은 이 책에도 엮여 들어왔지요. 그렇게 확장된 나의 생각들은 이 책으로 이어졌습니다. 세라, 당신은 나의 첫 독자이자 내가 가장 좋아하는 편집자입니다. 우리가 함께한 삶은 내가 나눠본 가장 흥미롭고 폭넓은 대화였고, 이 대화를 나눌 수 있다는 건 나의 특권입니다. 당신과 함께라면 모든 일이 가능할 것 같고, 모퉁이 뒤에는 언제나 새로운 뭔가가 기다리고 있어요.

---

* 저자의 할머니(http://annehumanfeld.com)와 할아버지(http://www.musicwitness.com). _옮긴이

옮긴이의 말

"식물은 빛을 먹을 수 있어요. 그걸로 충분하지 않습니까?" 이 책의 제사로 쓰인 이 말은 '식물학자들의 식물학자'로 불리는 티머시 플라우먼*이 《식물의 비밀스러운 삶》이라는 책에 담긴 기이한 이야기(식물이 로큰롤보다는 모차르트를 더 좋아한다는 등)에 대한 질문을 받았을 때 했던 대답이라고 한다. 그런 이야기들이 사실이든 아니든 그게 무슨 대수냐는 듯이. 식물이 빛을 먹는다는 건 무슨 뜻일까? 물론 그건 식물이 빛을 받아 광합성을 함으로써 살아간다는 말이다. 하지만 그게 다가 아니다. 식물은 광합성의 부산물인 산소로 지구를 뭇 생명이 숨 쉬고 살 수 있는 환경으로 만들고, 광합성의 산물인 당분으로 모든 생명이 살아갈 몸과 에너지를 만들 원재료를 제공한다. 이는 오직 식물만이 할 수 있는 일이다. 식물은 빛을 먹기만 하는 것이 아니라 우리에게도 빛을 떠먹여 우리 존재를 빚어내고, 지구를 생명이 사는 초록별로 만드는 것이다. 너무 당연해서 평소에는 거의 의식하지도 않

• 식물 덕후라면 아주 잘 알, 필로덴드론 플로우마니이 *Philodendron plowmanii*에 이름을 남긴 바로 그 사람이다.

고 지내지만 생각해 보면 정말 엄청난 일이다. 숨 쉬는 매 순간, 음식을 먹는 모든 순간, 우리가 우리 존재를, 생명 자체를 고스란히 식물에 빚지고 있다는 뜻이니까. 지구에서 인류가 사라진다면 식물은 아무렇지도 않겠지만, 아니 어쩌면 더 잘 살아가겠지만, 식물이 없다면 우리는 얼마 버티지 못하고 멸종할 것이다.

이 책에서 저자 조이 슐랭거는 우리가 알지 못했던 식물의 놀라운 능력들을 하나하나 펼쳐내며 우리를 연거푸 경이에 빠트린다. 최근 10~20년 사이 이런 놀라운 발견들이 쏟아진 것은 분명 측정하고 증명할 과학 기술의 눈부신 발전 덕분일 것이다. 생명의 세계에는 인간의 감각으로는 파악할 수 없는 부분이 정말 크다는 사실을, 정밀하고 미세한 관찰을 가능하게 하는 도구들이 계속해서 깨우쳐주고 있다. 실로 과학의 역사란 늘 그렇게 더욱 발전된 관찰 도구들이 우리의 불완전하고 둔한 감각을 확장하여 세상을 더 넓고 깊고 세밀하게 볼 수 있게 한 결과의 궤적일 터이다.

이 책의 또 한 축을 이루는 건, 이 모든 새로운 발견의 해석을 두고 벌어지는 논쟁이다. 다양한 방식으로 외부세계를 지각하며, 식물끼리 혹은 다른 생물들과 대화를 나누고, 서로 위험을 경고하며 공동의 적을 함께 무찌르고, 숫자를 세어가며 상황을 판단하고, 경험한 내용을 기억해 두었다가 행동을 계획하고, 상대를 봐가며 싸우거나 예의 바르게 배려하며, 급속도로 환경 변화에 적응하고 다음 세대도 그 변화에 대처하도록 미리 준비시키고, 주변 환경에 따라 몸을 바꾸며 기막힌 변신술을 펼치는 이 기상천외한 식물의 능력을 지능이나 의식이라고 보는 쪽과 그렇게 봐서는 안 된다는 쪽이 부딪힌다. 심지어 그런 일을 해내는 바탕에는 우리의 신경계를 움직이는 것과 유사한 전압개폐 이온 통로와 신경전달물질이 관여한다는 사실까지 밝혀졌는데도. 그런데 반대하는 이들 쪽에서도 실제로 밝혀진 식물의 능력을 부정하지는 않는다. 그저 식물을 '의인화'하지 말라는 것이다. 너무 인간적인 혹은 동물적인 단어를 식물에는 적용하지 말라는 말. 맞는 얘기다. 의인화할 필요는 없다. 인간이 만물의 표준도 아닌 마당에. 지능이나 의식이라는 단어를 쓰든 쓰지 않든, 식물이 환경에 대응하여 생존 전략을 세우고 문제를 해결하는 능력을 지니고 있다는 사실에는 변함이 없다. 정 안 된다면 새로운 단어를 만들어낼 수도 있지 않을까.

약 12억 년 전, 바다에서 광합성 하는 조류의 형태로 최초의 식물이 등장했고, 4억 8,000만 년 전에는 최초의 육상 식물이 나타났다. 그에 비해 현생 인류는 약 30만 년 전에 처음 세상에 등장했다. 그렇다면 식물은 이 지구에서 우리보다 4,000배는 더 오래 살아남았다는 말이다. 육상 식물만 쳐도 1,600배다. 그 기나긴 세월, 다섯 번의 대멸종을 거치고도 살아남아 지구 생물 질량의 80퍼센트를 차지할 만큼 번성하려면 얼마나 어마어마한 능력과 기지가 필요했을까. 말하자면 우리는 4,000년을 살고도 푸르른 잎들을 끝없이 피워내는 고목 아래서 짖어대는 하룻강아지 정도가 아닐까. 인간은 만물의 영장이라며, 식물한테는 뇌가 없다며 캉캉 짖는다. 동물은 고통을 느낄 수 없고, 그저 자극에 기계적으로 반응할 뿐이라고 믿으며 산 채로 해부했던 것이 19세기의 일이라고 한다. 우리의 잣대, 우리의 어휘로 모르면서 안다고 단정하는 것은 참으로 무서운 일이다. 우리는 이제 겨우 눈을 뜨고, 시야를 가린 눈곱을 떼어내며 조금씩 선명하게 보기 시작한 정도일 텐데.

어쩌면 식물이 지닌 대단한 능력보다 더 놀라운 것은, 그 하룻강아지가 이 정도라도 볼 수 있게 되었다는 것이 아닐까. 그리고 이 상황은 조만간 닥칠 모종의 혁명을, 패러다임의 변화를 예고하는지도 모른다. 저자도 말했듯이 지금은 식물학 분야가 새로이 몰려든 변화의 요소들과 부대끼며 서서히 새로운 방향을 잡아가는 와중이다. 기나긴 생명의 역사에서 보면 이 또한 작은 딸꾹질 하나에 지나지 않을 수도 있겠지만. 그래도 우리 하룻강아지 인간들이 이 거대한 생명의 세계에서 우리가 차지한 자리를 조금은 더 정확히 이해하고, 그 세계에서 우리가 어떻게 살아가야 할지, 다른 생명들과 어떤 관계를 맺고 살아가야 할지 바른 판단을 내리는 데 도움이 될 것이다.

작년 봄, 우리 아파트에서는 동마다 옆면에 다섯 그루씩 줄지어 자라던 메타세쿼이아를 모조리 베었다. 큰 키에 반듯하고 늠름해 유난히 좋아하는 메타세쿼이아를 벤다니 속이 상했지만, 그 커다란 나무의 뿌리가 하수도로 뚫고 들어가 파이프를 망가뜨리고 있다니 어쩌겠는가. 그전에 관리실에서는 주민들에게 그런 연유로 메타세쿼이아를 베어도 좋다는 승낙 서명을 받아갔다. 그런 아름드리나무를 함부로 베었다가는 원성을 살 수도 있었을 것이다. 그때 나는 나무가 너무 크고 잘 자라서 뿌리도 거침없이 뻗는 모양이라고만 생각했다. 그러나 이 책을 번역하면서 나무뿌리가 수분을 감지할 수도 없이 밀폐된 파이프 너머의 물 흐르는 소리를 들을 수 있어서라는 걸 알게 되었다. 전 세계에서 뿌리 때문에 망가진 파이프 보수에 상당한 비용을 쓰고 있다는 사실도. 우리가 식물에 관해 또 모르는 것은 얼마나 많을까.

《빛을 먹는 존재들》은 식물의 놀라운 능력에 관해 이야기하는 책이니, 이 책에 관심을 가질 독자들도 대개는 식물에 관심과 애정이 있는 분일 것이다. 근래, 특히 코로나 시기를 지나면서 식물을 좋아하는 사람들, 이른바 식물 덕후들이 아주 많아지고 더불어 식물에 대한 관심도 부쩍 커진 것이 느껴진다. 직접 식물을 기르며 식물과 친밀함을 쌓았기 때문이기도 하겠지만, 전반적으로 식물을 대하는 태도나 인식에도 변화가 일고 있다는 건 나만의 과한 감상일까? 극명한 변화까지는 아니더라도, 알게 모르게 배어든 상식의 수준에서는 그렇다고 느껴진다. 적어도 식물에 관심이 있는 사람들 사이에서는 이 책에서 다루는 것과 같은 결의 정보들이 완전히 낯선 이야기는 아닐 것이다. 식물을 주제로 한 책뿐 아니라 다큐멘터리나 기사에서도 식물의 놀라운 능력들에 관한 이야기를 간간이 접한다. 식물이 화학물질을 발산해 의사소통한다는 이야기, 베인 줄기나 잎에서 나는 향기는 식물이 지르는 비명이라는 이야기, 식물이 친족과 남을 구별해 서로 다르게 대우한다는 이야기 등등. 이런 앎의 확장과 확산은 누구보다 진짜 식물 덕후라 할 수 있는 식물학자들의 끊임없는 연구 덕에 가능한 일이다. 이 책에 등장한 여러 식물학자를 비롯해 곳곳에서 세상의 밝혀지지 않은 비밀들을 풀어내기 위해 애쓰는 과학자들께 다시금 깊은 경의와 고마움을 느낀다. 소리 없는 가랑비에 어느새 옷자락이 흠뻑 젖듯이, 이 책에 담긴 식물에 대한 새로운 앎도 사부작사부작 세상 사람들 속으로 널리 퍼져가기를 바란다. 그러면 인간 세상의 색과 향기도 미묘하게 달라져 있지 않을까 기대해 본다.

정지인

주

1장 식물의 의식이라는 문제

1 Lena van Giesen et al., "Molecular Basis of Chemotactile Sensation in Octopus," *Cell* 183, no. 3 (2020): 594-604.
2 Jennifer Mather, "Cephalopod Tool Use," in *Encyclopedia of Evolutionary Psychological Science* ed. Todd Shackelford and Vivian Weekes-Shackelford (New York: Springer, 2021): 948-51.
3 Roland C. Anderson et al., "Octopuses (Enteroctopus dofleini) Recognize Individual Humans," *Journal of Applied Animal Welfare Science* 13, no. 3 (2010): 261-72.
4 Fay-Wei Li et al., "Fern Genomes Elucidate Land Plant Evolution and Cyanobacterial Symbioses," *Nature Plants* 4, no. 7 (2018): 460-72.
5 D. Blaine Marchant et al., "Dynamic Genome Evolution in a Model Fern," *Nature Plants* 8, no. 9 (2022): 1038-51.
6 Thomas A. Lumpkin and Donald L. Plucknett, "Azolla: Botany, Physiology, and Use as a Green Manure," *Economic Botany* 34 (1980): 111-53.
7 Arthur W. Galston and Clifford L. Slayman, "The Not-So-Secret Life of Plants: In Which the Historical and Experimental Myths about Emotional Communication between Animal and Vegetable Are Put to Rest," *American Scientist* 67, no. 3 (1979): 337-44.
8 María A. Crepy and Jorge J. Casal, "Photoreceptor Mediated Kin Recognition in Plants," *New Phytologist* 205, no. 1 (2015): 329-38.
9 Monica Gagliano et al., "Tuned in: Plant Roots Use Sound to Locate Water," *Oecologia* 184, no. 1 (2017): 151-60.
10 Junji Takabayashi, Marcel Dicke, and Maarten A. Posthumus, "Induction of Indirect Defence against Spider-Mites in Uninfested Lima Bean Leaves," *Phytochemistry* 30, no. 5 (1991): 1459-62.
11 Silke Allmann and Ian T. Baldwin, "Insects Betray Themselves in Nature to Predators by Rapid Isomerization of Green Leaf Volatiles," *Science* 329, no. 5995 (2010): 1075-78.
12 John Orrock, Brian Connolly, and Anthony Kitchen, "Induced Defences in Plants Reduce Herbivory by Increasing Cannibalism," *Nature Ecology and Evolution* 1, no. 8 (2017): 1205-7.
13 Bernard Berenson, *Sketch for a Self-Portrait* (New York: Pantheon, 1949), 27.
14 Lincoln Taiz et al., "Plants Neither Possess nor Require Consciousness," *Trends in Plant Science* 24, no. 8 (2019): 677-87.
15 Paco Calvo and Anthony Trewavas, "Physiology and the (Neuro) Biology of Plant Behavior: A Farewell to Arms," *Trends in Plant Science* 25, no. 3 (2020): 214-16.
16 Joseph Priestley, "Letter to Benjamin Franklin from Joseph Priestley, 1 July 1772," *Founders Online*, National Archives, https://founders.archives.gov/documents/Franklin/01-19-02-0136

2장 과학은 어떻게 생각을 바꾸는가

1 Haraway, Donna J., "In the Beginning Was the Word: The Genesis of Biological Theory." *Signs*

6, no. 3 (1981): 469-81. http://www.jstor.org/stable/3173758.
2   Emanuele Coccia, *The Life of Plants: A Metaphysics of Mixture* (Hoboken, NJ: John Wiley, 2019).
3   Frederick W. Spiegel, "Contemplating the First Plantae," *Science* 335, no. 6070 (2012): 809-10.
4   G. M. Cooper, *The Cell: A Molecular Approach*, 2nd ed. (Sunderland, MA: Sinauer; 2000). Chloroplasts and Other Plastids. 제프리 M. 쿠퍼, 《세포학: 분자적 접근》, 문자영 옮김, 월드사이언스, 2021.
5   Yinon M. Bar-On, Rob Phillips, and Ron Milo, "The Biomass Distribution on Earth," *Proceedings of the National Academy of Sciences* 115, no. 25 (2018): 6506-11.
6   Timothy M. Lenton et al., "Earliest Land Plants Created Modern Levels of Atmospheric Oxygen," *Proceedings of the National Academy of Sciences* 113, no. 35 (2016): 9704-9.
7   Theresa L. Miller, *Plant Kin: A Multispecies Ethnography in Indigenous Brazil* (Austin: University of Texas Press, 2019).
8   Mary Siisip Geniusz, *Plants Have So Much to Give Us, All We Have to Do Is Ask: Anishinaabe Botanical Teachings* (Minneapolis: University of Minnesota Press, 2015), p. 21.
9   Michael Marder, *Plant-Thinking, A Philosophy of Vegetal Life.* (New York: Columbia University Press, 2013).
10 Jane Bennett, *Vibrant Matter: A Political Ecology of Things* (Durham, NC: Duke University Press, 2010). 제인 베넷, 문성재 옮김, 《생동하는 물질》, 현실문화, 2020.
11 Amber D. Carpenter, "Embodied Intelligent (?) Souls: Plants in Plato's Timaeus," *Phronesis* 55, no. 4 (2010): 281-303.
12 페미니스트 학자 발 플럼우드가 자세히 풀어서 설명한 바에 따르면, 이는 여자, 어린이, 노예는 이성적 영혼이 아니라 욕망하는 영혼을 가졌다는 말이다. Val Plumwood, *Feminism and the Mastery of Nature* (New York: Routledge, 1993), 84-85, Matthew Hall, *Plants as Persons: A Philosophical Botany* (Albany: SUNY Press, 2011)에서 재인용. 매튜 홀, 유기쁨 옮김, 《식물 사람-철학적 식물학》, 서울대학교출판문화원, 2024.
13 Matthew Hall, "The Roots of Disregard: Exclusion and Inclusion in Classical Greek Philosophy," in *Plants as Persons*, 17-36. 매튜 홀, 《식물 사람-철학적 식물학》.
14 Theophrastus, *Historia plantarum*, c. 350-c. 287 BC.
15 Theophrastus, *De causis plantarum* 1.16.12.
16 Theophrastus, *Historia plantarum* 1.2.7-1.2.8.
17 Theophrastus 1.2.5.
18 Gary Hatfield, "Animal," in *The Cambridge Descartes Lexicon*, ed. Lawrence Nolan (Cambridge: Cambridge University Press, 2015), 19-26, doi:10.1017/CBO9780511894695.010.
19 Thomas Huxley, "On the Hypothesis that Animals are Automata, and Its History," *Nature* 10 (1874): 362-3=66.
20 Mohd Akmal, M. Zulkifle, and A. H. Ansari, "Ibn Nafis-A Forgotten Genius in the Discovery of Pulmonary Blood Circulation," *Heart Views: The Official Journal of the Gulf Heart Association* 11, no. 1 (2010): 26.
21 Carol Kaesuk Yoon, "Donald R. Griffin, 88, Dies; Argued Animals Can Think," *New York Times*, November 14, 2003.
22 Kristyn R. Vitale, Alexandra C. Behnke, and Monique A. R. Udell, "Attachment Bonds between Domestic Cats and Humans," *Current Biology* 29, no. 18 (2019): R864-R865.
23 Philip Low et al., "The Cambridge Declaration on Consciousness," paper presented at Francis Crick Memorial Conference, Cambridge, England, 2012, 1-2.
24 Lara D. LaDage et al., "Spatial Memory: Are Lizards Really Deficient?," *Biology Letters* 8, no. 6 (2012): 939-41.
25 Wen Wu et al., "Honeybees Can Discriminate between Monet and Picasso Paintings," *Journal of Comparative Physiology* A 199 (2013): 45-55.
26 Shihao Dong et al., "Social Signal Learning of the Waggle Dance in Honey Bees," *Science* 379 (March 2023): 1015-18.

27   James Gorman, "Do Honeybees Feel? Scientists Are Entertaining the Idea," *New York Times*, April 18, 2016.
28   Bernard Barber, "Resistance by Scientists to Scientific Discovery," *American Journal of Clinical Hypnosis* 5, no. 4 (1963): 326-35.
29   Eric D. Brenner et al., "Plant Neurobiology: An Integrated View of Plant Signaling," *Trends in Plant Science* 11, no. 8 (2006): 413-19.
30   František Baluska and Stefano Mancuso, "Plants and Animals: Convergent Evolution in Action?," in *Plant-Environment Interactions: From Sensory Plant Biology to Active Plant Behavior*, ed. František Baluska (Berlin: Springer, 2009), 285-301.
31   Lincoln Taiz et al., "Plants Neither Possess nor Require Consciousness," *Trends in Plant Science* 24, no. 8 (2019): 677-687.
32   Michael Pollan, "The Intelligent Plant," *New Yorker*, December 15, 2013.

3장 식물의 의사소통

1   David F. Rhoades, "Responses of Alder and Willow to Attack by Tent Caterpillars and Webworms: Evidence for Pheromonal Sensitivity of Willows," in *Plant Resistance to Insects*, ed. Paul A. Hedin (Washington, DC: American Chemical Society, 1983), 55-68.
2   David F. Rhoades, "Responses of Alder and Willow to Attack by Tent Caterpillars and Webworms: Evidence for Pheromonal Sensitivity of Willows," in *Plant Resistance to Insects*, ed. Paul A. Hedin (Washington, DC: American Chemical Society, 1983), 3.
3   Anthony Trewavas, *Plant Behaviour and Intelligence* (Oxford: Oxford University Press, 2014), 48.
4   세포들이 "놀랍도록" 다양한 입력에 대해 보이는 반응의 범위가 "당황스러울" 정도로 넓다 보니 최근에는 세포도 학습 능력이 있다고 봐야 한다는 주장도 나왔다. 다음을 보라. Sindy K. Y. Tang and Wallace F. Marshall, "Cell Learning," *Current Biology* 28, no. 20 (2018): R1180-84.
5   From McClintock's Nobel address: "A goal for the future would be to determine the extent of knowledge the cell has of itself, and how it utilizes this knowledge in a 'thoughtful' manner when challenged." Barbara McClintock, "The Significance of Responses of the Genome to Challenge," *Cell Science* 226, no. 4676 (1984): 792-801.
6   Alexander T. Topham et al., "Temperature Variability Is Integrated by a Spatially Embedded Decision-Making Center to Break Dormancy in Arabidopsis Seeds." *Proceedings of the National Academy of Sciences* 114, no. 25 (2017): 6629-34.
7   Richard Karban, *Plant Sensing and Communication* (Chicago: University of Chicago Press, 2015).
8   Simon V. Fowler and John H. Lawton, "Rapidly Induced Defenses and Talking Trees: The Devil's Advocate Position," *American Naturalist* 126, no. 2 (1985): 181-95.
9   J. White, "Flagging: Hosts Defences versus Oviposition Strategies in Periodical Cicadas (Magicicada spp., Cicadidae, Homoptera)," *Canadian Entomologist* 113, no. 8 (1981): 727-38.
10   Ian T. Baldwin and Jack C. Schultz, "Rapid Changes in Tree Leaf Chemistry Induced by Damage:Evidence for Communication between Plants," *Science* 221, no. 4607 (1983): 277-79.
11   Peter Frick-Wright, "Early Bloom," interview with Jack Schultz, podcast, *Public Radio Exchange*, August 8, 2014.
12   Gian A. Nogler, "The Lesser-Known Mendel: His Experiments on Hieracium," *Genetics* 172, no. 1 (2006): 1-6.
13   Aino Kalske et al., "Insect Herbivory Selects for Volatile-Mediated Plant-Plant Communication," *Current Biology* 29, no. 18 (2019): 3128-33.
14   Patrick Grof-Tisza et al., "Risk of Herbivory Negatively Correlates with the Diversity of Volatile Emissions Involved in Plant Communication," *Proceedings of the Royal Society* B 288, no. 1961 (2021): 20211790.
15   Pamela M. Fallow and Robert D. Magrath, "Eavesdropping on Other Species: Mutual

Interspecific Understanding of Urgency Information in Avian Alarm Calls," *Animal Behaviour* 79, no. 2 (2010): 411-17. Mylène Dutour, Jean-Paul Léna, and Thierry Lengagne, "Mobbing Calls: A Signal Transcending Species Boundaries," *Animal Behaviour* 131 (2017): 3-11.

16 Jonas Stiegler et al., "Personality Drives Activity and Space Use in a Mammalian Herbivore," *Movement Ecology* 10, no. 1 (2022): 1-12.
17 Xoaquín Moreira et al., "Specificity of Plant-Plant Communication for Baccharis salicifolia Sexes but Not Genotypes," *Ecology* 99, no. 12 (2018): 2731-39.
18 Richard Karban et al., "Kin Recognition Affects Plant Communication and Defence," *Proceedings of the Royal Society* B 280, no. 1756 (2013): 20123062.
19 Justus von Liebig and Lyon Playfair, *Organic Chemistry in Its Applications to Agriculture and Physiology* (London: Taylor and Walton, 1840).
20 Greta Marchesi, "Justus von Liebig Makes the World: Soil Properties and Social Change in the Nineteenth Century," *Environmental Humanities* 12, no. 1 (2020): 205-26.

4장 살아 있는 존재는 느끼는 존재다

1 André M. Bastos et al., "Neural effects of Propofol-Induced Unconsciousness and Its Reversal Using Thalamic Stimulation," *Elife* 10 (2021): e60824.
2 A. Taylor and G. McLeod, "Basic Pharmacology of Local Anaesthetics," *BJA Education* 20, no. 2 (2020): 34.
3 Ken Yokawa et al., "Anaesthetics Stop Diverse Plant Organ Movements, Affect Endocytic Vesicle Recycling and ROS Homeostasis, and Block Action Potentials in Venus Flytraps," *Annals of Botany* 122, no. 5 (2018): 747-56.
4 Thiago Paes de Barros De Luccia, "Mimosa pudica, Dionaea muscipula and anesthetics," *Plant Signaling and Behavior* 7, no. 9 (2012): 1163-67.
5 S. Hagihira, "Changes in the Electroencephalogram during Anaesthesia and Their Physiological Basis," *British Journal of Anaesthesia* 115, suppl. 1 (2015): i27-i31.
6 Carl Zimmer, "Sizing Up Consciousness by Its Bits," *New York Times*, September 20, 2010.
7 Gabriela Quirós, "This Pulsating Slime Mold Comes in Peace," *KQED*, April 19, 2016.
8 Elizabeth Gamillo, "Mushrooms May Communicate with Each Other Using Electrical Impulses," *Smithsonian Magazine*, April 2022.
9 Mirna Kramar and Karen Alim, "Encoding Memory in Tube Diameter Hierarchy of Living Flow Network," *Proceedings of the National Academy of Sciences* 118, no. 10 (2021): e2007815118.
10 Mordecai J. Jaffe, "Thigmomorphogenesis: The Response of Plant Growth and Development to Mechanical Stimulation: With Special Reference to Bryonia dioica," *Planta* 114 (1973): 143-57.
11 Mordecai J. Jaffe, Frank W. Telewski, and Paul W. Cooke, "Thigmomorphogenesis: On the Mechanical Properties of Mechanically Perturbed Bean Plants," *Physiologia Plantarum* 62, no. 1 (1984): 73-78.
12 Frank W. Telewski and Mordecai J. Jaffe, "Thigmomorphogenesis: Field and Laboratory Studies of Abies fraseri in Response to Wind or Mechanical Perturbation," *Physiologia Plantarum* 66, no. 2 (1986): 211-18.
13 Frank W. Telewski and Mordecai J. Jaffe, "Thigmomorphogenesis: Anatomical, Morphological and Mechanical Analysis of Genetically Different Sibs of Pinus taeda in Response to Mechanical Perturbation," *Physiologia Plantarum* 66, no. 2 (1986): 219-26.
14 Yue Xu et al., "Mitochondrial Function Modulates Touch Signalling in Arabidopsis thaliana," *Plant Journal* 97, no. 4 (2019): 623-45.
15 Lehcen Benikhlef et al., "Perception of Soft Mechanical Stress in Arabidopsis Leaves Activates Disease Resistance," *BMC Plant Biology* 13, no. 1 (2013): 1-12.
16 Sir Patrick Geddes, *The Life and Work of Sir Jagadis C. Bose* (London: Longmans, Green, 1920), 146.
17 John Scott Burdon-Sanderson and F. J. M. Page, "I. On the Mechanical Effects and on

the Electrical Disturbance Consequent on Excitation of the Leaf of Dionæa muscipula," *Proceedings of the Royal Society of London* 25, nos. 171-78 (1877): 411-34.
18   J. C. Bose, *The Nervous Mechanisms of Plants* (London: Longmans, Green, 1926), 184.
19   Prakash Narain Tandon, "Jagdish Chandra Bose and Plant Neurobiology," *The Indian Journal of Medical Research* 149, no. 5 (2019): 593-599.
20   Jagadis Chunder Bose and Guru Prasanna Das, "Physiological and Anatomical Investigations on Mimosa pudica," *Proceedings of the Royal Society of London* B 98, no. 690 (1925): 290-312.
21   J. C. Bose, *The Nervous Mechanism of Plants* (Calcutta: Longmans, Green, 1926), ix.
22   Peter V. Minorsky, "American Racism and the Lost Legacy of Sir Jagadis Chandra Bose, the Father of Plant Neurobiology," *Plant Signaling and Behavior* 16, no. 1 (2021): 1818030.
23   D. C. Wildon et al., "Electrical Signalling and Systemic Proteinase Inhibitor Induction in the Wounded Plant," *Nature* 360, no. 6399 (1992): 62-65.
24   Jiu Ping Ding and Barbara G. Pickard, "Mechanosensory Calcium Selective Cation Channels in Epidermal Cells," *Plant Journal* 3, no. 1 (1993): 83-110.
25   Bill Clinton, "Remarks by the President in State of the Union Address," Washington, DC, 1995.
26   Jennifer Böhm et al., "The Venus Flytrap Dionaea muscipula Counts Prey-Induced Action Potentials to Induce Sodium Uptake," *Current Biology* 26, no. 3 (2016): 286-95.
27   Masatsugu Toyota et al., "Glutamate triggers Long-Distance, Calcium-Based Plant Defense Signaling," *Science* 361, no. 6407 (2018): 1112-15.
28   Seyed A. R. Mousavi et al., "Glutamate Receptor-Like Genes Mediate Leaf-to-Leaf Wound Signalling," *Nature* 500, no. 7463 (2013): 422-26.
29   Elizabeth Haswell and Ivan Baxter, "Simon Says: Captivate the Public with Snazzy Videos of Plant Defense, Send Plants to Space, and Embrace Curiosity-Driven Science," in Taproot, podcast, season 3, episode 5, March 19, 2019.
30   Gloria K. Muday and Heather Brown-Harding, "Nervous System-Like Signaling in Plant Defense," *Science* 361, no. 6407 (2018): 1068-69.
31   Sergio Miguel-Tomé and Rodolfo R. Llinás, "Broadening the Definition of a Nervous System to Better Understand the Evolution of Plants and Animals," *Plant Signaling and Behavior* 16, no. 10 (2021): 1927562.
32   Amber Dance, "The Quest to Decipher How the Body's Cells Sense Touch," *Nature* 577, no. 7789 (2020): 158-61.

5장 땅에 귀를 대고

1   Ralph Simon et al., "Floral Acoustics: Conspicuous Echoes of a Dish-Shaped Leaf Attract Bat Pollinators," *Science* 333, no. 6042 (2011): 631-33.
2   Dagmar von Helversen and Otto von Helversen, "Acoustic Guide in Bat-Pollinated Flower," *Nature* 398, no. 6730 (1999): 759-60.
3   Heidi M. Appel and Reginald B. Cocroft, "Plants Respond to Leaf Vibrations Caused by Insect Herbivore Chewing," *Oecologia* 175, no. 4 (2014): 1257-66.
4   Bosung Choi et al., "Positive Regulatory Role of Sound Vibration Treatment in Arabidopsis thaliana against Botrytis cinerea Infection," *Scientific Reports* 7, no. 1 (2017): 1-14.
5   Mi-Jeong Jeong et al., "Sound Frequencies Induce Drought Tolerance in Rice Plant," *Pakistan Journal of Botany* 46 (2014): 2015-20.
6   Joo Yeol Kim et al., "Sound Waves Increases the ascorbic Acid Content of Alfalfa Sprouts by Affecting the Expression of Ascorbic Acid Biosynthesis-Related Genes," *Plant Biotechnology Reports* 11 (2017): 355-64.
7   Joo Yeol Kim et al., "Sound Waves Affect the Total Flavonoid Contents in Medicago sativa, Brassica oleracea and Raphanus sativus Sprouts," *Journal of the Science of Food and Agriculture* 100, no. 1 (2020): 431-40.
8   Shaobao Liu et al., "Arabidopsis Leaf Trichomes as Acoustic Antennae," *Biophysical Journal* 113,

no. 9 (2017): 2068-76.
9   Michelle Peiffer et al., "Plants on Early Alert: Glandular Trichomes as Sensors for Insect Herbivores," *New Phytologist* 184, no. 3 (2009): 644-56.
10 Marine Veits et al., "Flowers Respond to Pollinator Sound within Minutes by Increasing Nectar Sugar Concentration," *Ecology Letters* 22, no. 9 (2019): 1483-92.
11 Monica Gagliano et al., "Tuned In: Plant Roots Use Sound to Locate Water," *Oecologia* 184, no. 1 (2017): 151-60.
12 C. Bennerscheidt et al., "Unterirdische Infrastruktur—Bauteile, Bauverfahren und Schäden durch Wurzeln," in *Deutsche Baumpflegetage*, ed. D. Dujesiefken (Augsburg, Germany: Haymarket, 2009), 23-32 (in German). 비용은 2023년 수준으로 산정한 것.
13 Thomas B. Randrup, E. Gregory McPherson, and Laurence R. Costello, "Tree Root Intrusion in Sewer Systems: Review of Extent and Costs," *Journal of Infrastructure Systems* 7, no. 1 (2001): 26-31.
14 Monica Gagliano, "Green Symphonies: A Call for Studies on Acoustic Communication in Plants,"
15 Melvin T. Tyree and John S. Sperry, "Vulnerability of Xylem to Cavitation and Embolism," *Annual Review of Plant Biology* 40, no. 1 (1989): 19-36.
16 Itzhak Khait et al., "Sounds Emitted by Plants under Stress Are Airborne and Informative," *Cell* 186, no. 7 (2023): 1328-36.
17 Monica Gagliano, "Green Symphonies: A Call for Studies on Acoustic Communication in Plants," *Behavioral Ecology* 24, no. 4 (2013): 789-96.
18 Michael Pollan, "The Intelligent Plant," *New Yorker*, December 15, 2013. See also: Monica Gagliano, Michael Renton, Nili Duvdevani, Matthew Timmins, and Stefano Mancuso, "Acoustic and magnetic communication in plants: is it possible?," *Plant Signaling & Behavior* 7, no. 10 (2012): 1346-1348.
19 Leo Banks, "Scientist Has Gone to the Prairie Dogs, Finds They Talk," *Los Angeles Times*, June 5, 1997.
20 Toshitaka N. Suzuki, David Wheatcroft, and Michael Griesser, "Experimental Evidence for Compositional Syntax in Bird Calls," *Nature Communications* 7, no. 1 (2016): 10986.
21 Monica Gagliano et al., "Learning by Association in Plants," *Scientific Reports* 6, no. 1 (2016): 38427.
22 Kasey Markel, "Lack of Evidence for Associative Learning in Pea Plants," *Elife* 9 (2020): e57614.
23 Kristi Onzik and Monica Gagliano, "Feeling Around for the Apparatus: A Radicley Empirical Plant Science," *Catalyst: Feminism, Theory, Technoscience* 8, no. 1 (2022), https://doi.org/10.28968/cftt.v8i1.34774.

6장 (식물의) 몸은 기억한다

1   Hans-Jürgen Ensikat, Thorsten Geisler, and Maximilian Weigend, "A First Report of Hydroxylated Apatite as Structural Biomineral in Loasaceae—Plants' Teeth against Herbivores," *Scientific Reports* 6, no. 1 (2016): 26073.
2   Adeel Mustafa, Hans-Jürgen Ensikat, and Maximilian Weigend, "Stinging Hair Morphology and Wall Biomineralization across Five Plant Families: Conserved Morphology versus Divergent Cell Wall Composition," *American Journal of Botany* 105, no. 7 (2018): 1109-22.
3   "A Flower That Behaves Like an Animal," Freie Universität Berlin press release, August 12, 2012, https://www.fu-berlin.de/en/presse/informationen/fup/2012/fup_12_227/index.html.
4   Tilo Henning and Maximilian Weigend, "Total Control-Pollen Presentation and Floral Longevity in Loasaceae (Blazing Star Family) Are Modulated by Light, Temperature and Pollinator Visitation Rates," *PLoS ONE* 7, no. 8 (August 2012): e41121.
5   Moritz Mittelbach et al., "Flowers Anticipate Revisits of Pollinators by Learning from Previously Experienced Visitation Intervals," *Plant Signaling and Behavior* 14, no. 6 (2019): 1595320.
6   Joachim Keppler, "The Common Basis of Memory and Consciousness: Understanding the

Brain as a Write-Read Head Interacting with an Omnipresent Background Field," *Frontiers in Psychology* 10 (2020): 2968.
7   Bessel Van der Kolk, *The Body Keeps the Score: Brain, Mind, and Body in the Healing of Trauma* (New York: Penguin, 2014). 베셀 반 데어 콜크, 제효영 옮김, 《몸은 기억한다》, 을유문화사, 2016, 2020.
8   Laura Ruggles, "The Minds of Plants," *Aeon*, December 12, 2017.
9   Michael P. M. Dicker et al., "Biomimetic Photo-Actuation: Sensing, Control and Actuation in Sun-Tracking Plants," *Bioinspiration and Biomimetics* 9, no. 3 (2014): 036015.
10 Yuya Fukano, "Vine Tendrils Use Contact Chemoreception to Avoid Conspecific Leaves," *Proceedings of the Royal Society* B 284, no. 1850 (2017): 20162650.
11 Roger P. Hangarter, Plants-In-Motion web page, https://plantsinmotion.bio.indiana.edu/.
12 Justin B. Runyon, Mark C. Mescher, and Consuelo M. De Moraes, "Volatile Chemical Cues Guide Host Location and Host Selection by Parasitic Plants," *Science* 313, no. 5795 (2006): 1964-67.
13 Colleen K. Kelly, "Resource Choice in Cuscuta europaea," *Proceedings of the National Academy of Sciences* 89, no. 24 (1992): 12194-97.
14 Anthony Trewavas, "The Foundations of Plant Intelligence," *Interface Focus* 7, no. 3 (2017): 20160098, section 10.3.
15 Bettina Kaiser et al., "Parasitic Plants of the Genus Cuscuta and Their Interaction with Susceptible and Resistant Host Plants," *Frontiers in Plant Science* 6 (2015): 45.
16 Anthony Trewavas, "Intelligence, Cognition, and Language of Green Plants," *Frontiers in Psychology* 7 (2016): 588.
17 Trewavas.
18 Robin W. Kimmerer, "White Pine," in *The Mind of Plants: Narratives of Vegetal Intelligence* (Santa Fe, NM: Synergetic Press, 2021).

7장 동물과 대화하다

1   Donna Haraway, "Tentacular Thinking: Anthropocene, Capitalocene, Chthulucene," in *Staying with the Trouble: Making Kin in the Chthulucene* (Durham, NC: Duke University Press, 2016), 30-57.
2   Consuelo M. De Moraes et al., "Herbivore-Infested Plants Selectively Attract Parasitoids," *Nature* 393, no. 6685 (1998): 570-73.
3   Foteini G. Pashalidou et al., "Bumble Bees Damage Plant Leaves and Accelerate Flower Production When Pollen Is Scarce," *Science* 368, no. 6493 (2020): 881-84.
4   Ariela I. Haber et al., "A Sensory Bias Overrides Learned Preferences of Bumblebees for Honest Signals in Mimulus guttatus," *Proceedings of the Royal Society* B 288, no. 1948 (2021): 20210161.
5   Eric C. Yip et al., "Sensory Co-Evolution: The Sex Attractant of a Gall-Making Fly Primes Plant Defences, but Female Flies Recognize Resulting Changes in Host-Plant Quality," *Journal of Ecology* 109, no. 1 (2021): 99-108.
6   Tobias Lortzing et al., "Extrafloral Nectar Secretion from Wounds of Solanum dulcamara," *Nature Plants* 2, no. 5 (2016): 1-6.
7   Brigitte Fiala and Ulrich Maschwitz, "Studies on the South East Asian Ant-Plant Association Crematogaster borneensis/Macaranga: Adaptations of the Ant Partner," *Insectes sociaux* 37, no. 3 (1990): 212-31.
8   E. Toby Kiers et al., "Host Sanctions and the Legume-Rhizobium Mutualism," *Nature* 425, no. 6953 (2003): 78-81.
9   Rod Peakall, "Annals of Botany Lecture," filmed talk, July 28, 2020.
10 Rod Peakall, "Q&A: Rod Peakall," *Current Biology Magazine* 32, no. 16 (2022): R861-R863.

https://www.cell.com/current-biology/pdf/S09609822(22)01129-0.pdf.
11   Haiyang Xu et al., "Complex Sexual Deception in an Orchid Is Achieved by Co-opting Two Independent Biosynthetic Pathways for Pollinator Attraction," *Current Biology* 27, no. 13 (2017): 1867-77.
12   Carla Hustak and Natasha Myers, "Involuntionary Momentum: Affective Ecologies and the Sciences of Plant/Insect Encounters," *differences* 23, no. 3 (2012): 74-118.
13   Hustak and Myers (2012): p. 74 여기에 인용된 다윈의 문장은 다음과 같다. "다른 어떤 식물에서 도, 아니 사실은 그 어떤 동물에서도 한 부분의 다른 부분에 대한 적응이, 그리고 자연의 사다리 상에서 아주 멀리 떨어진 다른 유기체에 대한 한 유기체의 적응이 이 난초가 보여주는 것보다 더 완벽하다고 할 만한 것은 찾아볼 수 없다."
14   Charles Darwin, *On the Origin of Species*, 1866. 148. 찰스 다윈, 《종의 기원》, 장대익 옮김, 사이언스북스, 2019.
15   Nicolas J. Vereecken and Florian P. Schiestl, "The Evolution of Imperfect Floral Mimicry," *Proceedings of the National Academy of Sciences* 105, no. 21 (2008): 7484-88.
16   Robin W. Kimmerer, "Asters and Goldenrod," in *Braiding Sweetgrass: Indigenous Wisdom, Scientific Knowledge and the Teachings of Plants* (Minneapolis: Milkweed, 2013). 로빈 월 키머러, 《향모를 땋으며》, 노승영 옮김, 에이도스, 2021.
17   Ferris Jabr, "How Beauty Is Making Scientists Rethink Evolution," *New York Times Magazine*, January 9, 2019.
18   Toshiyuki Nagata et al., "Sex Conversion in Ginkgo biloba (Ginkgoaceae)," *Journal of Japanese Botany* 91 (2016): 120-27.
19   Jarmo K. Holopainen and James D. Blande, "Molecular Plant Volatile Communication," in *Sensing in Nature*, ed. Carlos LópezLarrea (New York: Springer, 2012), 17-31.
20   Sari J. Himanen et al., "Birch (Betula spp.) leaves Adsorb and Re-release Volatiles Specific to Neighbouring Plants—A Mechanism for Associational Herbivore Resistance?," *New Phytologist* 186, no. 3 (2010): 722-32.
21   Jarmo K. Holopainen, Anne-Marja Nerg, and James D. Blande, "Multitrophic Signalling in Polluted Atmospheres," in *Biology, Controls and Models of Tree Volatile Organic Compound Emissions*, ed. Ülo Niinemets and Russell K. Monson (Dordrecht, Germany: Springer, 2013), 285-314.
22   Gerard Farré-Armengol et al., "Ozone Degrades Floral Scent and Reduces Pollinator Attraction to Flowers," *New Phytologist* 209, no. 1 (2016): 152-60.
23   Amanuel Tamiru et al., "Maize Landraces Recruit Egg and Larval Parasitoids in Response to Egg Deposition by a Herbivore," *Ecology Letters* 14, no. 11 (2011): 1075-83.
24   Kat McGowan, "Listen to the Plants," *Slate*, April 18, 2014.
25   Anket Sharma et al., "Worldwide Pesticide Usage and Its Impacts on Ecosystem," *SN Applied Sciences* 1, no. 11 (2019): 1-16.
26   "Pesticides," Pesticides webpage, U.S. Geological Survey, 2017. https://www.usgs.gov/centers/ohio-kentucky-indiana-water-science-center/science/pesticides?qt-science_center_objects=0#overview.
27   Wolfgang Boedeker et al., "the global distribution of acute unintentional pesticide poisoning: estimations based on a systematic review," *BMC Public Health* 20, no. 1 (2020): 1-19.
28   Fengqi Li et al., "Expression of Lima Bean Terpene Synthases in Rice Enhances Recruitment of a Beneficial Enemy of a Major Rice Pest," *Plant, Cell and Environment* 41, no. 1 (2018): 111-20.
29   Mirian F. F. Michereff et al., "Variability in Herbivore-Induced Defence Signalling across Different Maize Genotypes Impacts Significantly on Natural Enemy Foraging Behaviour," *Journal of Pest Science* 92 (2019): 723-36.
30   Janine Griffiths-Lee, Elizabeth Nicholls, and Dave Goulson, "Companion Planting to Attract Pollinators Increases the Yield and Quality of Strawberry Fruit in Gardens and Allotments," *Ecological Entomology* 45, no. 5 (2020): 1025-34.
31   Nathan Hecht, "Berries, Bees, and Borage," Minnesota Fruit Research, University of Minnesota,

December 3, 2018, https://fruit.umn.edu/content/berries-bees-borage.

8장 과학자와 카멜레온 덩굴

1 Charles Darwin, *The Movements and Habits of Climbing Plants*, 2nd ed. (London: John Murray, 1875).
2 Ken Yokawa, Tomoko Kagenishi, and František Baluška, "Root Photomorphogenesis in Laboratory-Maintained Arabidopsis Seedlings," *Trends in Plant Science* 18, no. 3 (2013): 117-19.
3 Yokawa, Kagenishi, and Baluška.
4 Christian Burbach et al., "Photophobic Behavior of Maize Roots," *Plant Signaling and Behavior* 7, no. 7 (2012): 874-78.
5 J. Scott McElroy, "Vavilovian Mimicry: Nikolai Vavilov and His Little-Known Impact on Weed Science," *Weed Science* 62, no. 2 (2014): 207-16.
6 C.Y. Ye et al., Genomic Evidence of Human Selection on Vavilovian Mimicry, *Nature Ecology and Evolution* 3, no. 10 (2019): 1474-82.
7 McElroy, "Vavilovian Mimicry."
8 Frantisek Baluška and Stefano Mancuso, "Vision in Plants via Plant-Specific Ocelli?," *Trends in Plant Science* 21, no. 9 (2016): 727-30.
9 Gottlieb Haberlandt, *Die Lichtsinnesorgane der Laubblätter* (Leipzig, Germany: W. Engelmann, 1905).
10 Francis Darwin, "Lectures on the Physiology of Movement in Plants," *New Phytologist* 5, no. 9 (November 1906): 74.
11 Nils Schuergers et al., "Cyanobacteria Use Micro-Optics to Sense Light Direction," *Elife* 5 (2016): e12620.
12 Jason D. Smith et al., "A Plant Parasite Uses Light Cues to Detect Differences in Host Plant Proximity and Architecture," *Plant, Cell and Environment* 44, no. 4 (2021): 1142-50.
13 Inyup Paik and Enamul Huq, "Plant Photoreceptors: Multi-Functional Sensory Proteins and Their Signaling Networks," *Seminars in Cell and Developmental Biology* 92 (2019): 114-21.
14 María A. Crepy and Jorge J. Casal, "Photoreceptor Mediated Kin Recognition in Plants," *New Phytologist* 205, no. 1 (2015): 329-38.
15 Ernesto Gianoli and Fernando Carrasco-Urra, "Leaf Mimicry in a Climbing Plant Protects against Herbivory," *Current Biology* 24, no. 9 (2014): 984-87.
16 Bryan Barlow, "Cryptic Mimicry of Their Hosts—Mistletoes," *Australian National Herbarium*, September 11, 2012, https://www.anbg.gov.au/mistletoe/mimicry.html.
17 Olga Plotnikova, Ancha Baranova, and Mikhail Skoblov, "Comprehensive Analysis of Human MicroRNA-mRNA Interactome," *Frontiers in Genetics* 10 (2019): 933.
18 Scott M. Hammond, "An Overview of MicroRNAs," *Advanced Drug Delivery Reviews* 87 (2015): 3- 14.
19 Federico Betti et al., "Exogenous miRNAs Induce Post-Transcriptional Gene Silencing in Plants," *Nature Plants* 7, no. 10 (2021): 1379-88.
20 Kazuki Izawa et al., "Discovery of Ectosymbiotic Endomicrobium lineages Associated with Protists in the Gut of Stolotermitid Termites," *Environmental Microbiology Reports* 9, no. 4 (2017): 411-18.
21 Ernesto Gianoli et al.,"Endophytic Bacterial Communities Are Associated with Leaf Mimicry in the Vine Boquila trifoliolata," *Scientific Reports* 11, no. 1 (2021): 22673.
22 Rupert Sheldrake, "Morphic Resonance and Morphic Fields—An Introduction," https://www.sheldrake.org/research/morphic-resonance/introduction.
23 Zoë Schlanger, "Your Microbiome Extends in a Microbial Cloud Around You, Like an Aura," *Newsweek*, September 22, 2015.
24 Ron Sender, Shai Fuchs, and Ron Milo, "Are We Really Vastly Outnumbered? Revisiting the Ratio of Bacterial to Host Cells in Humans," *Cell* 164, no. 3 (2016): 337-40. See also James

Gallagher, "More Than Half Your Body Is Not Human," BBC News 251 (2018).
25 Jean-Christophe Simon et al., "Host-Microbiota Interactions: From Holobiont Theory to Analysis," *Microbiome* 7, no. 1 (2019): 1-5.
26 Bruce Weber, "Lynn Margulis, Evolution Theorist, Dies at 73," *New York Times*, November 24, 2011.
27 Michael W. Gray, Gertraud Burger, and B. Franz Lang, "Mitochondrial Evolution," *Science* 283, no. 5407 (1999): 1476-81.
28 Thomas C. G. Bosch and Margaret McFall-Ngai, "Animal Development in the Microbial World: Re-Thinking the Conceptual Framework," *Current Topics in Developmental Biology* 141 (2021): 399-427.
29 Margaret McFall-Ngai, "Care for the Community," *Nature* 445, no. 7124 (2007): 153.
30 Lynn Margulis and Dorion Sagan, *Microcosmos: Four Billion Years of Microbial Evolution* (Berkeley: University of California Press, 1997). 린 마굴리스, 도리언 세이건, 홍욱희 옮김, 《마이크로코스모스: 40억 년에 걸친 미생물의 진화사》, 김영사, 2011.
31 Lynn Margulis and Dorion Sagan, *Acquiring Genomes: A Theory of the Origin of Species* (New York: Basic Books, 2008).

9장 식물의 사회적 삶

1 Suzanne Batra, "Nests and Social Behavior of Halictine Bees of India (Hymenoptera: Halictidae)," *Indian Journal of Entomology* 28 (1966): 375.
2 Suzanne Batra, "Beyond the Honeybee," *American Scientist* 110, no. 2 (2022): 72-74.
3 Michael R. Warner et al., "Convergent Eusocial Evolution Is Based on a Shared Reproductive Groundplan plus Lineage-Specific Plastic Genes," *Nature Communications* 10, no. 1 (2019): 2651.
4 K. C. Burns, Ian Hutton, and Lara Shepherd, "Primitive Eusociality in a Land Plant?," *Ecology* 102, no. 9 (2021): e03373.
5 Sivan Kinreich et al., "Brain-to-Brain Synchrony during Naturalistic Social Interactions", *Scientific Reports* 7, 17060 (December 2017)
6 Julia Sliwa, "Toward Collective Animal Neuroscience," *Science* 374, no. 6566 (October 2021).
7 Caroline Szymanski et al., "Teams on the Same Wavelength Perform Better: Inter-Brain PhaseSynchronization Constitutes a Neural Substrate for Social Facilitation," *Neuroimage* 152 (2017): 425-436.
8 Laura Astolfi et al., "Cortical Activity and Functional Hyperconnectivity by Simultaneous EEG Recordings from Interacting Couples of Professional Pilots," in *Proceedings of the Annual International Conference of the IEEE Engineering in Medicine and Biology Society* (New York: IEEE, 2012), 4752-55.
9 Yi Hu et al., "Brain-to-Brain Synchronization across Two Persons Predicts Mutual Prosociality," *Social Cognitive and Affective Neuroscience* 12, no. 12 (2017): 1835-44.
10 Lei Li et al., "Neural Synchronization Predicts Marital Satisfaction," *Proceedings of the National Academy of Sciences* 119, no. 34 (2022): e2202515119.
11 Atiqah Azhari et al., "Physical Presence of Spouse Enhances Brain-to-Brain Synchrony in Co-parenting Couples," *Scientific Reports* 10, no. 1 (2020): 1-11.
12 Susan A. Dudley and Amanda L. File, "Kin Recognition in an Annual Plant," *Biology Letters* 3, no. 4 (2007): 435-38.
13 Guillermo P. Murphy and Susan A. Dudley, "Kin Recognition: Competition and Cooperation in Impatiens (Balsaminaceae)," *American Journal of Botany* 96, no. 11 (2009): 1990-96.
14 Andy Gardner and Stuart A. West, "Inclusive Fitness: 50 Years On," *Philosophical Transactions of the Royal Society* B 369, no. 1642 (2014): 20130356.
15 Gardner and West.
16 Lisa Stiffler, "Understanding Orca Culture," *Smithsonian Magazine*, August 2011.

17   "Baboon Social Life," Amboseli Baboon Research Project, Princeton University, https://www.princeton.edu/~baboon/social_life.html.
18   Emmett J. Duffy, Cheryl L. Morrison, and Kenneth S. Macdonald, "Colony Defense and Behavioral Differentiation in the Eusocial Shrimp Synalpheus regalis," *Behavioral Ecology and Sociobiology* 51 (2002): 488-95.
19   Mónica López Pereira et al., "Light-Mediated Self-Organization of Sunflower Stands Increases Oil Yield in the Field," *Proceedings of the National Academy of Sciences* 114, no. 30 (2017): 7975-80.
20   Richard Karban et al., "Kin recognition Affects Plant Communication and Defence," *Proceedings of the Royal Society* B 280, no. 1756 (2013): 20123062.
21   María A. Crepy and Jorge J. Casal, "Photoreceptor Mediated Kin Recognition in Plants," *New Phytologist* 205, no. 1 (2015): 329-38.
22   Kazuki Tagawa and Mikio Watanabe, "Group Foraging in Carnivorous Plants: Carnivorous Plant Drosera makinoi (Droseraceae) Is More Effective at Trapping Larger Prey in Large Groups," *Plant Species Biology* 36, no. 1 (2021): 114-18.
23   Xue Fang Yang et al., "Kin Recognition in Rice (Oryza sativa) lines," *New Phytologist* 220, no. 2 (2018): 567-78.
24   Rubén Torices, José M. Gómez, and John R. Pannell, "Kin Discrimination Allows Plants to Modify Investment towards Pollinator Attraction," *Nature Communications* 9, no. 1 (2018).
25   Guillermo P. Murphy et al., Guillermo P. Murphy, Clarence J. Swanton, Rene C. Van Acker, and Susan A. Dudley. "Kin Recognition, Multilevel Selection and Altruism in Crop Sustainability," *Journal of Ecology* 105, no. 4 (2017): 930-934.
26   Akira Yamawo and Hiromi Mukai, "Seeds Integrate Biological Information about Conspecific and Allospecific Neighbours," *Proceedings of the Royal Society* B 284, no. 1857 (2017): 20170800.
27   Howard J. Dittmer, "A Quantitative Study of the Roots and Root Hairs of a Winter Rye Plant (Secale cereale)," *American Journal of Botany* (1937): 417-20.
28   Suzanne W. Simard, "Mycorrhizal Networks Facilitate Tree Communication, Learning, and Memory," in *Memory and Learning in Plants*, ed. F. Baluska, M. Gagliano, and G. Witzany (New York: Springer, 2018), 191-213.
29   Merlin Sheldrake, *Entangled Life: How Fungi Make Our Worlds, Change Our Minds and Shape Our Futures* (New York: Random House, 2021). 멀린 셸드레이크, 《작은 것들이 만든 거대한 세계》, 김은영 옮김, 아날로그, 2012년.
30   Zoë Schlanger, "Our Silent Partners," *New York Review of Books*, October 7, 2021.
31   A. Copetta et al., "Fruit Production and Quality of Tomato Plants (Solanum lycopersicum L.) Are Affected by Green Compost and Arbuscular Mycorrhizal Fungi," *Plant Biosystems* 145, no. 1 (2011): 106-115.
32   A. Copetta, G. Lingua, and G. Berta, "Effects of Three AM Fungi on Growth, Distribution of Glandular Hairs, and Essential Oil Production in Ocimum basilicum L. var. Genovese," *Mycorrhiza* 16 (2006): 485-94.
33   Ghada Araim et al., "Root Colonization by an Arbuscular Mycorrhizal (AM) Fungus Increases Growth and Secondary Metabolism of Purple Coneflower, Echinacea purpurea (L.) Moench," *Journal of Agricultural and Food Chemistry* 57, no. 6 (2009): 2255-58.
34   J. Arpana et al., "Symbiotic Response of Patchouli [Pogostemon cablin (Blanco) Benth.] to Different Arbuscular Mycorrhizal Fungi," *Advances in Environmental Biology* 2, no. 1 (2008): 20-24.
35   Nello Ceccarelli et al., "Mycorrhizal Colonization Impacts on Phenolic Content and Antioxidant Properties of Artichoke Leaves and Flower Heads Two Years after Field Transplant," *Plant and Soil* 335 (2010): 311-23.
36   Sheldrake, *Entangled Life*.
37   E. Toby Kiers et al., "Reciprocal Rewards Stabilize Cooperation in the Mycorrhizal Symbiosis," *Science* 333, no. 6044 (2011): 880-82.

38   Marzena Ciszak et al., "Swarming Behavior in Plant Roots," *PLoS One* 7, no. 1 (2012): e29759.
39   Suqin Fang et al., "Genotypic Recognition and Spatial Responses by Rice Roots," *Proceedings of the National Academy of Sciences* 110, no. 7 (2013): 2670-75.
40   James F. Cahill Jr. and Gordon G. McNickle, "The Behavioral Ecology of Nutrient Foraging by Plants," *Annual Review of Ecology, Evolution, and Systematics* 42 (2011): 289-311.
41   James F. Cahill, "Introduction to the Special Issue: Beyond Traits: Integrating Behaviour into Plant Ecology and Biology," *AoB Plants* 7 (2015). See also James F. Cahill Jr., "The Inevitability of Plant Behavior," *American Journal of Botany* 106, no. 7 (2019): 903-5.
42   Akira Yamawo, Haruna Ohsaki, and James F. Cahill Jr., "Damage to Leaf Veins Suppresses Root Foraging Precision," *American Journal of Botany* 106, no. 8 (2019): 1126-30.
43   Jordan Skrynka and Benjamin T. Vincent, "Hunger Increases Delay Discounting of Food and Non-Food Rewards," *Psychonomic Bulletin and Review* 26, no. 5 (2019): 1729-37.
44   Megan K. Ljubotina and James F. Cahill Jr., "Effects of Neighbour Location and Nutrient Distributions on Root Foraging Behaviour of the Common Sunflower," *Proceedings of the Royal Society* B 286, no. 1911 (2019): 20190955.

10장 대물림

1   Alex V. Popovkin et al., "Spigelia genuflexa (Loganiaceae), a New Geocarpic Species from the Atlantic Forest of Northeastern Bahia, Brazil," *PhytoKeys* 6 (2011): 47.
2   "Amateur Botanists Discover a Genuflecting Plant in Brazil," Rutgers University, September 18, 2011, https://www.rutgers.edu/news/amateur-botanists-discover-genuflecting-plant-brazil.
3   Elizabeth P. Lacey and David Herr, "Phenotypic Plasticity, Parental Effects, and Parental Care in Plants? I. An Examination of Spike Reflectance in Plantago lanceolata (Plantaginaceae)," *American Journal of Botany* 92, no. 6 (2005): 920-30.
4   Sonia E. Sultan, *Organism and Environment: Ecological Development, Niche Construction, and Adaptation* (New York: Oxford University Press, 2015), 88, and references therein.
5   Anna Wied and Candace Galen, "Plant Parental Care: Conspecific Nurse Effects in Frasera speciosa and Cirsium scopulorum," *Ecology* 79, no. 5 (1998): 1657-68.
6   Alison G. Scoville et al., "Differential Regulation of a MYB Transcription Factor Is Correlated with Transgenerational Epigenetic Inheritance of Trichome Density in Mimulus guttatus," *New Phytologist* 191, no. 1 (2011): 251-63.
7   Anurag A. Agrawal, Christian Laforsch, and Ralph Tollrian, "Transgenerational Induction of Defences in Animals and Plants," *Nature* 401, no. 6748 (1999): 60-63.
8   "Genomics and Its Impact on Science and Society," U.S. Department of Energy Genome Research Programs, http://www.ornl.gov/sci/techresources/Human_Genome/publicat/primer2001/primer11.pdf
9   "Extending Evolution, an Interview with Prof. Sonia Sultan," episode 60 of Naturally Speaking, podcast, April 2018.
10   Sonia E. Sultan, Armin P. Moczek, and Denis Walsh, "Bridging the Explanatory Gaps: What Can We Learn from a Biological Agency Perspective?," *BioEssays* 44, no. 1 (2022): 2100185.
11   Sonia E. Sultan, "Plant Developmental Responses to the Environment: Eco-Devo Insights," *Current Opinion in Plant Biology* 13, no. 1 (2010): 96-101.
12   Jørund Sollid and Göran E. Nilsson, "Plasticity of Respiratory Structures—Adaptive Remodeling of Fish Gills Induced by Ambient Oxygen and Temperature," *Respiratory Physiology and Neurobiology* 154, no. 1-2 (2006): 241-51.
13   Jacob J. Herman et al., "Adaptive Transgenerational Plasticity in an Annual Plant: Grandparental and Parental Drought Stress Enhance Performance of Seedlings in Dry Soil," *Integrative and Comparative Biology* 52, no. 1 (July 2012): 77-88.
14   Margaret R. Spitz et al., "Dietary Intake of Isothiocyanates: Evidence of a Joint Effect with Glutathione S-transferase Polymorphisms in Lung Cancer Risk," *Cancer Epidemiology*

    Biomarkers and Prevention 9, no. 10 (2000): 1017-20.
15 Julie E. Bauman et al., "Randomized Crossover Trial Evaluating Detoxification of Tobacco Carcinogens by Broccoli Seed and Sprout Extract in Current Smokers," *Cancers* 14, no. 9 (2022): 2129.
16 Sultan, *Organism and Environmnent*, 31.
17 Mary E. Rumpho et al., "The Making of a Photosynthetic Animal," *Journal of Experimental Biology* 214, no. 2 (2011): 303-11.
18 Sultan, *Organism and Environment*, 32.
19 Emanuele Coccia, *The Life of Plants: A Metaphysics of Mixture* (Hoboken, NJ: John Wiley, 2019).
20 Zoë Schlanger, "Choking to Death in Detroit: Flint Isn't Michigan's Only Disaster," *Newsweek*, March 30, 2016.
21 Teri A. Manolio et al., "Finding the Missing Heritability of Complex Diseases," *Nature* 461, no. 7265 (2009): 747-53.
22 "Research: Current Projects," Sultan Lab, Wesleyan University. https://sultanlab.research.wesleyan.edu/currentprojects.
23 Robin Waterman and Sonia E. Sultan, "Transgenerational Effects of Parent Plant Competition on Offspring Development in Contrasting Conditions," *Ecology* 102, no. 12 (2021): e03531.
24 Brennan H. Baker et al., "Transgenerational Effects of Parental Light Environment on Progeny Competitive Performance and Lifetime Fitness," *Philosophical Transactions of the Royal Society* B 374, no. 1768 (2019): 20180182.
25 Peter Del Tredici, "The Introduction of Japanese Knotweed, Reynoutria japonica, into North America," *Journal of the Torrey Botanical Society* 144, no. 4 (2017): 406-16.
26 Philip Santo, "New Japanese Knotweed Standard Comes into Effect," *Property Journal, RICS*, March 21, 2022.
27 Sophia Cameron, "Invasive Plant Profile: Japanese Knotweed," Acadia National Park, National Park Service, https://www.nps.gov/articles/000/japanese-knotweed-acadia.htm.
28 David Taft, "Japanese Knotweed Is Here to Stay," *New York Times*, September 6, 2018.
29 Sonia E Sultan, Armin P. Moczek, and Denis Walsh, "Bridging the Explanatory Gaps: What Can We Learn from a Biological Agency Perspective?," *BioEssays* 44, no. 1 (2022): 2100185.

11장 식물의 미래

1 Bruno Latour, "A Collective of Humans and Nonhumans: Following," *Readings in the Philosophy of Technology* (2009): 156.
2 Jeffrey T. Nealon, *Plant Theory: Biopower and Vegetable Life* (Stanford, CA: Stanford University Press, 2015).
3 Supreme Court of United States, *Sierra Club v. Morton*, 405 U.S. 727 (1972).
4 Christopher D. Stone, "Should Trees Have Standing? Toward Legal Rights for Natural Objects," S. Cal. l. rev. 45 (1972): 450.
5 *Manoomin v. Minnesota Department of Natural Resources*, case no. GC21-0428, White Earth Band of Ojibwe Tribal Ct. (2021).
6 "Rights of Manoomin," section 1, White Earth Reservation Business Committee, White Earth Band of Chippewa Indians, resolution no. 001-19-009, December 31, 2018.
7 Deborah Bird Rose, "Indigenous Ecologies and an Ethic of Connection," in *Global Ethics And Environment*, ed. Nicholas Low (London: Routledge, 1999), 175.
8 Báyò Akómoláfé, "When You Meet the Monster, Anoint Its Feet," *Emergence Magazine*, October 16, 2018.

찾아보기

〈나무도 법적 지위를 가져야 하는가?〉(스톤) 422~424
〈나무를 묘사하는 일의 문제〉(해스) 405
《생물학적 사색》(펑카멜릭) 139
〈식물 고유의 홑눈을 통한 식물의 시각?〉(만쿠소) 286, 288
〈식물과 동물의 진화를 더 잘 이해하기 위해 신경계의 정의를 확장하는 일에 관하여〉(이나스와 미겔토메) 173
〈움직이는 식물〉(웹사이트) 225~226
〈천막벌레나방 애벌레와 미국흰불나방의 공격에 대한 적오리나무와 시트카버드나무의 반응: 시트카버드나무의 페로몬 민감성에 대한 증거〉(로즈) 104~105, 113, 416
〈태초에 말씀이 있었다: 생물학 이론의 기원〉(해러웨이) 57
《곤충에 대한 식물의 저항》(미국화학회) 104
《과학혁명의 구조》(쿤) 89~92
《덩굴식물의 움직임과 습성에 관하여》(다윈) 276~277
《동물의 인식 문제》(그리핀) 81
《멋진 징조들》(게이먼과 프래쳇) 373
《모래군의 열두 달》(레오폴드) 336
《생동하는 물질》(베넷) 75
《생명이란 무엇인가?》(마굴리스와 세이건) 405
《세미오시스》(버크) 239~240, 284
《식물과학 동향》 45, 95, 286
《식물생리학》(타이즈) 95
《식물은 우리에게 줄 것이 아주 많고, 우리는 요청하기만 하면 된다》(지니어스) 73~74
《식물은 이렇게 말했다》(개글리아노) 203
《식물의 비밀스러운 삶》(톰킨스와 버드) 38~40, 92, 104, 150~151
《식물의 삶》(코차) 57
《식물의 운동력》(다윈) 87
《아카시아 씨앗의 저자》(르 귄) 414~416
《어둠의 왼손》(르 귄) 367
《올리버 색스의 오악사카 저널》(색스) 32~33
《유년기 상상력의 생태학》(코브) 43
《일반 체계 이론》(폰 베르탈란피) 409
《잎의 빛 감각기관》(하벌란트) 287
《자연의 발명》(울프) 33
《작은 것들이 만든 거대한 세계》(셸드레이크) 350
《종의 기원》(다윈) 86~87
《팅커 크릭의 순례자》(딜라드) 33
《후생동물》(고프리스미스) 234

ㄱ

가죽나무 19
감자 역병 135~136
개글리아노, 모니카 196~208
개미식물(머미코파이트) 248~249
개코원숭이 339
겨우살이 293~294
겨자 192, 243~244, 266
고대 그리스
　남성 우월성 76
　스칼라 나투라이(자연의 사다리) 76~77
　식물의 영혼 77~78
곤충 벌 항목 참고
　군체 구성원 329, 331, 353
　진사회성 행동 329~330
　벌레혹 형성 246
　식물과의 상호작용 187
　종간 대화와 곤충 247
　지구 생명체 중 식물과 곤충의 비율 187
　무리 지능 353
　흰개미의 장내 미생물 311~312

공수화 342
과학
   영성과 과학의 충돌 207
   과학의 보수주의 46, 339
   과학의 패러다임 변화 90~92, 97, 374
   새로운 아이디어에 대한 저항 90, 339
   과학의 회의주의 186
   과학의 전문화 94~95
   단어 선택과 정의 186
광합성
   이산화탄소와 광합성 58~60
   화학 합성과 탄소의 필요성 267
   엽록체와 광합성 59~60, 286
   남세균과 광합성 31, 58
   전기적 과정인 광합성 152
   갓 돋아난 식물의 광합성 66
   광합성의 목적에 대한 과거의 믿음들 52
   생명의 필요조건인 광합성 57~58
   당분 생산 58~60
구주소나무 267
균류 96, 144~145, 349~353
균사체 144~145
그리핀, 도널드 81~82
근권 349~353
글루타메이트와 글라이신 93, 168~171, 350
기는미나리아재비 322~323
길로이, 사이먼 159~172, 400

ㄴ
나도, 캐리 386
나무 특정 나무 항목 참고
   볼드윈과 슈츠의 묘목 연구 113~114
   나무외 화학적 신호 111~114, 186
   과실수들과 '춘화' 221~222
   나무의 '심재' 77, 174
   카번의 매미 연구 112
   우림 410, 425, 8장 참고
   로즈의 연구 104~105, 109~113, 114~115
   수도관으로 침입하는 뿌리 197~198
   계절에 따른 변화 115
나사 포이소니아나 211~216, 218
난초 250~256
남세균 31, 58, 286~288
넬, 콜린 130
노란 물꽈리아재비 133, 244~245, 269
농업 192~193, 268, 283
뉴욕식물원 32, 34, 93

ㄷ
다람쥐 128~129
다윈, 찰스
   다윈 진화론의 관점 161~162, 255, 338
   식물에 관한 저술들 86~89, 276~278
   난초와 말벌에 관하여 255~256
   뿌리-뇌 가설 86~89, 92~93
   식물의 촉각 민감성과 다윈 145
다윈, 프랜시스의 식물의 빛 감각 287
단작 135~136
담배 41, 114, 121, 133, 199, 243
대기오염 264~265, 267, 386~387
더글러스, 윌리엄 O. 422
더들리, 수전 334~341, 346~347
덩굴식물 특정 덩굴식물 항목 참고
   박쥐 수분 덩굴식물 181~183
   덩굴식물과 기억 225
데 모라에스, 콘수엘로 227, 241~247
데카르트, 르네 79, 377
독일 본대학교 세포 및 분자 식물학 연구소 280
동물
   동물복지협회 80, 420~421
   동물의 의식과 지능 27~28, 81~83, 170~171
   동물의 진사회성 행동 329~330
   속귀의 유모 세포 194
   미생물이 동물에게 보내는 신호 319~320
   동물 신경과 식물 신경 비교 170~173
   생체해부와 동물 78~80, 91, 335, 420~421
   서구 철학과 동물 78~80, 377
동부핀란드대학교 263
딜라드, 애니 33, 44
딸기 262, 269~270

ㄹ
라르디자발라 속 321~322
라벤더 192
로아사과 211~213
로즈, 데보라 버드 426
로즈, 데이비드 104~105, 109~113
로즈메리 102
루마 아피쿨라타 관목 302
르 귄, 어슐러 367, 414~416
리마 콩 41

ㅁ
마굴리스, 린 318~321, 405

마늘 220~222
마란타속 식물 215
마르크그라비아 에베니아와 박쥐 182~183
마이어스, 너태샤 254~255, 419
마지막 공통 조상 28
마카랑가 나무 248
만쿠소, 스테파노 93, 201, 286~288, 295~296
매미 112, 120
매클린톡, 바버라 107, 205
맥엘로이, 스콧 283
맥폴나이, 마거릿 320
메도우, 제임스 315~317
멘델, 그레고어 115, 376~377
모런, 로빈 C. 32, 34~35, 37
모리칸디아 모리칸디오이데스 345~346
모방
    렌틸콩 밭의 살갈퀴 283
    작물과 모방 282~283
    진화상의 관계 293~294
    종간 모방 306
    라르디자발라의 열매와 모방 321~322
    즉흥성 323~325
무쿠나 홀토니이 덩굴 182
문어 27~28, 82, 96
미겔토메, 세르히오 173
미모사 142, 148
미생물
    인간 주변의 미생물 구름 315~316
    미생물의 유전자 319
    건강과 미생물의 얽힌 관계 317
    마굴리스의 통생명체 318~321
    마이크로바이옴 연구 317~319
    흙 한 티스푼 속 미생물의 수 349
    흰개미 속 미생물 311
미역취 122, 246~247, 256~258
민들레 260

ㅂ
바빌로프 의태 283~285
바빌로프, 니콜라이 이바노비치 282~283
바이겐트, 막스 212~216
바이오커뮤니케이션 138, 141
바질 351
박쥐 69, 81, 173, 181~183, 198, 201
박하 69
반 볼켄버그, 엘리자베스 93, 150~157, 177
발루슈카, 프란티셰크 92, 280~287, 295~296, 311
식물 시각과 발루슈카 280, 286, 295~296, 311
백산차 264
백자작나무 264
버드, 크리스토퍼 38~39
버크, 수 239
번스, 케빈 331
벌
    진사회성 행동 331
    미역취와 쑥부쟁이의 색깔 256~259
    꿀벌 83
    겨자 및 물꽈리아재비와 뒤영벌 243~245
    꽃꿀의 당도와 벌의 소리 195
베넷, 제인 74~75, 139
베렌슨, 버나드 43~44
베르나르, 클로드 80
베를린 식물원 211
벼 192, 269, 283, 342~344
보리지 270
보스, 자가디시 찬드라 148~151, 157
보킬라 트리폴리올라타 8장 참고
볼드윈, 이언 113
봉선화 338
북미측백나무 231~232
브리가미아 인시그니스(화산야자) 64~65
블랜드, 제임스 263~264
비터스위트 나이트셰이드 248
빛 광합성 항목 참고
    '피토크롬 매개 줄기 연장'과 빛 336
    잎의 크기와 빛 381
    식물 가소성과 빛 308~309
    음지에서 자라는 식물 309
뽕나무 215
뿌리
    근권에서 뿌리들의 만남 349~350
    자기와 비자기의 구분 340
    뿌리의 먹이 채집 354~355
    친족 인지와 성장 348
    뿌리의 빛 회피 279~280
    뿌리의 음향 민감성 196~197
    해바라기의 사회적 에티켓 355~356
    뿌리의 '무리 지능' 353~354
    뿌리의 시각 280
뿔매미 184

ㅅ
사시나무 260, 262
사피나, 칼 419
산소 대폭발 사건 161
산투스, 조제 카를루스 멘지스 366
살가도루아르테, 크리스티아나 297~302
새삼 덩굴 226~228, 235, 241, 289~290
색스, 올리버 32~33
샌더슨, 존 버든 149
생토뱅, 샤를 제르맹 드 85
서양갯냉이 334, 336
서양무아재비 369
설턴, 소니아 371~382, 384, 389~393
세이건, 도리언 320~321, 326, 405
세이지브러시 3장 참고
　담배와의 의사소통 121~122
　토마토와의 의사소통 152
　세이지브러시의 친족 인지 129~130, 132
세인트 클레어, 쿨린 캐서디 355
셸드레이크, 루퍼트 314, 350
셸드레이크, 멀린 350~51
쇼, 조지 버나드 148
수분
　박쥐가 수분하는 식물 181~183
　진동수분하는 식물 193
　동반 재배와 수분 269~270
슈엣펠즈, 에릭 36
슐츠, 잭 113~118, 186
스킨답서스 54, 235
스타운토니아 라티폴리아 278
스토츠, 히셀라 297, 308
스톤, 크리스토피 423~424
스피겔리아 게누플렉사 365~366
시계꽃 294
시오지리, 카오리 122
시트카버드나무 109, 416
식물 세포
　엽록체 59~60, 149, 188, 286, 319, 383
　식물 세포의 의사소통 107~108
　식물 세포 속 글루타메이트 168~170
　시냅스 없음 172
　식물의 기억과 식물 세포 219~220
　분열조직과 식물 세포 230
　미니어처 키메라로서 식물 세포 58
식물 신경생물학회 92~95, 150, 281
식물 전기와 접촉 감지 4장 참고

식물의 전도성 154
수렴진화와 식물의 전기 173~174
민간 전승의 지혜 145
이온 통로와 신경 유사 기능 140~141, 154~ 156
신경계와 유사한 신호전달과 식물 전기 97
토마토의 화학 신호 차단 연구 153~154
쇠뜨기말의 전기 임펄스 연구 153
접촉형태형성 145~146
접촉과 면역 반응 147
식물맹 72
식물의 듣기와 소리 5장 참고
　뿌리의 음향 민감성 196~197
　농업에 대한 적용 가능성 192~193
　공동 파일음 가설 198, 201
　식물의 반향정위 201
　식물음향학 분야 191~194
　꽃의 형태와 식물의 소리 듣기 195~196
　꽃꿀과 벌 소리 194~195
　씹는 소리에 대한 반응 189~191
식물의 기억 6장 참고
　덩굴식물의 식물의 기억 225
　콘월아욱과 일출 222~223
　새삼덩굴과 식물의 기억 226~228
　생체 시계와 식물의 기억 224
　겨울의 기억 221~224
　북미측백나무와 식물 기억 231~232
　파리지옥과 식물 기억 224
식물의 미래 11장 참고
　윤리적 고찰 251, 255–56
　식물의 법인 지위 422~423, 424~426
　비인간 세계에 대한 재고 427
　식물의 미래에 관한 트레와바스의 생각 410~412
식물의 번식 수분 항목 참고
　양성식물 366~367
　복제와 번식 260
　조밥나물의 기이한 성질 115
　자가 수정 269, 367
　성별 유연성 260
식물의 사회적 삶 9장 참고
　여러 종으로 이루어진 동네 357~359
　식물의 이타성 346
　다양한 요소로 이루어진 식물 문화 359
식물의 양육
　씨앗의 온도 조절 367~368
　침입종과 식물의 양육 392~394
　자기 씨앗을 몸소 심는 식물 365~366

찾아보기　461

발아 시기 조절 348
식물의 의사소통 3장 참고
　바이오커뮤니케이션 241
　식물의 의사소통으로서 화학적 신호 114, 118, 121~122
　동반 재배와 식물의 의사소통 269~270
　길들임, 농업, 그리고 식물의 의사소통 감소 346~457
　전기 임펄스와 식물의 의사소통 153
　미역취의 경고 신호 122, 246~247
　실내용 화초와 의사소통 131~132
　의도성 106, 109, 123
　정의의 부재 105~106
　넬의 '뮤 팻' 관목 연구 130
　신호화학물질과 의사소통 253~254
식물의 의식 1장, 6장, 8장 참고
　마취와 식물의 의식 141~142, 281
　통합정보이론 144
　국소화되지 않은 식물의 의식 229~230
　과학자들을 자극하는 민감한 단어로서 식물의식 50~51
식물의 회복탄력성과 생물 다양성 136
식물학
　식물 의인화 51, 418~419, 442
　전기생리학 연구 156
　이보디보 분야 369~370
　2006년의 패러다임 변화 92~94, 95
　철학자-박물학자 94
　비인간 세계에 대한 재고 427
식물행동　식물의 양육 항목 참고
　주도성과 식물행동 160, 162, 371~373
　논쟁적 주제인 식물행동 40, 114~115
　동물의 행동 원리와 유사한 식물행동 123, 35~354
　스트레스의 영향 354~355
　식물의 가소성 275, 297, 308~309, 389, 392~394, 399
　성장을 조절하는 유묘 345
실송라 102
쑥부쟁이 256~258
씨앗　식물의 양육 항목 참고
　결정 중추 107
　배아의 의사소통 349
　씨앗의 발아 107, 348
　친족 인지와 씨앗 348
　씨앗의 공간 인지 348~349

○
아니시나베 사람들 73~74
아름다움 257~259
아리스토텔레스 76~78
아카시아 117~118, 248
아코몰라페, 바요 428
아티초크 351
알나피스, 이븐 80
애기장대 147, 189~190, 192~194, 280, 290, 341
애벌레
　애벌레가 씹는 소리 184~185, 189~191
　천막벌레나방 애벌레 109~111
애플, 하이디 184~187, 190~193
야마오, 아키라 348~349, 354
야생쌀 424
양치식물
　주름물개구리밥(아졸라 필리쿨로이데스) 30~32
　나비단풍 215
　아디안텀 307
　올리버 색스의 멕시코 원정과 양치류 32
　박쥐란 330~333
에스코베도, 빅토르 298~300
엠페도클레스 75
여뀌(폴뤼고눔 세스피토숨) 390~393, 395, 402
오지브웨, 화이트 어스 밴드 424
옥수수 32~33, 107, 152, 198, 205, 242~243, 267~268, 282~285, 426
온지크, 크리스티 205~206
완두콩 41, 115, 142, 196~197, 203~204
위스콘신대학교 매디슨 159
유전
　전장 유전체 분석 30
　후성유전학 219, 387
　유전 공백 387
　폐암 유전자 380
　멘델 유전학 115, 376~377
　유전학 혁명 156, 375
　소형RNA 310
으름덩굴 278, 321
은행나무 260~262
이끼 32, 42
이나스, 로돌포 172~173
인간 뇌 81~82, 94, 96~97, 108, 140~141, 142~143, 162, 177, 232~234
인간의 기억 6장 참고

"몸은 기억한다" 219
경험과 인간의 기억 217~218
면역 세포와 인간의 기억 219
공간 기억 233
잎
  잎의 굴광성 296
  잎에 홑눈이 존재할 가능성 286~288
  기공 59~60, 200, 250, 265
  모상체 194
  잎맥 168~169

ㅈ
자연
  생물학적 삶의 복잡성 21
  움직이는 혼돈인 자연 49
  자연에 대한 다윈의 묘사 256
  영원, 초월의 찰나적 경험과 자연 32~34, 41~44
  어린이의 초기 사고에서 자연의 역할 43~44
자주개자리 싹 192~193
재피, 모더카이 '마크' 145~147
적오리나무 109, 416
적응방산 63
점균류 144~145
조밥나물 115
중력 162~164, 166, 176
지니어스, 메리 시시프 73~74
질경이 52, 348

ㅊ
채소 74, 148, 284, 380, 396
세모키왁스빈 146
춘화 221~223
취리히연방공과대학교 227, 242
칠레 개암 298~299
칠레 푸예우에 국립공원 298
칡 73
침입종 69, 299, 389~402

ㅋ
카람볼라 215
카번, 릭 3장 참고
  매미 연구 112
  식물 성격 연구 124~130
  세이지브러시 연구 120~ 127, 129~132, 340
칼보, 파코 47

칼슘 파동 영상 166, 167~171
칼스케, 아이노 122
케슬러, 안드레 122
케이힐, 제임스 354~362
코차, 에마누엘레 25, 27, 228
코크로프트, 렉스 184~190
코흐, 크리스토퍼 143
콘월아욱 222~223
콜먼, 이디스 252
콩 73, 249
콩과 박테리아 249~250
쿠바의 우림 181
쿠슈, 샬린 127~129
쿤, 토머스 89~92, 97
크레인 경, 피터 260~262
키머러, 로빈 월 230, 256~257
킬라 299~300

ㅌ
테다소나무 146
테오프라스토스 76~78, 86, 174, 419
테파 300
토리세스, 루벤 344~346
토마토 41, 152~155, 188, 199, 226~227, 269, 350
토양 135, 164, 233, 249~250, 349, 351, 뿌리 항목 참고
토요타, 마사츠구 159, 164~167
톰킨스, 피터 38~39
통생명체 318~320, 325
트레와바스, 앤서니 6장, 11장 참고
  네트워크 이론과 트레와바스 409~410
  식물 지능에 관한 견해 47, 144, 160, 177, 229~232

ㅍ
파리지옥 141~142, 149, 158~159, 162, 177, 224~225
판호번, 바우터 116~118
퍼낸디즈, 제시카 167~169
펄먼, 스티브 61~71
폐장초 23, 294
포도당 59~61
포인트 레예스, 캘리포니아 101
포퍼, 칼 275
포포브킨, 알렉스 366
폰 베르탈란피, 루트비히 409
푸른민달팽이 382~384

플라톤 75
피카드, 바버라 154~156
피컬, 로드 250~254
필로덴드론 18, 54

ㅎ
하다니, 릴라흐 195~196, 198~201
하벌란트, 고트리프 287
하비, 윌리엄 80, 374
하와이 카우아이섬 2장 참고
    카우아이섬의 멸종위기식물 64~65
    침입종과 카우아이섬 69
    고유종 62~63, 68~69
하와이식물멸종예방프로그램 61~65
해러웨이, 도나 57, 241
해밀턴 법칙 338~339
해바라기 27, 150, 340, 344, 355~357
해변달맞이꽃 195

해스웰, 엘리자베스 176~177
해파리 DNA 165
허스택, 칼라 255~256
헉슬리, 토머스 79
헤닝, 틸로 211~218, 224
호 우림 16, 19, 23
호장근 394~400
홀로파이넨, 야르모 263~266
훔볼트, 알렉산더 폰 33~34, 44, 94
휘드랑게아 세라티폴리아 덩굴 297, 300, 322
히비스카델푸스 속 64
히아놀리, 에르네스토 8장 참고
    보킬라 트리폴리올라타 연구 274, 278, 291~295
    휘드랑게아 세라티폴리아 프로젝트 297~302, 322
    미생물 가설 309~313, 315